| 工程材料与机械制造基础系列教材及教师用书 |

机械制造工艺基础

—— 主 编 ——

齐乐华 韩秀琴

—— 副主编 ——

韩建海 徐向纮

朱 民 田 杰

清華大學出版社

北 京

内 容 简 介

本书立足于新工科发展需求，并为促进融合信息技术的教学模式改革，在总结近年来教学改革的探索研究和实践经验的基础上编写而成。在保持原有优秀教材的结构、核心工艺技术和相应知识点的基础上，大量增加与新工科有关的新知识、新工艺、新进展和相关案例，使之体现新工科知识与能力要求。

本书除绪论外还有切削加工基础知识、常规切削加工与精密加工、特种加工、数控加工技术、典型表面加工分析、零件的结构工艺性、零件的制造工艺过程和其他先进制造技术等章内容。每章设有导学部分，阐述了本章学习应达成的基本能力，将知识学习与能力培养有机关联；每章后面附有复习思考题，便于理解和巩固所学知识。此外，本书还配有大量的案例视频和数字化资源，便于读者更直观地理解知识点和体会实际应用场景。

本书可作为高等院校机械类和近机械类各专业的本科生教材，也可以作为相关技术人员的参考书。

图书在版编目(CIP)数据

机械制造工艺基础/齐乐华，韩秀琴主编. —北京：清华大学出版社，2023.5(2024.8 重印)
工程材料与机械制造基础系列教材及教师用书
ISBN 978-7-302-60491-4

Ⅰ. ①机… Ⅱ. ①齐… ②韩… Ⅲ. ①机械制造工艺－教材 Ⅳ. ①TH16

中国版本图书馆 CIP 数据核字(2022)第 054288 号

责任编辑：冯　昕　苗庆波
封面设计：傅瑞学
责任校对：赵丽敏
责任印制：刘　菲

出版发行：清华大学出版社
网　　址：https://www.tup.com.cn，https://www.wqxuetang.com
地　　址：北京清华大学学研大厦 A 座　　**邮　　编**：100084
社 总 机：010-83470000　　**邮　　购**：010-62786544
投稿与读者服务：010-62776969，c-service@tup.tsinghua.edu.cn
质量反馈：010-62772015，zhiliang@tup.tsinghua.edu.cn
印 装 者：涿州市般润文化传播有限公司
经　　销：全国新华书店
开　　本：185mm×260mm　　**印　　张**：20.5　　**字　　数**：495 千字
版　　次：2023 年 5 月第 1 版　　**印　　次**：2024 年 8 月第 2 次印刷
定　　价：59.00 元

产品编号：097778-01

序

FOREWORD

我国是制造业大国，也是世界第一制造业大国。然而值得我们警醒的是，迄今为止，我国仍然不是制造业强国。毫无疑问，制造业是我国经济和社会发展的支柱产业，要尽快使我国制造业的水平走在世界前列，那么对工程人才的需求将是巨大的。

随着科学技术的迅猛发展，新经济、新产业、新业态的萌发，社会对人才需求有了全新变化，这时催生了新工科。新工科的出现是促进工程教育改革和发展的强劲动力，同时它也全方位推动了与国际工程教育专业认证、卓越工程师培养教育的协同发展。新工科的改革不仅涉及全新工科专业的创建、传统专业的升级改造，也深刻影响到工科基础课、实践教学和创新训练及其教材的变革，也影响到如何实施和更有效实施立德树人教育思想和教育方法的改革。因此，“工程材料与机械制造基础系列课程”教材的建设也面临着新的问题和挑战。例如，教材知识体系不够完整，内容相对陈旧；教材形态单一，与现代教育技术对接不够；理论课与实习课教材脱节，配合不够；教材知识学习与能力要求关联不够紧密等一系列问题。因此，社会发展在迫切呼唤着新工科，而新工科又在迫切呼唤着与其紧密关联的新教材。

为全面推动新工科的开展，2017 年教育部发布了首批新工科教育教学改革项目指南。为保证机械制造基础课程能满足新工科的要求，有效地解决上述问题，全面促进机械制造基础课程的改革，由教育部高等学校机械基础课程教学指导分委员会牵头，会同教育部高等学校工程训练教学指导委员会联合申报了“面向新工科的机械制造基础课程 KAPI 体系改革研究与实践”项目。该项目于 2018 年 4 月获批立项，旨在构建“工程材料与机械制造基础系列课程”新的知识体系、能力要求体系，以满足对新工科制造知识方面的需求和知识结构的调整；编写配套新形态教材，以体现新知识、新形态，满足数字化、立体化教材新要求；同时结合系列课程理论联系实际和德智体美劳多育并举的特点，改革传统的教学方法，提出并实践一种知识、能力、实践、创新(KAPI)一体化培养的教学方法和人才培养模式，以加快知识向能力的转化。

为了能在新的课程知识体系的指导下，在 KAPI 教学思想的牵引下，编写出版满足新工科要求的“工程材料与机械制造基础系列课程”新形态教材，通过项目化教学实现知识、能力、实践、创新一体化培养，建设一流课程。参与项目组的高校、企业、出版社累计 32 家，参与不同 KAPI 教学项目设计和实践的高校多达 26 所，参与教材编写的近 30 人，与教材编写的有关人员那就更多了。在项目引领下经过整整 3 年的综合教学实践，该项改革取得了全面突破，人才培养质量得到了普遍而明显的提高。项目目前已成功构建了适用于新工科教学要求的工程材料与机械制造基础系列课程知识体系和能力要求体系，遴选出理论课核心知识点 93 个，工程训练(机械制造实习)课核心知识点 80 个。项目组不仅基于新的知识体系和核心知识点编写出版了立体化新形态教材,而且依托高校资深教师和企业专家在全国设计遴选出了26项KAPI一体化训练项目,建成了一批高水平线上、线下一流课程,并在山东大学、天津大学等十几所学校开展了不同层面的KAPI教学实践。项目成果以教学基本要求形式被教育部高等学校工科基础课教学指导委员会收入到《高等学校工科基础课教学基本要求》(高等教育出版社,2019.11),并于2020年4月在由教育部组织的首批新工科项目验收中获得优秀评价,得到了参与学生和同行专家的高度肯定。

本套教材正是为了满足新工科要求,统筹解决上述问题而规划设计的。其编写过程充分尊重了机械制造基础教材的历史传承,既是以立体化形式编写而成的新形态教材,也是目前国内该课程基于新工科要求编写的首套教材。本套教材的编写坚持了教育的本真,力求体现工程实践在知识获取、能力培养、素质提高等方面的重要性,致力于核心知识点的学习和基本能力培养不动摇,确保制造知识的基础性、先进性、完整性和系统性,体现了守成与创新的统一。为方便学习,本套新形态立体化教材,以纸质和数字化配合的形式立体化呈现,是新工科教研成果的重要组成部分。同时,还编写了两册教师参考书,共同组成"工程材料与机械制造基础系列教材及教师用书"丛书。这种能同时有利于教与学的立体化配套教材的结构,是一种全新的尝试。

本丛书共分为5册:第1册为《工程材料成形基础与先进成形技术》;第2册为《机械制造工艺基础》;第3册为《工程训练》;第4册为《工程材料与机械制造基础课程知识体系和能力要求(第2版)》;第5册为《金工/工程训练教材发展略览》。丛书编写以第4册所构建的课程知识体系与能力要求体系为纲,按照产品制造的逻辑关系,将课程核心知识点串接为一个整体。丛书的编写考虑了金工/工程训练教材知识体系、结构、形态演化与发展过程,在择优保持了原有优秀教材结构的基础上,既保证了教材应有的基础理论的深度和广度、核心工艺技术和相应知识点,又大幅增加了与新工科有关的新知识、新工艺,全面体现了新工科知识与能力要求。前3册是学生用书,后两册是教师参考用书。

本丛书具有以下特点:

(1) 结构新。立体化和数字化是本丛书的突出特点,分别配有学生和教师用书的组合设计也为教学提供了方便。

(2) 内容新。本丛书补充了智能制造、物联网、大数据、新材料及其成形新技术、机器人等一系列与制造有关的新技术,填补了新工科知识空白。

(3) 形态多样。本丛书配套了数字化教材、文本资源库、数字资源库、教学课件、习题库等多种形态内容,为教与学提供了更多选择与方便。

(4) 确保对核心知识点的介绍不动摇。本丛书按核心知识点要求编写而成,在此基础上对相关知识点加以拓展,保证了对核心知识点的介绍完整深入。

(5) 理论与实践部分相互融通。理论与实践教材编写队伍交叉配置,纸质与数字化编写组相互交流,确保理论与实践教学内容的融通。丛书编写队伍人数多、配置强,编者全部由国内同领域知名教师组成。为保证理论与实践不脱节,理论课教材与实践课教材编写组相互交叉参与对方教材的编写或讨论,各册内容实现了相互交流,取长补短。

(6) 知识与能力有效衔接。构建了与知识体系对应的能力要求体系,使知识的获取与能力的达成有了明确的对应关联。

(7) 守成与创新的统一。在对中华人民共和国成立70多年来工程材料与机械制造基础教材发展、总结的基础上编写，坚持教育本真，保留传统教材精髓，体现了坚守与推陈出新的统一。

本丛书由教育部高等学校机械基础课程教学指导分委员会新工科项目组规划设计，山东大学孙康宁教授为丛书主编，清华大学傅水根教授为丛书主审；第1册由哈尔滨工业大学邢忠文教授、山东大学张景德教授主编；第2册由西北工业大学齐乐华教授、哈尔滨工业大学韩秀琴教授主编；第3册由合肥工业大学朱华炳教授、中国石油大学(华东)李晓东教授主编，数字资源库由李晓东教授等负责完成；第4册由山东大学孙康宁教授、同济大学林建平教授等编著；第5册由清华大学傅水根教授、山东大学孙康宁教授、大连理工大学梁延德教授主编。希望本丛书的出版，能为培养德智体美劳全面发展的社会主义建设者和接班人，为加快我国由制造业大国向制造业强国过渡尽一份力量。

在本丛书编写过程中，编者们克服了新冠疫情期间所面临的特殊困难，查阅了大量的参考书和相关科技资料，并根据编写的进度和出现的问题，及时召开视频会议，加强电话联系，经过反复斟酌，几易其稿，时间跨度长达3年，终于完成了全部书稿。本丛书能顺利编写出版，离不开教育部高等学校机械基础课程教学指导分委员会和工程训练教学指导委员会的全力支持，离不开清华大学出版社在编辑、经费、资源等方面提供的大力资助，也离不开全体编者的共同努力。在此，对他们表示衷心的感谢。希望读者对本丛书存在的问题提出宝贵的意见或建议，以便在修订时进一步完善。

本丛书可作为高等学校不同专业、不同学时的工程类、管理类学生的教材，也可以作为相关技术人员的参考书。

孙康宁

2021年6月

前言

PREFACE

本书为适应新形势下我国制造强国和创新人才培养的发展目标，促进融合信息技术的教学模式和机械制造基础课程改革，体现“两性一度”（高阶性、创新性和挑战度）的高质量要求，在总结近年来教学改革的探索研究和实践经验的基础上编写而成。

本书为“工程材料与机械制造基础系列教材及教师用书”丛书（共5册，丛书主编：孙康宁，丛书主审：傅水根）的第2册，编写时充分考虑了与第1册（《工程材料成形基础与先进成形技术》）和第3册（《工程训练》）内容的衔接，在保持原有优秀教材的结构、核心工艺技术和相应知识点的基础上，大量增加了与新工科有关的机械制造新知识、新工艺，包括智能制造、物联网、大数据、机器人等现代制造技术的相关内容，特别是增加了各种加工方法的典型案例和新进展，这些有利于读者对基础知识的理解和新知识的拓展，并提高读者分析和解决问题的能力和创新能力。本教材配套有文本资源库、数字资源库、教学课件、习题库等内容，构建了与知识体系对应的能力要求体系。

本书包括绪论、切削加工基础知识、常规切削加工与精密加工、特种加工、数控加工技术、典型表面加工分析、零件的结构工艺性、零件的制造工艺过程和其他先进制造技术等章内容。

本书由齐乐华、韩秀琴任主编，韩建海、徐向纮、朱民、田杰任副主编。参加本书编写的老师有：西北工业大学齐乐华和清华大学傅水根（绪论、第1章1.1节～1.3节，1.5节、第2章、第6章、第7章7.2节～7.4节）、哈尔滨工业大学韩秀琴（第1章1.4节、第5章5.5节～5.7节）、合肥工业大学田杰（第3章）、河南科技大学韩建海（第4章、第8章）、中国计量大学赵延波、徐向纮（第5章5.1节～5.4节）、武汉理工大学王志海（第7章7.1节）、南昌航空大学朱民（第7章7.5节）。

本书承蒙国家教学名师、清华大学傅水根教授审阅，在此表示衷心感谢。

本书可作为高等工科院校机械类和近机械类专业的本科生教材，也可供有关工程技术人员参考。使用本书时，可参考丛书的其他分册，以及与此对应的数字化资源，并结合各专业具体情况进行调整，有些内容可供学生自学。

本书编写力求适应高等教育的改革和发展，但由于编者水平有限，难免出现错误和不足之处，敬请读者批评指正。

编　者

2021年9月

目录

CONTENTS

绪　论

机械制造工业简称“机械工业”,它是以工程材料为原材料,经过不同加工方法后获得各种技术装备的加工制造业。机械工业的主要任务是为各行各业提供各种技术装备。国民经济各部门的发展,依赖于机械工业能否不断地提供先进装备,以促进其技术改造和技术进步,从而影响到整个国民经济的发展。因此,机械工业是国民经济的先导工业,世界各工业化国家均是将其作为战略产业而超前发展,在国民经济中占有极为重要的地位。现代机械制造业中的制造工艺主要包括切削加工工艺和特种加工工艺。切削加工和特种加工两种加工方式相辅相成,使制造业拥有了将原材料或毛坯转化为合格零件不可撼动的双重基础。

1. 切削加工工艺简介和发展趋势

1) 切削加工的分类

切削加工是按照图样给定的加工要求,利用切削刀具或工具从零件毛坯(铸件、锻件或型材坯料)上切除多余材料,获得所需要的形状、尺寸、精度和表面质量的一种加工方法。目前,除了用特种加工、精密铸造、精密锻造、增材制造等方法直接获得零件成品外,绝大多数零件需要利用刀具或磨具进行切削加工。因此切削加工仍然是机械零件生产过程中最重要的加工方式之一。

切削加工可分为机械加工和钳工两部分。机械加工是通过人工操纵机床来实现零件的加工。其主要方法有车削、钻削、镗削、铣削、刨削、磨削等,所用机床主要有车床、钻床、镗床、铣床、刨床、磨床等。钳工一般是在钳工工作台上通过手持工具进行切削加工,其主要方法有画线、錾切、锯割、锉削、刮削、研磨、钻孔、扩孔、铰孔、攻螺纹、套螺纹、机械装配与调试和设备维修等。虽然钳工中的某些工作已实现机械化,但是在机器装配和维修等工艺过程中,钳工比机械加工更为灵活、方便和经济,并容易保证产品的质量,所以钳工是切削加工中不可缺少的一部分。在现代制造业中,各种数控机床、加工中心,乃至智能制造系统,仍然是以切削加工为主要方式来制造零件的。

2) 切削加工的特点和作用

切削加工的主要特点有以下几个方面:

(1) 切削加工的精度和表面粗糙度的范围广泛,且可获得很高的加工精度和很低的表面粗糙度。目前,切削加工的尺寸公差等级可达 IT3～IT12,甚至更高;表面粗糙度 Ra 值可达 0.08～25μm，其范围之广，精密程度之高，是目前其他加工方法难以达到的。

(2) 切削加工零件的材料、形状、尺寸和重量的范围较大。切削加工多用于金属材料的加工，如各种碳钢、合金钢、铸铁、有色金属及其合金等，也可用于某些非金属材料的加工，如石材、木材、塑料和橡胶等；对于零件的形状和尺寸一般不受限制，只要能在机床上实现装夹，大都可进行切削加工，且可加工常见的各种型面，如外圆、内圆、锥面、平面、螺纹、齿形及空间曲面等。切削加工零件的重量范围很大，重的可达数百吨，如葛洲坝一号船闸的闸门，高 30 多米，重 600t；轻的只有几克，如微型仪表零件等。

(3) 切削加工的生产效率高。在常规条件下，切削加工的生产率一般高于其他加工方法。只是在少数特殊场合，其生产率低于精密铸造、精密锻造和粉末冶金等方法。

(4) 切削过程存在切削力。刀具和工件均须具有一定的强度和刚度，且刀具材料的硬度必须大于工件材料的硬度。

正是因为上述特点和生产批量等因素的制约，在现代机械制造中，除少数采用特种加工、精密铸造、精密锻造、增材制造，以及粉末冶金和工程塑料压制成形等方法直接获得零件外，绝大多数机械零件要靠切削加工成形。因此，切削加工在机械制造业中占有十分重要的地位，它与国家整个工业的发展紧密相连，起着举足轻重的作用。

3) 切削加工发展趋势

随着社会发展和科技进步，切削加工也朝着高效率、高速度、高精度、绿色化和智能化的方向发展。其主要体现在以下四个方面。

(1) 数控加工设备朝着精密和超精密以及高速和超高速方向发展。国外的高速加工起步较早，水平较高，目前日本日立精机的 HG400Ⅲ型加工中心主轴最高转速达 36000～40000r/min，加工效率非常高；同时英国的克兰菲尔德精密工程研究所生产的 Nanocentre（纳米加工中心）既可进行超精密车削，也可带上磨头进行超精密磨削，加工工件的形状精度可达 0.1μm，表面粗糙度 Ra 值小于 10nm。而我国机床数控加工中心技术的发展很大程度上受制于外国市场，依赖着外国技术的引进，导致我国数控技术的整体创新力欠缺，尚未形成系统完善的自主创新机制。此外，我国数控技术的专利保护意识较为薄弱，尽管在宏观上已经出台了相关制度和法规，但实际市场的执行力却十分有限，而这种固有的意识弊端也限制了企业的长远发展，缩小了企业的利润空间。因此，数控加工技术是我国切削加工领域重要的发展方向之一。

(2) 切削加工技术朝着绿色化方向发展。切削加工使用的切削液中含有矿物油及硫、磷、氯等对环境有害的添加剂，排放不当会对环境造成污染，而且对操作工人的健康造成威胁，所以绿色切削加工是未来重要的发展方向之一，它要求在整个加工过程中要做到对环境污染最小和对资源利用率最高。

(3) 切削加工过程向智能化方向发展。随着物联网、人工智能和自动化技术的发展，制造过程不断走向智能化。智能工厂是实现智能制造的重要载体，主要通过构建智能化生产系统、网络化分布生产设施，以实现生产过程的智能化。切削加工是智能化生产中的重要环节，智能化的切削加工可以通过加工前的仿真分析与优化，对加工过程中的状态进行监测和智能优化控制，从而完成整个加工过程，使零件加工更加可控和可靠。近年来，在工业 4.0 所催生的工业互联网、物联网、云计算等新技术支撑下，欧美国家已致力于实现智能工厂。我国的智能制造技术也取得快速发展，例如在传感器、智能制造系统等方面取得重要成果。此外，在信息处理技术、机器人技术、遥感技术、工业通信网络技术等方面也取得了令人骄傲的成就，但同欧美发达国家相比，仍然有较大差距，需要不断地创新发展科学技术，探索智能制造技术，希望在未来市场中取得一席之地。

(4) 刀具材料朝着超硬刀具材料方向发展。目前，我国常用刀具材料是高速钢和硬质合金；陶瓷刀具、聚晶金刚石和聚晶立方氮化硼等超硬材料也逐渐应用于切削刀具，但是成本较高，没有完全普及，所以未来超硬刀具材料仍是切削加工领域重要的发展方向之一。

随着信息技术的发展，未来的切削加工技术与计算机、自动化、系统论、控制论及人工智能、计算机辅助设计与制造、计算机集成制造系统等高新技术及理论融合将更加密切，新型的先进制造技术也将不断涌现，切削加工将向着超高精度、超高速度、绿色化、柔性化和智能化等方向发展，并由此推动其他各新兴学科和经济的高速发展。

2. 特种加工工艺简介和发展趋势

切削加工工艺具有悠久的历史，在机械制造领域仍然具有不可撼动的重要地位，但是在长期的实践中，人们发现这种加工工艺存在明显的弱点，例如当材料硬度过高，零件精度要求过高以及零件结构过于复杂或刚性很差时，传统切削加工方法便无法满足应用需求。直到 1943 年，苏联拉扎连科夫妇在研究开关触点遭受火花放电时的腐蚀损坏现象和原因时，从火花放电时的瞬时高温，可使局部金属熔化、汽化而蚀除的现象，顿悟到创造一种全新加工方法的可能性，继而进行深入研究，最终发明了电火花加工新方法。采用较软的工具即可加工具有高硬度的金属材料，从而首次摆脱了常规切削加工，直接利用电能和热能去除金属，达到“以柔克刚”的效果。继电火花加工之后，人们又不停地进行研究和探索，相继发展了一系列特种加工新方法，如电解加工、超声波加工、激光加工和水射流切割加工等，从而开拓了特种加工的广阔领域。因此，直接借助电能、热能、声能、光能、电化学能、化学能以及特殊机械能等多种能量，或其复合施加在工件的被加工部位上，以实现材料去除的加工方法被称为特种加工技术。

1) 特种加工方法的分类

特种加工技术发展至今虽已有近 80 年的历史，但在分类方法上并无明确规定，一般按能量形式和作用原理进行划分。

(1) 按电能与热能作用方式有：电火花成形与穿孔加工、电火花线切割加工、电子束加工和等离子体加工。

(2) 按电能与化学能作用方式有：电解加工、电铸加工和刷镀加工。

(3) 按电化学能与机械能作用方式有：电解磨削、电解珩磨。

(4) 按声能与机械能作用方式有：超声波加工。

(5) 按光能与热能作用方式有：激光加工。

(6) 按电能与机械能作用方式有：离子束加工。

(7) 按液流能与机械能作用方式有：挤压珩磨和水射流切割。

2) 特种加工技术的特点

特种加工技术具有如下特点：①以柔克刚。因工具与工件不直接接触，加工时无明显机械作用力，故加工高脆性、高硬度材料时，工具硬度可低于被加工材料硬度。②可加工复杂型面，许多特种加工技术只需简单运动即可加工三维复杂型面。③可以获得良好的表面质量。特种加工过程，工具表面不产生强烈弹塑性变形，故有些特种加工方法可以获得良好加工质量和表面粗糙度。④各种加工方法可以任意复合，形成扬长避短的新型复合加工方法，可以扩大其应用范围。

3）特种加工技术发展趋势

（1）采用自动化技术：充分利用计算机技术对特种加工设备的控制系统、电源系统进行优化，建立综合参数自适应系统、数据库等，进而建立特种加工的 CAD/CAM 和 FMS 系统。

（2）向工程化和产业化方向发展：不断改进、提高高能束源品质，加大对大功率、高可靠性、多功能、智能化加工设备的研发。

（3）小型化、精密化和超精密化：高新技术的发展促使高新技术产品向超精密化与小型化方向发展，向亚微米级和纳米级迈进，从而对产品零件的精度、表面粗糙度提出了更为严格的要求。为适应这一发展趋势的需要，大力开发用于超精加工的特种加工技术（如等离子弧加工等）已成为重要的发展方向。

（4）防止污染和绿色化制造：污染问题是影响和限制某些特种加工应用、发展的严重障碍。必须花大力气处理废气、废渣、废液，“变废为宝”，向“绿色”加工方向发展。

（5）开发新工艺方法及复合工艺：为适应产品的高技术性能要求与新型材料的加工要求，需要不断开发新工艺方法，包括微细加工和复合加工技术，尤其是质量高、效率高、经济型的复合加工。

（6）进一步开拓特种加工技术：以多种能量同时作用，相互取长补短的复合加工技术，如电解磨削、电火花磨削、电解放电加工、超声电火花加工等。

3. 本课程的基本任务、学习目的和方法

机械制造工艺基础是一门综合性的技术基础课，它融合多种工艺方法为一体，旨在使学生建立生产过程的概念，掌握常用的金属切削加工基础理论、基本加工工艺方法、零件结构工艺性及数控加工相关基础知识，了解特种加工和精密加工以及先进制造技术知识，培养学生机械工程的基本素质和零件结构工艺性设计的能力。机械制造工艺基础课程（教材）在培养高级工程技术人才的全局中，具有增强学生的工程实践能力、对机械技术工作的适应能力和机械结构创新设计能力的作用。

通过本课程的学习和相应的工程训练，期望学生能达到以下目标。

（1）用发展的眼光，建立传统切削加工与现代机械制造的完整概念，培养良好的工程意识。

（2）掌握切削加工过程以及典型加工机床的传动原理，了解加工精度、表面质量和切削用量选择之间的关系。

（3）掌握常用切削加工方法及原理，如车削加工、铣削加工、磨削加工和钻削加工等。

（4）掌握特种加工和精密加工的一般方法，熟悉每种方法的加工原理，主要特点以及应用场合。

（5）掌握零件的结构工艺性以及典型零件的加工流程，并具有设计毛坯和零件结构的初步能力。

（6）了解数控加工以及其他先进制造技术，具备数控机床的基本操作能力。

本教材为“工程材料与机械制造基础系列教材及教师用书”第2册，与第1册《工程材料成形基础与先进成形技术》的内容紧密衔接，阐述了传统制造到现代制造的发展过程，并对其中重要的加工原理和加工方法作了详细叙述，信息量大，实践性强。在教学过程中，应以课堂教学为主，同时辅之以线上学习、视频、多媒体教学、实物与模型、课堂讨论等多种教学手段和教学模式，以增强学生的感性认识，加深其对教学内容的理解，应注意理论联系实际。同时，应与“工程材料与机械制造系列教材及教师用书”第3册《工程训练》教学密切配合，使学生在掌握理论知识的同时，提高发现问题、提出问题、分析问题和解决问题的工程实践能力。学生应注意观察和了解平时接触到的机械加工零件或装置，深入了解其主要结构和零件间的定位，按要求完成一定量的作业及复习思考题，运用所学知识尝试解决有关问题，才能较好地掌握本课程内容，扩大课程教学效果，提高创新能力。

第1章

切削加工基础知识

【本章导读】 切削加工具有加工精度高、生产率高、工人劳动强度低等优点，是机械零件生产中最重要的加工方式之一。本章着重讲述金属切削基本原理和切削过程中所出现的各种物理现象及其基本规律和机床传动原理等，主要包括切削运动与切削要素、刀具与刀具切削过程、磨具与磨削过程、典型切削机床传动原理以及加工精度等。在学习完本章知识点之后，应能掌握金属切削加工过程中的物理、力学现象，熟悉机床传动基本原理，具备正确选择切削参数、刀具材料及刀具角度的能力，并能够理论联系实际，对具体情况进行具体分析，为后续学习机械加工方法和制定机器零件的机械加工工艺规程打下良好基础。

切削加工是利用切削刀具或工具从零件毛坯（铸件、锻件或型材）上切除多余的材料，获得所需要的形状、尺寸、精度和表面质量的一种加工方法。切削加工可分为钳工和机械加工两大部分。钳工是指由工人手持工具直接对零件进行切削加工的方法，机械加工是指由工人操纵机床设备来进行切削加工。习惯上所说切削加工主要是指机械加工，它是机械零件生产过程中最重要的加工方式之一。学习和掌握本章有关切削加工的基本知识，对控制切削过程、保证加工质量、提高生产率和降低生产成本具有重要意义。

1.1 切削运动与切削要素

机器零件的形状和大小虽各式各样，但分析起来，主要由下列几种表面所组成，即外圆面、内圆面（孔）、平面、成形面和沟槽等。因此，只要能对这几种表面进行加工，便基本能完成对机器零件的加工。

外圆面和内圆面（孔）是以某一直线为母线，以圆为轨迹，做旋转运动时所形成的表面。

平面是以一直线为母线，以另一直线为轨迹，作平移运动时所形成的表面。

成形面是以曲线为母线，以圆或直线为轨迹，作旋转或平移运动时所形成的表面。

沟槽则是由平面或成形面组合而成的较为复杂的表面。

上述各种表面，可分别用图 1-1 所示相应的加工方法来获得。由图 1-1 可知，要对这些表面进行加工，刀具与工件必须有一定的相对运动，即切削运动。

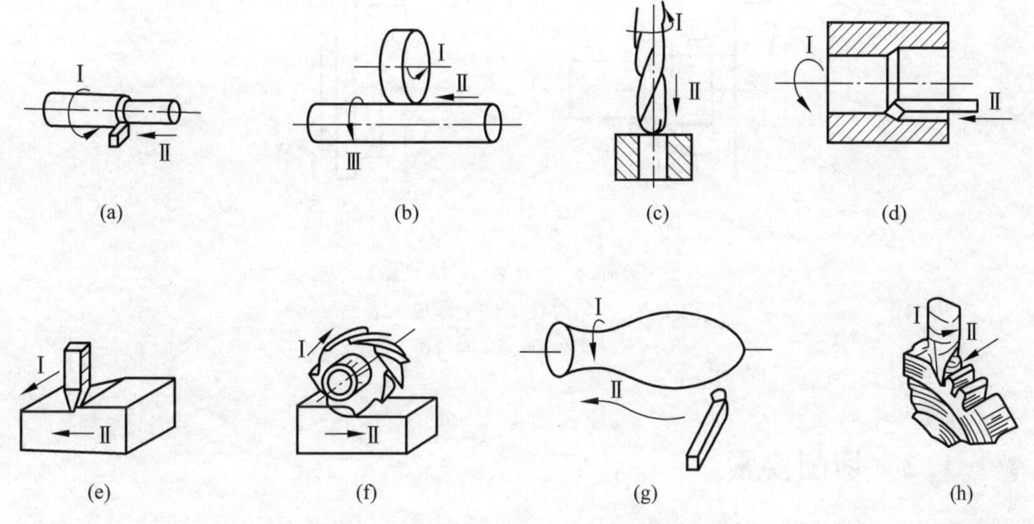

图 1-1 零件不同表面加工时的切削运动

(a) 车外圆面；(b) 磨外圆面；(c) 钻孔；(d) 车床上镗孔；(e) 刨平面；(f) 铣平面；(g) 车成形面；(h) 铣成形面

1.1.1 切削运动

在切削加工过程中，刀具与工件之间的相对运动称为切削运动。它包括主运动Ⅰ和进给运动Ⅱ。图 1-1 所示为零件不同表面加工时的切削运动。

1. 主运动

主运动是进行切削的最基本、最主要的运动，也称为“切削运动”。通常它的速度最高，消耗机床动力最多。主运动一般只有一个。如车削时工件的旋转是主运动，铣削时铣刀的旋转是主运动。

2. 进给运动

进给运动是多余材料不断被投入切削，从而加工出完整表面所需的运动。进给运动可以有一个或几个。如车削时车刀相对工件的移动是进给运动，铣削时工作台带动工件相对铣刀的移动是进给运动。

主运动与进给运动配合，便可对工件不同的表面进行加工，使切削工作连续地进行。

除主运动和进给运动外，为完成机床工作循环，还有吃刀、退刀、让刀等辅助运动，普通机床的辅助运动大多通过手动完成。

切削过程中，工件上多余的材料不断被刀具切除而转变为切屑，因此，工件上会形成三种表面，如图 1-2 所示。

(1) 已加工表面——工件上经刀具切削后形成的表面。

(2) 过渡表面(又称“加工表面”)——工件上正在被切除的表面。

(3) 待加工表面——工件上有待切除的表面。

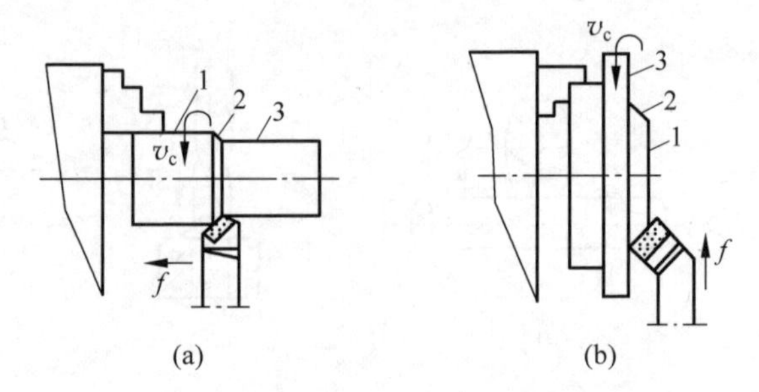

1—待加工表面；2—过渡表面；3—已加工表面。

图 1-2　车削时在工件上形成的表面

(a) 车外圆；(b) 车端面

1.1.2　切削要素

1. 切削用量

在一般的切削加工中，切削用量有三要素，包括切削速度、进给量和切削深度，它们是切削过程中不可缺少的因素。

1）切削速度 v_c

主运动的线速度称为切削速度，即单位时间内，工件和刀具沿主运动方向的相对位移。当主运动为转动时，切削速度用下式计算：

$$v_c = \frac{\pi d n}{1000 \times 60} \tag{1-1}$$

式中，v_c 为切削速度，m/s；d 为切削刃上选定点处工件或刀具直径，mm；n 为工件或刀具转速，r/min。

当主运动为往复直线运动时（如刨削运动），以平均速度为切削运动的速度，用下式计算：

$$v_c = \frac{2 L n_r}{1000 \times 60} \tag{1-2}$$

式中，v_c 为切削速度，m/s；L 为往复运动的行程长度，mm；n_r 为主运动每分钟的往复次数，str/min。

2）进给量

刀具在进给方向上相对于工件的位移量，称为进给量。不同的加工方法，由于所用刀具和切削运动形式不同，进给量的表述和度量方法也不相同。主要有以下三种表述方法：

(1) 每转进给量 f：在主运动一个循环内，刀具与工件沿进给运动方向的相对位移，单位为 mm/r 或 mm/str。

(2) 每分进给量（进给速度）v_f：进给运动的瞬时速度，即在单位时间内，刀具与工件沿进给运动方向的相对位移，单位为 mm/s 或 mm/min。

(3) 每齿进给量 f_z：刀具每转或每行程中每齿相对工件在进给运动方向上的位移量，单位为 mm/z。它们之间的关系为

$$v_f = f n = f_z z n \tag{1-3}$$

3）切削深度 a_p

切削深度是指待加工表面与已加工表面间的垂直距离，又称为“背吃刀量”。车外圆时，

可以用已加工表面和待加工表面之间的垂直距离计算，公式如下：

$$a_p = \frac{d_w - d_m}{2} \tag{1-4}$$

式中，a_p 为切削深度，mm；d_w 为工件待加工表面直径，mm；d_m 为工件已加工表面直径，mm。

从既要提高生产率，又要保证刀具耐用度出发，粗加工选择切削用量的顺序是：首先选用尽可能大的切削深度，再选用尽可能大的进给量，最后根据确定的刀具耐用度选择合理的切削速度。

2. 切削层几何参数

切削层是指刀刃正在切削的金属层。切削层几何参数用来表示切削层的形状和尺寸，包括切削宽度、切削厚度和切削面积。通常规定切削层是指切削过程中，由刀具切削部分的一个单一动作（如车削时工件转一圈，车刀主切削刃在进给方向上移动一段距离）所切除的工件材料层，如图 1-3 所示。

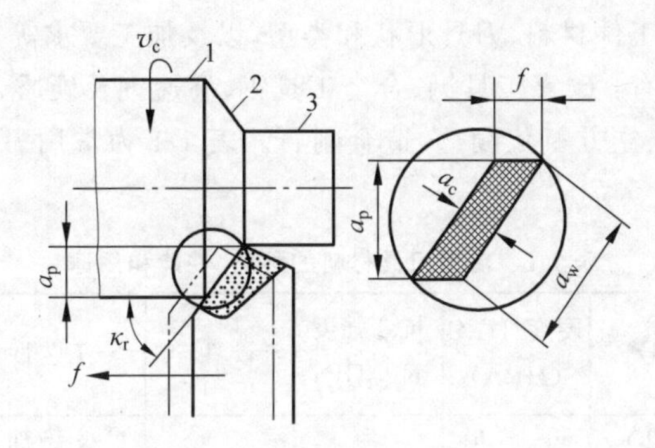

1—待加工表面；2—过渡表面；3—已加工表面。

图 1-3　切削层几何参数

（1）切削厚度 a_c：切削厚度是指垂直于工件过渡表面测量的切削层横截面尺寸，即

$$a_c = f\sin\kappa_r \tag{1-5}$$

（2）切削宽度 a_w：切削宽度是指平行于工件过渡表面测量的切削层横截面尺寸，即

$$a_w = \frac{a_p}{\sin\kappa_r} \tag{1-6}$$

（3）切削面积 A_c：切削面积是指工件被切下的金属层沿垂直于主运动方向所截取的横截面积，即

$$A_c = fa_p = a_c a_w \tag{1-7}$$

1.2　刀具与刀具切削过程

1.2.1　刀具材料

切削过程中，直接完成切削工作的是刀具。刀具能否胜任切削工作，主要取决于刀具切削部分的材料、合理的几何形状和结构。

1. 刀具材料应具备的性能

(1) 高硬度：刀具材料的硬度必须大大高于工件材料的硬度。在常温下，刀具材料的硬度一般应在60HRC以上。

(2) 足够的强度和韧性：以便承受切削力和切削时产生的振动，防止刀具脆性断裂和崩刃。

(3) 高耐磨性：抵抗磨损的能力强。一般情况下，刀具材料硬度越高，耐磨性越好。

(4) 高耐热性(又称“热硬性”)：刀具材料在高温下仍能保持其硬度、强度、韧性和耐磨等性能。

(5) 良好的工艺性和经济性：为便于刀具制造，刀具材料应具有好的切削性能、磨削性能、焊接性能及热处理性能等，还要追求高的性价比。

2. 刀具材料选择

刀具材料主要根据工件材料、刀具形状和类型，以及加工要求等进行选择。目前在切削加工中常用的刀具材料有：碳素工具钢、合金工具钢、高速钢及硬质合金等。超硬刀具材料目前应用较多的有陶瓷、立方氮化硼、人造金刚石。表1-1为常用刀具材料的种类、性能和用途。

表1-1 常用刀具材料的种类、性能和用途

种 类	常用牌号	硬度/HRC (HRA)	抗弯强度 R_m/GPa	红硬性/℃	工艺性能	用 途
优质碳素工具钢	T8A～T10A T12A T13A	60 ～ 65 (81～84)	2.16	200	可冷热加工成形，刃磨性能好	手动工具如锉刀、锯条等
合金工具钢	9SiCr、 CrWMn	60～65 (81～84)	2.35	250～300	可冷热加工成形，刃磨性能好，热处理变形小	用于低速成形刀具，如丝锥、板牙、铰刀
高速钢	W18Cr4V、 W6Mo5Cr4V2	63～70 (83～86)	1.96～ 4.41	550～600	可冷热加工成形，刃磨性能好，热处理变形小	中速及形状复杂的刀具，如钻头、铣刀、拉刀等
硬质合金	P类 M类 K类	(89～93)	1.08～ 2.16	800～ 1000	粉末冶金成形，多镶片使用，性能较脆	用于高速切削刀具，如车刀、刨刀、铣刀
涂层刀具	TiC、TiN TiN-TiC	3200HV	1.08～ 2.16	1100	在硬质合金基体上涂覆一层5～12μm厚的TiC、TiN	同上，但切削速度可提高30%左右。同等速度下寿命提高2～5倍
陶瓷	AM、AMT SG4、AT6	(93～94)	0.4～ 0.785	1200	硬度高于硬质合金，脆性大于硬质合金	精加工优于硬质合金，可加工淬火钢
立方氮化硼(CBN)	FN、LBN-Y	7300～ 9000HV		1300～ 1500	硬度高于陶瓷，性能较脆	切削加工优于陶瓷，可加工淬火钢

续表

种 类	常用牌号	硬度/HRC (HRA)	抗弯强度 R_m/GPa	红硬性/℃	工艺性能	用 途
人造聚晶金刚石		10000HV 左右		600	硬度高于CBN,性能较脆	用于非铁金属精密加工,不宜切削铁类金属

1）碳素工具钢

碳素工具钢淬火和回火后可以得到较高的表面硬度(63～65HRC),但是淬透性较低,淬硬层薄(一般约3mm),因此截面较大的刀具淬火时必须急冷,但容易引起变形和脆裂。在工作温度超过200℃时,碳素工具钢刀具刃口的硬度将明显下降,耐磨性变差,碳素结构钢的切削速度为8m/min左右。该材料目前主要用于制造手动和低速切削工具,如手用锯条、丝锥和锉刀等。

2）合金工具钢

与碳素工具钢相比,合金工具钢具有较好的淬透性,并可在油或盐浴中冷却,以减小热处理变形和开裂。这种工具钢含有较硬的碳化物(W、Cr、V的碳化物),因此,耐磨性有所提高,但切削时刀具刃口的容许工作温度仅为220℃左右,切削速度一般为8～10m/min。合金工具钢适宜制造截面积较大,热处理变形较小或者要求耐磨性较好的低速机动和手动工具。

3）高速钢

高速钢又称为"锋钢""风钢",它比碳素工具钢和合金工具钢具有更高的热硬性,切削速度为30～60m/min,是碳素工具钢的5～6倍,韧性较好,易于刃磨,热处理变形比碳素工具钢要小,可广泛用于制造中速切削及形状复杂的刀具,如麻花钻、铣刀、拉刀和各种齿轮加工刀具等。

4）硬质合金

硬质合金按化学成分可分为钨钴类硬质合金(YG类或K类)、钨钛钴类硬质合金(YT类或P类)和添加稀有金属钛化物硬质合金(YW类或M类)。硬质合金一般采用碳化物陶瓷粉体及镍、钴等金属黏结剂通过粉末冶金法制造,它具有高硬度(70～75HRC)、耐高温、耐磨等特点,切削速度比高速钢高4～10倍。其缺点是强度和韧性比高速钢低,工艺性差,因此硬质合金常用于制造形状简单的高速切削刀片,经焊接或机械夹固在车刀、刨刀、端铣刀、钻头等刀体(刀杆)上使用。

5）陶瓷

陶瓷刀具种类很多,包括氧化物陶瓷、碳化物陶瓷、氮化物陶瓷以及复相陶瓷等。与硬质合金相比,陶瓷具有硬度高、耐磨性好、耐高温、化学稳定性好等优点。以氧化铝陶瓷为例,其硬度可达93～94HRA,超过硬质合金,耐磨性也是一般硬质合金的5倍,在1200℃以上仍能进行切削。陶瓷刀具的主要缺点是脆性很大,抗弯强度和冲击韧性低,不能承受冲击负荷。因此陶瓷刀具常用来加工高硬度材料(如硬铸铁和淬火钢)以及高速精加工。

6）立方氮化硼

立方氮化硼是采用静压人工合成方法制成的,它是用氮化硼粉,经高温高压聚晶制造出来的一种超硬的无机材料，其结构与金刚石相似，有与金刚石相近的硬度，又具有高于金刚石的热稳定性，主要用来制造磨具、切削刀具，以及用来加工高强度耐热合金、淬火钢、工具钢等特殊钢种。

7）人造聚晶金刚石

人造聚晶金刚石是用人工的方法创造一定的物理化学条件使非金刚石结构的碳（如石墨）转变为常态下存在的金刚石结构的碳（金刚石）；其硬度极高，能达到10000HV左右，可用于加工高硬度且耐磨的硬质合金、陶瓷、玻璃等，也可加工各种有色金属及其合金，因易产生黏接磨损，所以不宜加工钢类工件，同时在800℃的高温下容易向金刚石的同素异构体石墨转化。

3. 刀具材料的发展趋势

近年来，刀具材料发展与应用的主要方向是研究发展高性能新材料，提高刀具材料的使用性能，增加刃口的可靠性，延长刀具使用寿命；大幅度提高切削效率，以满足各种难加工材料的切削要求。

(1) 开发纤维或晶须增强陶瓷基复合材料，以进一步提高陶瓷刀具材料的性能。

与铁金属相容的增强纤维可使陶瓷刀片韧性提高，实现带有正前角及断屑槽的陶瓷刀片的直接成形。使陶瓷刀片能更好地控制切屑，从而大幅度提高切削用量。此外，在陶瓷基体中加入晶须，也可显著提高增韧效果，如采用碳化硅晶须增韧陶瓷刀具，可用于加工镍基合金、高硬度铸铁和淬硬钢等材料。

(2) 开发新型刀具涂层材料。

刀具涂层材料正朝着多元化和多层次方向发展，通过组合不同的涂层材料，大大提升刀具性能。例如，在进行刀具涂层时，外层可选取TiN，以有效减少与切屑的摩擦；第二层可覆盖一层Al_2O_3，可提升刀具的依附力和抗磨损能力；第三层覆盖TiCN，以此提高后刀面和前刀面的耐磨性能。目前，涂层硬质合金已普遍用于车铣刀具。另外，仍需扩大TiC、TiN、TiCN、TiAlN等多层高速钢涂层刀具的应用。

(3) 进一步改进粉末冶金高速钢刀具制造工艺，扩大其应用范围。

如用挤压复合材料制成的整体立铣刀由两层组成：外层为分布于钢母体中的50%氮化硅，内层为高速钢。其生产率是传统高速钢立铣刀的3倍，特别宜于加工硬度达40HRC的淬硬钢和钛合金，尤其是铣削键槽。降低粉末冶金高速钢的生产成本和进一步提高粉末冶金高速钢的力学性能是其主要的研究方向。

(4) 推广应用金刚石涂层刀具，扩大超硬刀具材料在机械制造业中的应用。

人们期望在硬质合金基体上加一层金刚石薄膜，既能获得金刚石的抗磨性，同时又具有最佳刀具形状和高的抗振性能，这样便能在非铁金属加工中兼具高速切削能力和最佳刀具形状。

1.2.2 刀具构造

切削刀具种类很多，如车刀、钻头、刨刀、铣刀等。它们的几何形状各异，复杂程度不同。其中，车刀是最常用、最简单和最基本的切削刀具，各种复杂刀具都可以看作以车刀为基本形态，根据不同工种的加工特点和加工需要演变而成。

1. 车刀的结构形式及组成

车刀的结构形式有整体式、焊接式、机夹式、机夹可转位式等几种，如图 1-4 所示。整体式车刀结构简单，但对贵重的刀具材料消耗较大；焊接式车刀刚性好，灵活性较大，可以根据加工要求，方便地磨出所需要的角度，但硬质合金刀片经过高温焊接和刃磨后，易产生内应力和裂纹，使切削性能下降，对提高生产率很不利；机夹式车刀可避免焊接高温带来的缺陷，提高刀具切削性能，并能使刀柄多次使用；机夹可转位式车刀所用的硬质合金刀片具有多个切削刃，当一个切削刃用钝后，不需要重磨，只要松开夹紧元件，将刀片转换一个位置，重新夹紧，即能继续使用，可获得较大的经济效益。

车刀组成及分类

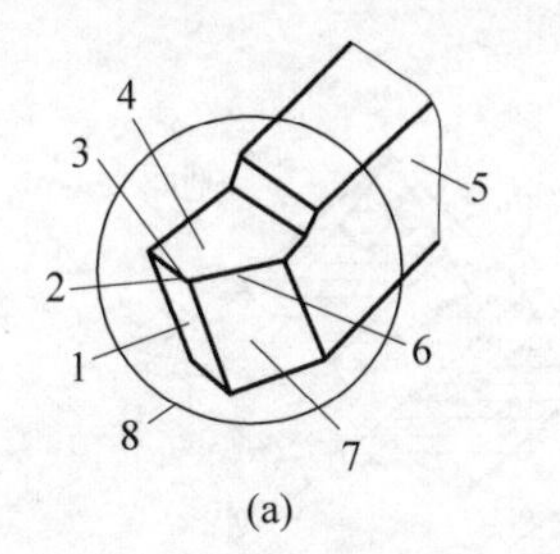

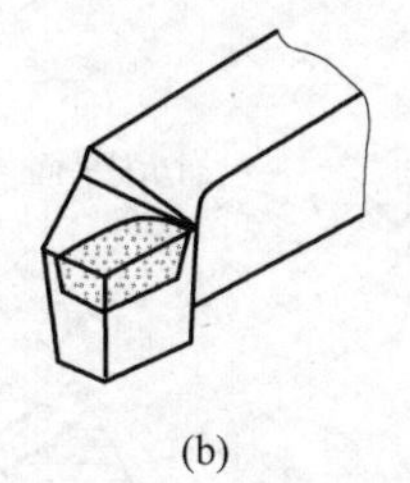

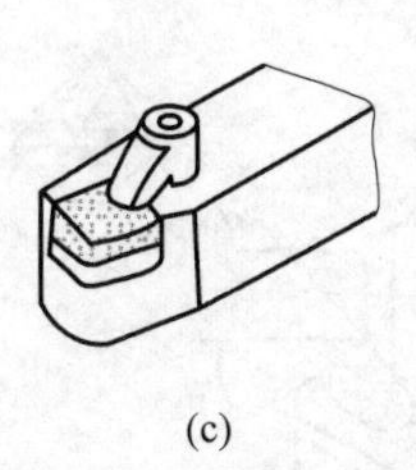

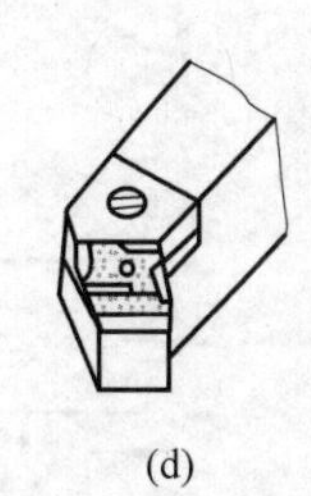

1—副后刀面；2—副切削刃；3—刀尖；4—前刀面；5—刀柄；6—主切削刃；7—主后刀面；8—刀体。

图 1-4 车刀的结构形式

(a) 整体式；(b) 焊接式；(c) 机夹式；(d) 机夹可转位式

车刀是由切削部分(刀体)和夹持部分(刀柄)所组成。切削部分又由前刀面(切屑流出所经过的表面)、主后刀面(与工件过渡表面相对的表面)、副后刀面(与工件已加工表面相对的表面)、主切削刃(前刀面与主后刀面的交线，承担主要的切削工作)、副切削刃(前刀面与副后刀面的交线，一般仅有微量的切削)、刀尖(主、副切削刃的交点，为强化刀尖，常磨成圆弧形或直线形的过渡刃)所组成，简称“三面、二刃、一尖”，如图 1-4(a)所示。

2. 车刀的标注角度及作用

刀具要从工件上切除材料，就必须具有一定的切削角度。切削角度决定了刀具切削部分各表面之间的相对位置。

为了确定和测量刀具角度，需引入由 3 个参考平面(也称“辅助平面”)组成的空间坐标系，刀具的标注角度是以此参考系来进行测量的。组成刀具标注角度参考系的各参考平面定义如下(见图 1-5)。

正交平面参考系与车刀角度

(1) 基面 2：通过主切削刃上某一点，并与该点切削速度方向相垂直的平面。

(2) 主切削平面 4：通过主切削刃上某一点，与主切削刃相切并垂直于该点基面的平面。

(3) 主剖面 5：通过主切削刃上某一点，同时垂直于该点基面和主切削平面的平面。

车刀的标注角度是指在刀具图样上标注的角度，也称为“刃磨角度”。主要标注角度有前角 γ_0、后角 α_0、主偏角 κ_r、副偏角 κ_r' 和刃倾角 λ_s，如图 1-6 所示。

(1) 前角 γ_0：在主剖面中测量，是指前刀面与基面之间的夹角，有正负之分。其主要作

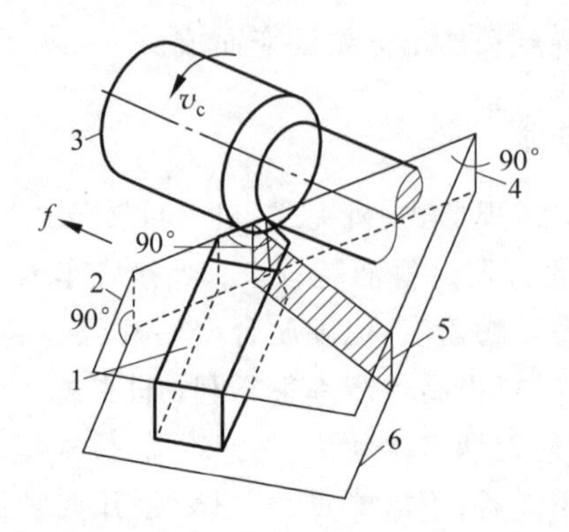

1—车刀；2—基面；3—零件；4—主切削平面；5—主剖面；6—底平面。

图 1-5 刀具角度标注坐标系

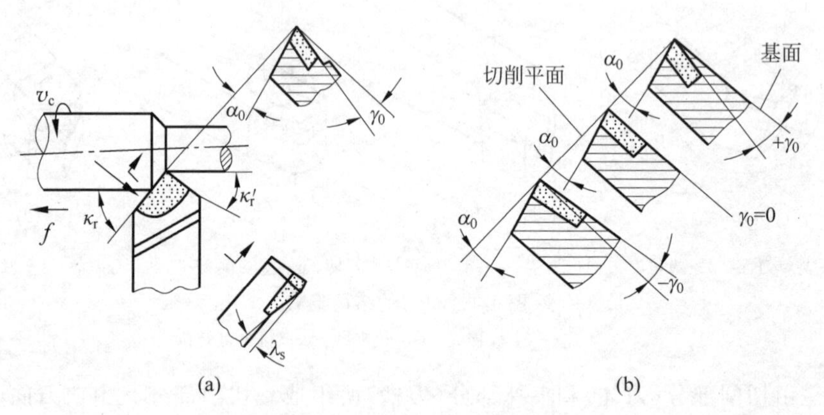

图 1-6 车刀的主要角度

用是使车刀刃口锋利，减少切削变形和摩擦力，排出切屑，使切削顺利。

(2) 后角 α_0：在主剖面中测量，是指主后刀面与主切削平面之间的夹角。其主要作用是减少后刀面与工件之间的摩擦。

(3) 主偏角 κ_r：在基面中测量，是指主切削刃在基面上的投影与进给运动方向之间的夹角。其主要作用是改变刀具与工件的受力情况和刀头的散热条件。

(4) 副偏角 κ_r'：在基面中测量，是指副切削刃在基面上的投影与进给运动反方向之间的夹角。其主要作用是减少副刀刃与工件已加工表面之间的摩擦。

(5) 刃倾角 λ_s：在主切削平面中测量，是指主切削刃与基面之间的夹角，有正负之分。其主要作用是控制切屑的排出方向，当刃倾角为负值时，可增加刀头的强度和当车刀受冲击时保护刀尖。

3. 车刀的工作角度

上述车刀角度是在静止参考系中，假定车刀刀尖和工件回转轴线等高、刀柄中心线垂直于进给方向，且不考虑进给运动对坐标平面空间位置的影响等条件下标注的角度。在实际切削过程中，这些条件往往会发生改变，以致刀具切削时的几何角度不等于上述标注角度。刀具在切削过程中的实际切削角度，称为工作角度。

安装车刀时，刀尖如果高于或低于工件回转轴线，则切削平面和基面的位置将发生变化，如图 1-7 所示。当刀尖高于工件回转轴线时，前角增大，后角减小(见图 1-7(a))；反之，前角减小，后角增大(见图 1-7(c))。

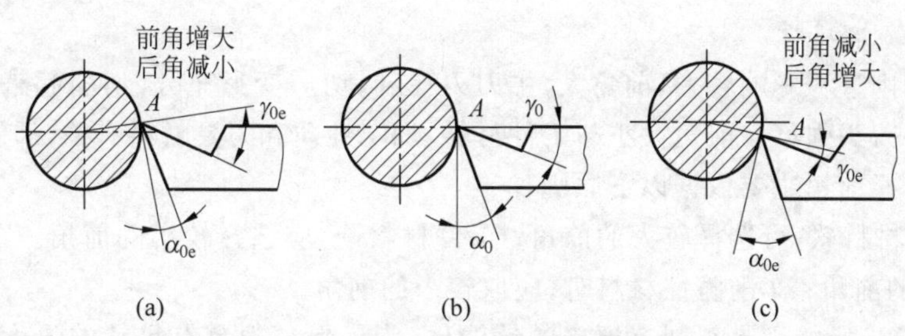

图 1-7　车削时在工件上形成的表面
(a) 刀尖高于工件轴线；(b) 刀尖与工件轴线等高；(c) 刀尖低于工件轴线

如果车刀刀柄中心线的安装与进给方向不垂直，车刀的主、副偏角将发生变化，如图 1-8 所示。刀柄右偏，则主偏角增大，副偏角减小(见图 1-8(a))；反之，主偏角减小，副偏角增大(见图 1-8(c))。

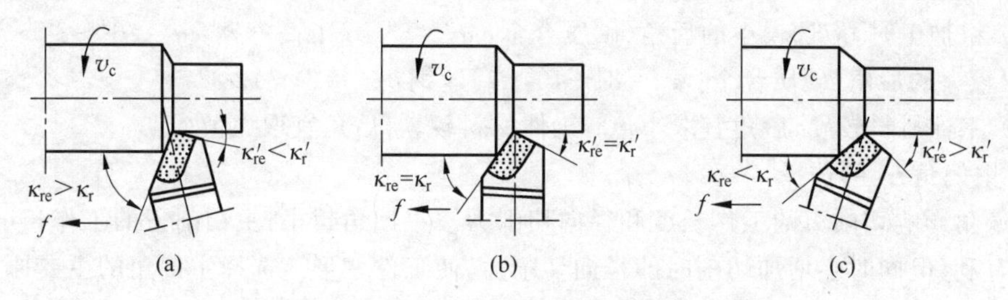

图 1-8　车刀安装偏斜对主偏角和副偏角的影响
(a) 刀柄右倾安装；(b) 刀柄垂直安装；(c) 刀柄左倾安装

可见，刀具安装正确与否，对切削是否顺利、工件的加工质量等均有较大影响。如果安装不当，便不能发挥其应有作用。

进给运动对工作角度也有一定的影响。切削过程中由于进给运动的存在，当纵向走刀车外圆时，工件上形成的加工表面实际上是一个螺旋面，使实际的切削平面和基面都要偏转一个螺旋面的升角 ψ，从而引起工作前角 γ_0 加大，工作后角 α_0 减小，如图 1-9 所示。车外圆(或内孔)时，进给量 f 小(ψ 小)，进给运动对工作角度的影响不大，可忽略不计。但当车螺纹时，特别是车削螺距较大(ψ 大)的多线螺纹和蜗杆时，由于此时的螺旋升角较大，必须考虑螺旋升角 ψ 对前角和后角的影响。

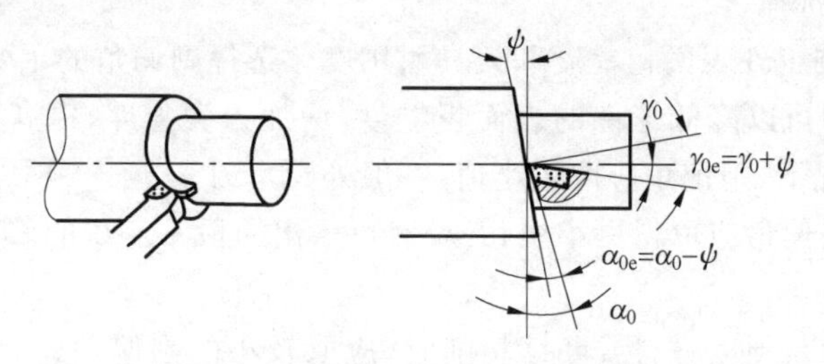

图 1-9　进给运动对前角和后角的影响

4. 车刀角度的选择

1）前角 γ_0 的选择

前角对切削过程影响较大，前角大，主刀刃锋利，切屑变形充分，切削起来就轻快，但前角过大会削弱刀头强度。前角大小与工件材料、加工性质和刀具材料有关，但影响最大的是工件材料。选择前角主要依据以下原则：

（1）工件材料软，可选择较大的前角；工件材料硬，应选择较小的前角。车削塑性材料时，可取较大的前角；车削脆性材料时，应取较小的前角。

（2）粗加工时，特别是车削有硬皮的铸锻件，为了保证刀具有足够的强度，应取较小的前角；精加工时，为了提高表面精度，一般应取较大的前角。

（3）车刀材料的强度、韧性较差，前角应取小值；车刀材料韧性较好，前角可取较大值。

2）后角 α_0 的选择

后角太大，会降低车刀强度；后角太小，会增加车刀后面与工件表面的摩擦。一般依据以下原则进行选择：

（1）粗加工时，应选较小的后角（硬质合金：$\alpha_0=5°\sim7°$；高速钢：$\alpha_0=6°\sim8°$）；精加工时，应取较大的后角（硬质合金：$\alpha_0=8°\sim10°$；高速钢：$\alpha_0=8°\sim12°$）。

（2）工件材料较硬，后角宜取小值；工件材料较软，后角宜取大值。

3）主偏角 κ_r 的选择

主偏角影响切削刃的工作长度和径向切削力。主偏角越小，主切削刃的工作长度越长，散热越有利，但同时会增加切削时的径向切削力，使工件变形。选择主偏角的主要原则是：

（1）工艺系统（车床、工件、刀具、夹具）刚性较好时，选用较小的主偏角（可增加刀尖强度，改善刀头散热条件，提高刀具耐用度）。但当主偏角减小时，径向切削力增加，容易引起振动。因此，当工艺系统刚性较差时，应选用较大的主偏角。如车削细长轴时，可选取 $\kappa_r=75°\sim93°$。

（2）加工很硬的材料，如冷硬铸铁和较硬的合金钢，为了减轻单位切削刃上的负荷，提高刀具耐用度，宜取较小的主偏角。

（3）主偏角还受工件形状的限制，如加工台阶轴之类的工件，车刀主偏角必须等于或大于 90°；加工中间切入的工件，一般采用 $\kappa_r=45°\sim60°$主偏角。

（4）单件小批生产，希望使用 1～2 把车刀加工出工件上所有的表面，则经常选取通用性较好的 90°偏刀。

4）副偏角 κ_r'的选择

副偏角主要影响工件表面粗糙度和刀具耐用度。选择副偏角的主要原则是：

（1）减小副偏角可以降低工件的表面粗糙度，增加刀尖强度，提高刀具耐用度。因此，在不引起振动的情况下，副偏角应取较小值，一般外圆车刀 $\kappa_r'=6°\sim8°$。

（2）精加工时副偏角应取得更小些，必要时可磨出一段 $\kappa_r'=0°$的修光刃，粗加工时取得大一些。

（3）车削高强度高硬度材料或断续切削时，应取较小的副偏角（$\kappa_r'=4°\sim6°$），以提高刀尖的强度。

（4）加工中间切入工件时，副偏角应取较大值（$\kappa_r'=45°\sim60°$）。

5) 刃倾角 λ_s 的选择

刃倾角的大小主要影响刀尖强度和控制切屑的流向。选择刃倾角的主要原则是：

(1) 粗车一般钢料和灰铸铁时，选用 $\lambda_s=-5°\sim0°$。

(2) 精车时，为了使切屑流向待加工表面，保证已加工表面的粗糙度，常选用 $\lambda_s=0°\sim5°$。

(3) 断续切削(有冲击负荷)时，$\lambda_s=-15°\sim-5°$；当冲击特别大时，可取 $\lambda_s=-45°\sim-30°$。

1.2.3　切削过程及切屑类型

金属切削过程中的许多物理现象，例如切削力、切削热、刀具磨损、加工表面质量等，都是以切屑的形成过程为依据的，而实际中的许多问题，如振动、断屑等，都与切削过程紧密相关。因此，研究金属切削过程，对于发展切削加工技术、保证加工质量、降低加工成本和提高生产率等均具有重要意义。

1. 切屑形成过程

切削过程就是利用刀具从工件上切下切屑的过程。金属切削过程其实是一种挤压变形。在这一变形过程中会产生许多物理现象，有弹性变形、塑性变形、切削力、切削热、刀具磨损，以及加工表面质量的变化等。

对塑性金属以缓慢的速度进行切削时，切屑的形成过程如图 1-10(a)所示。当刀具逐渐向工件推进时，切削层金属在始滑移面 *OA* 以左发生弹性变形，越靠近 *OA* 面，弹性变形越大。在 *OA* 面上，应力达到材料的屈服强度时开始发生塑性变形，产生滑移现象。随着刀具的继续推进，原来处于始滑移面上的金属不断向刀具靠拢，应力和变形也继续增大。在终滑移面 *OE* 上，应力和变形达到最大值。此时切削层金属越过 *OE* 面，沿剪切面与工件母体分离，即切屑沿着前刀面排出，完成切离阶段。经过塑性变形的金属，其晶粒沿大致相同的方向伸长。

由此可见，塑性金属的切削过程实质上是挤压和切屑变形的过程，经历了弹性变形、塑性变形、挤裂和切离四个阶段。

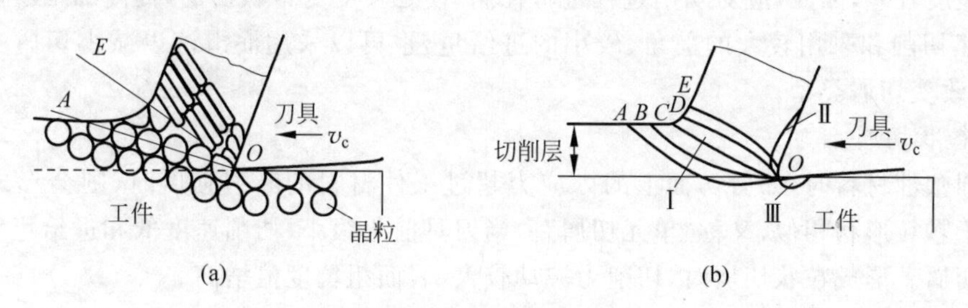

图 1-10　切屑的形成过程

(a) 切削过程晶粒变形情况；(b) 切削过程 3 个变形区

切削塑性金属材料时，在刀具与工件接触的区域将产生三个变形区，如图 1-10(b)所示。*OA* 与 *OE* 之间的区域Ⅰ为第一变形区，也称“基本变形区”。此区域是切削层金属产生剪切滑移和大量塑性变形的区域，常用它来说明切削过程的变形情况；切屑与前刀面摩擦的区域Ⅱ称为第二变形区，也称“摩擦变形区”。此区域对积屑瘤的形成和刀具前刀面的磨损有很大影响；工件已加工表面与后刀面接触的区域Ⅲ称为第三变形区，也称“加工表面变形区”。此区域对工件表面的加工硬化、残余应力和刀具后刀面的磨损有很大影响。

2. 切屑的种类

在金属切削过程中，由于所切削的工件材料力学性能各异、刀具的前角以及采用的切削用量不同，从而会对切削过程产生不同影响，形成不同的切屑种类。从切屑形成机理出发，根据切屑的变形特征及变形程度的不同，一般把切屑分为图 1-11 所示的几种类型：

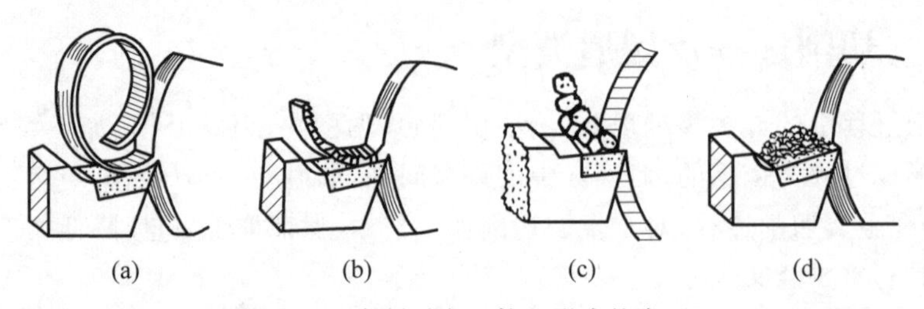

图 1-11　车削时在工件上形成的表面

(a) 带状切屑；(b) 节状切屑；(c) 粒状切屑；(d) 崩碎切屑

1）带状切屑

这是最常见的一种切屑，外观呈延绵的长带状，底层光滑，外表面成毛茸状，无明显裂纹。在切削过程中，材料内部的切应力未达到强度极限。一般在加工塑性金属材料时，使用较大的切削速度、较小的进给量和较大的刀具前角时，形成带状切屑(见图 1-11(a))。形成带状切屑时，切屑变形小，切削力较平稳，加工表面粗糙度低，但是切屑连续容易产生缠绕，划伤已加工表面，因此，必须采取有效的断屑、排屑措施。

2）节状切屑

当粗加工中等硬度的材料时，采用较大的进给量、较低的切削速度，刀具前角很小时，剪切面上的应力超过材料的剪切强度，裂纹扩展，在整个剪切面上产生破裂，以至于形成节状的分离切屑，称为节状切屑(见图 1-11(b))。形成节状切屑时，产生的切削振动较大，工件表面粗糙度较差，因此，应对切削过程进行控制，使之转变为带状切屑，提高加工质量。可以采取高速切削和采用较大的前角、较小的进给量，也可以采用润滑液以减小切屑变形等措施，从而改变切屑类型。

3）粒状切屑

切削塑性材料时，如剪切面上的内应力超过工件材料的断裂强度时，则会形成粒状切屑。由于颗粒形状相似，又称“单元切屑”。当刀具前角很小、切削速度低和进给量大时易形成粒状切屑。形成粒状切屑时，切削力波动较大，表面粗糙度值增高。

4）崩碎切屑

在加工铸铁、黄铜等脆性材料时，切削层金属发生弹性变形后，一般不经过塑性变形便被挤裂或脆断，突然崩落，形成不规则细粒状碎片，称为崩碎切屑(见图 1-11(c))。切削厚度越大，刀具前角越小时，越容易形成这种切屑。形成崩碎切屑时，切削力变化较大，容易产生振动、冲击，切削热和切削力集中在切削刃和刀尖附近，使刀具寿命降低，加工表面粗糙和加工质量变差。因此，在生产中应采取减小切削厚度、适当提高切削速度等措施，使切屑转化为针状或片状,以避免产生崩碎切屑。

上述情况说明,切屑类型随被加工材料和切削过程的具体条件不同而改变。在生产中,可以根据具体条件采取不同措施得到所需的切屑类型,以保证切削加工的顺利进行。

3. 切削变形

实际上,切削过程就是切削层产生变形形成切屑的过程。刀具切下切屑的外形尺寸比零件上的切削层短而厚,这种现象称为切屑的收缩。切屑收缩的程度可用变形系数 ξ 来衡量,通常用切削层长度(l)与切屑长度(l_c)之比或切屑厚度(h_c)与切削层厚度(a_c)之比表示切屑的变形程度(见图 1-12)。一般而言,ξ 值越大,切屑变形越大,切削力越大,切削温度越高,工件表面越粗糙。在加工过程中,可根据具体情况采取相应措施,提高加工质量。

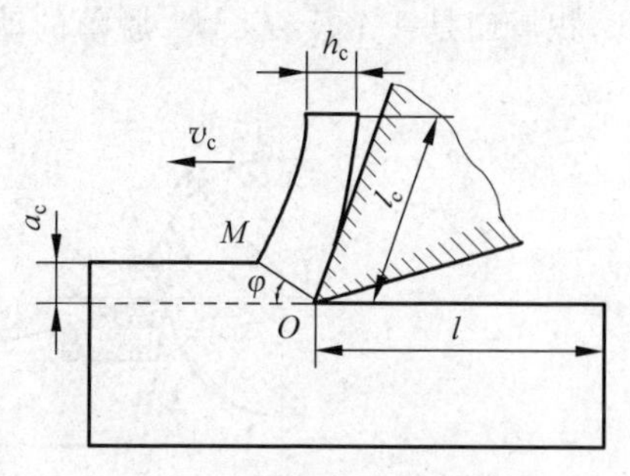

图 1-12 变形系数的计算

$$\xi=\frac{l}{l_c}=\frac{h_c}{a_c} \tag{1-8}$$

影响切屑变形的主要因素有:工件材料、刀具前角、切削速度和切削(公称)厚度。

1) 工件材料

工件材料强度越高,切屑和前刀面的接触长度越短,导致切屑和前刀面的接触面积减小,前刀面上的平均正应力增大,前刀面与切屑间的摩擦因数减小,摩擦角减小,剪切角(剪切面 OM 与切削速度之间的夹角 φ)增大,变形系数将随之减小。

2) 刀具前角

增大刀具前角,剪切角将随之增大,变形系数将随之减小,但前角增大后,前刀面倾斜程度增大,切屑作用在前刀面上的平均正应力减小,使摩擦角和摩擦因数增大。变形系数也会随着前角的增加而减小。

3) 切削速度

在无积屑瘤产生的切削速度范围内,切削速度越大,变形系数越小。这主要是因为塑性变形的传播速度较弹性变形慢。切削速度越高,切削变形越不充分,导致变形系数减小。此外,提高切削速度还会使切削温度增高。切屑底层材料的剪切屈服强度因温度的增高而略有下降,导致前刀面摩擦因数减小,使变形系数减小。

4) 切削(公称)厚度

在无积屑瘤的切削速度范围内,切削厚度越大,变形系数越小。

1.2.4 积屑瘤和表面变形强化

1. 积屑瘤的形成

在以一定速度切削铝合金、钢等塑性材料时,常有一些来自工件或切屑的金属黏结在刀具前刀面靠近切削刃的附近,形成硬度很高的楔块,称其为积屑瘤。在切削过程中,切屑沿前刀面流出,在一定的温度和压力的作用下,与前刀面接触的切屑底层受到很大的摩擦阻力，致使这一层金属的流速减慢，形成一层很薄的“滞流层”。当刀具前刀面对滞流层的摩擦阻力大于切屑或工件材料的结合力时，就会有一部分金属黏附在刀具上，形成积屑瘤（见图 1-13）。积屑瘤形成以后会不断长大，长到一定高度后因不能承受切削力而破裂脱落，因此，积屑瘤是一个反复长大、脱落的动态形成过程。

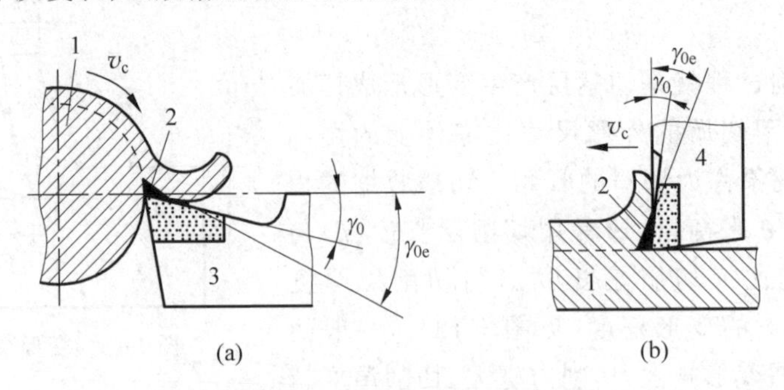

1—工件；2—积屑瘤；3—车刀；4—刨刀。

图 1-13　积屑瘤

(a) 车刀上的积屑瘤；(b) 刨刀上的积屑瘤

积屑瘤的形成须具备两个条件：一是切削塑性金属材料；二是采用中等切削速度（$v_c=5\sim60\text{m/min}$）切削。而当采用低速（$v_c<5\text{m/min}$）和高速（$v_c>60\text{m/min}$）切削时，切屑底层和前刀面之间的摩擦因数较小，一般不会产生积屑瘤。

2. 积屑瘤对切屑过程的影响

(1) 保护刀具：积屑瘤的硬度约为工件材料硬度的 2～3 倍，就像一个刃口圆弧半径较大的楔块，能代替切削刃进行切削，保护了切削刃和前刀面，减少了刀具的磨损。

(2) 增大实际前角：有积屑瘤的刀具，实际前角（γ_{oc}）增大，因而减小了切屑变形，降低了切削力。

(3) 影响工件表面质量和尺寸精度：通常条件下，积屑瘤总是不稳定的，时大时小，时积时失，在切削过程中，一部分积屑瘤被切屑带走，一部分嵌入工件的已加工表面，使工件表面形成硬点和毛刺，表面粗糙度值变大，加速了刀具的磨损。同时也增加了切削过程的振动，使工件已加工表面的粗糙度变差。

3. 积屑瘤的控制

影响积屑瘤形成的主要因素有零件材料的力学性能、切削速度和冷却润滑条件等。在零件材料的力学性能中，影响积屑瘤形成的主要因素是塑性。塑性越大，越容易形成积屑瘤，如加工低碳钢、中碳钢、铝合金等材料时容易产生积屑瘤。若要避免出现积屑瘤，可将零件材料进行正火或调质处理，以提高其强度和硬度，降低塑性。切削速度是通过切削温度和摩擦来影响积屑瘤的。当切削速度低于 5m/min 时，切削温度低，切屑与前刀面摩擦不大，切屑内表面的切应力不会超过材料的强度极限，故不会产生积屑瘤。当切削速度继续提高（5～60m/min），切削温度随之升高，摩擦因数增大，切屑内表面的切应力会超过材料的强度极限，部分底层金属黏结在切削刃上而产生积屑瘤。若在 300℃加工钢材，摩擦因数最大，积屑瘤高度也最大。当切削速度大于 100m/min 时，切屑底面金属呈微熔状态，减少了摩擦,因而不会产生积屑瘤。精车和精铣一般都采用高速切削,而在铰削、拉削、宽刃精刨和精车丝杠、蜗杆等情况下,通常采用低速切削,以避免形成积屑瘤。采用适当的切削液,可有效降低切削温度,减少摩擦,也是减少或避免积屑瘤产生的重要措施之一。

4. 表面变形强化

切削金属材料时,工件已加工表面的表层强度、硬度明显提高而塑性下降的现象称为表面变形强化。在切削过程中,切削层金属产生变形、分离的同时,切削力会扩展到切削层以下,使即将成为已加工表面的表层金属产生一定的塑性变形。塑性变形越大,表面强化现象越严重。表面变形强化可以提高工件表面的耐磨性和疲劳强度,但也会加剧刀具的磨损,并给后续工序带来不便。在切削加工中,可以通过控制零件表层金属塑性变形的大小,适当控制表面变形强化的程度。

1.2.5 切削力和切削功率

在切削过程中,切削力直接影响切削热、刀具磨损与耐用度、加工精度和已加工表面质量,在生产中切削力又是计算切削功率,设计机床刀具、夹具以及监控切削过程和刀具工作状态的重要依据。研究切削力的规律,对于分析生产过程和解决金属切削加工中的工艺问题具有重要意义。

1. 切削力的来源

切削时,使被加工材料发生变形成为切屑所需的力称为切削力。切削力来源于以下两个方面,如图 1-14 所示。

(1) 克服切削层材料和工件表面层材料对弹性变形、塑性变形的抗力。

(2) 克服刀具与切屑、刀具与工件表面间摩擦阻力所需的力。

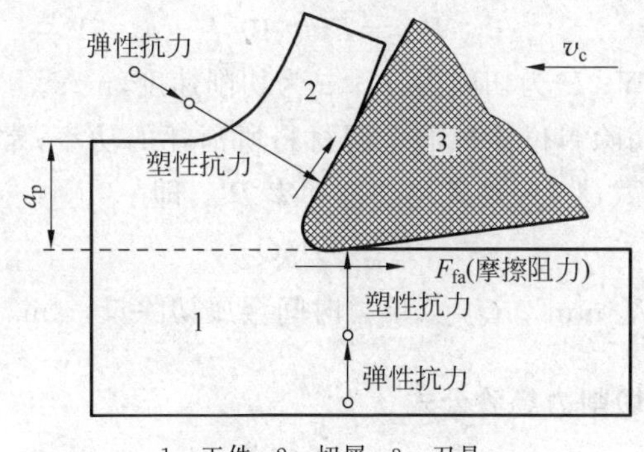

1—工件;2—切屑;3—刀具。

图 1-14 切削力的来源

2. 切削力及其分解

刀具切削零件时,必须克服材料的变形抗力、切屑与前刀面以及零件与后刀面之间的摩擦力,才能切下切屑。这些阻力的合力就是作用在刀具上的总切削力 F_r。通常把 F_r 分解成互相垂直的 3 个切削分力 F_z、F_y、F_x,如图 1-15 所示,下面以车外圆为例进行说明。

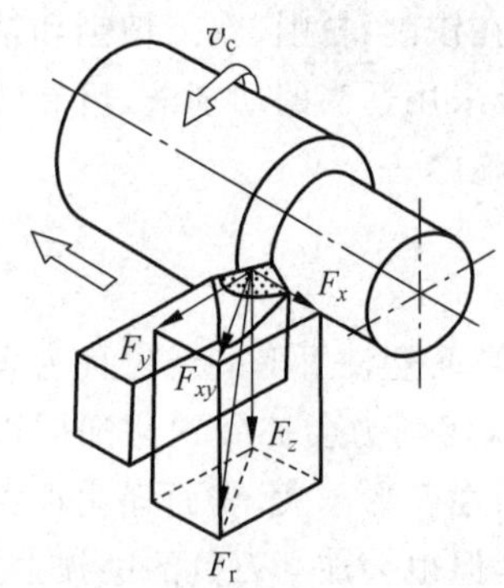

图 1-15 切削合力与分力

(1) 主切削力 F_z（又称“切向力”）：它垂直于基面，与切削速度方向一致，是各切削分力中消耗功率最多（占机床总功率的 90%以上）的一个分力。它是计算机床动力、刀具和夹具强度的重要依据，也是选择刀具几何形状和切削用量的依据。

(2) 切深抗力 F_y（又称“径向力”）：它作用在基面内，并与刀具纵向进给方向相垂直。它作用在机床、零件刚性最弱的方向上，容易使刀架后移和零件弯曲，引起振动，影响加工质量。因此车削细长轴时应尽量减小 F_y。

(3) 走刀抗力 F_x（又称“轴向力”）：它作用在基面内，与刀具纵向进给方向平行，因作用在进给机构上，一般是设计和校验进给机构强度的依据。其所消耗功率仅占机床总功率的 1%左右。

3 个切削分力与总切削力有如下关系：

$$F_r = \sqrt{F_z^2 + F_y^2 + F_x^2} \tag{1-9}$$

各切削分力可通过测力仪直接测出，也可运用建立在实验基础上的经验公式来计算。如果单位切削力（单位面积上的切削力）是已知的，则可利用式(1-10)计算出切削力 F_r，即

$$F_r = k_c A_c = k_c a_p f = k_c a_c a_w \tag{1-10}$$

式中，k_c 为单位切削力，N/mm^2；A_c 为切削面积，mm^2；a_c 为切削厚度，mm；a_w 为切削宽度，mm；a_p 为切削深度，mm；f 为进给量，mm/r。

3. 切削功率

消耗在切削过程中的功率称为切削功率。切削功率是 3 个切削分力消耗功率的总和，但在车外圆时，径向力消耗的功率为 0，进给力消耗的功率很小，一般可忽略不计。因此切削功率 P_m 可用下式计算，即

$$P_m = Fv \times 10^{-3} \tag{1-11}$$

式中，P_m 为切削功率，kW；F 为切削力，N；v 为切削速度，m/s。

单位切削功率是指切除单位体积的金属材料所消耗的功率，常用 P_0 表示。如果单位切削功率为已知，也可用式(1-12)计算出切削功率 P_m，即

$$P_m = P_0 Q_Z \tag{1-12}$$

式中，P_0 为切削功率，kW/mm^3；Q_Z 为单位时间金属切除量，mm^3/s。

4. 切削力的测量及切削力经验公式

用测力仪测出切削力，再对实验数据进行处理，便可求得计算切削力的经验公式。在生产实际中，常采用经验公式来计算切削力。

1) 切削力的测量

目前常用的测力仪有电阻应变式测力仪和压电式测力仪。

(1) 电阻应变式测力仪。电阻应变式测力仪具有灵敏度高、线性度好、量程范围大和测量精度较高等优点，可用于切削力的动态和静态测量。这种测力仪常用的电阻元件是电阻应变片，如图 1-16 所示。其特点是受到张力时，其长度增大，截面积减小，致使电阻值增大；

受到压力时，其长度缩短，截面积增加，致使电阻值减小。

（2）压电式测力仪。压电式测力仪具有灵敏度高、线性度和抗干扰性较好、精度高等优点，适用于测量动态切削力和瞬间切削力。其缺点是易受湿度影响，连续测量稳定的或变化不大的切削力时，存在电荷泄漏，致使零点漂移，影响测量精度。这种测力仪是利用某些材料（如石英晶体或压电陶瓷）的压电效应，即当受力时，其表面产生电，电荷的多少仅与所施加外力的大小成正比。用电荷放大器将电荷转换成相应的电压参数便可测出力的大小。图1-17所示为单一压电传感器原理。压力 F 通过小球1及金属片2传给压电晶体3。两压电晶体间有电极4，由压力产生的负电荷集中在电极4上，通过绝缘导线5传出，而正电荷则通过金属片2或测力仪接地传出。绝缘导线5输出的电荷通过电荷放大器放大后用记录仪器记录下来，在事先标定的曲线图上即可查出切削力数值。在测力仪中，沿 F_z、F_y 和 F_x 三个方向上均装有传感器，可以分别测得其分力。

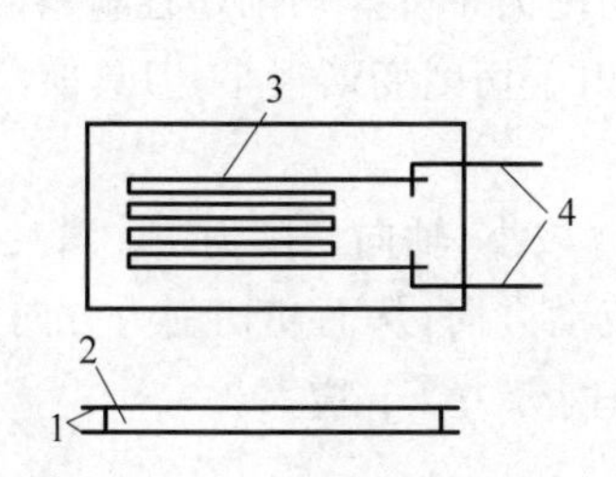

1—绝缘层；2—胶；3—金属电阻丝；4—引出线。

图1-16　电阻应变片

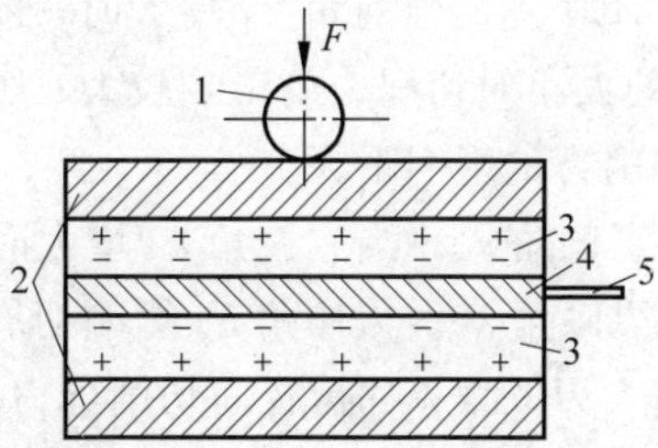

1—小球；2—金属片；3—压电晶体；4—电极；5—绝缘导线。

图1-17　单一压电传感器原理

2）切削力经验公式

目前，生产实际中计算切削力的经验公式可以分为两类：一类是按指数公式进行计算；另一类是按单位切削力进行计算。

在金属切削中，常利用下列指数公式计算切削力：

$$F_z = C_{F_z} a_p^{X_{F_z}} f^{Y_{F_z}} v_c^{Z_{F_z}} K_{F_z} \tag{1-13}$$

$$F_y = C_{F_y} a_p^{X_{F_y}} f^{Y_{F_y}} v_c^{Z_{F_y}} K_{F_y} \tag{1-14}$$

$$F_x = C_{F_x} a_p^{X_{F_x}} f^{Y_{F_x}} v_c^{Z_{F_x}} K_{F_x} \tag{1-15}$$

式中，C_{F_z}、C_{F_y}、C_{F_x} 取决于工件材料和切削条件的系数，通常根据经验数据获得；X_{F_z}、Y_{F_z}、Z_{F_z} 为切削分力 F_z 公式中切削深度 a_p、进给量 f 和切削速度 v_c 的指数；X_{F_y}、Y_{F_y}、Z_{F_y} 为切削分力 F_y 公式中切削深度 a_p、进给量 f 和切削速度 v_c 的指数；X_{F_x}、Y_{F_x}、Z_{F_x} 为切削分力 F_x 公式中切削深度 a_p、进给量 f 和切削速度 v_c 的指数；K_{F_z}、K_{F_y}、K_{F_x} 为当实际加工条件与经验公式的试验条件不符时，各种因素对各切削分力的修正系数。

5. 影响切削力的因素

1）工件材料

工件材料的强度、硬度越高，切削力越大。切削脆性材料时，被切削材料的塑性变形及它与前刀面的摩擦都比较小，故其切削力相对较小。

2）切削用量

（1）切削深度 a_p 和进给量 f。a_p 和 f 增大，都会使切削力增大，但两者的影响程度不同。a_p 增大时，变形系数 ξ 不变，切削力成正比增大；f 增大时，ξ 有所下降，故切削力不成正比增大。

（2）切削速度 v。切削塑性材料时，在无积屑瘤产生的 v 范围内，随着 v 的增大，切削力减小。这是因为 v 增大时，切削温度升高，摩擦因数 u 减小，从而使 ξ 减小，切削力下降。在产生积屑瘤的 v 情况下，刀具的实际前角随积屑瘤的成长与脱落而变化；在积屑瘤增长期，v 增大，积屑瘤高度增大，实际前角增大，ξ 减小，切削力下降；在积屑瘤消退期，v 增大，积屑瘤高度减小，实际前角减小，ξ 增大，切削力上升。切削铸铁等脆性材料时，被切材料的塑性变形及它与前刀面的摩擦均比较小，v 对切削力的影响不大。

3）刀具几何参数

（1）前角 γ_0。当前角 γ_0 增大时，变形系数 ξ 减小，切削力下降。切削塑性材料时，刀具前角 γ_0 的大小对切削力的影响较大；切削脆性材料时，由于切削变形很小，刀具前角 γ_0 的大小对切削力的影响不大。

（2）主偏角 κ_r。当主偏角 κ_r 增大时，径向切削力 F_y 减小，轴向切削力 F_x 增大。

（3）刃倾角 λ_s。刃倾角 λ_s 影响切屑在前刀面上的流动方向，从而使切削力方向发生变化。当增大刃倾角 λ_s 时，径向切削分力 F_y 减小，轴向切削分力 F_x 增大。

4）刀具材料和刀具的磨损

不同的刀具材料与工件材料间的摩擦因数是不相同的，摩擦力的大小不同，会导致切削力发生变化。在其他切削条件完全相同的条件下，用陶瓷刀具切削比用硬质合金刀具切削的切削力小，用高速钢刀具进行切削的切削力大于前两者。而刀具磨损越大，刀具变钝，切削力也随之增大。

5）切削液

使用以冷却作用为主的切削液（如水溶液）对切削力影响不大，使用润滑作用强的切削液（如切削油）可使切削力减小。

1.2.6 切削热和切削温度

切削热是切削过程中重要的物理现象之一。大量的切削热使切削温度升高，对刀具磨损和刀具寿命产生重要影响，切削热还会使工件和刀具产生变形从而影响加工精度。

1. 切削热的产生与传递

在切削加工过程中，切削功几乎全部转换为热能，从而产生大量的热量，通常称其为切削热。切削热主要来源于三个方面，也可以看作来源于前面介绍过的三个变形区（见图 1-18）：

（1）切屑变形（切削层金属产生弹性变形和塑性变形）所产生的热量（第Ⅰ变形区）。这是切削热的主要来源。

（2）切屑与刀具前刀面之间的摩擦所产生的热量（第Ⅱ变形区）。

（3）工件与刀具后刀面之间的摩擦所产生的热量（第Ⅲ变形区）。

切削热通过切屑、工件、刀具以及周围的介质传散。各部分传热比例取决于工件材料、切削速度、刀具材料及几何角度、加工方式和是否使用切削液等。例如用高速钢车刀及与之相适应的切削速度切削钢材时，切削热的50%～86%由切屑带走，10%～40%传入零件，3%～9%传入车刀，1%左右通过辐射传入空气。而钻削钢件时，散热条件较差，切削热的52.5%传入零件，28%由切屑带走，14.5%传入钻头，5%左右传入到周围介质。传入零件的切削热，使零件产生热变形，影响加工精度，特别是加工薄壁零件、细长零件和精密零件时，热变形的影响更大。磨削淬火钢件时，磨削温度过高，往往使零件表面产生烧伤和裂纹，影响零件的耐磨性和使用寿命。传入刀具的切削热，比例虽然不大，但由于刀具的体积小，热容量小，因而刀具切削刃的温度高。高速切削时，切削温度可达1000℃，其加速了刀具的磨损。

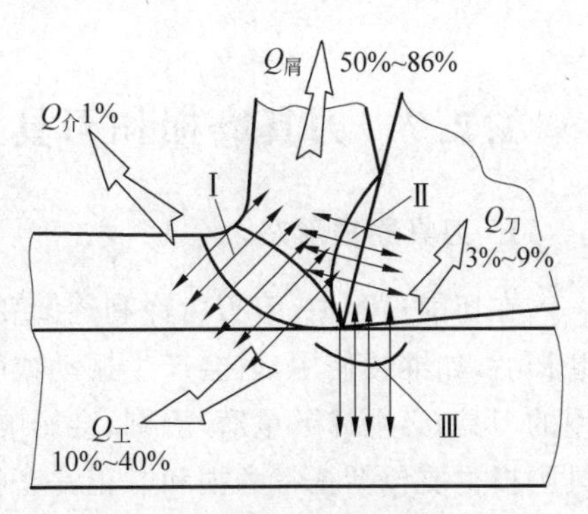

图1-18　切削热的来源与传导

2. 影响切削温度的主要因素

(1) 切削用量的影响。切削用量中，切削速度对切削热的影响最大，进给量次之，切削深度最小。当切削速度增加时，切削功率增加，切削热亦增加；同时由于切屑底层与前刀面强烈摩擦产生的摩擦热来不及向切屑内部传导，而大量积聚在切屑底层，因而使切削温度升高。增大进给量，单位时间的金属切除量增多，切削热也增加。但进给量对于切削温度的影响，不如切削速度那样显著，这是由于进给量增加使切屑变厚，切屑的热容量增大，由切屑带走的热量增多，切削区的温升较少。切削深度增加，切削热虽然增加，但切削刃参加工作的长度也增加，其改善了散热条件，因此切削温度的上升不明显。从降低切削温度，提高刀具耐用度的观点来看，在保持切削效率不变的条件下，选用较大的切削深度和进给量，比选用较大的切削速度更为有利。

(2) 刀具几何参数的影响。刀具前角的大小直接影响切削过程中的变形和摩擦，增大前角，可减少切屑变形，产生的切削热少，切削温度低。但当前角过大时，会使刀具的散热条件变差，反而不利于切削温度的降低。减小主偏角，主切削刃参加切削的长度增加，散热条件变好，可降低切削温度。

(3) 工件材料的影响。工件材料的强度和硬度越高，切削过程中所消耗的功率越大，产生的切削热越多，切削温度就越高。即使对同一材料，由于热处理状态不同，切削温度也不相同。如45钢在正火状态、调质状态和淬火状态下，其切削温度相差悬殊。与正火状态相比，调质状态的切削温度增高20%～25%，淬火状态的切削温度增高40%～45%。工件材料的导热系数高(如铝、镁合金)，切削温度低。切削脆性材料时，由于塑性变形很小，崩碎切屑与前刀面的摩擦也小，产生的切削热较少，切削温度也较低。

(4) 刀具磨损的影响。刀具磨损使切削刃变钝，切削变形增大、摩擦加剧，从而使切削温度上升。

(5) 切削液的影响。使用切削液可以从切削区带走大量热量，能明显降低切削温度，提高刀具寿命。

1.2.7 刀具磨损和刀具寿命

1. 刀具磨损形态

在切削过程中,刀刃由锋利逐渐变钝以至不能正常使用,这种现象称为刀具磨损。刀具磨损后,如继续使用,就会产生振动或噪声。此时,切削力和切削温度急剧上升,不宜继续使用的刀具,必须卸下重磨,否则,会影响加工质量并增加刀具材料的消耗以及磨刀时间。刀具磨损主要包括正常磨损和非正常磨损。

1) 正常磨损

刀具正常磨损时,按其磨损部位不同可分为以下三种磨损形式:

(1) 后刀面磨损。刀具后刀面与已加工表面之间存在强烈的摩擦,在后刀面上毗邻切削刃的地方磨出了沟痕,这种磨损形式称为后刀面磨损,其磨损量以 V_B 值(见图 1-19(a))表示。在以较低速度、较小切削厚度(a_c<0.1mm)切削脆性及塑性材料时,常常会发生后刀面磨损。

(2) 前刀面磨损。常发生于加工塑性金属时,切削速度较高和切削厚度较大(a_c>0.5mm)的情况下,切屑在前刀面上磨出一个月牙形凹坑,习惯上称为月牙洼。其磨损量以KT 值(见图 1-19(b))表示。前刀面磨损影响切屑变形和切屑流出方向。

(3) 前、后刀面同时磨损。上述两种磨损形式同时出现(见图 1-19(c)),一般发生在以中等切削厚度(a_c=0.1~0.5mm)切削塑性材料的情况下。

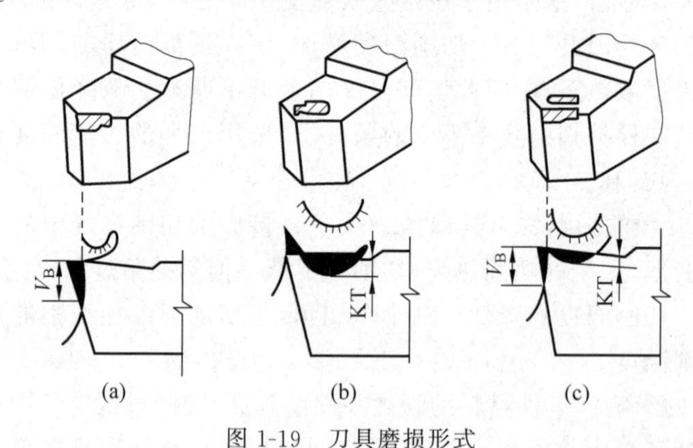

图 1-19 刀具磨损形式

(a) 后刀面磨损;(b) 前刀面磨损;(c) 前后刀面同时磨损

2) 非正常磨损

在生产中,常会出现刀具突然崩刃、卷刃或刀片碎裂的现象,由此产生的磨损称为非正常磨损。其原因很复杂,主要有:

(1) 刀具材料的韧性或硬度太低。

(2) 刀具的几何参数不合理,使刃部强度过低或受力过大。

(3) 切削用量选得过大,造成切削力过大,切削温度过高。

(4) 刀片在焊接或刃磨时,因骤冷骤热产生过大的热应力,使刀片出现微裂纹。

(5) 操作不当或加工情况异常,使切削刃受到突然的冲击或热应力而导致崩刃。

2. 刀具磨损过程

由于大多数情况下后刀面都有磨损，它的磨损对加工质量的影响较大，而且测量方便，所以一般用后刀面的磨损量 V_B 来表示刀具的磨损程度。刀具磨损过程通常分为三个阶段(见图 1-20)。

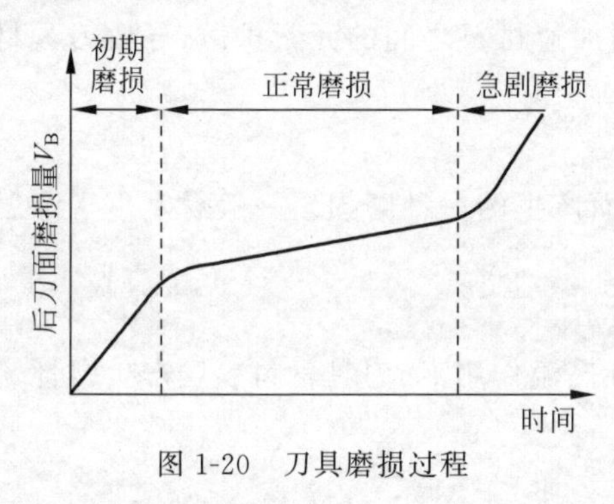

图 1-20　刀具磨损过程

1）初期磨损

新刃磨的刀具表面尖峰突出，在与切屑相互摩擦的过程中，压强不均匀，峰点压强很大，造成尖峰很快被磨损，使压强趋于均衡。此阶段磨损过程较快，时间短。

2）正常磨损

刀具表面经初期磨损，峰点基本被磨平，表面压强趋于均衡，刀具磨损量 V_B 随时间延长而均匀增加，刀具磨损减慢，磨损曲线基本上呈线性分布。

3）急剧磨损

经正常磨损阶段后，切削刃已变钝，切削力和切削温度急剧升高，磨损原因发生了质变，刀具表层疲劳，性能下降，磨损量 V_B 剧增，刀具很快失效。

经验表明，在刀具正常磨损阶段的后期，急剧磨损阶段之前，刃磨刀具最为适宜。这样既能提高磨刀效率，保证加工质量，又能提高刀具的使用寿命。

3. 刀具磨损的原因

刀具磨损通常是机械、化学和热效应综合作用的结果，其产生原因主要包括磨料磨损、黏附磨损、扩散磨损、氧化磨损、热电磨损、热裂磨损和塑性变形等。

1）磨料磨损

它是由于工件材料中有比基体硬得多的硬质点，在刀具表面刻出沟痕而形成的。这种磨损存在于任何切削速度的切削加工中。但对于低速切削刀具(如拉刀、板牙等)而言，磨料磨损是磨损的主要因素。这种磨损不但发生在前刀面上，后刀面上也会发生。一般是软刀具材料的主要磨损形式。

2）黏附磨损

在切削过程中，两摩擦面由于有相对运动，黏结点将产生撕裂，被对方带走，即造成黏附磨损。这种磨损主要发生在中等切削速度范围内。黏附层的形成是随着切削时间的递增而变化的，到一定程度就发生黏附、撕裂，再黏附、再撕裂的周期循环。其撕裂部位是从切屑向刀具材料方向发展。当切削刃上发生大面积的撕裂时，刀具就会突然失去切削能力。影响刀具黏附磨损的主要因素除了化学反应外，接触区的温度和应力对刀具的磨损起着决定性作用，这种磨损是任何刀具材料都会发生的磨损形式。

3）扩散磨损

在高温下，刀具材料与工件材料的成分产生互相扩散，造成刀具材料性能下降，刀具的磨损加速，这种磨损是硬质合金刀具磨损的主要形式，是加剧刀具磨损的一个原因。它常与黏附磨损同时产生。

4）氧化磨损

在切削过程中，由于切削区温度很高，而使空气中的氧极易与硬质合金中 Co、WC、TiC 产生氧化作用，使刀具材料的性能下降，一般在 700～800℃时易发生。其磨损速度主要取决于氧化膜的黏附强度，强度高则磨损慢，该磨损易发生于主、副切削刃的工作边界处。

5）热电磨损

在较高温度下，不同材料之间产生热电势，从而加速材料之间的元素扩散，导致刀具材料性能下降。

6）热裂磨损

热裂磨损是在有周期性热应力情况下，因疲劳而产生的一种磨损。一般易发生于高温切削条件下的脆性刀具材料及其边界上。

7）塑性变形

塑性变形一般产生于 800℃以上（硬质合金），在高温作用下，刀具材料表层产生塑性流动，使切削刃和刀尖产生变形失效。

4. 刀具寿命和刀具耐用度

刀具磨损的程度，可以根据切削时的声音、切屑的颜色以及工件表面的粗糙度变化情况来粗略判断。但是，一旦发现上述现象有明显变化时，刀具的磨损已相当严重了。因此，通常以限定后刀面的磨损量 V_B 作为刀具磨钝的衡量标准。在实际生产中，由于不便于经常停车测量 V_B 的量，所以，用规定刀具的使用时间作为限定刀具磨损的衡量标准，由此提出了刀具寿命和刀具耐用度的概念。

刀具寿命和刀具耐用度有不同的含义。刀具寿命是指一把新刀从使用到报废之前总的切削时间，其中包括多次刃磨；而刀具耐用度表示两次刃磨之间实际进行的切削时间，不包括对刀、测量、快进、回程等耗费的非切削时间。

刀具耐用度以时间 T(min)表示。在同种条件下切削同一材料时，可根据刀具耐用度，比较不同刀具材料的切削性能。当用同一刀具材料切削不同材料时，又可以用刀具耐用度来比较材料的切削加工性，也可以根据刀具耐用度判断刀具几何参数是否合理。

影响刀具耐用度的因素很多，主要有工件材料、刀具材料及几何角度、切削用量，以及是否使用切削液等因素。对于热硬性和耐磨性好的刀具材料，刀具不易磨损；增加切削用量会使切削温度升高，加速刀具的磨损；适当增加刀具前角，由于减小了切削力，从而可减少刀具的磨损。在切削用量中，切削速度对刀具磨损的影响最大。

1.2.8 切削液

切削液主要用来降低切削温度、减少切削过程的摩擦、及时冲走切削过程产生的屑末，还有清洗、润滑和防锈作用。合理选用切削液，对于降低刀具磨损、提高加工表面质量及加工精度具有重要作用。

1. 切削液的作用与分类

切削液的主要作用有：

(1) 冷却作用：切削液主要靠热传导带走大量的热来降低切削温度。

(2) 润滑作用：切削液能够渗透到刀具与切屑、工件表面之间，所形成的油膜可减小切屑、工件表面与刀面之间的摩擦，减小黏结，减少刀具磨损，提高已加工表面的质量。

(3) 清洗和排屑作用：在切削过程中会产生碎屑或粉末，切削液能够冲走碎屑与粉末，同时在磨削、钻削、深孔加工和自动化生产线中，利用浇注或高压喷射切削液来排屑。

(4) 防锈作用：在切削液中加入防锈添加剂，使之与金属表面起化学反应生成保护膜，起到防锈、防蚀作用。

切削液的分类：切削加工最常用的切削液有非水溶性和水溶性两大类。

非水溶性切削液主要是切削油。其中，有各种矿物油、动植物油和加入油性、极压添加剂的混合油，主要起润滑作用。

水溶性切削液主要有水溶液和乳化液。水溶液的主要成分为水并加入防锈剂，也可加入一定量的表面活性剂和油性添加剂。乳化液是由矿物油、乳化剂及其他添加剂配制的乳化油和体积分数为95%～98%的水稀释成的切削液。水溶性切削液有良好的冷却、清洗作用。

2. 切削液的选用

1）粗加工

粗加工切削用量大，产生大量的切削热。这时主要是要求降低切削温度，应选用冷却为主的切削液，如离子型切削液或体积分数为3%～5%的乳化液。硬质合金刀具耐热性较好，一般不用切削液，必要时可采用低浓度乳化液或水溶液，但必须连续、充分地浇注，以免因冷热不均产生很大的热应力而导致热裂，损坏刀具。

2）精加工

精加工对工件表面粗糙度和加工精度要求较高，选用切削液应具有良好的润滑性能。低速精加工钢料时，可选用极压切削油，或体积分数为10%～12%的极压乳化液，或离子型切削液。精加工铜、铝及其合金或铸铁时，可选用离子型切削液，或体积分数为10%～12%的乳化液。在切削铜料时，不可选用含硫切削液，以免腐蚀工件。

3）难加工材料切削

加工难加工材料时，接触面均处于高温高压边界摩擦状态，因此，宜选用极压切削油或极压乳化液。

4）磨削加工

磨削加工的特点是温度高，同时产生大量的金属细屑、砂末，故应选用有良好冷却清洗作用的切削液。常用的是有润滑和防锈作用的乳化液和离子型切削液。

3. 切削液的使用方法

通常使用的方法是浇注法，但其流速慢，压力低，难以直接渗入切削区，影响切削液使用效果。常用的还有喷雾冷却法，它是以0.3～0.6MPa的压缩空气，通过喷雾装置，使切削液雾化。从小口径嘴(1.5～3mm)喷出，高速喷射到切削区，高速气流带着雾化成微小液滴的切削液，渗透到切削区，在高温下迅速汽化，吸收大量热，从而获得良好的冷却效果。

1.3 磨具与磨削过程

用砂轮或其他磨具加工工件表面的工艺过程，称为磨削加工。磨削加工的公差等级为IT5～IT6，表面粗糙度 Ra 值为 0.2～0.8μm；高精度磨削可使表面粗糙度 Ra 值小于 0.025μm，因此，磨削加工一般用作精加工工序。磨削的加工范围很广，可加工各种外圆、内孔、平面和成形面及刃磨各种切削刀具等。此外，磨削也可用于清理毛坯，甚至对余量不大的精密锻造或铸造的毛坯，也可以直接磨削成零件成品。

1.3.1 磨具

磨具是由许多细小的磨粒用结合剂或黏结剂将其黏结成固结或非固结状态，对工件进行切削加工的一种工具。对绝大多数磨具来说，它是由磨粒、结合剂和气孔三部分组成。磨粒是构成磨具的主要原料，它具有高的硬度和适当的脆性，在磨削过程中对工件起切削作用。结合剂的作用是将磨粒固结起来，使之成为一定形状和强度的磨具。气孔是磨具中存在的空隙，磨削时起着容纳磨屑和散逸磨削热的作用，还可以浸渍某些填充剂或添加剂，如硫、蜡、树脂和金属银等，以改善磨具的性能，满足某些特殊加工需要。

由于磨具用途十分广泛，加工对象、加工条件等有很大不同，加之磨具本身的特性也有很大差别，所以磨具的种类是多种多样的。常见的磨具分类方法有：

(1) 根据磨具的基本形状和使用方法分为固结磨具和涂覆磨具。

固结磨具：砂轮、磨头、油石、砂瓦。

涂覆磨具：砂布、砂纸、砂带、页轮等。

(2) 根据结合剂种类分为无机磨具和有机磨具。

无机磨具：陶瓷结合剂磨具、金属结合剂磨具、菱苦土结合剂磨具。

有机磨具：树脂结合剂磨具、橡胶结合剂磨具。

(3) 根据磨料性能分为氧化物系磨具、碳化物系磨具和超硬磨料系磨具。

氧化物系磨具：棕刚玉磨具、白刚玉磨具、天然刚玉磨具、锆刚玉磨具等。

碳化物系磨具：黑色碳化硅磨具、绿色碳化硅磨具、碳化硼磨具等。

超硬磨料系磨具：金刚石磨具、立方氮化硼磨具。

(4) 根据磨具突出特点分为细粒度磨具、高硬度磨具、大气孔砂轮、高速砂轮、超薄片砂轮等。

砂轮是应用最普遍的磨具，它是由无数磨料颗粒用结合剂黏结、经压制烧结而成的多孔体(见图 1-21)。其特性主要由以下 6 个因素来决定：磨料、粒度、结合剂、硬度、组织及形状与尺寸。

1. 磨料

常用的磨料有氧化物系、碳化物系、高硬磨料系三类。各种磨料性能及适用范围见表 1-2。

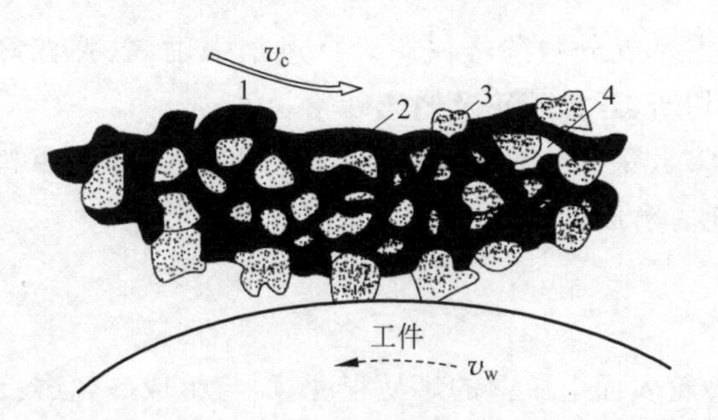

1—砂轮；2—结合剂；3—磨粒；4—气孔。

图 1-21 砂轮的构造

表 1-2 常用磨料的名称、代号、性能及适用范围

系 别	名 称	代 号	性 能	适用范围
氧化物系	棕刚玉	A	棕褐色,硬度较低,韧性较好	磨削碳素钢、合金钢、可锻铸铁与青铜
	白刚玉	WA	白色,比棕刚玉硬度高,磨粒锋利,韧性差	磨削淬硬的高碳钢、合金钢、高速钢,磨削薄壁零件、成形零件
	铬刚玉	PA	红色,韧性比白刚玉好	磨削高速钢、不锈钢,成形磨削,刀具刃磨,高表面质量磨削
碳化物系	黑碳化硅	C	黑色带光泽,比刚玉类硬度高,导热性好,韧性较差	磨削铸铁、黄铜、耐火材料及其他非金属材料
	绿碳化硅	GC	绿色带光泽,较黑碳化硅硬度高,导热性好。韧性较差	磨削硬质合金,光学玻璃
高硬磨料系	立方氮化硼	CBN	棕黑色,硬度仅次于人造金刚石,韧性较人造金刚石好	磨削高性能高速钢、不锈钢、耐热钢等难加工材料
	人造金刚石	MBD PCD(聚晶金刚石)	白色、黑色,硬度最高,耐热性较差	磨削硬质合金、光学玻璃、陶瓷等高硬度材料

2. 粒度

粒度表示磨粒的大小程度,分为磨粒与微粉两种。磨粒是用筛选法来分类,以每英寸筛网长度上筛孔的数目来表示。微粉是用显微镜测量尺寸来区分的微细磨粒,其直径通常小于 40μm,以其最大尺寸(μm)前加 W 来表示,常用于超精磨和研磨。磨粒的大小对磨削生产率和加工表面粗糙度有很大的影响。一般来说,粗磨用粗砂轮,精磨用细砂轮,当工件材料软、塑性大和磨削面积大时,为避免堵塞砂轮,也可采用较粗的砂轮。

3. 结合剂

结合剂的作用是将磨粒黏结在一起,使砂轮具有一定的形状和强度。常用结合剂及其特点如下。

陶瓷结合剂(V):主要成分是滑石、硅石等陶瓷材料。特点是化学性质稳定、耐热、耐油、耐酸碱的腐蚀,强度高但较脆。除薄片砂轮外能制成各种砂轮。

树脂结合剂(B)：主要成分为酚醛树脂。特点是强度高、弹性好，但耐热性差、不耐酸碱。多用于高速磨削、切断、开槽砂轮及抛光砂轮。

橡胶结合剂(R)：多数采用人造橡胶。特点是强度高、弹性更好、抛光作用好、耐热性差、不耐酸碱，多用于无心磨床的导轮、切断、开槽及抛光砂轮。

4. 硬度

硬度是指磨粒在砂轮表面上脱落的难易程度，而与组成砂轮磨粒的硬度无关。砂轮硬，磨粒不易脱落；砂轮软，磨粒容易脱落。选用砂轮时硬度应适当。若砂轮太硬，磨钝了的磨粒不能及时脱离，会产生大量的磨削热，造成工件的烧伤；若太软，磨粒很快脱落，不能充分发挥其切削作用。

5. 组织

砂轮组织表示砂轮中磨粒、结合剂、气孔三者体积的比例关系。紧密组织砂轮适用于大压力下的磨削；中等组织的砂轮适用于一般的磨削工作；疏松组织的砂轮适用于平面磨、内圆磨等磨削接触面积较大的工件，以及热敏性强的材料或薄工件。

6. 形状与尺寸

砂轮的形状与尺寸根据磨床类型、加工方法及工件的加工要求来确定。常用砂轮的名称、形状、代号及用途见表1-3。

表1-3 常用砂轮的名称、形状、代号和用途

砂轮名称	代 号	简 图	主要用途
平行砂轮	1	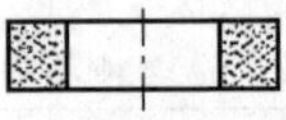	磨外圆、磨内圆、磨平面、无心磨
薄片砂轮	41	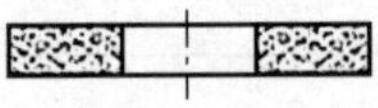	切断与切槽
筒形砂轮	2	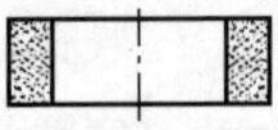	端磨平面
碗形砂轮	11	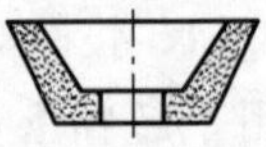	磨导轨和刃磨刀具
蝶形砂轮	12a	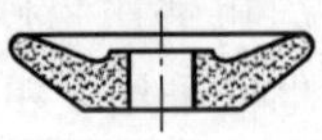	刃磨铣刀、拉刀、齿面刀
双斜边砂轮	4	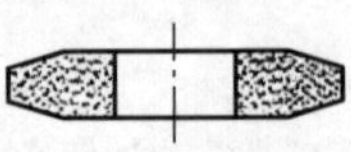	磨削齿轮和螺纹
杯形砂轮	6	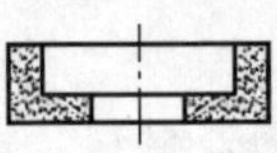	磨平面、内圆、刃磨刀具

1.3.2　磨削过程

磨削时，砂轮表面上的每个磨粒，可以近似地看成一个微小刀齿。砂轮表面排列着大量细小而随机分布的磨粒，磨粒的几何形状、角度又千差万别。在磨削过程中，由于磨粒在砂轮表面上的分布高度不同，比较锋利的凸出磨粒，有较大的切削厚度；而比较钝的、凸出高度较小的磨粒，切不下切屑，只起刻划作用，在工件表面挤压出微细的沟槽；更钝的磨粒，只滑擦工件的表面，起抛光作用。

砂轮表面上的磨粒在高速、高温和高压下，逐渐磨损而钝化。钝化磨粒的切削能力急剧下降，如果继续磨削，作用在磨粒上的切削力将不断增大。当此力超过磨粒的极限强度时，磨粒就会破碎，形成新的锋利棱角进行磨削。当此力超过砂轮结合剂的黏结强度时，钝化磨粒就会自行脱落，使砂轮表面露出一层新鲜锋利的磨粒，从而使磨削加工能够继续进行，这称为砂轮的自锐性。所以磨削过程是砂轮上随机分布、高速运动的磨粒的切削、刻划、滑擦和研抛综合作用的结果。

在金属磨削过程中，摩擦起着极为重要的作用。分析摩擦时，不仅要考虑摩擦因数的常规物理特征，而且要注意摩擦因数受下列因素的影响：砂轮与工件接触表面的性质、接触表面的冶金及化学等方面的性能、接触温度、载荷类型、应变速度和磨削液等。

磨削过程存在三个阶段（见图 1-22）。

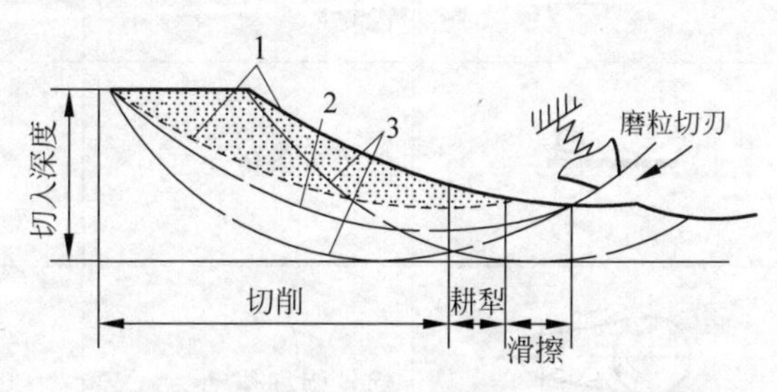

1—实际生成曲线；2—实际干涉曲线；3—理论干涉曲线。

图 1-22　磨削过程

第一阶段为滑擦阶段。该阶段内磨粒的切削刃与工件表面开始接触，工件仅仅发生弹性变形。随着切削刃切过工件表面，工件发生进一步变形，因而法向力稳定地上升，摩擦力及切向力也同时稳定增加。该阶段内，磨粒微刃不起切削作用，只是在工件表面滑擦。

第二阶段为耕犁阶段。在滑擦阶段后期，摩擦逐渐加剧，越来越多的能量转变为热，当金属被加热到临界点，逐步增加的法向应力超过了随温度上升而下降的材料屈服应力时，切削刃就被压入塑性基体中。经塑性变形的金属被推向磨粒的侧面及前方，最终导致表面的隆起（见图 1-23），这就是磨削中的耕犁作用。

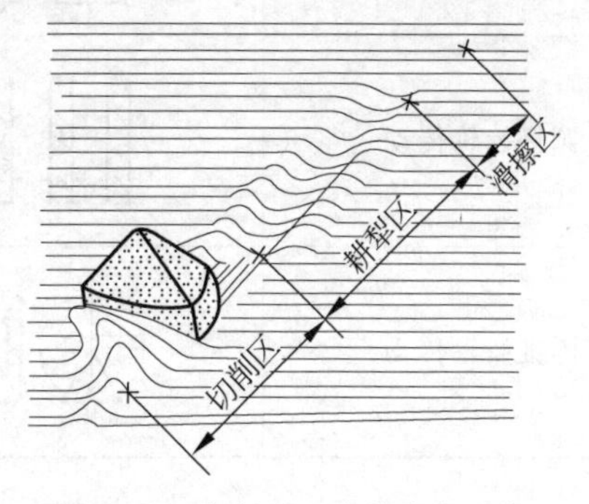

图 1-23　磨削过程中的隆起现象

第三阶段为切屑形成阶段。在滑擦和耕犁阶段中，磨粒并不产生磨屑。要产生磨屑及切下金属，存在着一个临界磨削深度。此时，磨粒切削刃推动金属材料的流动，使前方隆起，两侧面形成沟壁，随后将磨屑沿切削刃前面滑出。

1.4 典型切削加工机床传动系统

1.4.1 机床常用传动副与传动关系

用来传递运动和动力的装置称为传动副，机床上常用的传动副有带传动、齿轮传动、蜗轮蜗杆传动、齿轮齿条传动、丝杠螺母传动等。为了便于分析传动系统的传动关系，在传动系统图中把各传动副进行简化，用规定的简图符号来表示，见表 1-4。

表 1-4 机床传动系统图中常用的符号

名称	符号	名称	符号
轴		空套连接齿轮	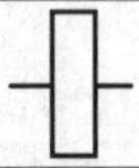
滚动轴承		导向键连接齿轮（滑动齿轮）	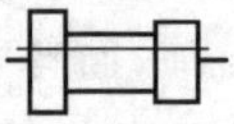
滑动轴承		花键连接齿轮（滑动齿轮）	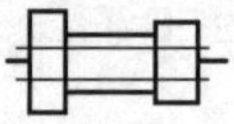
推力轴承	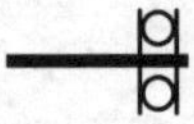	齿轮齿条传动	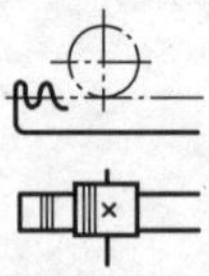
平带传动	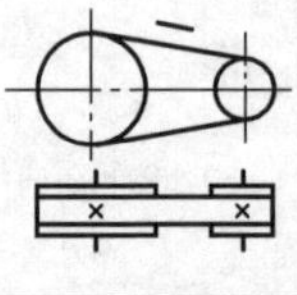	蜗轮蜗杆传动	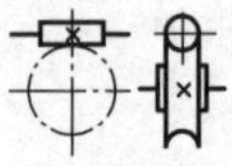
V 带传动	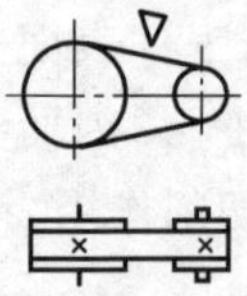	整体螺母传动	
圆柱齿轮传动	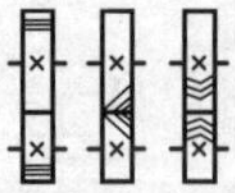	开合螺母传动	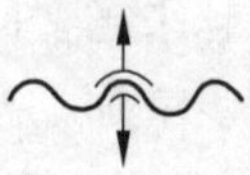
圆锥齿轮传动	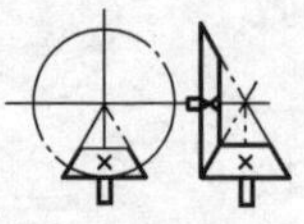	双向摩擦离合器	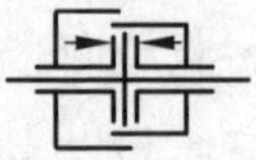

机床常用传动副的传动计算及主要特点见表 1-5。

表 1-5　机床常用传动副的传动计算及主要特点

名　称	图　形	符　号	传动计算	主要特点
带传动	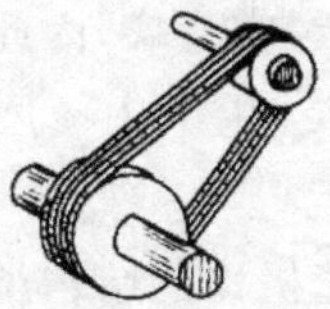	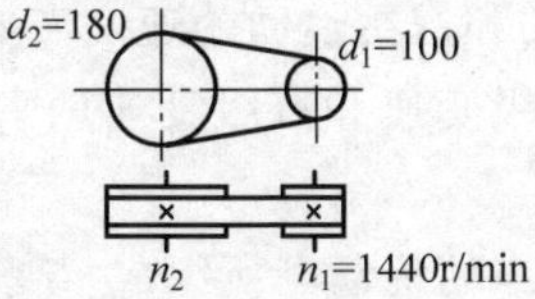 $d_2=180$　$d_1=100$ n_2　$n_1=1440\text{r/min}$	$n_2=n_1 i\varepsilon$ $=n_1\dfrac{d_1}{d_2}\varepsilon$ $=\left(1440\times\dfrac{100}{180}\times 0.98\right)\text{r/min}$ $=784\text{r/min}$	优点：传动平稳，不受轴间距离的限制，结构简单，制造和维护方便； 缺点：无法保持准确的传动比，有摩擦损失，传动效率低，不能传递很大的圆周力以及传动机构所占空间较大等
齿轮传动	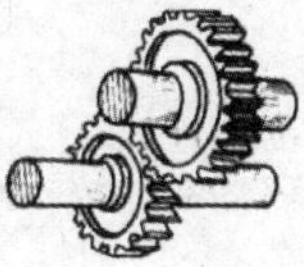	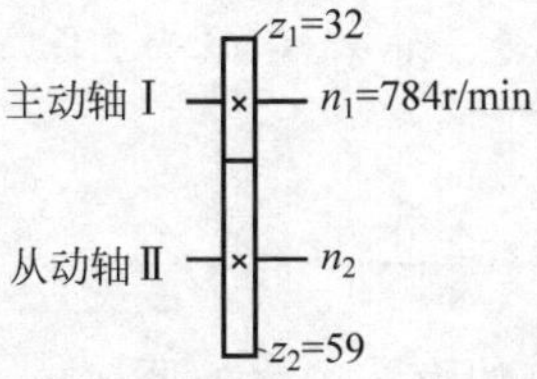 $z_1=32$ 主动轴Ⅰ　$n_1=784\text{r/min}$ 从动轴Ⅱ　n_2 $z_2=59$	$n_2=n_1 i$ $=n_1\dfrac{z_1}{z_2}$ $=\left(784\times\dfrac{32}{59}\right)\text{r/min}$ $=425.2\text{r/min}$	优点：机构紧凑，传动比准确，而且可传递很大的圆周力，效率高； 缺点：当齿轮制造质量不高时，工作不平稳，噪声较大
		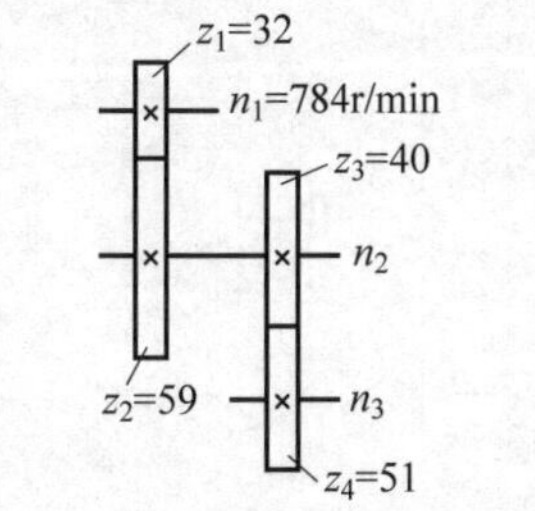 $z_1=32$　$n_1=784\text{r/min}$ $z_3=40$　n_2 $z_2=59$　n_3 $z_4=51$	$n_3=n_1 i_1 i_2$ $=n_1\dfrac{z_1}{z_2}\dfrac{z_3}{z_4}$ $=\left(784\times\dfrac{32}{59}\times\dfrac{40}{51}\right)\text{r/min}$ $=333.5\text{r/min}$	
蜗轮蜗杆传动	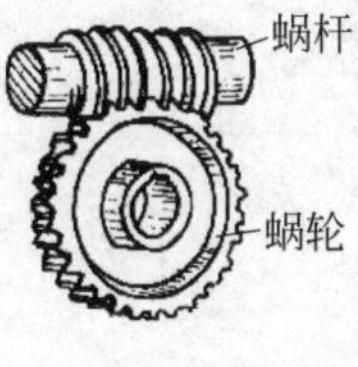 蜗杆 蜗轮	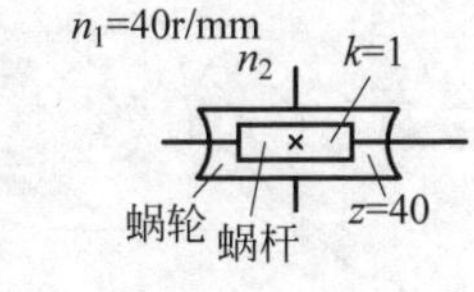 $n_1=40\text{r/mm}$ n_2　$k=1$ 蜗轮　蜗杆　$z=40$	$n_2=n_1 i$ $=n_1\dfrac{k}{z}$ $=\left(40\times\dfrac{1}{40}\right)\text{r/min}$ $=1\text{r/min}$	优点：可获得较大的降速比，传动平稳，无噪声，结构紧凑，可自锁； 缺点：传动效率低，需要有良好的润滑，常用于减速机构中
齿轮齿条传动	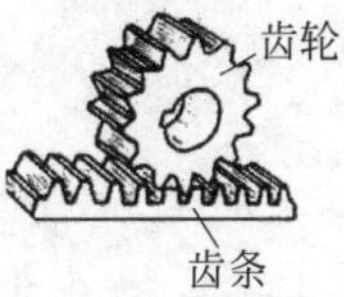 齿轮 齿条	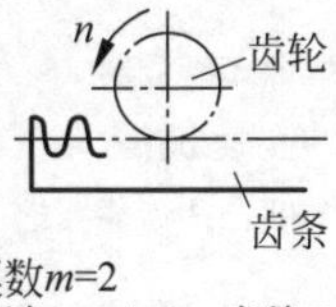 n　齿轮 齿条 模数$m=2$ 转速$n=1\text{r/min}$　齿数$Z=14$	齿条移动速度 $v=\pi mzn$ $=(\pi\times 2\times 14\times 1)\text{mm/min}$ $=87.96\text{mm/min}$	优点：传动效率高； 缺点：当制造精度不高时，传动平稳性和准确度较差
丝杠螺母传动	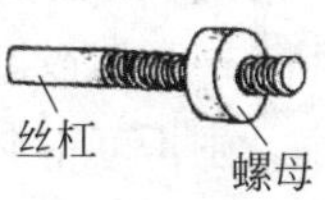 丝杠 螺母	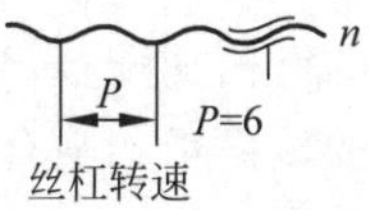 n P　$P=6$ 丝杠转速	螺母移动速度 $v=pn$ $=(6\times 1)\text{mm/min}$ $=6\text{mm/min}$	优点：工作平稳，无噪声，可以达到高的传动精度； 缺点：工作效率低

1.4.2 机床常用传动机构

1. 变速机构

为满足不同的加工需要，机床的主运动和进给运动的速度需要经常变换，因此机床传动系统中应设计有变速机构。变速机构有无级变速和有级变速两大类，生产中使用的机床大多采用有级变速。

机床变速箱中的变速机构是由一些基本的传动副所组成。变速机构的结构虽然各有不同，但其基本原理是相同的，下面以两种最常用的变速机构来进行说明。

(1) 滑动齿轮变速机构(见图 1-24(a))。主动轴Ⅰ上三个齿轮 z_1、z_3、z_5 的轴向位置固定不变，带长键的从动轴Ⅱ上的三联齿轮(z_2、z_4 和 z_6)可沿轴向滑动，通过手柄可拨动三联齿轮，使它分别与主动轴Ⅰ上的齿轮 z_1、z_3 和 z_5 相啮合，于是轴Ⅱ可得到三种转速，其传动比分别为

$$i_1=\frac{z_1}{z_2};\quad i_2=\frac{z_3}{z_4};\quad i_3=\frac{z_5}{z_6} \tag{1-16}$$

此时，变速机构的传动路线可用传动链的形式表示如下：

$$—\mathrm{I}—\left\{\begin{matrix}\frac{z_1}{z_2}\\ \frac{z_3}{z_4}\\ \frac{z_5}{z_6}\end{matrix}\right\}—\mathrm{II}—$$

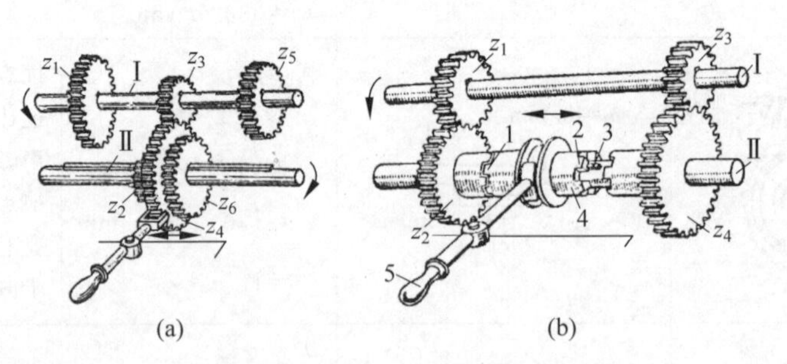

1,2—离合器爪；3—键；4—啮合式离合器；5—手柄。

图 1-24 机床的变速机构

(a) 滑动齿轮变速；(b) 啮合式齿轮变速

(2) 啮合式齿轮变速机构(见图 1-24(b))。它是利用离合器实现变速，啮合式离合器也称爪式离合器。此时，从动轴Ⅱ上的齿轮 z_2 和 z_4 的轴向位置并不滑动，而是空套在轴Ⅱ上，轴Ⅱ的中部装有键 3 并与啮合式离合器 4 的键槽相配合，当用手柄 5 左移或右移离合器时，可使离合器的爪 1 或爪 2 与齿轮 z_2 或 z_4 的端面爪相啮合。这样，轴Ⅱ可得到两种不同的转速，其传动比分别为

$$i_1=\frac{z_1}{z_2};\quad i_2=\frac{z_3}{z_4} \tag{1-17}$$

若以传动链的形式表示，则可写成：

$$-\mathrm{I}-\left\{\begin{matrix}\frac{z_1}{z_2}\\ \\ \frac{z_3}{z_4}\end{matrix}\right\}-\mathrm{II}-$$

通过上述两种变速机构可以看出，在齿轮传动装置中，变速的基本原理是改变传动路线中相啮合齿轮的传动比，从而改变从动轴的转速。

2. 换向机构

换向机构是指在输入轴的旋转方向不变的情况下，输出轴得到不同的旋转方向。例如在保证机床主轴旋转方向不变的情况下，使带动刀具的丝杠实现正反方向旋转，从而实现车螺纹时刀具的进刀和退刀。

如图 1-25 所示，主轴Ⅵ经过换向机构把运动传给轴Ⅷ。在图 1-25(a)中，当齿轮 a 与 b 和 c 与 d 啮合时，传动比为

$$i=\frac{55}{35}\times\frac{35}{55}=1 \tag{1-18}$$

在图 1-25(b)中，移动滑动齿轮 d，使齿轮 a 与 d 啮合，齿轮 b、c 空转，传动比为

$$i=\frac{55}{55}=1 \tag{1-19}$$

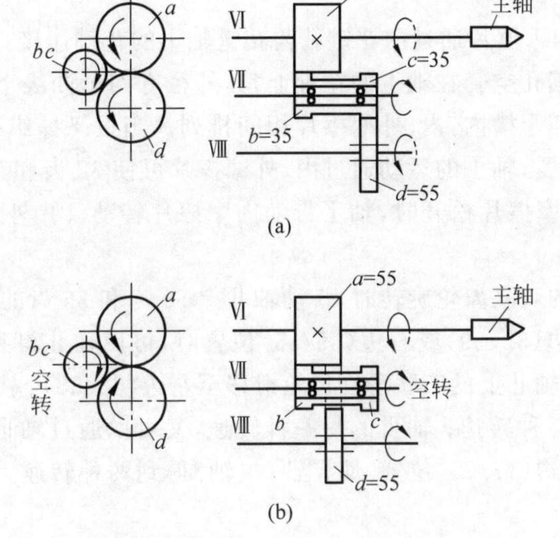

图 1-25　C616 车床换向机构示意图

(a) 反向；(b) 正向

通过上述两种情况可以看出，换向机构无论处于哪种啮合状态，传动比均为 1，输出轴的转速大小未发生变化，而只是旋转方向发生了改变。

1.4.3 普通车床传动系统

实际生产中为了满足不同零件的加工需要，金属切削机床的种类繁多，然而它们在结构、传动及自动化等方面有许多共同的原理及规律。普通车床在所有机床中应用最为广泛，是一种典型的金属切削机床。

现以图 1-26 所示的 C6136 型普通车床为例，分析其主运动和进给运动两个传动系统。各传动件按照运动传递的先后顺序，用规定的简图符号以展开图的形式表示出来。传动系统图只能表示传动关系，而不能代表各传动件的实际尺寸和空间位置。图 1-26 中的罗马数字代表传动轴编号，阿拉伯数字代表齿轮齿数或带轮直径，字母 M 代表离合器等。

1. 主运动传动系统

主运动传动系统是指由电动机至车床主轴之间的传动。

1）主运动传动路线表达式

$$\begin{matrix}4.5\text{kW}\\ \text{电动机}\\ 1440\text{r/min}\end{matrix}-\frac{\phi100}{\phi180}-\text{Ⅰ}-\left\{\begin{matrix} M_1\ \text{压向左}\left\{\begin{matrix}\frac{32}{59}\\ \frac{55}{36}\end{matrix}\right\}(\text{正转}) \\ M_1\ \text{压向右}\frac{39}{22}\times\frac{22}{26}(\text{反转})\end{matrix}\right\}-\text{Ⅱ}-\left\{\begin{matrix}\frac{33}{58}\\ \frac{40}{51}\\ \frac{26}{65}\end{matrix}\right\}-\text{Ⅲ}-\left\{\begin{matrix}\frac{60}{35}\\ \frac{17}{78}\end{matrix}\right\}-\text{Ⅳ}-(\text{主轴})$$

上述传动路线表达式可以清楚表达由电动机至主轴之间的具体传动关系。

2）主运动传动重点分析

（1）双向片式摩擦离合器 M_1

如图 1-27 所示，内摩擦片通过内花键孔与花键轴Ⅰ的花键连接。外摩擦片通过比花键轴凸缘外径大的光滑圆孔空套在轴Ⅰ的花键上，其外径有四个凸缘卡在空套在轴Ⅰ上的双联齿轮大内孔外壳的四个槽内，内、外摩擦片相间排列。当拨叉操纵拨动器向左移动时，左侧的内、外摩擦片被压紧，轴Ⅰ的运动通过内、外摩擦片可使 32 齿和 55 齿的双联齿轮旋转，此时主轴正转；内、外摩擦片松开时，轴Ⅰ带动内摩擦片转动，内、外摩擦片间打滑，双联齿轮不转。

当 32 齿和 55 齿的双联齿轮旋转时，带动轴Ⅱ上 59 齿和 36 齿的双联滑动齿轮旋转，双联滑动齿轮滑移至左边（32/59）或右边（55/36）位置时，可使轴Ⅱ得到两种转速；轴Ⅱ的每一种转速，又可以通过轴Ⅱ上的三联滑动齿轮滑移至左边（33/58）、中间（40/51）或右边（26/65）位置，使轴Ⅲ得到三种转速；轴Ⅲ的每一种转速，又可以通过轴Ⅲ上的双联滑动齿轮滑移至左边（60/35）或右边（17/78）位置，使Ⅳ轴（主轴）得到两种转速。因此，主轴正转时，共计可以得到 12 种转速。

同理，当拨叉操纵拨动器向右移动时，右侧的内、外摩擦片被压紧，带动右边 39 齿的空套齿轮旋转，运动经轴Ⅴ上的 22 齿的齿轮再传给固定在轴Ⅱ上的 26 齿的齿轮，使轴Ⅱ旋转，往后经过轴Ⅲ，将运动传到主轴，使主轴反转。

拨动器在中间图示位置时，左、右两边的摩擦片都处于松开状态，轴Ⅰ运动不能传给左、右端的空套齿轮，电动机虽然带动轴Ⅰ转动，但主轴不转动。

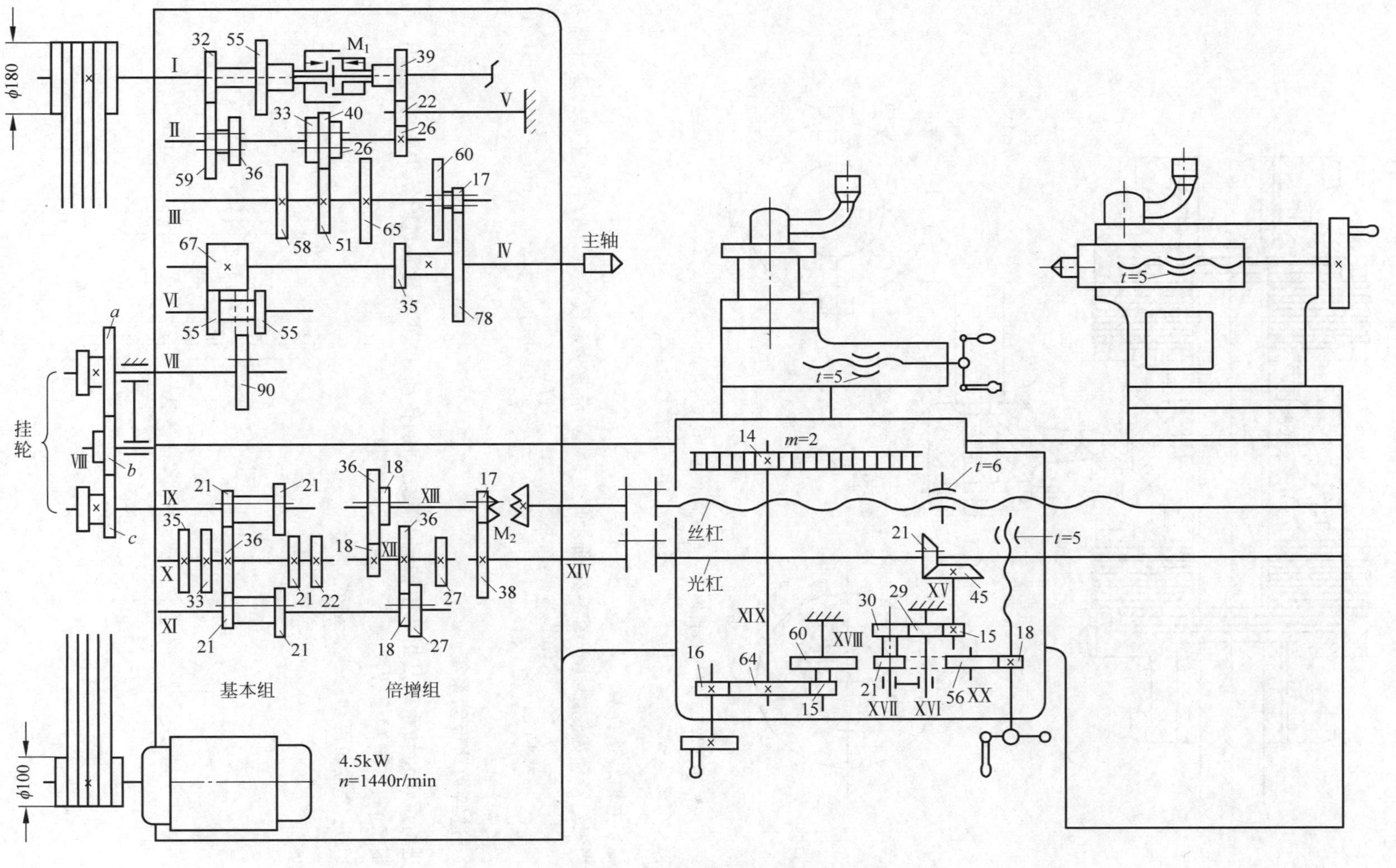

图1-26　C6136型卧式车床传动系统

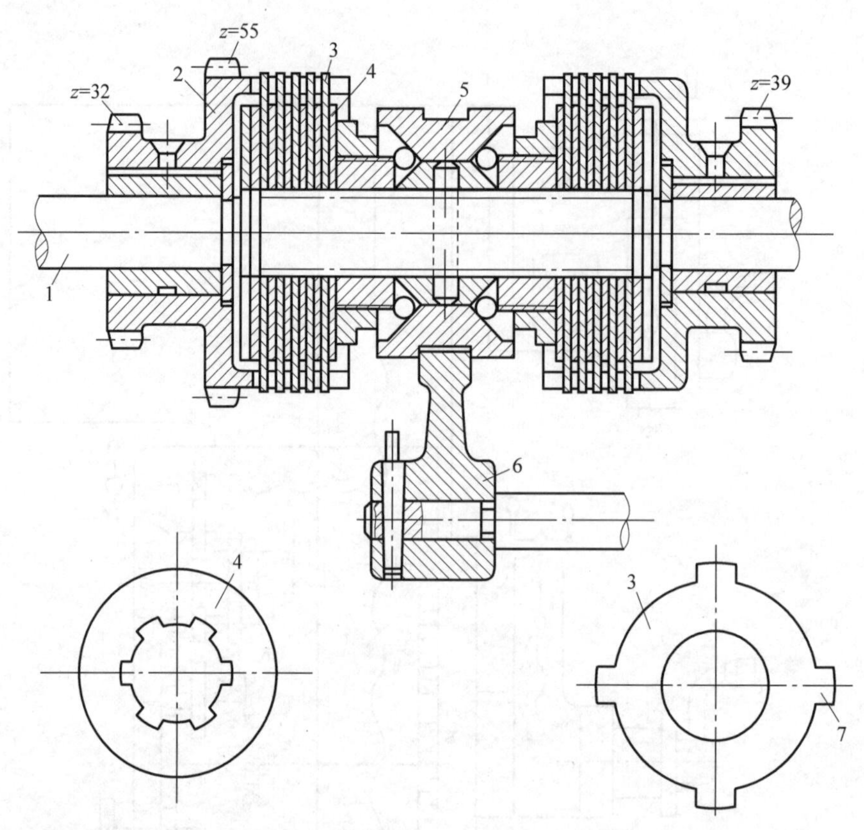

1—花键轴Ⅰ；2—双联齿轮；3—外摩擦片；4—内摩擦片；5—拨动器；6—拨叉；7—凸缘。

图 1-27 片式摩擦离合器

(2) 主轴转速计算

当三组滑动齿轮都处于图 1-26 所示位置时，V 带滑动系数 ε=0.98，主轴正转转速计算为

$$\left(1440\times\frac{100}{180}\times0.98\times\frac{32}{59}\times\frac{40}{51}\times\frac{17}{78}\right)\mathrm{r/min}=72.69\mathrm{r/min} \tag{1-20}$$

2. 进给运动传动系统

进给运动传动系统是指从主轴到刀架之间的传动，改变挂轮及进给箱中的滑动齿轮，可以车削米制、英制和模数螺纹。

1）进给运动传动路线表达式

$$\text{主轴 IV}-\begin{Bmatrix}\frac{67}{90}\\ \frac{67}{55}\times\frac{55}{90}\end{Bmatrix}-\text{VII}-\frac{a}{b}\times\frac{b}{c}-\text{IX}-\begin{Bmatrix}\frac{21}{35}\\ \frac{21}{33}\\ \frac{21}{36}\\ \frac{21}{21}\\ \frac{21}{22}\end{Bmatrix}-\text{X}-\begin{Bmatrix}\frac{35}{21}\\ \frac{33}{21}\\ \frac{36}{21}\\ \frac{21}{21}\\ \frac{22}{21}\end{Bmatrix}-\text{XI}-$$

（进给变向机构）　（挂轮）　（三轴滑移变速机构）

$$
-\begin{Bmatrix}\frac{18}{36}\\ \frac{27}{27}\end{Bmatrix}-\text{XII}-\begin{Bmatrix}\frac{18}{36}\\ \frac{36}{18}\end{Bmatrix}-\text{XIII}-\begin{bmatrix}M_2\ \text{右移}-\text{丝杠}(t=6\text{mm})\\ \frac{17}{38}-\text{XIV}-\frac{21}{45}-\text{XV}-\frac{15}{29}-\text{XVI}-\frac{29}{30}-\text{XVII}-\end{bmatrix}
$$

$$
-\begin{bmatrix}21\text{齿齿轮向右摆}-\frac{21}{56}-\text{XX}-\frac{56}{18}-\text{横向进给丝杠}(t=5\text{mm})\\ 21\text{齿齿轮向左摆}-\frac{21}{60}-\text{XVIII}-\frac{15}{64}-\text{XIX}-\text{纵向进给齿轮齿条}\ m=2,z=14\end{bmatrix}
$$

2）进给运动传动重点分析

（1）进给变向

轴Ⅶ上 90 齿的齿轮在图 1-26 所示位置与主轴Ⅳ上 67 齿的齿轮啮合时，刀架向主轴方向进给；当轴Ⅶ上 90 齿的齿轮右移并与轴Ⅵ上右端 55 齿的齿轮啮合时，则刀架向尾座方向进给。

（2）挂轮

挂轮又称"交换齿轮"，更换不同的挂轮 a 和 c 的齿数，便可车削各种标准的米制、模数、英制、径节螺纹及进行正常的进给。车米制螺纹及正常进给时，$a=45$，$c=67$，车模数螺纹时，$a=96$，$c=91$。

（3）三轴滑移变速机构

为了用尽可能少的齿轮，获得尽可能多的变速种数，在进给箱中采用了三轴滑移变速机构，该变速机构有三根平行轴Ⅸ、Ⅹ、Ⅺ，轴Ⅸ为主动轴，轴Ⅺ为从动轴，在轴Ⅹ上固定着 5 个齿轮，轴Ⅸ上两个 21 齿的双联滑动齿轮的模数、齿数及形状与轴Ⅺ上的两个 21 齿的双联滑动齿轮相同。轴Ⅹ左端 35 齿、33 齿、36 齿的齿轮的模数与两个双联滑动齿轮左端的两个 21 齿的齿轮相同（模数均为 2），轴Ⅹ上右端 21 齿、22 齿的齿轮的模数与两个双联滑动齿轮右端的两个 21 齿的齿轮相同（模数均为 2.5）。当轴Ⅸ有一种转速时，轴Ⅺ理论上可以实现 25 种转速，变速时各对齿轮的啮合情况可从传动路线表达式中清楚地看出。采用三轴滑移变速机构作为基本组，使进给箱体积减小，传动链缩短，有利于提高传动精度。

（4）倍增机构

基本组满足不了螺距数列的要求，所以在轴Ⅺ和轴ⅩⅢ之间用两对双联滑动齿轮组成倍增机构，将基本组（三轴滑移变速机构）变换所车螺纹的螺距范围扩大。倍增组的传动比为 1/4、1/2、1、2 四种。

（5）齿轮齿条机构

刀架的纵向进给运动是由轴ⅩⅨ上模数为 $m=2$、齿数为 $z=14$ 的小齿轮与固定于床身上的齿条啮合滚动来实现的。此小齿轮每转一转时，带动刀架纵向移动的距离为 $L=\pi mz=(\pi\times2\times14)\text{mm}=87.96\text{mm}$。

3）进给量的计算

下面列出各齿轮在图 1-26 中所示位置时的进给量 f(mm/r)值的计算式（$a=45$，$b=100$，$c=67$）

$$
f=\left(\frac{67}{90}\times\frac{45}{100}\times\frac{100}{67}\times\frac{21}{36}\times\frac{36}{21}\times\frac{18}{36}\times\frac{18}{36}\times\frac{17}{38}\times\frac{21}{45}\times\right.
$$

$$\frac{15}{29}\times\frac{29}{30}\times\frac{21}{60}\times\frac{15}{64}\times\pi\times2\times14\Big)\mathrm{mm/r}$$

$$=0.094\mathrm{mm/r} \tag{1-21}$$

下面列出各齿轮在图1-26所示位置时，车单线米制螺纹螺距时的计算式

$$P_{\text{工}}=\left(\frac{67}{90}\times\frac{45}{100}\times\frac{100}{67}\times\frac{21}{36}\times\frac{36}{21}\times\frac{18}{36}\times\frac{18}{36}\times6\right)\mathrm{mm}=0.75\mathrm{mm} \tag{1-22}$$

切削加工质量概述

1.5 加工精度与表面质量

1.5.1 加工精度

1. 加工精度概述

加工精度是指零件加工后的实际几何参数与理想几何参数(尺寸、形状及各表面相互位置等参数)的符合程度。符合程度越高，加工精度就越高。加工精度可分为尺寸精度、形状精度和位置精度三个方面。

1) 尺寸精度

尺寸精度是指零件表面本身和表面间的尺寸精度，它由尺寸公差控制。尺寸精度的高低用标准公差等级来表示。在国家标准GB/T 12471—2009《产品几何技术规范(GPS)木制件　极限与配合》中，极限与配合在公称尺寸至500mm内规定了IT01、IT0、IT1、IT2、…、IT18共20个标准公差等级。其中IT01精度最高，公差值最小，IT18精度最低，公差值最大。

尺寸精度

当生产条件一定时，一定的加工方法下，其加工误差随基本尺寸增大而增大。不同加工方法所能达到的尺寸精度范围也不同，各种加工方法所能达到的公差等级及应用范围见表1-6。

表1-6　各种加工方法所能达到的尺寸公差等级及应用范围

加工方法	尺寸公差等级	应用举例
冲压、压铸	IT14	用于非配合面
铸造、锻造、焊接、气割	IT15～IT18	
粗车、粗镗、粗铣、粗刨、插削、钻削、冲压、压铸	IT11～IT13	用于不重要的配合，IT12～IT13也用于非配合尺寸
车削、镗削、铣削、刨削、插削	IT9～IT10	用于一般要求，主要用于长度尺寸的配合处
磨削、拉削、铰孔、精车、精镗、精铣、粉末冶金	IT7～IT8	IT6～IT7在机床和较精密的机器、仪器制造中用得最为普遍
研磨、珩磨、精磨、精铰、精拉	IT5～IT6	用于一般精密配合
研磨	IT3～IT4	用于精密仪器、精密零件的光整加工
研磨	IT01～IT2	用于量块、量仪制造

2) 几何精度(形状精度和位置精度)

几何精度是指零件表面实际几何要素与理想几何要素的接近程度，由几何公差控制。

在国家标准 GB/T 1182—2018《产品几何技术规范(GPS)几何公差、形状、方向、位置和跳动公差标注》中,将几何公差分为 4 类 19 项。几何公差分类及符号列于表 1-7。

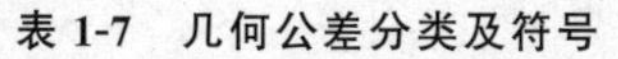

表 1-7　几何公差分类及符号

公差类型	几何特征	符　号	公差类型	几何特征	符　号
形状误差	直线度	—	位置公差	位置度	⌖
	平面度	⏥			
	圆度	○		同心度(用于中心线)	◎
	圆柱度	⌭			
	线轮廓度	⌒		同轴度(用于轴线)	◎
	面轮廓度	⌓			
方向误差	平行度	//		对称度	⌯
	垂直度	⊥		线轮廓度	⌒
	倾斜度	∠		面轮廓度	⌓
	线轮廓度	⌒	跳动公差	圆跳动	↗
	面轮廓度	⌓		全跳动	⌰

位置精度

一般情况下,尺寸精度高,其几何形状和相互位置精度也高。例如,为保证轴的直径尺寸精度,则相应位置的圆度误差不应超出直径的尺寸公差。又如,要保证两平面的平行度,则平面本身的平面度误差也应很小。通常,零件的形状误差约占相应尺寸公差的 30%～50%,位置误差约为相关尺寸公差的 65%～85%。然而对于某些配合要求高或有特殊功用的零件,其几何形状和相互位置精度往往会有更高要求。

影响加工精度的因素有很多,同一种加工方法在不同条件下,所能达到的精度是不同的。如果在相同的条件下,采用同一种方法,多费一些工时,细心地完成每一项操作,也能提高其加工精度,但会降低生产率,增加生产成本,因而是不经济的。所以,通常所说的某加工方法所达到的精度,是指在正常生产条件下所能达到的精度,称为经济精度。各种加工方法的经济精度是在确定机械加工工艺路线时,选择经济上合理工艺方案的主要依据。因此,合理选择某种加工方法的经济精度至关重要。

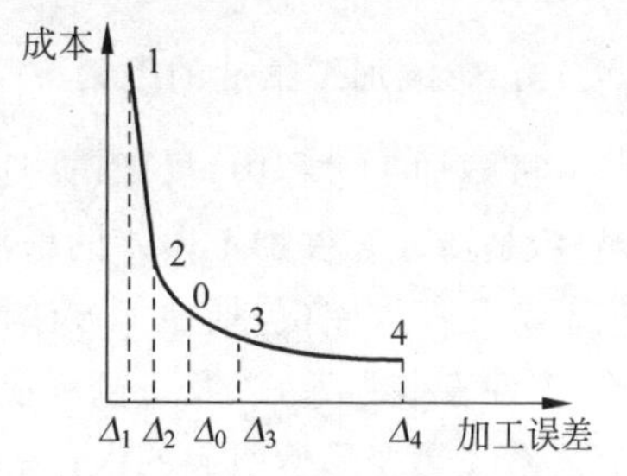

图 1-28　加工误差和加工成本之间的关系

图 1-28 显示了各种加工方法的加工误差与加工成本

之间的关系。从图中可以看出，当加工误差为 Δ_2 时，再提高一点加工精度（即减少误差），则成本大幅度上升；而加工误差达到 Δ_3 后，加工误差即使大幅度增大，成本降低却甚少。因此，这种加工方法虽然能达到加工误差为 $\Delta_1 \sim \Delta_2$ 之间和 $\Delta_3 \sim \Delta_4$ 之间的精度，但是不宜被采用。而只有在加工误差相当于 $\Delta_2 \sim \Delta_3$ 这样大小的加工精度范围，才属于这种加工方法的经济精度范围。这里，大致将相当于 Δ_2 和 Δ_3 平均数的误差值 Δ_0 所对应的精度，作为加工方法的平均经济精度。

2. 加工精度的获得方法

1）获得工件尺寸精度的方法

（1）试切法：试切法是通过试切、测量、调整、再试切，反复进行到被加工尺寸达到要求为止的加工方法。这种方法的效率低，对操作者技术水平要求高，主要适用于单件、小批量生产。

（2）调整法：先调整好刀具和工件在机床上的相对位置，并在一批零件的加工过程中保持该位置不变，以保证被加工尺寸的方法。调整法广泛用于各类半自动、自动机床和自动线上，适用于成批、大量生产。

（3）定尺寸刀具法：用刀具的相应尺寸来保证工件被加工部位尺寸的方法，如铰孔、拉孔和攻螺纹等。这种方法的加工精度主要决定于刀具的制造、刃磨质量和切削用量。其优点是生产率较高，但刀具制造和刃磨复杂，常用于孔、螺纹和成形表面的加工。

（4）自动控制法：该方法是用度量装置、进给机构和控制系统构成加工过程的自动循环，即自动完成加工中的切削、度量、补偿等一系列工作，当工件达到要求的尺寸时，机床自动退刀停止加工。

2）获得形状精度的方法

（1）轨迹法：依靠刀具与工件相对运动轨迹来获得工件的形状精度，如一般的车削等。

（2）成形法：将刀具刃口形状做成工件形状的对偶件进行加工，以获得工件的形状精度。

（3）展成法：刀具与工件具有严格运动关系的啮合运动，以获得工件的形状精度，如齿形加工。

3）获得相互位置精度的方法

零件相互位置精度的获得，主要由机床运动之间，机床运动与工件装夹后的位置之间或机床各工位位置之间相互位置的正确性来保证。

3. 影响加工精度的因素

机械加工过程中，机床、夹具、刀具和工件组成一个完整的工艺系统，工艺系统中的各种误差，是造成零件加工误差的根源，故称为原始误差。按照误差性质可归纳为四个方面：工艺系统几何误差（包括加工方法的原理误差、机床几何误差、调整误差、刀具和夹具的制造误差、工件安装误差，以及工艺系统磨损所引起的误差等）、工艺系统受力变形所引起的误差、工艺系统热变形所引起的误差和工件内应力所引起的误差。

1）加工原理误差

加工原理误差是指采用近似加工运动方式或近似刀具轮廓进行加工而产生的误差。例如,在齿轮滚齿加工中,用阿基米德蜗杆代替渐开线蜗杆,加工出来的齿廓是接近渐开线的折线;又如,在数控加工中用直线或圆弧逼近所要求的曲线等。这些都会产生加工原理误差,但只要该误差在允许范围内,采用近似加工是保证加工质量、提高生产率和经济性的有效工艺措施。

2)机床误差

机床的制造误差、安装误差以及使用中的磨损,都直接影响工件的加工精度。其中主要是机床主轴回转运动、机床导轨直线运动和机床传动链的误差。

主轴回转误差是指主轴实际回转轴线相对理想回转轴线的漂移;导轨导向误差是指在安装机床导轨过程中所引起的直线度误差和两导轨之间的平行度误差;传动链误差是指传动机构由于本身的制造、安装误差和工作中的磨损等所产生的加工误差。对于车螺纹、滚齿、插齿、精密刻度等加工,传动误差是影响加工精度的主要因素。以上误差均会影响工件的加工精度。

3)刀具与夹具的误差

刀具的制造误差、安装误差以及使用中的磨损,均影响工件的加工精度。在切削过程中,刀具会与工件以及切屑产生强烈摩擦,造成刀具磨损。当刀具磨损达到一定值时,工件的表面粗糙度值增大,切屑颜色和形状都会发生变化,并伴有振动。因此,刀具磨损直接影响切削生产率、加工质量和成本。

夹具的制造误差一般是指定位元件、导向元件及夹具体等零件的加工和装配误差。这些对零件加工精度的影响很大,所以在设计和制造夹具时,应严格控制影响零件加工精度的尺寸因素。另外,夹具使用中的磨损,也会直接影响工件的定位误差。

4)工艺系统的受力变形

切削加工时,由机床、刀具、夹具和工件组成的工艺系统,在切削力、夹紧力、离心力以及重力等的作用下,将产生相应的变形,使刀具和工件在静态下调整好的相互位置,以及切削成形运动所需的几何关系发生变化,从而造成加工误差。工艺系统的受力变形是加工中的一项很重要的原始误差来源,不仅严重影响工件的加工精度,而且还影响加工表面质量,限制加工生产率的提高。

5)工艺系统热变形对加工精度的影响

热变形是指在机械加工过程中,工艺系统会受到各种热影响而产生的变形。这种变形将破坏刀具与工件的正确几何关系和运动关系,造成工件的加工误差。另外,工艺系统的热变形还影响加工效率。在加工过程中,工艺系统的热源主要有内部热源(切削热、摩擦热、派生热等)和外部热源(环境温度、热辐射等)。为减少受热变形对加工精度的影响,通常需要预热机床以获得热平衡,降低切削用量以减少切削热和摩擦热,粗加工后停机,待热量散发后再进行精加工,或增加工序(使粗、精加工分开)等方法。

6)工件残余应力引起的加工误差

在没有外加载荷的情况下,仍然残存在工件内部的应力称为内应力或残余应力。工件在铸造、锻造及切削加工后,内部存在的各种内应力处于暂时平衡,可以保持形状精度的暂时稳定状态。但只要外界条件发生变化,例如环境温度变化、继续进行切削加工、受到撞击等,内应力的暂时平衡就会被打破而进行重新分布,这时工件将产生变形,甚至造成裂纹现象。零件内应力的重新分布不仅会影响零件的加工精度,而且对装配精度也有很大影响。

内应力产生的原因主要有：毛坯制造中产生的内应力、冷校直产生的内应力和切削加工产生的内应力。减小内应力的措施主要包括：采用适当的热处理工序、给工件足够的变形时间以及零件设计时尽可能壁厚均匀且结构简单等。

7）度量误差

工件加工后能否达到预定的加工精度，必须用测量结果来加以鉴别。任何一次测量，无论仪器多么精密，方法多么可靠，测量多么仔细，都不可能绝对准确，测量所得到的数据只能是个近似值。度量误差就是测量的数据与被测量的真正数据之差。为了防止废品的产生，首先在调整机床时，必须以测量的数据为依据，于是度量误差就直接影响调整精度。工件加工完之后，须用测量结果评定加工精度。因此，度量误差是一个不可忽视的原始误差。

1.5.2 表面质量

1. 表面质量的含义

任何机械加工所得的表面不可能是理想的光滑表面。由于几何因素和物理因素及工艺系统的振动，造成加工表面存在着一定的微观几何形状偏差；同时表面层的材料在加工时受到切削力、切削热等的影响，也会产生物理力学性能的变化。因而，所谓加工表面质量是指零件在加工后的表面层状态。它主要包含两方面的内容：表面几何形状特征，表面层物理-力学性能的变化。

表面粗糙度

1）表面几何形状特征

如图 1-29 所示，加工后的表面几何形状，总是以“峰”和“谷”交替出现的形式偏离其理想的光滑表面。按波距 s 和波高 h 的比值不同可分为

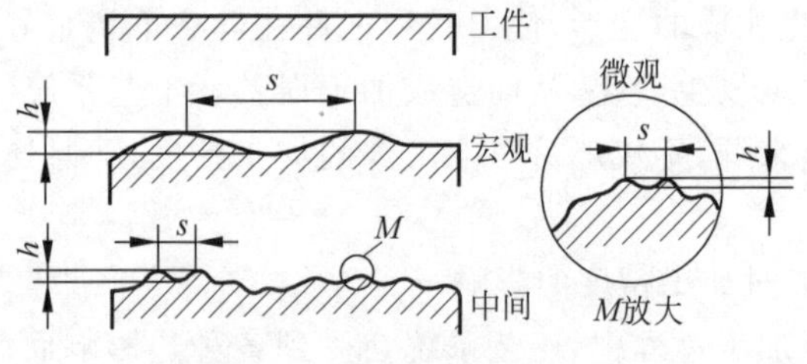

图 1-29　表面粗糙度与波度

（1）宏观几何形状偏差：$s/h>10000$，即加工精度中所指的“几何形状偏差”。

（2）表面粗糙度：$s/h=0\sim50$，属于微观几何形状偏差。

（3）表面波度：$s/h>50\sim10000$，介于宏观与微观之间的周期性几何形状偏差，它主要由加工过程中的振动所引起。其中表面粗糙度和表面波度属于加工表面质量范畴。

2）表面层物理-力学性能的变化

表面层物理-力学性能主要指下列三个方面：①表面层因塑性变形引起冷作硬化（已加工表面的强度和硬度比零件材料原有强度和硬度有显著提高）。零件表面层的硬化，可以提高零件的耐磨性，但同时也增大了表面层的脆性，降低了零件抗冲击能力。②表面层因切削热引起的金相组织变化。③表面层产生的残余应力（在外力消失以后仍存在于零件内部的应力）。残余应力分为拉应力和压应力，各部分的残余应力分布不均匀，会使零件发生变形，影响尺寸和形位精度。

零件的表面质量对其耐磨、耐腐蚀、耐疲劳等性能，以及零件的使用寿命均有很大影响。因此，对于在高速、重载荷下工作的重要零件，除限制表面粗糙度外，还要控制其表层加工硬化的程度和深度，以及表层残余应力的性质（拉应力还是压应力）和大小。而对于一般的零件，则主要规定其表面粗糙度的数值范围。

2. 表面质量对零件功能的影响

1）对摩擦和磨损的影响

两个零件相互接触的表面总会存在一定程度的粗糙不平。表面越粗糙，则摩擦系数越大，因摩擦而消耗的能量也越大。表面越粗糙，配合表面间的实际有效接触面积越小，单位面积压力增大，表面易磨损，从而影响机械传动效率和零件使用寿命。但过于光滑的表面不利于润滑油的储存，还会增加两表面间的分子吸附作用，磨损也会加剧。此外，表面加工纹理方向对摩擦也有较大影响，当表面纹理与相对运动方向重合时，摩擦阻力最大，而两者呈一定角度或表面纹理方向无规则时，摩擦阻力较小。

2）对工作精度的影响

表面粗糙不平，不仅会降低机器或仪器零件运动的灵敏性，而且由于粗糙表面的实际有效接触面积小，表面层接触刚度变差，还会影响机器工作精度的持久性。

3）对配合性质的影响

对于间隙配合，相对运动的表面因粗糙而迅速磨损，从而使间隙增大，特别对小尺寸的配合影响更大。对于过盈配合，表面轮廓峰顶在装配时易被挤平，实际有效过盈减小，会降低连接强度。

4）对零件强度的影响

零件表面的微观不平、划痕和裂纹等缺陷越多，对应力集中越敏感，特别是在交变载荷作用下，影响更为严重，使零件表面产生裂痕而导致损坏，故在零件沟槽或圆角处的表面粗糙度应小一些。

5）对抗腐蚀性的影响

当零件在有腐蚀性介质的环境中工作时，腐蚀性介质容易吸附和积聚在粗糙表面的凹谷处，并通过微细裂纹向内渗透。表面越粗糙，凹谷越深，越易积聚含腐蚀性物质，使腐蚀加剧。表面粗糙度对零件其他使用性能，如对结合面的密封性，对流体流动的阻力、导电、导热性能以及对机器、仪器的外观质量等都有较大影响。

3. 影响零件加工表面质量的因素

1）切削加工中影响表面质量的因素

切削加工时影响表面质量的原因主要有三个方面：一是切削过程中刀刃在工件表面留下的残留面积；二是在切削过程中塑性变形及积屑瘤生成的影响；三是切削过程中刀刃与工件相对位置的微幅振动。前两个受刀具几何参数、切削用量、工件材料及冷却润滑等因素影响，后一个与工艺系统振动有关。

2）磨削加工中影响表面质量的因素

磨削加工表面是由砂轮上大量的磨粒划出无数条刻痕所形成的，如单纯从几何因素考虑，单位面积上刻痕越多，刻痕深度越均匀，则表面粗糙度值越小。实际上在磨削过程中，不仅有几何因素影响，还有塑性变形因素的影响，由于磨粒大多具有很大的负前角，而所切削厚度一般仅有 0.2μm 左右或更小，所以大多数磨粒在切削过程中根本起不到切削作用，只是剧烈挤压和划擦被加工面，使其产生很大的塑性变形，再加上切削区温度很高，从而使表层金属软化，进一步增大了表面粗糙度。

1.5.3 切削用量选择

选择合理的切削用量对提高切削效率，保证必要的刀具耐用度和经济性以及加工质量，都有重要的意义。为了确定切削用量的选择原则，首先需要了解它们对切削加工的影响。

1）对加工质量的影响

切削用量三要素中，切削深度对切削力影响最大，其次是进给量。进给量增大会使残留面积的高度显著增大(见图 1-30)，表面更加粗糙。切削速度增大时，切削力减小，并可减小或避免积屑瘤，有利于加工质量和表面质量的提高。

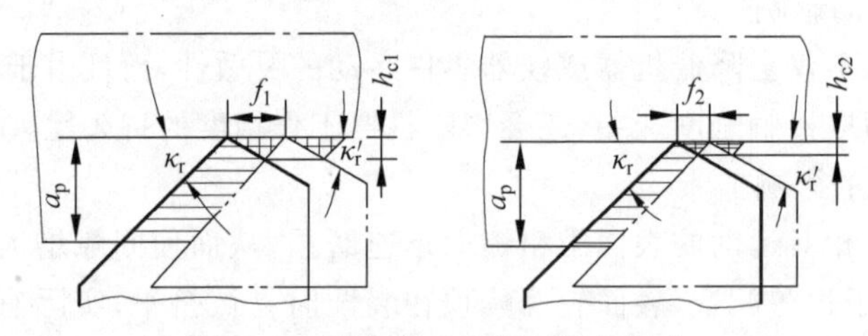

图 1-30 进给量对残留面积的影响

2）对基本工艺时间的影响

以车外圆为例，基本工艺时间可简化为

$$t_m = \frac{K}{v_c f a_p} \tag{1-23}$$

式中，K 为与毛坯直径及加工余量、车刀行程长度、走刀次数有关的系数。

由式(1-23)可知，切削用量三要素对基本工艺时间 t_m 的影响是相同的。

3）对刀具耐用度的影响

用试验方法可以求出刀具耐用度与切削用量之间关系的经验公式。例如以硬质合金车刀车削中碳钢为例

$$T = \frac{C_T}{v_c^5 f^{2.25} a_p^{0.75}} \quad (f \geqslant 0.75\text{mm/r}) \tag{1-24}$$

式中，C_T 为与刀具耐用度有关的常数。

由式(1-24)可知，切削用量中，切削速度对刀具耐用度的影响最大，进给量的影响次之，切削深度的影响最小。也就是说，当提高切削速度时，刀具耐用度下降的速度比增大同样倍数的进给量或切削深度时要快得多。由于刀具耐用度迅速下降，势必会增加换刀或磨刀的次数，从而影响生产率的提高。

综合切削用量三要素对刀具耐用度、生产率和加工质量的影响，选择切削用量的原则是

在保证加工质量，降低成本和提高生产率的前提下，使 a_p、f、v_c 的乘积最大，也就是使基本工艺时间最短。

粗加工时，应尽可能减小基本工艺时间，同时还要保证规定的刀具耐用度。首先，在机床功率足够时，应尽可能选取大的切削深度，除留下精加工的余量外，最好一次走刀切除全部粗加工的余量。其次，根据工艺系统的刚度，按工艺装备及技术条件选择大的进给量。最后，再根据刀具耐用度要求，针对不同刀具材料和工件材料，选择合适的切削速度，以保证在一定刀具耐用度条件下达到最高生产率。

精加工时，首先应保证零件的加工精度和表面质量，同时还要保证必要的刀具耐用度和生产率。精加工往往采用逐渐减小切削深度的方法来逐步提高加工精度。为了保证加工质量和兼顾生产率，精加工时常采用专用精加工刀具并选用较小的切削深度和进给量，以及较高的切削速度将工件加工到最终的质量要求。

选择切削用量时，还应考虑加工状况、工件材料及刀具材料等。如在断续切削时冲击力较大，切削用量应小一些；因硬质合金刀具的耐热性比高速钢好，故使用硬质合金刀具时，可提高切削用量；当工艺系统刚性较差时，易引起振动，应适当降低切削用量；切削非铁金属时，因材料的强度、硬度较低，切削力较小，一般可选用较大的切削用量；加工韧性好的金属时，因切屑易黏附在刀刃上，故切削用量不易过大。

切削用量的选取方法有计算法和查表法。但在大多数情况下是根据给定条件按金属切削用量手册，或根据实践经验及实验数据来合理选定切削用量。

1.5.4　材料的切削加工性

1. 材料切削加工性的概念

材料的切削加工性是指在一定的切削条件下，工件材料被切削加工的难易程度。材料的切削加工性不仅对刀具耐用度和切削速度的影响很大，而且对生产率和加工成本也有较大影响。材料的切削加工性越好，切削力和切削温度越低，允许的切削速度越高，被加工表面的粗糙度越小，也易于断屑。衡量材料切削加工性的指标是多方面的。一般来说，良好的切削加工性是指刀具耐用度较高或一定耐用度下的切削速度较高；在相同的切削条件下切削力较小，切削温度较低；容易获得好的表面质量；切屑形状容易控制或容易断屑。但衡量一种材料切削加工性的好坏，还要看具体加工要求和切削条件。例如，纯铁切除余量很容易，但获得光洁表面比较困难，所以精加工时认为其切削加工性不好；同理，不锈钢在普通机床上加工并不困难，但在自动机床上加工难以断屑，则认为其切削加工性较差。

2. 材料切削加工性的衡量指标

在不同情况下，工件材料的切削加工性可用不同的指标衡量，需根据具体加工条件选用。在生产和试验中，往往只取某一项指标来反映材料切削加工性的某一侧面，最常用的指标是一定刀具耐用度下的切削速度 v_T 和相对加工性 K_r。

v_T 是指当刀具耐用度为 T min 时，切削某种材料所允许的最大切削速度。v_T 越高，表示材料的切削加工性越好。通常取 $T=60\text{min}$，则 v_T 写作 v_{60}。

切削加工性的概念具有相对性。所谓某种材料切削加工性的好与坏，是相对于另一种材料而言的。在判断材料的切削加工性时，一般以切削正火状态45钢的v_{60}作为基准，写作$(v_{60})_j$，而把其他各种材料的v_{60}同它相比，其比值K_r称为相对加工性，即

$$K_r = v_{60}/(v_{60})_j \tag{1-25}$$

常用材料的相对加工性K_r分为8级，见表1-8，凡$K_r>1$的材料，其加工性比45钢好；$K_r<1$时，其加工性比45钢差。K_r实际上反映了不同材料对刀具磨损和刀具耐用度的影响。

表1-8 材料切削加工性等级

加工性等级	名称及种类		相对加工性 K_r	代表性材料
1	很容易切削材料	一般有色金属	>3	5-5-5铜铅合金、9-4铝铜合金、铝镁合金
2 3	容易切削材料	易切削钢 较易切削钢	2.5～3.0 1.6～2.5	15Cr退火 $R_m=380\sim450$MPa 自动机钢 $R_m=400\sim500$MPa 30钢正火 $R_m=450\sim560$MPa
4 5	普通材料	一般钢与铸铁 稍难切削材料	1.0～1.6 0.65～1.0	45钢、灰铸铁 2Cr13调质 $R_m=850$MPa 85钢 $R_m=900$MPa
6 7 8	难切削材料	较难切削材料 难切削材料 很难切削材料	0.5～0.65 0.15～0.5 <0.15	45Cr调质 $R_m=1050$MPa 65Mn调质 $R_m=950\sim1000$MPa 50CrV调质、1Cr18Ni9Ti、某些钛合金、铸造镍基高温合金

3. 改善材料切削加工性的途径

材料的切削加工性对生产率和表面质量影响很大，在满足零件使用要求的前提下，应尽量选用加工性较好的材料。

工件材料的力学性能(如强度、塑性、韧性、硬度等)、物理性能(如导热系数)、化学成分和金相组织等均对切削加工性有较大影响，但也不是一成不变的。在实际生产中，可采取一些措施来改善切削加工性。这些措施主要包括以下两个方面。

(1) 调整材料的化学成分：材料的化学成分直接影响其机械性能，因此，适当调整材料的化学成分可以改善切削加工性。如在钢中加入适量的硫、铅等元素，可有效改善其切削加工性，这种钢也称为"易切削钢"，但必须以满足零件对材料性能的要求为前提。

(2) 采用热处理改善材料的切削加工性：化学成分相同的材料，金相组织不同，其机械性能也不一样，其切削加工性也就不同。因此，可通过对不同材料进行不同热处理方式来改善材料的切削加工性。例如，对高碳钢进行球化退火，可降低硬度；对低碳钢进行正火，可降低塑性，这些热处理措施都能够改善材料的切削加工性。

习题 1

1-1　试述切削加工的特点和作用。

1-2　车削直径为 80mm 棒料的外圆，若选用 $a_p=4\text{mm}$，$f=0.5\text{mm/r}$，$n=240\text{r/min}$。

(1) 试求 v_c；

(2) 若主偏角 $\kappa_r=75°(\sin75°=0.966)$，试求切削厚度 a_c，切削宽度 a_w；切削层横截面积 A_c。

1-3　按照加工性质和目的可以将切削加工阶段划分为哪些阶段？

1-4　刀具材料应具备哪些基本要求？

1-5　试画出车刀的标注角度，分别标出前角 γ_0，后角 α_0，主偏角 κ_r，副偏角 κ_r' 和刃倾角 λ_s。

1-6　简述金属切削过程主要包括哪两类变形和产生原因？

1-7　积屑瘤是如何形成的？它对切削过程有何影响？若要避免产生积屑瘤要采取哪些措施？

1-8　刀具前角有什么作用？如何选择前角？

1-9　金属切削过程为什么会产生切削力？

1-10　在金属切削过程中，切削热是如何产生与传递的？

1-11　增大前角可以使切削温度降低的原因是什么？是不是前角越大，切削温度越低？

1-12　何谓刀具寿命？刀具的正常磨损过程可分为哪几个阶段？分别是什么？

1-13　切削液有何作用？有哪些种类？

1-14　金属磨削过程主要分为哪几个阶段？分别有什么特点？

1-15　根据下列传动路线表达式，说明主轴Ⅳ有几种转速？并算出最高和最低转速。(电动机转速：1450r/min)

$$\text{电动机}-\text{Ⅰ}-\frac{26}{54}-\text{Ⅱ}-\begin{Bmatrix}\frac{22}{33}\\\frac{19}{36}\\\frac{16}{39}\end{Bmatrix}-\text{Ⅲ}-\begin{Bmatrix}\frac{38}{26}\\\frac{28}{37}\end{Bmatrix}-\text{主轴Ⅳ}$$

1-16　习题 1-16 图是镗床主轴箱中轴Ⅰ与轴Ⅱ间的传动图，分析图中 M_1 和 M_2 离合

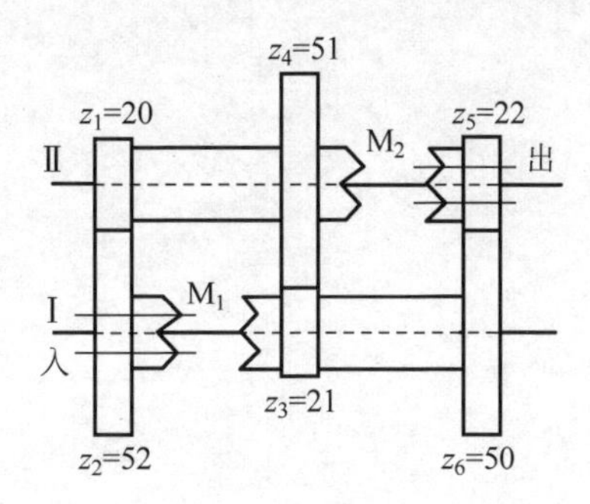

习题 1-16 图

器在开或合的不同情况下，传动轴Ⅰ和Ⅱ间共有几种传动路线？列出每一种传动比表达式，并计算出传动比。

1-17 在车床上加工细长轴，一端用三爪卡盘装夹，另一端用固定顶尖，工件出现弯曲的原因是什么？可采取什么措施克服？

1-18 主轴回转误差分为哪几种基本形式？对车削加工精度的影响如何？

1-19 机床误差有哪些？对加工件质量主要影响是什么？

1-20 试述切削用量的选择原则。

自测题

第2章

常规切削加工与精密加工

【本章导读】 金属切削加工是目前机械加工中最常用到的工艺方法。零件的材料、尺寸和结构不同,加工技术要求不同,其加工方法也会有所不同。本章主要讲述常规切削加工和精密加工方法,主要介绍车削、铣削、刨削、插削、钻削、镗削、拉削和磨削等切削加工方法的特点和应用范围,以及(超)精密切削、(超)精密磨削、精密研磨等方法的特点和应用。在学习完本章的知识点后,应能熟练掌握不同切削加工方法的工艺特点,熟悉精密和超精密加工的适用范围,针对特定的零件,能够合理选择切削加工方法,确定最佳的加工顺序。此外,在学习时应紧密结合工程训练环节,灵活应用所学知识,选取合适、经济的加工方法,培养解决实际问题的能力。

机械零件除极少数采用精密铸造和精密锻造等非切削加工的方法获得以外,绝大多数零件都是靠切削加工来获得的。由于零件加工的技术要求(尺寸精度、形位精度、表面粗糙度等)差别很大,因此相对应的金属切削方法也多种多样。采用不同的切削加工方法可以实现对不同工件表面的加工,只有了解所加工零件的种类和型面特点,掌握各种加工方法及其所使用刀具的特点和应用范围,才能合理选择切削加工方法,从而确定最佳的加工方案。

2.1 车削加工

车削加工概述

车削加工是指在车床上利用工件的旋转和刀具的移动,从工件表面切除多余材料,使之符合一定形状、尺寸和表面质量要求的零件的一种切削加工方法。车削以工件回转为主运动,刀具相对工件移动做进给运动。车削加工可以在卧式车床、立式车床、转塔车床、自动车床、数控车床以及各种专用车床上进行,主要用于各种回转面的加工,如外圆面、内圆面、锥面、螺纹和滚花面等。车削主要工艺范围如图2-1所示。在金属切削加工中,车削是最基本的切削方法之一。一般在机械加工车间中,车床数量往往占总机床数的20%~50%,甚至更多。

车削运动

车削分为粗车、半精车、精车和精细车。粗车的尺寸公差等级为IT11~IT12,表面粗糙度 Ra 值为12.5~25μm。半精车的尺寸公差等级为IT9~IT10,表面粗糙度 Ra 值为3.2~6.3μm。精车的尺寸公差等级为IT6~IT8,表面粗糙度 Ra 值可达0.8~1.6μm。精细车加工的尺寸公差等级可达IT5~IT6,表面粗糙度 Ra 值为0.05~0.4μm。

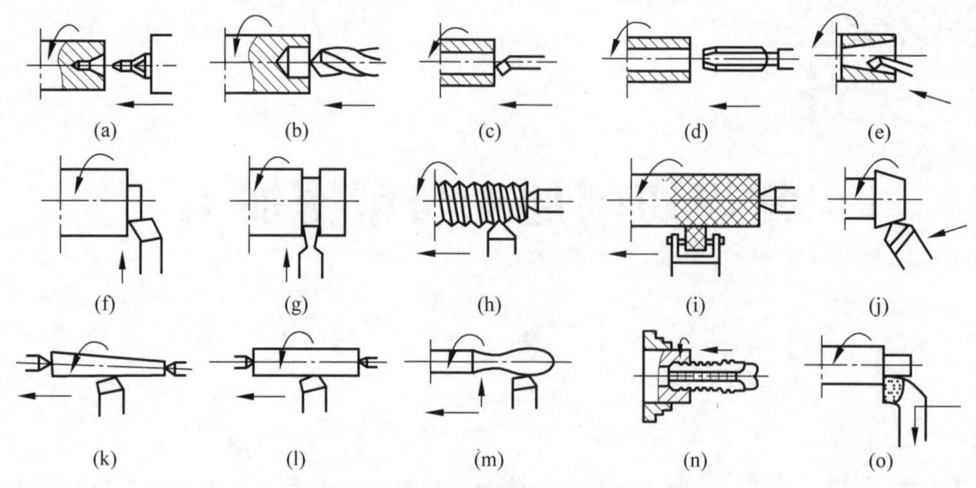

图 2-1　车削工艺范围

(a) 钻中心孔；(b) 钻孔；(c) 车内孔；(d) 铰孔；(e) 车内锥孔；(f) 车端面；(g) 车断或车外沟槽；(h) 车外螺纹；(i) 滚花；(j) 车外圆锥；(k) 车长外圆锥；(l) 车外圆；(m) 车成形面；(n) 攻内螺纹；(o) 车台阶

典型车削加工过程

2.1.1　车削加工方法

1. 车外圆

刀具的运动方向与工件轴线平行时，将工件车削成圆柱形表面的加工称为车外圆，是车削加工中最基本的操作。各种车刀车削零件外圆的方法如图 2-2 所示。普通外圆车刀主要用于车外圆和车削没有台阶或台阶不大的外圆，45°弯头刀多用于车外圆和端面，倒角及 45°斜角等。右偏刀主要用来车削有垂直台阶的外圆表面或用于车削细长工件的外圆。

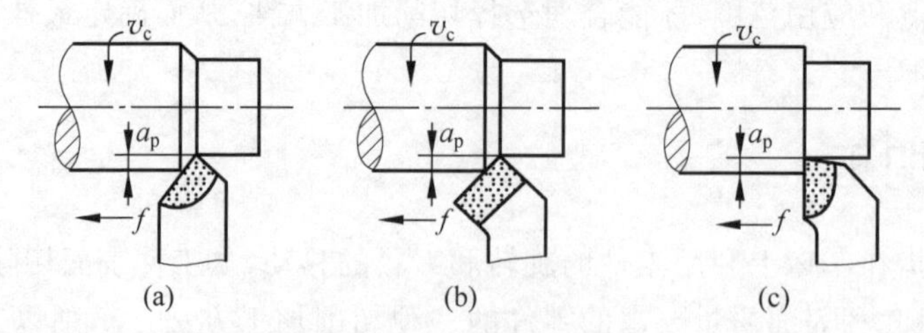

图 2-2　车削外圆

(a) 普通外圆刀车外圆；(b) 45°弯头刀车外圆；(c) 右偏刀车外圆

2. 车孔（内圆）

车孔是用车削方法扩大工件的孔或加工空心工件的内表面，常见车孔方法如图 2-3 所示。车盲孔和台阶孔时，车刀先纵向进给，车至孔根部时再横向从外向中心进给车端面或台阶端面。车削内孔凹槽时，将车刀伸入孔内，先做横向进刀，切至所需深度后再做纵向进给运动。

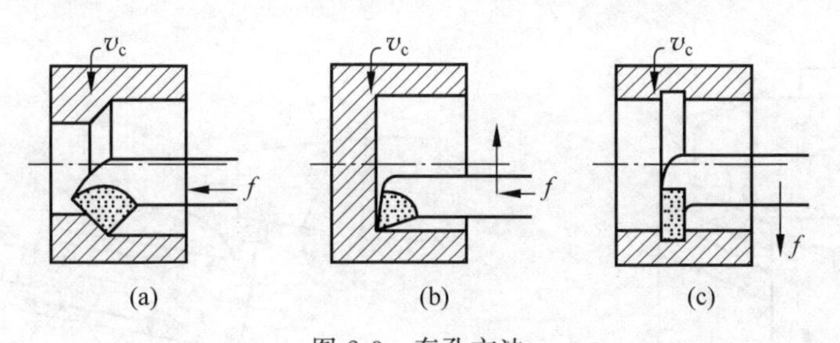

图 2-3　车孔方法

(a) 车通孔；(b) 车盲孔；(c) 车槽

3. 车端面

对工件的端面进行车削的方法称为车端面。图 2-4(a)为弯头车刀车端面，可采用较大背吃刀量(a_p)，大、小端面均可车削。图 2-4(b)为 90°右偏刀从外向中心进给车端面，适宜车削尺寸较小的端面或一般的台肩端面。图 2-4(c)为 90°右偏刀从中心向外进给车端面，适用于车削中心带孔的端面或一般的台肩端面。图 2-4(d)为左偏刀车端面，适宜车削较大端面，尤其是铸锻件的大端面。

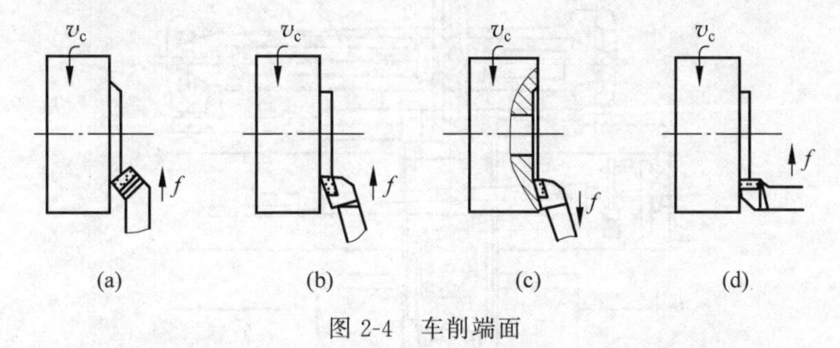

图 2-4　车削端面

(a) 弯头刀车端面；(b) 右偏刀由外向中心车端面；(c) 右偏刀由中心向外车端面；(d) 左偏刀车端面

4. 车锥面

锥面是车床上除内外圆柱面之外最常加工的表面之一。圆锥面的车削方法主要有宽刀法、小刀架转位法、偏移尾架法和靠模法，如图 2-5 所示。宽刀法利用主刀刃与工件轴线间的夹角等于工件圆锥半角 $\alpha/2$ 的车刀径向进给实现锥面加工，适用于成批和大量生产较短的内外锥面。小刀架转位法是将小刀架沿顺时针或逆时针方向转动工件圆锥半角 $\alpha/2$，使车刀沿工件母线移动实现锥面加工，主要用于单件小批生产精度较低和长度较短的内外锥面。偏移尾架法是将尾架顶尖偏移一个距离 $s\left(s=L_0\,\dfrac{D-d}{2L}\right)$，使工件锥面母线平行于车刀纵向进给方向实现锥面加工，适用于单件或成批生产轴类零件上较长的外锥面。靠模法是绕中心轴转动，调整成所需的锥面斜角 $\alpha/2$，沿靠模移动的滑块与横向溜板连接，当纵向进给时，车刀平行于靠模移动，以加工出锥角 α 的圆锥面，适用于成批和大量生产较长的内外圆锥面。

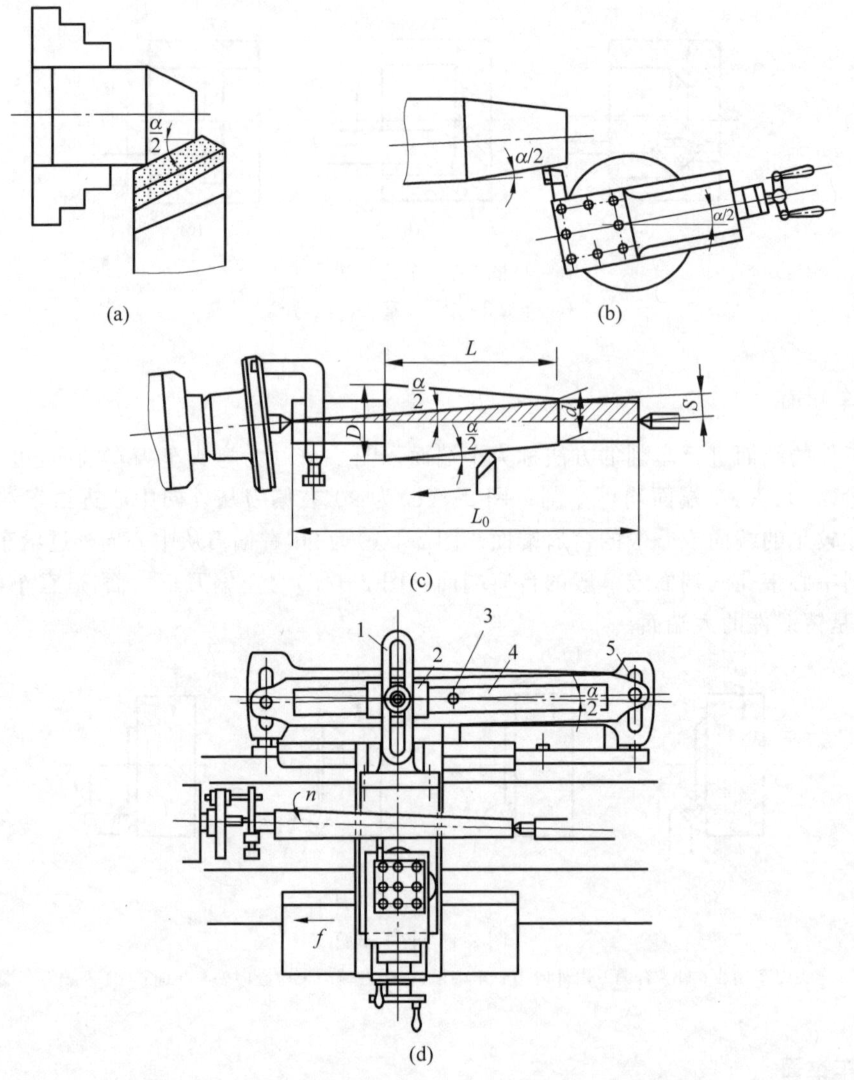

1—连接板；2—滑块；3—销钉；4—靠模板；5—底座。

图 2-5　车锥面的方法

(a) 宽刀法；(b) 小刀架转位法；(c) 偏移尾架法；(d) 靠模法

2.1.2　车削工艺特点

(1) 加工范围广，适应性强。车削是轴、盘、套等回转体零件不可缺少的加工工序。对于小支架等其他类型的零件，只要能在车床上装夹，其回转表面也可采用车削加工。

(2) 加工精度高，易于保证零件各加工表面的相互位置精度。对于轴、套筒、盘类等零件，在一次装夹后，可以完成内、外圆柱面和其端面的加工，易于保证各外圆面之间、各外圆面与内圆面之间以及端面与轴线之间的垂直度。

(3) 生产率高。一般车削是连续的，切削过程平稳，且主运动不受惯性力的影响，可以采用高的切削速度。使生产率大幅度提高，适用于单件小批量和大批量生产。

(4) 成本较低。车刀的制造、刃磨和使用都很方便,通用性好;车床附件较多,可满足大多数工件的加工要求,生产准备时间短,有利于提高效率和降低成本。

2.2 铣削加工

铣削是以铣刀旋转做主运动,工件或铣刀做进给运动的切削加工方法。铣削加工的切削速度高,同时铣刀是多齿刀具,故生产率高,是机械加工中广泛应用的切削加工方法之一。铣削可以用来加工平面、成形面、齿轮、沟槽(包括键槽、V 形槽、燕尾槽、T 形槽、圆弧槽、螺旋槽等),还可进行孔加工,如钻孔、扩孔等。常用的铣床有卧式铣床、立式铣床、万能铣床等。其加工可达的尺寸公差等级为 IT8~IT9,表面粗糙度 Ra 值为 1.6~6.3μm。近年来,已用高速精铣代替精刨和磨削加工导轨面,表面粗糙度 Ra 值可达 0.4~0.8μm。铣削的工艺范围如图 2-6 所示。

铣削加工概述

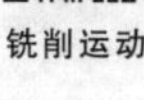

铣削运动

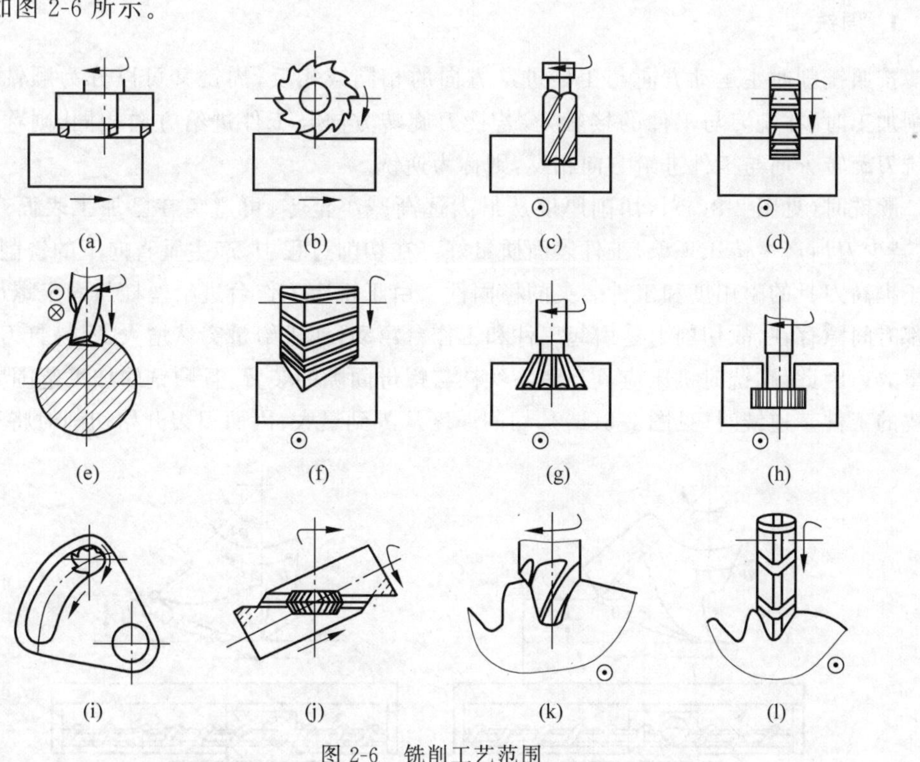

铣平面

图 2-6 铣削工艺范围

(a) 端铣平面;(b) 周铣平面;(c) 立铣刀铣直槽;(d) 三面刃铣刀铣直槽;(e) 键槽铣刀铣直槽;(f) 铣角度槽;(g) 铣燕尾槽;(h) 铣 T 形槽;(i) 铣圆弧槽;(j) 铣螺旋槽;(k) 指状铣刀铣齿轮;(l) 盘状铣刀铣齿轮

铣直角沟槽

铣 V 形槽

2.2.1 铣削方式

铣 T 形槽

铣平面是平面加工的主要方法之一。根据铣刀切削刃的形式和方位可以将平面铣削分为周铣和端铣,如图 2-7 所示。周铣是指用圆柱铣刀的圆周齿进行铣削加工;端铣是指用端铣刀的端面齿进行切削加工的铣削方法。

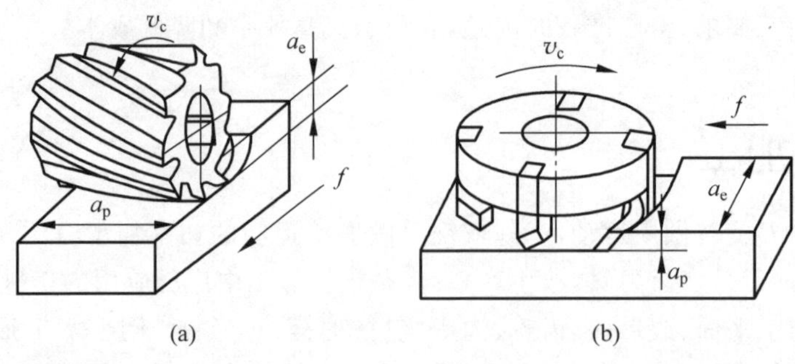

图 2-7　周铣与端铣

(a) 周铣；(b) 端铣

1. 周铣

按照铣削时主运动方向与工件进给方向的相同或相反，周铣又可以分为顺铣和逆铣。铣削加工时，在铣刀与工件的接触处，若铣刀旋转方向与工件进给方向相同，则称为顺铣；若铣刀旋转方向与工件进给方向相反，则称为逆铣。

顺铣时(见图 2-8(a))，切削厚度从最大逐渐减小至零，可避免在已加工表面产生冷硬层，减少刀齿产生挤压现象，工件表面质量好。在切削过程中，产生垂直向下的铣削分力，有利于提高刀具的耐用度和工件装夹的稳固性。由于铣床工作台进给丝杠与固定螺母之间一般都有间隙存在，故切削力易引起工件和工作台窜动，使进给量突然增大，容易打刀，甚至造成事故。因此，顺铣时机床应具有消除丝杠与螺母间隙的装置，且顺铣的加工范围应限于无硬皮的工件。逆铣时(见图 2-8(b))，切削厚度从零到最大，因而刀刃开始切削时将经历一段

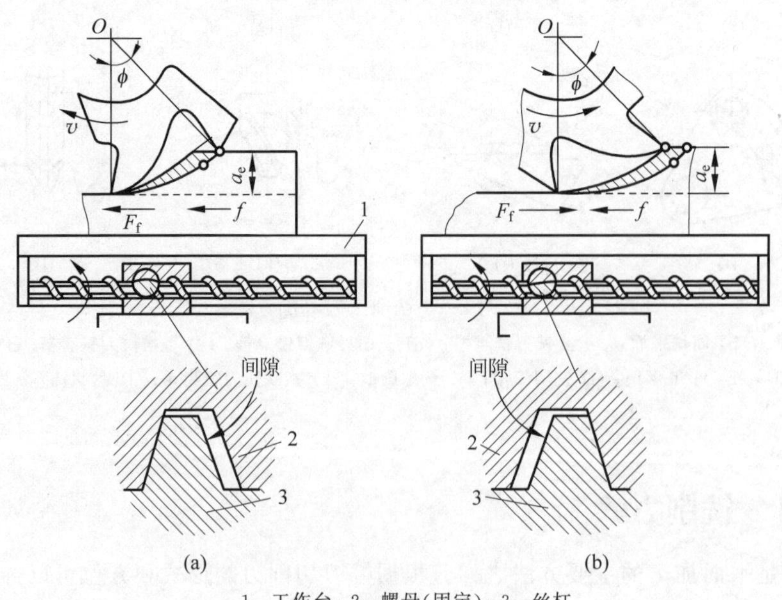

1—工作台；2—螺母(固定)；3—丝杠。

图 2-8　顺铣与逆铣

(a) 顺铣；(b) 逆铣

在切削硬化的已加工表面挤压滑行过程,会加速刀具的磨损。同时,产生垂直向上的铣削分力,易引起振动。但可以加工有硬皮的铸件和锻件毛坯,当工作台进给丝杠螺母机构有间隙时,工作台不会向前窜动。逆铣多用于粗加工。

2. 端铣

根据铣刀和工件之间相对位置的不同,端铣可分为对称铣削和不对称铣削。

对称铣削是指端铣刀位于工件的对称位置上进行铣削(见图 2-9(a)),处于逆铣状态的切入段与处于顺铣状态的切出段长度相等,刀齿切入与切出的厚度也相等,具有较大的平均切削厚度,可保证刀齿在工件表层的硬层之下铣削,避免铣削开始时对加工表面的挤刮,从而提高铣刀的寿命,能获得较为均匀的已加工表面,一般端铣多用此种铣削方式,尤其适合于铣削淬硬钢。

不对称铣削是指端铣刀位于与工件不对称的位置上进行铣削。刀齿切入时切削厚度最大,切出时较小,顺铣部分大于逆铣部分,为不对称顺铣。刀齿切入时切削厚度小,切出时最大,逆铣部分比例大于顺铣部分,为不对称逆铣。

不对称顺铣时,刀齿切入时的切削厚度较大,切出时切削厚度较小,适合加工不锈钢、耐热合金等中等强度和塑性较大的材料。由于可以减小逆铣时刀齿的滑行、挤压现象和加工表面的冷硬程度,从而有利于提高刀具耐用度,在其他条件一定时,只要偏置距离选取合适,刀具耐用度可以提高 1～2 倍,也可减小已加工表面粗糙度。

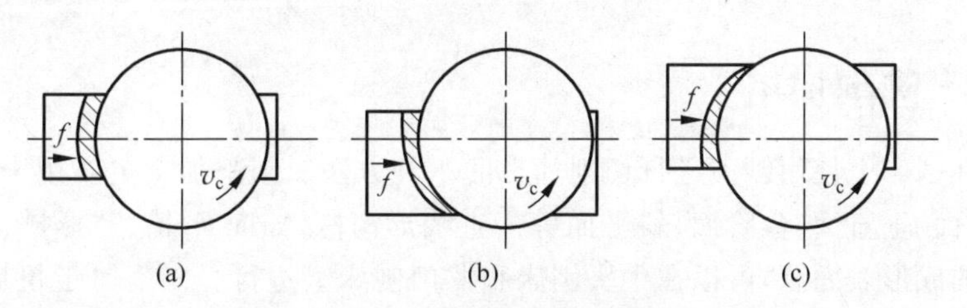

图 2-9　端铣的铣削方式

(a) 对称铣削;(b) 不对称顺铣;(c) 不对称逆铣

3. 端铣与周铣的比较

(1) 端铣的生产率高于周铣。端铣时同时参加切削的端铣刀齿数较多,工作过程更为平稳,端铣刀大多数镶有硬质合金刀片,可以采用大的铣削用量;而周铣用的圆柱铣刀多为高速钢制成,刀轴的刚性较差,使铣削用量受到很大限制。

(2) 端铣的加工质量比周铣好。端铣的副切削刃对已加工表面有修光作用,能使表面粗糙度降低;周铣时只有圆周刃切削,工件表面有波纹状残留面积,使表面粗糙度值较大。

(3) 周铣的适应性比端铣好。周铣可用多种铣刀铣削平面、沟槽、齿形、成形面等,适应性较强;而端铣只能加工平面。

一般而言,端铣主要用于大平面铣削,周铣多用于小平面、各种沟槽和成形面的铣削。

2.2.2 铣削工艺特点

(1) 生产率较高。铣刀是典型的多齿刀具,铣削时有几个刀齿同时参加工作,并且参与切削的切削刃较长。铣削的主运动是铣刀的旋转,其有利于高速铣削,从而提高生产率。

(2) 容易产生振动。铣刀刀齿切入切出时易产生冲击,每个刀齿的切削层厚度随刀齿位置的不同而变化,从而引起切削层横截面积变化。因此,在铣削过程中铣削力是变化的,切削过程不平稳,容易产生振动,限制了铣削加工质量和生产率的进一步提高。

(3) 刀齿散热条件较好。铣刀刀齿在切离工件的短暂时间内,可得到一定的冷却,散热条件较好。但是,切入和切出时热和力的冲击将加速刀具的磨损,甚至可能引起硬质合金刀片的碎裂。

(4) 工艺范围广。在普通铣床上使用不同的铣刀可以完成平面、台阶、沟槽及特形面等的加工任务。加上分度头等铣床附件的配合使用,还可以完成花键轴、螺旋轴、齿式离合器等工件的铣削。

(5) 铣床结构复杂。铣刀的制造和刃磨较为困难,铣削加工成本较高。

2.3 刨削与插削加工

2.3.1 刨削加工

刨削是在刨床上使用刨刀进行切削加工的一种方法。刨削加工主要用于加工平面(如水平面、平行面、垂直面、台阶面、斜平面等)、直线形沟槽(如V形槽、T形槽、燕尾槽)以及直线为母线的成形表面等,可以在牛头刨床和龙门刨床上进行。刨削属于粗加工和半精加工范畴,尺寸公差等级可达IT7~IT10,表面粗糙度 Ra 值可达0.4~12.5μm。刨削主要加工范围如图2-10所示。

刨削运动

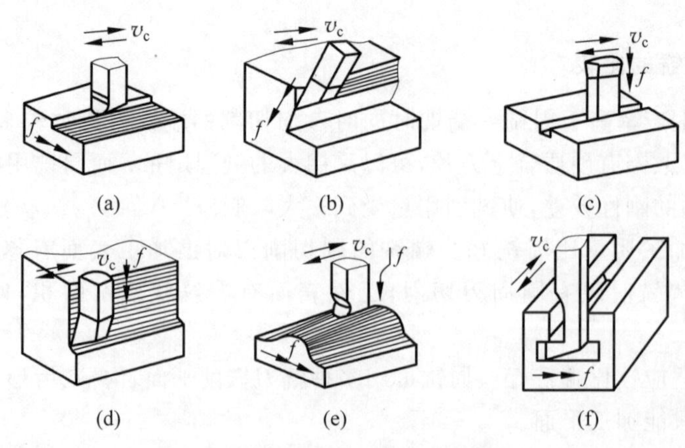

图2-10 刨削主要加工范围

(a) 刨水平面;(b) 刨斜面;(c) 刨槽;(d) 刨垂直面;(e) 刨成形面;(f) 刨T形槽

1. 刨床及刨削运动

按刨床的结构特征可以分为牛头刨床(见图 2-11(a))和龙门刨床(见图 2-11(b))。

在牛头刨床上加工时,刨刀的纵向往复运动为主运动,工件随工作台做横向间歇进给运动。最大刨削长度一般不超过 1000mm,适合于加工中、小型工件。

在龙门刨床上加工时,工件随工作台的往复直线运动为主运动,刀架沿横梁或立柱做间歇的进给运动。由于其刚性好,而且有 2～4 个刀架可同时工作,因此,它主要用来加工大型工件或同时加工多个中、小型工件,其加工精度和生产率均比牛头刨床高。

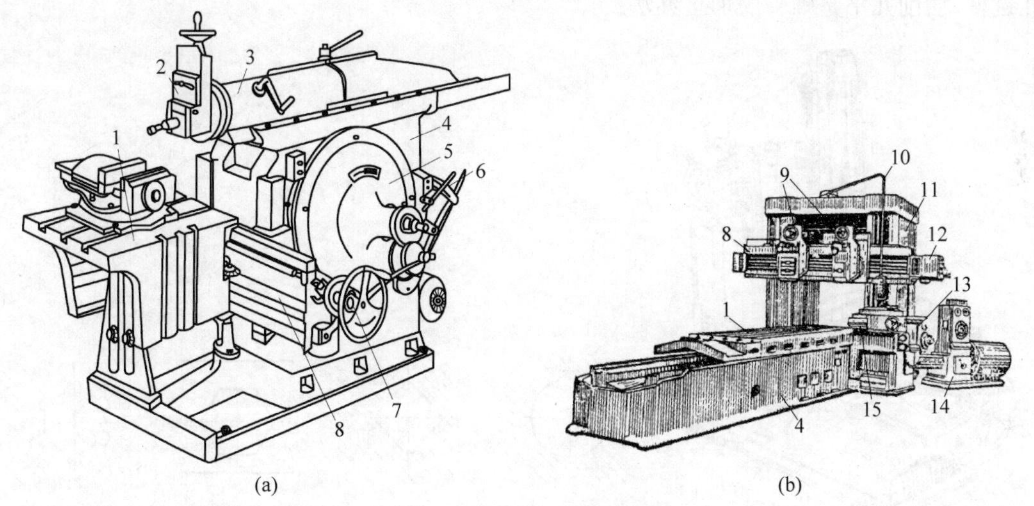

1—工作台；2—刀架；3—滑枕；4—床身；5—摆杆机构；6—变速机构；7—进刀机构；8—横梁；9—垂直刀架；10—操纵开关；11—立柱；12—垂直刀架进刀箱；13—侧刀架进刀箱；14—减速箱；15—侧刀架。

图 2-11　刨床

(a) 牛头刨床；(b) 龙门刨床

2. 刨削工艺特点

(1) 刨削过程是一个断续切削过程,刨刀的返回行程一般不进行切削；切削时有冲击现象,限制了切削速度的提高；刨刀属于单刃刀具,因此刨削加工的生产率比较低。但对于狭长平面,刨削加工生产率较高。

(2) 刨刀结构简单,刀具的制造、刃磨较方便,工件安装较简便,刨床的调整也比较方便,因此,刨削特别适合于单件、小批量生产。

(3) 刨削加工切削速度低,并且有一次空行程,所以产生的切削热少,散热条件好,除特殊情况外,一般不使用切削液。

(4) 在无抬刀装置的刨床上进行切削,回程时刨刀后刀面与工件已加工表面会发生摩擦,影响工件表面质量,并使刀具磨损加剧,甚至会造成硬质合金刀具崩刃。

刨削与铣削加工相比较,两者的加工质量大致相当,经粗、精加工之后均可达到中等精度。刨削的加工成本低于铣削,特别是加工窄长平面时具有优势,但生产率、加工范围和应用广泛程度均不如铣削,在批量生产中逐渐被铣削所取代。

2.3.2 插削加工

插削加工是在插床(见图 2-12(a))上使用插刀进行切削加工的方法,其本质属于刨削加工,基本与刨削工艺类似,只是刨削加工是在刨床上用刨刀对工件进行水平方向加工,而插削加工是在插床上沿垂直方向进行加工,可视为“立式刨床”加工。插削加工时,插刀相对工件做往复直线运动为主运动,工件做进给运动。插削主要用于加工工件的内表面(见图 2-12(b)),如键槽及多边形孔等,有时也用于加工成形内外表面,对于不通孔有台肩的内孔键槽,插削几乎是唯一的加工办法。

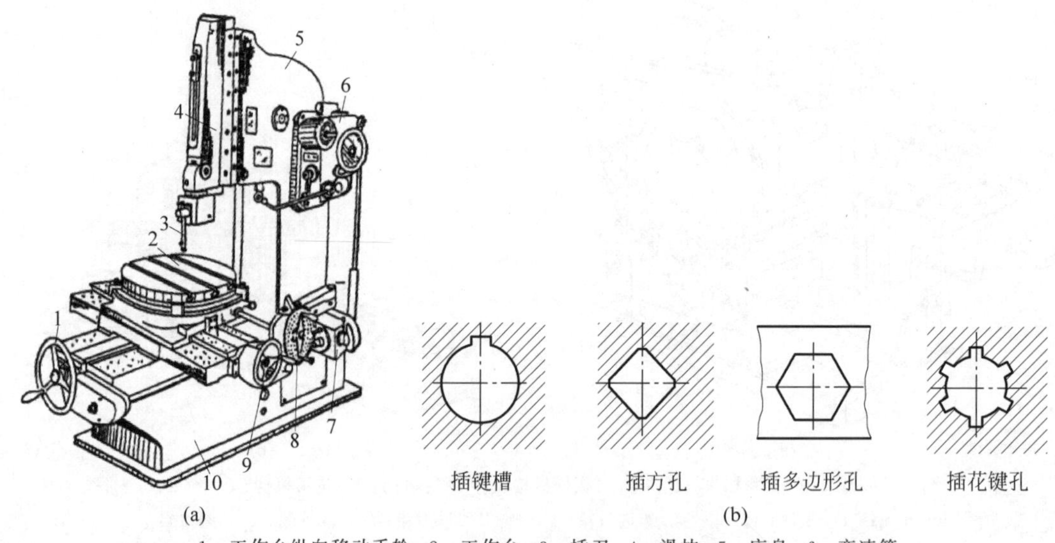

1—工作台纵向移动手轮;2—工作台;3—插刀;4—滑枕;5—床身;6—变速箱;
7—走刀箱;8—分度盘;9—工作台横向移动手轮;10—底座。

图 2-12 插床与插削表面

(a) 插床;(b) 插削表面

1. 插刀

按加工用途不同,插刀可分为尖刃插刀(简称“尖刀”)和平刃插刀(简称“切刀”)。尖刀(见图 2-13(a))用于粗插或插削多边形孔。切刀(见图 2-13(b))用于精插或插削直角形槽。按结构形式不同,插刀可分为整体式插刀和组合式插刀。整体式插刀的刀头和刀柄合为一体,刀杆截面积较小,因而刚度较差,插削时容易变形和损坏,加工质量不高。组合式插刀刀柄与刀头分开,刀头安装在刀杆上。一种是刀头横向装在刀柄内;另一种是垂直装在刀柄内。前一种刀柄较粗,刚度好,适用于粗插;后一种适用于插削孔径较小的内键槽、方孔等。组合式插刀使用简便,应用比较广泛。

2. 插削工艺特点

(1) 结构简单,加工前的准备工作和操作比较方便,与刨削一样,也存在冲击和空行程损失。主要用于单件、小批量生产。

(2) 由于受内表面空间尺寸的限制,插刀杆的刚性较弱,如果插刀的前角过大,容易产

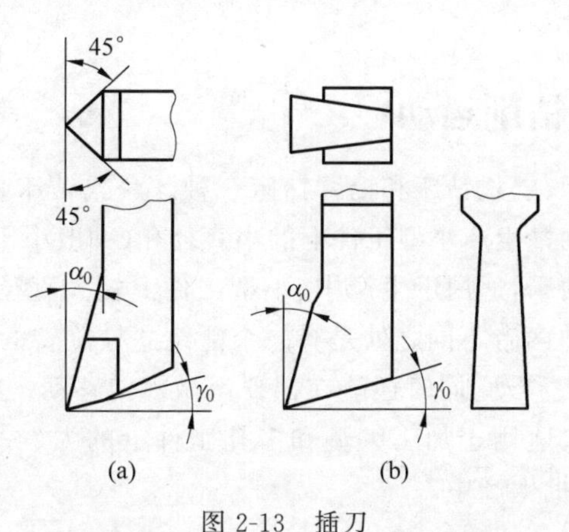

图 2-13　插刀

(a) 尖刃插刀(尖刀)；(b) 平刃插刀(切刀)

生“扎刀”现象；如果插刀的前角过小，又容易产生“让刀”现象。因此，插削的加工精度比刨削差，插削经济加工的尺寸公差等级为 IT7～IT9，表面粗糙度 Ra 值为 1.6～6.3μm。

（3）插床刀架没有抬刀机构，工作台也无让刀机构，因此插刀在回程时易与工件相摩擦，工作条件较差。

（4）除键槽、型孔以外，插削还可以加工圆柱齿轮、凸轮等。

2.4　钻削加工

钻削是在工件的实体部位加工孔的工艺过程。钻削加工的尺寸公差等级为 IT11～IT13，表面粗糙度 Ra 值为 12.5～50μm，一般用于孔的粗加工或要求不高的孔的终加工。钻削加工既可在钻床上进行，也可以在车床、铣床、镗床和铣镗床上进行。在钻床上可以实现钻孔、扩孔、铰孔、攻螺纹、锪孔、锪平面等加工。钻削的主要工艺范围如图 2-14 所示。

钻削运动

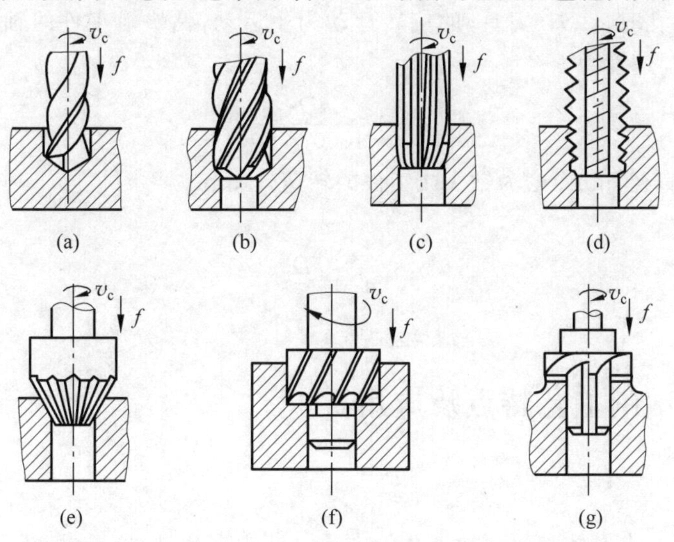

图 2-14　钻削的主要工艺范围

(a) 钻孔；(b) 扩孔；(c) 铰孔；(d) 攻螺纹；(e) 锪锥孔；(f) 锪柱孔；(g) 锪平台

2.4.1 钻床及钻削运动

常用钻床有台式钻床、立式钻床和摇臂钻床三种。台式钻床是放在桌面上使用的小型钻床，仅适用于单件、小批量生产小型工件上的小直径孔(一般小于 13mm)。立式钻床是安装在地面上的最常见的钻床，适用于生产中、小型工件上较大直径孔(一般不大于 50mm)。摇臂钻床(见图 2-15)与前两者不同之处是有一个能绕立柱旋转的摇臂，位于摇臂上的主轴箱可随摇臂沿立柱做垂直移动，同时还能在摇臂上做横向移动；主轴可沿自身轴线垂直移动或进给，工件保持不动，适用于加工大型和多孔工件上的大(一般不大于 80mm)、中、小孔，广泛应用于单件和成批生产中。

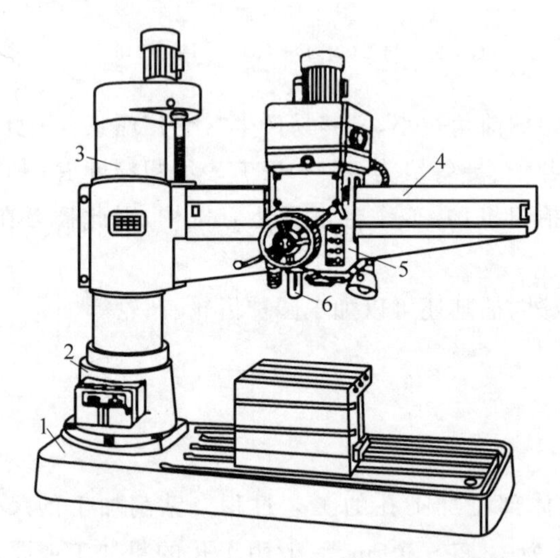

1—底座；2—内立柱；3—外立柱；4—摇臂；5—主轴箱；6—主轴。

图 2-15 摇臂钻床

在钻床上钻孔时，钻头(刀具)的旋转运动为主运动，钻头沿工件的轴向移动为进给运动。钻削时，钻削速度为

$$v=\frac{\pi Dn}{1000\times 60} \tag{2-1}$$

式中，D 为钻头直径，mm；n 为钻头或工件的转速，r/min。

切削深度为

$$a_{\mathrm{p}}=\frac{D}{2} \tag{2-2}$$

2.4.2 钻削工艺特点及应用

1. 钻孔

钻孔是用钻头在实体材料上加工孔的方法。钻头有扁钻、麻花钻、深孔钻等多种，其中以麻花钻应用最为普遍。

1）麻花钻

由柄部、颈部及工作部分组成（见图 2-16），工作部分担任切削与导向工作，柄部是钻头的夹持部分，用于传递扭矩。标准麻花钻的切削部分由五刃（两条主切削刃、两条副切削刃和一条横刃）六面（两个前刀面、两个主后刀面和两个副后刀面）所组成。麻花钻的导向部分用来保持麻花钻钻孔时的正确方向并修光孔壁，重磨时可作为切削部分的后备材料。两条螺旋槽的作用是形成切削刃，便于容屑、排屑和切削液输入。外缘处的两条棱边，其直径略有倒锥，用以导向和减少钻头与孔壁的摩擦。

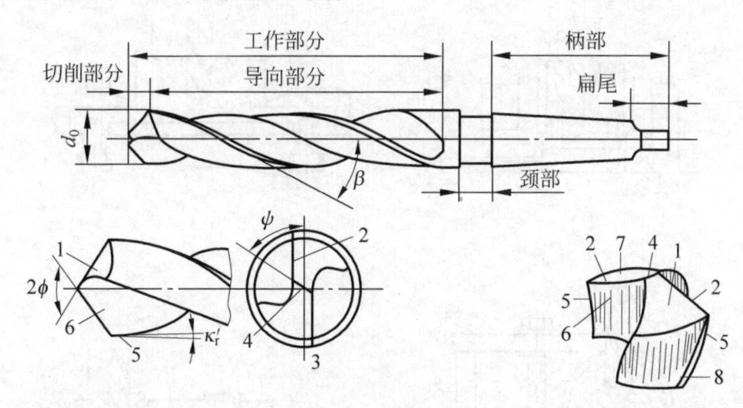

1—主后刀面；2—主切削刃；3—副后刀面；4—横刃；5—副切削刃；6—前刀面；7—主后刀面；8—副后刀面（棱边）。

图 2-16　麻花钻的组成

2）钻孔的工艺特点

钻孔与车削外圆相比，工作条件要困难得多。因为钻孔时，钻头工作部分大都位于已加工表面之内，热量不易散失；钻头的刚度较弱，容屑和排屑较差，导向和冷却润滑困难等情况，所以会带来一些特殊问题：

（1）容易产生“引偏”。由于麻花钻的刚度和导向性较差，同时横刃的存在产生较大的轴向力，再加上钻头的两条主切削刃手工刃磨难以准确对称，致使在钻孔时容易产生钻头的“引偏”现象。

（2）加工质量较差。钻孔属于半封闭式切削，切屑只能沿钻头的螺旋槽从孔口排出，因而在排屑过程中，往往会与孔壁发生较大摩擦，挤压、拉毛和刮伤已加工表面。有时切屑可能会阻塞在钻头的容屑槽中，甚至会卡死或折断钻头。因此，钻孔的加工质量较差。

为解决钻孔时的工艺问题，可以从以下两个方面入手：

（1）采取工艺措施。通过预钻锥形定心坑、钻套导向、对称修磨两条主切削刃使之对称，从而减小钻头“引偏”。

（2）改进麻花钻结构。国内有名的创新产品是倪志福带领团队发明的群钻（体现工匠精神），其切削部分结构如图 2-17 所示。它将每个主切削刃磨成三段，即外直刃、圆弧刃和内直刃，有利于分屑、排屑和断屑；钻屑时圆弧刃在孔底上切削出一道圆环筋，起到稳定钻头、加强定心的作用；同时修磨横刃（为原长的 1/7～1/5），使横刃进一步变尖，起到降低轴向抗力、增强定心的作用。对直径大于

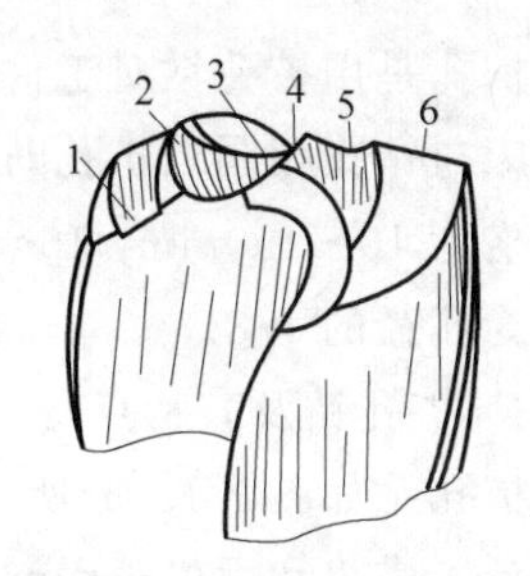

1—分屑槽；2—月牙槽；3—内直刃；4—横刃；5—圆弧刃；6—外直刃。

图 2-17　群钻

15mm 的钻头，在刀刃的一边磨出分屑槽，便于排屑。上述实质性的改进不仅可使高速钢钻头钻削高锰钢、耐热钢、不锈钢和紫铜等难加工材料，而且切削性能和使用寿命显著提高。

在台式钻床和立式钻床上钻孔时，通常采用平口钳装夹（见图 2-18(a)），也可采用压板、螺栓装夹（见图 2-18(b)）；对于圆柱形工件可采用 V 形铁装夹（见图 2-18(c)）；成批大量生产时通常采用钻模夹具进行钻孔（见图 2-18(d)）。在摇臂钻床加工大型工件上的孔时一般无须装夹，靠工件自重即可进行加工。

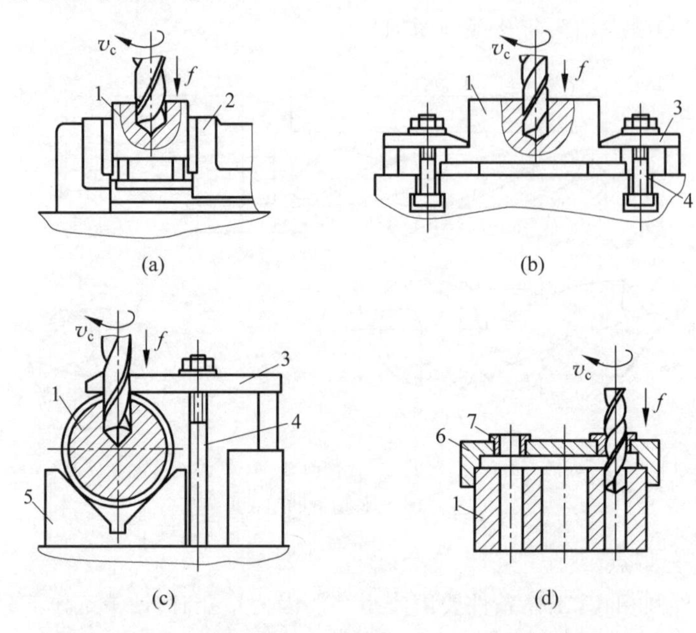

1—工件；2—平口钳；3—压板；4—螺栓；5—V 形铁；6—钻模；7—钻套。

图 2-18　钻孔时的装夹方法

(a) 平口钳装夹；(b) 压板螺栓装夹；(c) V 形铁装夹；(d) 钻模装夹

3）钻孔的应用

钻孔是孔的一种粗加工方法。钻孔的尺寸精度可达 IT11～IT12，表面粗糙度 Ra 值为 12.5～50μm。使用钻模钻孔，其精度可达 IT10。钻孔既可用于单件、小批量生产，也适用于大批量生产。

2. 扩孔

扩孔是用扩孔钻对工件上原有孔进行扩大的加工方法，多用于成批大量生产。扩孔所用机床与钻孔相同。扩孔时可用扩孔钻进行，也可用直径较大的麻花钻扩孔。扩孔钻的直径规格为 10～100mm，15～50mm 最为常用，直径小于 15mm 的孔一般不扩孔。扩孔余量一般为孔径的 1/8。

1）扩孔钻及其特点

扩孔钻如图 2-19(a)所示，无横刃，容屑槽浅而小，钻芯粗的结构使其刚性提高；刀尖部位避免了横刃和由横刃引起的不良影响，改善了切削条件；扩孔钻的刀齿多（3～4 个），棱带增多，导向作用好。因此，扩孔的加工质量比钻孔高，在一定程度上可校正原有孔的轴线偏斜。

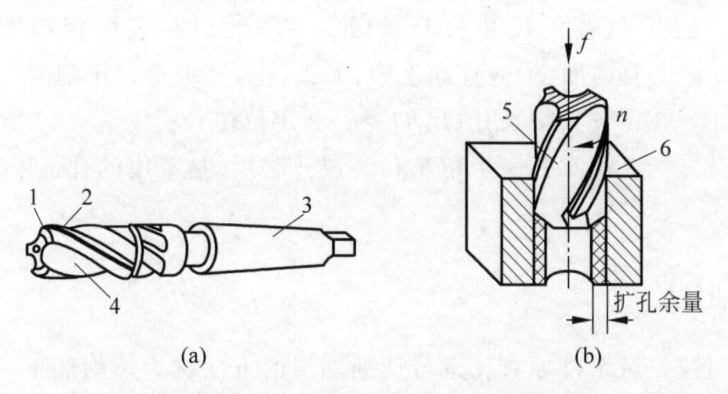

1—主切削刃；2—棱带；3—锥柄部；4—螺旋槽；5—扩孔钻；6—工件。

图 2-19　扩孔钻及扩孔

(a) 扩孔钻；(b) 扩孔

2）扩孔的应用

扩孔属于孔的一种半精加工。扩孔的尺寸公差等级为 IT9～IT10，表面粗糙度 Ra 值为 3.2～6.3μm。扩孔常作为铰孔前的预加工，也可以作为精度要求不高的孔的终加工。

3. 铰孔

铰孔是用铰刀从工件孔壁上切除微量金属层，以获得较高尺寸精度和较小表面粗糙度值的方法。适用于孔的精加工，也可用于磨孔或研孔前的预加工。

1）铰刀及其特点

铰刀分为手铰刀（见图 2-20(a)）和机铰刀（见图 2-20(b)）两种类型。手铰刀刀刃锥角 2ϕ 很小，工作部分较长，导向作用好；机铰刀刀刃锥角 2ϕ 较大，靠安装铰刀的机床主轴导向，故工作部分较短。铰刀的结构和切削条件均比扩孔更为优越。铰刀的刀齿更多，刚性更好；铰孔时的切削速度低，铰孔余量小，排屑和冷却效果较好。产生的切削热较少，工件的受力和变形较小；铰刀具有修光部分，可以校准孔径、修光孔壁。

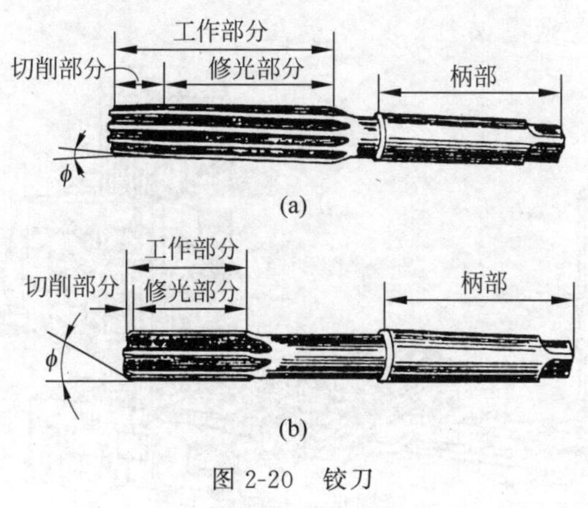

图 2-20　铰刀

(a) 手铰刀；(b) 机铰刀

2）铰孔的应用

铰孔属于精加工，可分为粗铰和精铰。粗铰的尺寸公差等级为 IT7～IT8，表面粗糙度

Ra 值为 0.8～1.6μm；精铰的尺寸公差等级为 IT6～IT7，表面粗糙度 Ra 值为 0.4～0.8μm。铰孔属于定径刀具加工，适宜加工中、大批量生产中不宜拉削的孔，以及单件、小批量生产小孔（D＜10～15mm）、细长孔（L/D＞5）和定位销孔。

钻—扩—铰、钻—铰、粗车孔—半精车孔—铰孔联用，是常用的孔加工工艺路线。

2.5 镗削加工

在镗床上利用镗刀对工件原有孔进行切削加工的方法称为镗削加工。镗孔时镗刀旋转做主运动，工件或镗刀的移动做进给运动。与钻削相比，镗削一般用来加工直径较大或精度较高的孔，尤其是位置精度（同轴度、垂直度、平行度）要求较高的孔，特别适用于加工箱体零件上的同轴孔、平行孔或互相垂直的孔，以及机架等结构复杂、尺寸较大的零件上的孔。

镗削运动

2.5.1 镗床及镗削运动

镗床的主要类型有卧式镗床、坐标镗床和金刚镗床等，其中以卧式镗床应用最为广泛。

镗削加工概述

图 2-21 为卧式镗床外形图，它由主轴箱 1、前立柱 2、主轴 3、平旋盘 4、工作台 5、上滑座 6、下滑座 7、床身导轨 8 及带后支承 9 的后立柱 10 等部件组成。使用卧式镗床加工时，刀具安装在主轴或平旋盘上，通过主轴箱可获得需要的各种转速和进给量，同时可随主轴箱沿前立柱导轨上下移动。工件安装在工作台上，工作台可随下滑座和上滑座做纵横向移动，还可绕上滑座的圆导轨回转至所需角度，以适应各种加工情况。当镗刀杆较长时，可用后立柱上的尾架来支承其一端，以增加刚度。为了加工大孔距工件或长箱体，有些卧式镗床的工作台横向行程加大两倍左右，采用加大床身主导轨宽度和带辅助导轨的方法增加下滑座刚度。

箱体类零件孔系的加工工艺

此外，为了进行孔距精度要求较高的多孔加工，卧式镗床的主轴箱和工作台的移动部分均装有精密刻度尺和准确的读数装置。

镗削的主要加工工艺范围如图 2-22 所示。

镗床主要加工范围

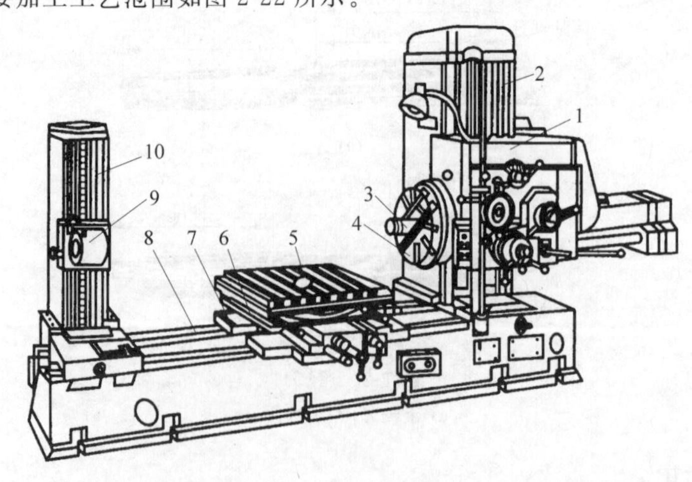

1—主轴箱；2—前立柱；3—主轴；4—平旋盘；5—工作台；6—上滑座；7—下滑座；8—床身导轨；9—后支承；10—后立柱。

图 2-21 卧式镗床

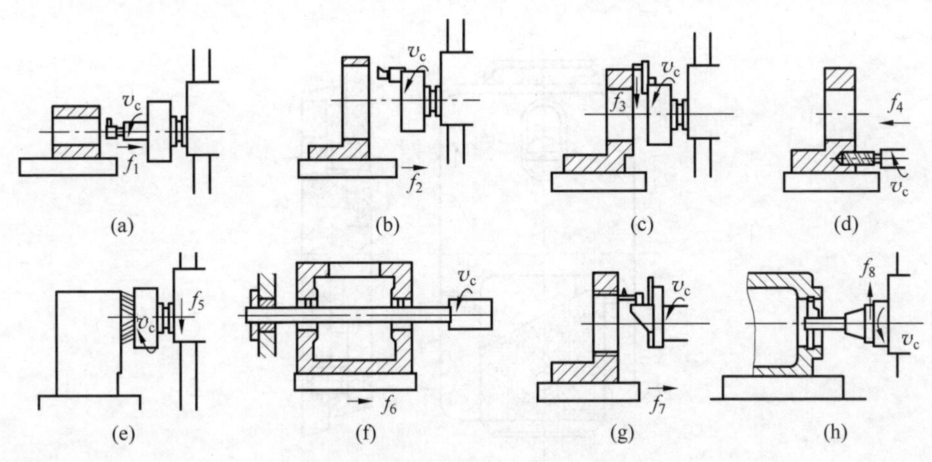

图 2-22 镗削的主要加工工艺范围

(a) 镗轴上装悬伸刀杆镗孔；(b) 用平旋盘上的悬伸刀杆镗大直径孔；(c) 用平旋盘径向刀架上的车刀车端面；(d) 钻孔；(e) 镗轴上装端铣刀铣平面；(f) 用后支架支承长刀杆镗两同轴孔；(g) 用平旋盘径向刀架上的车刀车螺纹；(h) 用装在镗杆上的刀具车内沟槽

2.5.2 镗刀

镗孔所用的刀具是镗刀。按结构特点和使用方式，镗刀一般可分为单刃镗刀和双刃镗刀。

单刃镗刀(见图 2-23)的刀头结构与车刀相似，只有一条切削刃，其孔径依靠调整刀头的悬伸长度来保证。单刃镗刀结构简单、制造方便、通用性强，但刚度比车刀差，切削用量小，生产率低，多用于单件、小批量生产。

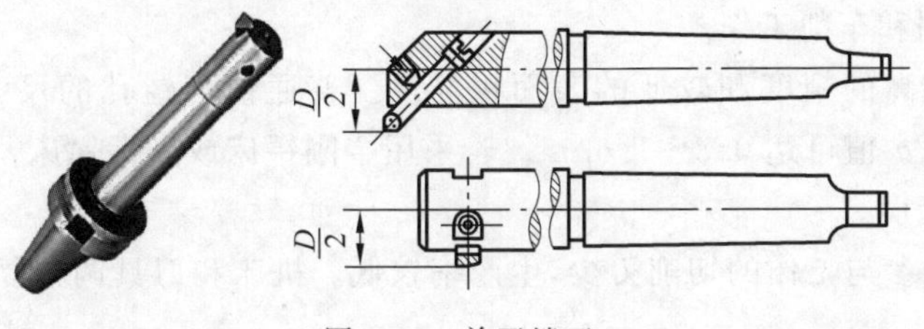

图 2-23 单刃镗刀

多刃镗刀中最常用的是可调浮动镗刀片，如图 2-24 所示。加工前，先根据所加工的孔径调节刀齿的径向尺寸。镗孔时，镗刀片在刀杆的长方形孔中并不紧固，在孔径方向可以自由浮动，依靠两个对称切削刃产生的径向切削力自动平衡。多刃镗刀镗孔的加工质量较高，表面粗糙度 Ra 值较小，生产率较高，但不能校正原有孔的轴线偏斜或位置偏差，且刀具复杂，成本比单刃镗刀高，故主要用于批量生产和精加工箱体、机架等中大型零件上的孔和孔系。

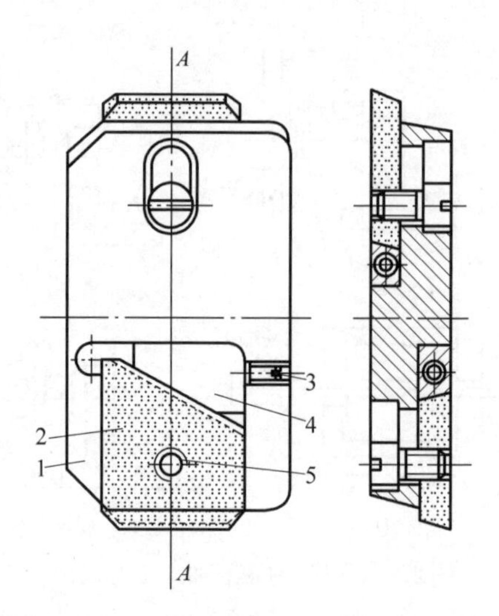

1—刀块；2—镗刀片；3—调节螺钉；4—斜面垫板；5—紧固螺钉。

图 2-24　可调浮动双刃镗刀

镗削加工特点

2.5.3　镗削工艺特点及应用

(1) 镗孔和钻、扩、铰工艺相比，孔径尺寸不受刀具尺寸限制，且镗孔具有较强的误差修正能力，可通过多次走刀来修正原孔轴线偏斜误差，能够保证所镗孔与定位表面有较高的位置精度。适用于加工机座、箱体、支架等外形复杂的大型零件上的直径较大的孔，特别是有位置精度要求的孔和孔系的加工。

(2) 加工范围广泛。镗床是一种多功能通用机床，既可加工单个孔，又可加工孔系；既可加工小直径孔，又可加工大直径孔；既可加工通孔，又可加工台阶孔及内环形槽。此外，还可进行部分铣削和车削工作。

(3) 能获得较高的精度和较低的表面粗糙度。普通镗床镗孔的尺寸公差可达 IT7～IT8，表面粗糙度 Ra 值可达 0.8～1.6μm。若采用金刚镗床或坐标镗床，可获得更高的精度和更低的表面粗糙度。

(4) 镗削加工参与工作的切削刃少，生产率较低。机床和刀具调整复杂，操作技术要求较高。

2.6　拉削加工

拉削加工是用不同拉刀在拉床上切削出各种内、外表面的一种加工方法。拉刀在一次行程中可以完成全部加工余量，但拉刀加工周期长、成本高，适用于大批量生产。拉削设备结构简单，可加工通孔、沟槽、平面、成形面等，如图 2-25 所示，其中以内孔拉削(含圆柱孔、花键孔、内键槽等)应用最广。

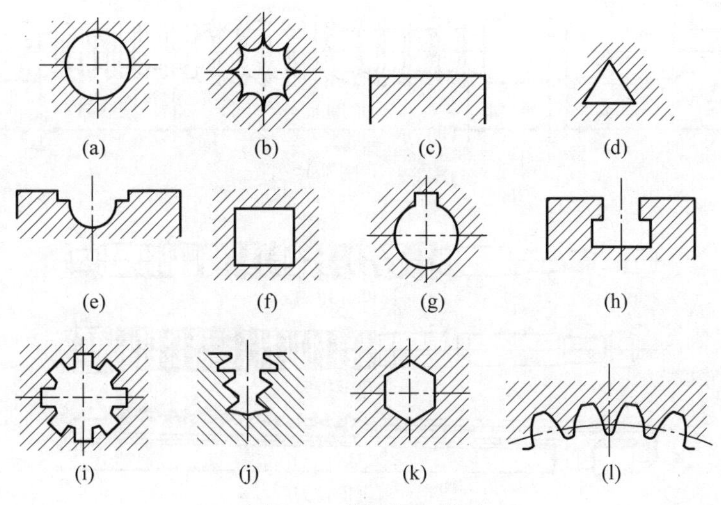

图 2-25　拉削加工表面

(a) 圆孔；(b) 异型孔；(c) 平面；(d) 三角孔；(e) 半圆槽；(f) 方孔；(g) 键槽；(h) T 槽；(i) 花键孔；(j) 异形槽；(k) 六边形孔；(l) 齿轮孔

2.6.1　拉床与拉刀

拉床是用拉刀进行加工的机床。拉床按用途不同可分为内拉床和外拉床，按机床布局不同可分为卧式和立式等。为了获得平稳的切削运动，拉床的主运动通常采用液压驱动。

图 2-26 为卧式拉床结构示意图。床身左侧装有液压缸 2，由压力油驱动活塞，通过活塞杆 3 右部的刀夹 5(由随动支架 4 支承)夹持拉刀 7 沿水平方向向左做主运动。拉削时，工件紧靠在拉床支承座 8 的端面上。拉刀尾部支架 10 和支承滚柱 11 用于承托拉刀。一件拉完后，拉床将拉刀 7 送回到支承座 8 右端，将工件 9 穿入拉刀 7，并将拉刀 7 左移使其柄部穿过拉床支承座 8 插入刀夹 5 内，即可进行第二次拉削。拉削开始后，支承滚柱 11 下降不起作用，只有拉刀尾部支架 10 随行。

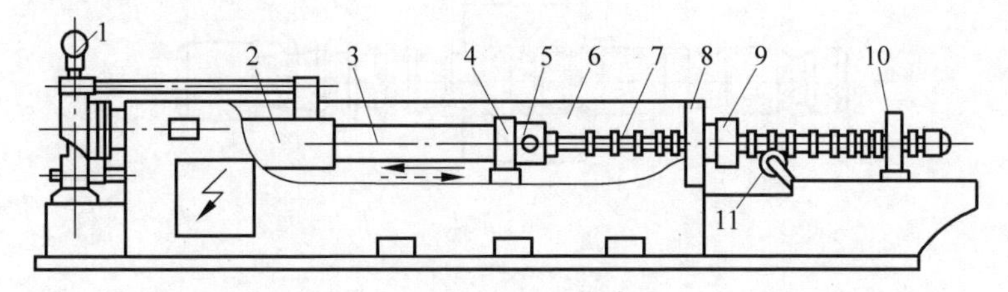

1—压力表；2—液压缸；3—活塞杆；4—随动支架；5—刀夹；6—床身；7—拉刀；8—支承座；9—工件；10—拉刀尾部支架；11—支承滚柱。

图 2-26　卧式拉床

拉刀是一种多齿刀具，一把拉刀只能加工一种形状和尺寸规格的表面。虽然拉刀的形状、尺寸各异，但其主要组成部分基本相同。图 2-27 所示为圆孔拉刀结构及组成，图 2-28 为常见拉刀示意图。

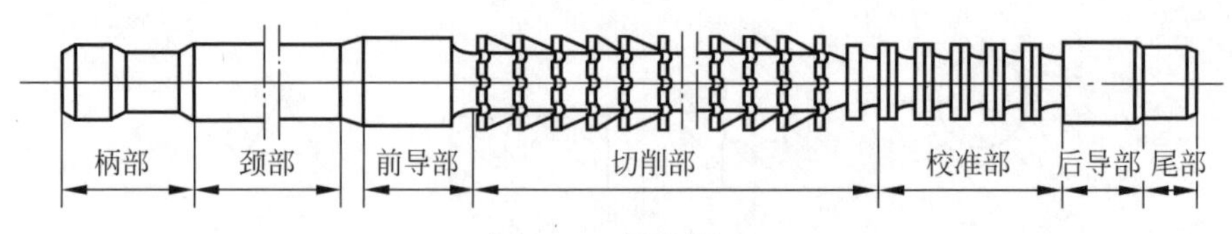

图 2-27　圆孔拉刀

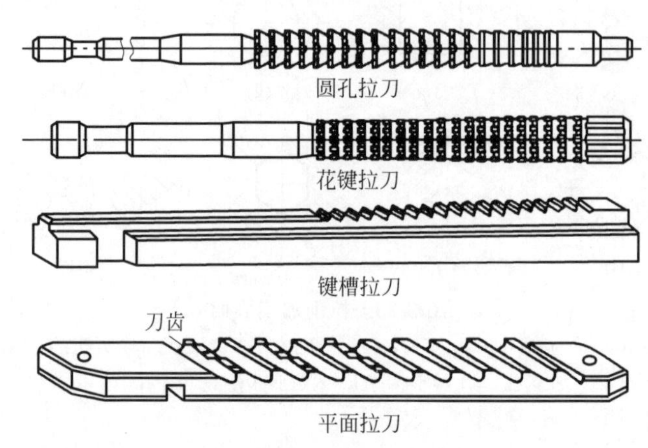

图 2-28　常见拉刀

2.6.2　拉削方法

拉削时,拉刀沿轴线做等速直线运动,其为主运动,没有进给运动;其进给运动是靠拉刀刀齿的齿升(相邻两齿高度差)来实现的(见图 2-29)。在前述的切削加工方法中,若要切去一定的加工余量,往往需要多次走刀才能完成,而采用拉削加工,仅需利用拉刀本身结构(前后刀齿依次具有齿升量)和直线运动,便可在一次行程中完成粗、精加工的全部切削余量。

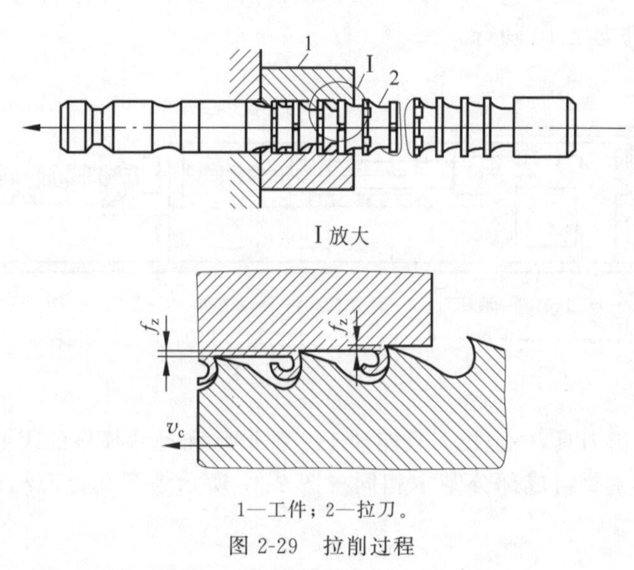

1—工件;2—拉刀。

图 2-29　拉削过程

2.6.3　拉削工艺特点及应用

(1) 生产率高。拉刀是多齿刀具，同时参加工作的刀齿多，切削刃的总长度大，一次行程便可完成粗加工、半精加工和精加工，大大缩短了基本工艺时间和辅助时间。

(2) 加工精度与表面质量高。拉削的切削速度较低，切削过程平稳，避免了积屑瘤的产生，加之校准部分的作用，可以获得较高的精度和较好的表面质量。一般粗拉的尺寸公差等级为 IT7～IT8，表面粗糙度 Ra 值为 0.8～1.6μm；精拉为 IT6～IT7，Ra 值为 0.4～0.8μm。

(3) 加工范围广。拉刀可以加工出各种截面形状的内外表面。有些其他切削加工方法难以完成的加工表面，也可以采用拉削加工完成。

(4) 机床结构简单，拉刀使用寿命长。拉削的拉削速度较低，而且每个刀齿在一个工作行程中只切削一次，因此，拉刀磨损小，使用寿命较长。

(5) 拉刀结构复杂，制造成本高。由于拉刀刃磨复杂，且每一把拉刀只适宜加工一种规格尺寸的型面，因此除标准化和规格化的零件外，拉削在单件、小批量生产中很少采用，主要用于大批量生产。

2.7　磨削加工

磨削加工是用高速回转的砂轮或其他磨具对工件表面进行加工的方法。磨削大多在磨床上进行。磨床的种类较多，常见的有外圆磨床、内圆磨床、平面磨床和工具磨床等，分别用于加工零件外圆面、内孔、平面及各种刀具的刃磨，如图 2-30 所示。

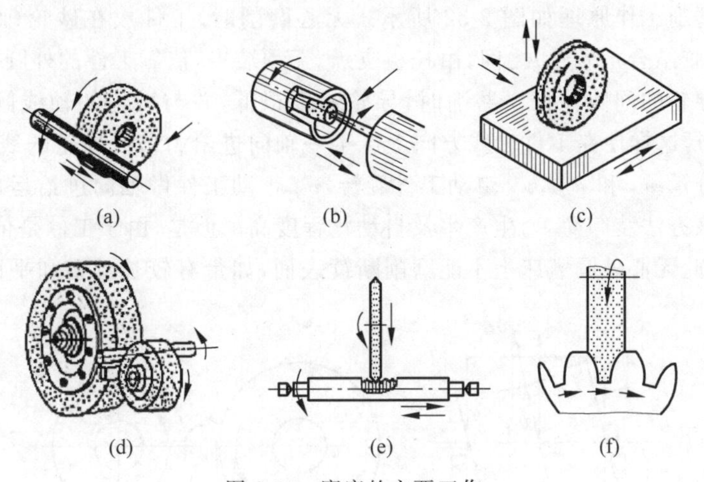

图 2-30　磨床的主要工作

(a) 外圆磨削；(b) 内圆磨削；(c) 平面磨削；(d) 无心磨削；(e) 螺纹磨削；(f) 齿轮磨削

外圆磨削

2.7.1 磨削加工类型

1. 外圆磨削

外圆磨削在外圆磨床或万能外圆磨床上进行，也可以在无心外圆磨床上进行，磨削外圆包括磨削外圆柱面、外圆锥面和台阶面等，按不同的进给方向可分为纵磨法和横磨法。

纵磨法(见图 2-31(a))：砂轮高速旋转为主运动，工件旋转做圆周进给运动，同时随工作台沿工件轴向做纵向进给运动。其特点是磨削量小，磨削力小，产生的磨削热少，加工精度高，表面质量好，但生产效率低，因此广泛用于单件、小批量生产及精磨中，特别适于细长轴的磨削。

横磨法(见图 2-31(b))：磨削时，工件无纵向进给运动，砂轮慢速连续的横向进给，直到磨去全部余量。横磨法生产率高，适用于大批量生产，尤其是工件上的成形表面，只要将砂轮修整成形，便可直接磨出。但工件与砂轮的接触面积大，发热量多，散热条件差，且径向力大，工件易产生变形和烧伤现象，所以适于加工不太宽且刚性较好的零件。

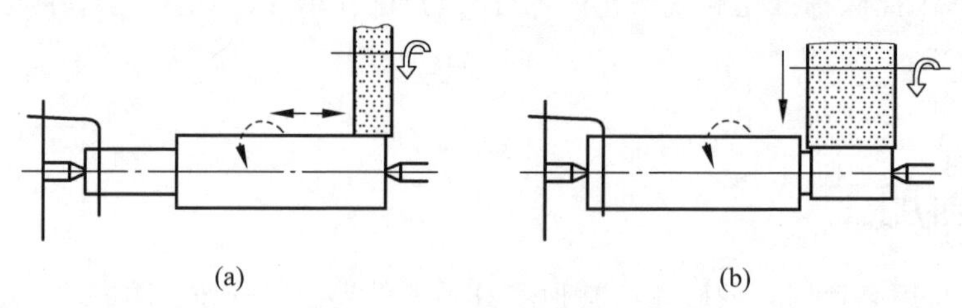

图 2-31 外圆的磨削方法

(a) 纵磨法；(b) 横磨法

无心外圆磨削工作原理如图 2-32 所示。无心磨削时，工件放在砂轮(磨削轮)和导轮(磨粒极细的橡胶结合剂砂轮)之间，由托板支承，无须装夹，依靠工件的外圆自行定位，磨削尺寸由砂轮与导轮的间隙保证。磨削时，导轮速度很低，并与砂轮的轴线倾斜一个角度 α(通常为 2°～6°)，这样便在工件轴线方向上产生一轴向进给力。设导轮的线速度为 $v_{导}$，它可分解为两个分量 $v_{工}$ 和 $v_{进}$，$v_{工}$ 带动工件旋转，$v_{进}$ 带动工件做轴向进给运动，从而进行连续外圆磨削。该方法装卸简单，生产率及自动化程度高。但是，由于工件是依靠与导轮间的摩擦力传动，因此无心外圆磨床上不能磨削断续表面，如带有较长键槽和平面的外圆表面。

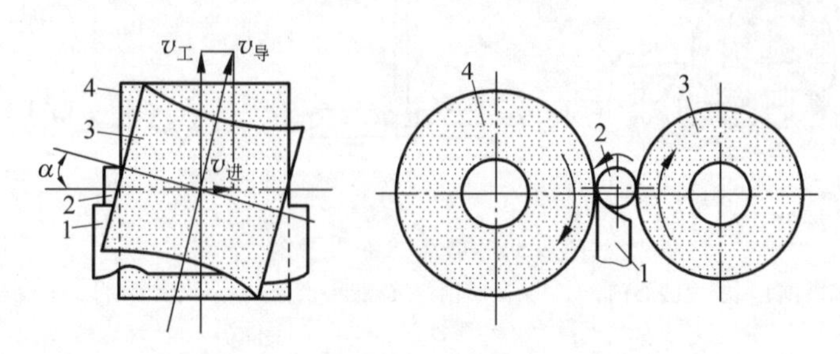

1—托板；2—工件；3—导轮；4—磨削轮。

图 2-32 无心外圆磨削工作原理

对于套筒类零件,由于工件是以自身外圆为定位基准,故不能保证内、外圆的同轴度要求。适用于精度要求较高或大批量生产的轴类、销类零件的加工。

2. 内圆磨削

内圆磨削是用砂轮外圆周面磨削工件内孔(圆柱形通孔、盲孔、阶梯孔及圆锥孔等)的磨削方法(见图 2-33)。与磨外圆相似,磨削方法也可以分为纵磨法和横磨法。但由于磨内圆砂轮受孔径限制,切削速度难以达到磨外圆的速度;砂轮轴直径小,悬伸长,刚性差,故磨削速度低,进给量和切削深度小,导致加工效率低。此外,砂轮与工件接触面积大,切削液不易进入磨削区,冷却和排屑困难,因而加工精度和表面质量均比磨外圆要低。

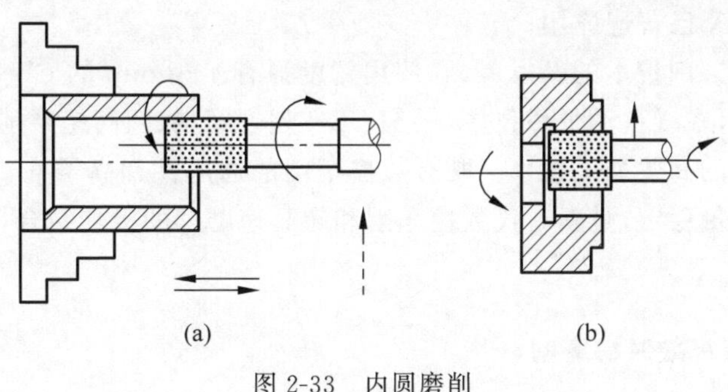

图 2-33 内圆磨削

(a) 纵磨法;(b) 横磨法

3. 平面磨削

平面磨削主要在平面磨床上进行。常用的平面磨削方法有周磨和端磨,如图 2-34 所示,周磨法是用砂轮的圆周面进行磨削。砂轮与工件的接触面积小,磨削力小,磨削热少。冷却和排屑条件较好,工件热变形小,砂轮磨损均匀。所以磨削精度高,表面质量好。但生产率低,只适用于精磨。端磨法是用砂轮的端面进行磨削。磨削时,砂轮与工件的接触面积大,磨削力大,发热量大,冷却条件差,排屑不畅,工件的热变形大。砂轮端面径向各点线速度不等,导致砂轮磨损不均,影响平面的加工质量。因此,端磨法用于粗磨,常用于代替刨削或铣削加工。

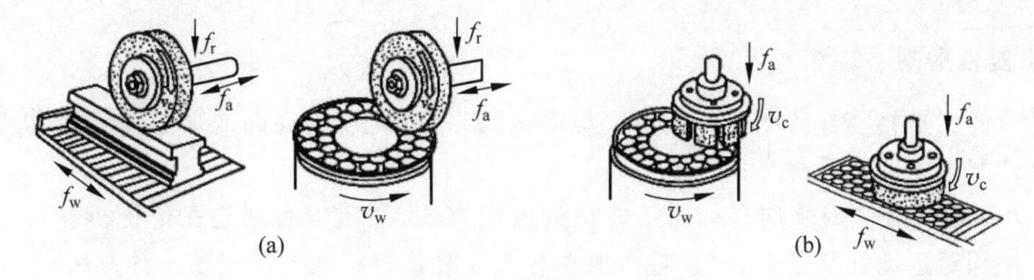

图 2-34 平面磨削方法

(a) 周面磨削;(b) 端面磨削

2.7.2 高效磨削方法

随着现代冷加工制造技术的迅速发展,在磨削领域里出现了高效磨削加工工艺。常见的有高速及超高速磨削、缓进深切及高效深切磨削和复合磨削等。

1. 高速及超高速磨削

高速(砂轮速度大于50m/s)、超高速磨削(砂轮速度大于150m/s)是通过提高砂轮线速度来达到提高磨削去除率和磨削质量的工艺方法。高速及超高速磨削技术是磨削工艺本身的革命性跃变,被国际生产工程学会(CIRA)确定为面向21世纪的中心研究方向之一。目前,生产中超高速磨削磨床的最高砂轮线速度广泛采用200～250m/s。由于国外在高速轴承、高速电主轴、直线电动机、高精度和高刚度丝杠导轨、大理石床身、砂轮在线动平衡、砂轮防碰撞、高压注入冷却、砂轮精密定位等关键技术的突破与工程化研究,因此,高速及超高速磨削在工业发达国家已普遍应用。

点磨削是高速磨削技术的新发展,它使用宽度只有4～6mm的CBN砂轮、三点快速精密定位技术、砂轮可在线自动平衡技术,是集CBN超硬磨料、超高速磨削、CNC柔性加工三大先进技术于一体的高效加工技术。既有数控车削的通用性和高柔性,又有更高效率和精度,砂轮寿命长,质量稳定,是新一代数控车削和超高速磨削的极佳结合,成为超高速磨削的主要技术形式之一。

2. 缓进深切及高效深切磨削

缓进深切磨削与普通平面磨削相比,其特征是切削深度很大,一次切深可达0.1～30mm,工件进给速度小,仅为0.05～0.50m/min。缓进深切磨削通过加大切削深度(背吃刀量),仅一次磨削行程便能完成以前多次切入才能达到的磨削余量,可大大提高生产效率。缓进深切磨削在平面磨削中占有主导地位,现已成为一种加工韧性材料(如镍基合金)和淬硬材料的有效方法。高效深切磨削是将高速磨削和缓进给磨削技术结合的新型磨削技术,该技术具有速度快、砂轮转速快的特点。该技术融合了传统磨削技术和新型磨削技术的共同优点,可在保证磨削速度的同时保证磨削质量,被誉为“现代磨削技术的最高峰”。

缓进深切磨削技术和高效深切磨削技术特别适合成形磨削和切割磨削,如叶片榫齿、齿轮形面、连杆结合面、转子槽、卡尺滑槽、卡盘导向槽、工具槽、丝杠螺旋槽磨削,以及晶圆划片、封装切割、石材切割磨削等,该技术目前已得到广泛应用。

3. 复合磨削

复合加工是将零件的相关加工工序集中在同一机床上,实现高效加工或精密加工的目的。复合磨削主要有两种类型。

(1) 工位上复合或叠加多种加工方法的磨削方式,如超声磨削是在传统机械加工中工具与工件相对运动的基础上,通过超声振动装置来改善材料加工性能的一种方法,它可降低磨削力、砂轮磨损量并改善加工质量。还有电解磨削、电火花机械复合磨削、紫外光辅助磨削、磁流变抛光等,目前工业应用还较少。

(2) 数控高精度复合磨削中心是典型的工序复合机床,通过高效运用现代数控技术将回转体零件的多种磨削方式集成在一起,并实现刀具的精确换位加工。数控高精度复合磨削中心将外圆、端面外圆、内孔、锥面、曲面、槽、螺纹等磨削功能通过数控技术高度复合,实现工件一次装卡多工序磨削的功能,达到提高生产效率、降低操作者劳动强度的目的。该技术目前已普遍应用在工具类大批量生产中，如可转位机夹刀片磨削、整体立铣刀磨削、HSK刀柄磨削、轴承套圈复合磨削等。

磨削加工特点

2.7.3 磨削特点及应用

(1) 能获得高的加工精度和低表面粗糙度值。磨削属于高速多刃切削，其切削刃圆弧半径比一般车刀、铣刀、刨刀要小得多，能在工件表面切下一层很薄的金属，切削厚度可以小到数微米。磨削过程是磨粒切削、刻划和滑擦的综合作用过程，有一定的研磨抛光作用。磨床有微量进给机构，可以进行微量切削，从而实现精密加工。磨削的尺寸公差等级可达IT4～IT6，表面粗糙度 Ra 值可达 0.02～0.8μm。

(2) 能加工高硬度材料。磨削不仅可以加工铸铁、碳钢、合金钢等一般材料，还可以加工一般刀具难以切削的高硬度材料，如淬火钢、硬质合金、玻璃和陶瓷材料等。但对于塑性很大，硬度很低的非铁金属及其合金，因其切屑易堵塞砂轮孔隙而使砂轮丧失切削能力，一般不宜磨削，如纯铜、纯铝等。

(3) 磨削应用广泛。不但可以磨削内外圆柱面、内外圆锥面、台肩端面、平面，还可以磨削螺纹、齿形、花键等成形面。随着精密铸造、模锻、精密冷轧等先进毛坯制造工艺日益广泛的应用，毛坯的加工余量较小，可不经车、铣、刨等粗加工和半精加工，而直接利用磨削达到较高的尺寸精度和较小的表面粗糙度。因此，磨削加工得到越来越广泛的应用。

(4) 磨削温度高。磨削时切削速度高，且磨粒多为负前角，挤压和摩擦严重，产生的切削热多，加上砂轮的导热性很差，大量的磨削热在磨削区形成瞬间高温，很容易引起工件的热变形和烧伤。所以在磨削过程中，需要进行充分的冷却，以降低磨削温度。

2.8 精密和超精密加工

随着科学技术的发展，电子计算机、原子能、激光、宇航和国防等技术部门对零件的加工精度和表面质量要求越来越高。因此，国际上各工业化国家都投入了巨大的人力、物力来发展精密和超精密加工技术，其研究及应用水平已成为衡量一个国家的机械制造业乃至整个制造业水平的重要依据。

在不同的发展时期，精密与超精密加工有不同的精度和质量标准，它会随着科技水平的发展而不断更新。目前，加工精度在 10μm 左右，表面粗糙度 Ra 值为 0.2～0.8μm 的加工方法称为一般加工；加工精度在 0.1～10μm，加工表面粗糙度 Ra 值为 0.01～0.1μm 的加工方法称为精密加工；加工精度高于 0.1μm，加工表面粗糙度 Ra 值小于 0.025μm 的加工方法称为超精密加工。目前超精密加工已达到纳米级别，甚至向更高水平发展。如激光核聚变系统、超大规模集成电路、精密和超精密机床等制造中均离不开超精密加工技术。精密和超精密加工方法分为切削加工、磨削加工、特种加工及复合加工。

精密和超精密切削

2.8.1 精密和超精密切削

精密切削是指加工精度在 0.1～1μm、加工表面粗糙度 Ra 值在 0.01～0.1μm 的切削方法。超精密切削是指加工精度高于 0.1μm、Ra 值小于 0.025μm 的切削方法，包括超精密车、铣、镗及复合切削(如超精密切削与超声振动的组合)等。近年来，随着复杂非球面(如离轴非球面、复曲面、多轴对称式非球面等)的广泛应用，快速刀具伺服和慢速刀具伺服等新型复杂非球面切削技术得到快速发展，精密和超精密切削技术已广泛应用于复杂曲面的加工中。

常用精密和超精密切削方法是单晶金刚石切削和多晶金刚石切削。由于金刚石刀具车削钢时磨损严重，研究者尝试使用立方单晶氮化硼(CBN)、超细晶粒金属和陶瓷作为刀具材料，这些研究虽取得一些进展，但尚未达到商业化水平。

1. 金刚石精密切削机理

金刚石刀具精密切削机理与一般切削有很大差别。金刚石精密切削的切屑厚度在 1μm 以下，其切削深度有可能小于材料的晶粒尺寸，使切削在晶粒内进行。此时，切削力须超过晶体内部强大的原子间结合力，从而使刀刃承受很大的剪切应力，并产生很高的热量。普通刀具材料显然无法承受这种工作状态，在高温高应力下会快速磨损和软化。一般磨粒经受高温高应力时，也会快速磨损而得不到所需的镜面切削表面。由于金刚石材料硬度极高，质地致密，其切削刃圆弧半径可研磨至 0.02μm，刀刃可达极高的平直性。因此，天然金刚石是精密加工中最好的刀具材料。

2. 金刚石精密切削工作要素

金刚石刀具的刃磨质量对于提高加工精度至关重要。天然金刚石是具有各向异性的材料，对于新的金刚石刀具，需根据晶向先研磨出一个基准面，其他各面在刃磨时以此基准面为基准。选择晶向时应使主切削刃与晶向平行，这样磨出的刃口质量最好。

一般在铸铁研磨盘上研磨金刚石刀具。为了保证研磨盘有较高的回转精度并能较长久维持，一般由电动机驱动的铸铁研磨盘支承在两个红木制成的顶尖上(见图 2-35)。

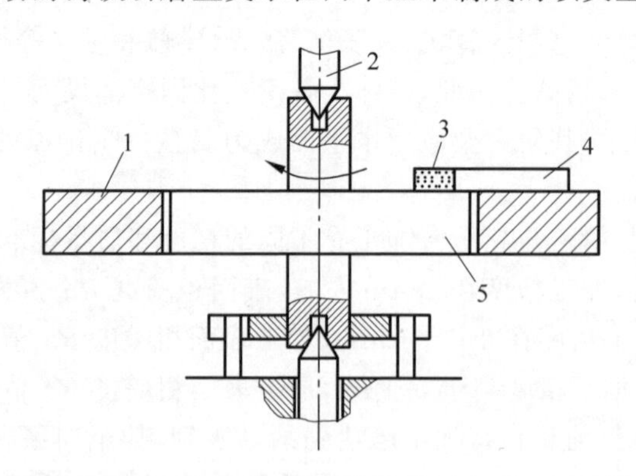

1—工作台；2—红木顶尖；3—金刚石刀具；4—刀夹；5—铸铁研磨盘。

图 2-35 金刚石刀具的研磨

(1) 金刚石刀具的几何角度和对刀。采用金刚石刀具切削铜和铝时，刀具的几何角度符合一般切削规律。如：副偏角 κ_r' 较小时，表面粗糙度 Rz 值较小；刀尖圆弧半径 R 越小，表面粗糙度 Rz 值越小。为了保证对刀准确，金刚石刀具需借助显微镜进行对刀。

(2) 工件材料的均匀性和微观缺陷。金刚石刀具的脆性较大,抗振和抗冲击性能较差。加工时工件表层大而硬的杂质粒子会使切削刃受冲击而发生微小崩裂,所以对加工工件材料的均匀性和微观缺陷有很高的要求。

(3) 工作环境。在精密加工和超精密加工中,用切削方法加工时工件表面极易划伤,主要原因是屑片未能及时排出和空气中存在尘埃。因此,一方面应采取措施,用吸屑器将切屑吸收,或进行充分的冷却润滑,将切屑冲走;另一方面应在净化间中工作,以避免尘埃影响。

(4) 加工设备。金刚石精密切削车床是精密切削的必备条件。它具有高精度、高刚度、高稳定性等特点;同时要有精密的微进给系统,以实现微量切削。另外还要求机床位于极稳定的工作环境(恒温、超净、防振等)中。

综上所述,精密和超精密加工反映了综合制造工艺技术。只有制造工艺系统本身整体满足高精度要求,才能真正实现精密和超精密加工。

3. 金刚石精密切削的应用

金刚石精密切削主要用于铜、铝及其合金等不宜采用精密磨削和研磨获得很高加工精度的有色金属。另外,还可加工红外光学材料(如锗、硅、ZnS 和 ZnSe 等),以及有机玻璃和各种塑料的加工。精密和超精密加工的典型产品有陀螺仪、激光反射镜、天文望远镜的反射镜、红外反射镜和红外透镜、雷达的波导管内腔、计算机磁盘、激光打印机的多面棱镜、录像机的磁头、复印机的硒鼓等。

精密和超精密磨削

2.8.2　精密和超精密磨削

精密磨削是指加工精度在 0.1～1μm,表面粗糙度 Ra 值可达 0.025～0.2μm 的磨削方法。而超精密磨削是指加工精度可达或高于 0.1μm,表面粗糙度 Ra 值低于 0.025μm 以下的磨削方法。在精密和超精密加工发展的早期阶段,磨削工艺常常被忽视,这主要是由于砂轮磨损的不均匀性和刃口高度沿径向随机分布对提高磨削精度的限制造成的。随着超硬砂轮制造技术和修整技术(在线电解修整、电火花修整等)的提高,精密和超精密磨削技术才得以发展。

1. 精密和超精密磨削机理

精密磨削主要依靠砂轮的精细修整,使磨粒具有微刃性和等高性。这些等高的微刃在磨削时能切除极薄的金属,从而获得具有大量极微细的磨削痕迹、残留高度极小的加工表面,加上无火花磨削阶段的作用,使工件得到很高的加工精度(见图 2-36)。

超精密磨削是一种极薄层的切削,磨削深度极小。其加工实质是工件被磨削的表层,在无数磨粒瞬间的挤压和摩擦作用下发生变形,而后转为磨屑,并形成光滑表面的过程。磨削过程分为三个阶段:砂轮表面的磨粒与工件材料接触,发生弹性变形;磨粒继续切入工件(切削深度增加),工件材料进入塑性变形阶段,材料晶粒发生滑移;塑性变形不断增大,当切削力达到工件材料的强度极限时,被磨削层材料产生挤裂,即进入切削阶段,最后被切离。

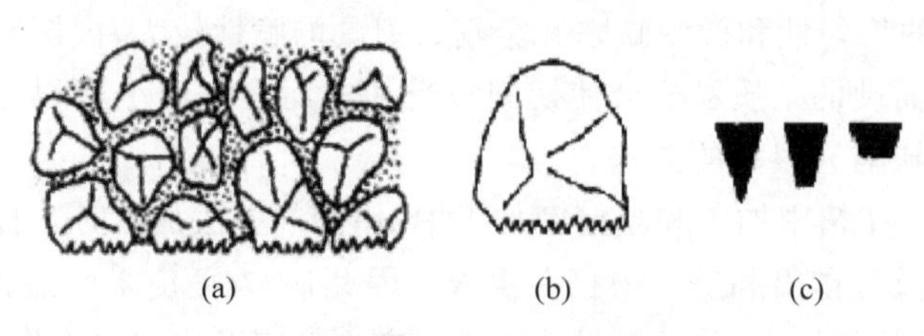

图 2-36 磨粒具有微刃性和等高性

(a) 砂轮；(b) 磨粒；(c) 微刃(锐利、半钝化、钝化)

2. 精密和超精密磨削工作要素

(1) 磨料的选择。不同磨料对工件材料表面粗糙度的影响是不同的。在选择磨料时，应保证其形成好的微刃，而在磨削时不希望砂轮有自锐现象。加工钢材或铸件时宜选用刚玉磨料。超精密磨削为获得更低的工件表面粗糙度值，一般采用人造金刚石、立方氮化硼等高硬度磨料。

(2) 砂轮的选择。磨料、粒度和砂轮组织对磨削质量有很大影响。在高精度磨削时，砂轮一般为粒度 F100～F280 陶瓷结合剂砂轮。经过精细修整后，可进行精密磨削，能得到的工件表面粗糙度 Ra 值为 0.04～0.16μm。砂轮精密和超精密磨削的工件表面粗糙度值在一定程度上随着砂轮硬度提高而变好，但硬度过高，会由于砂轮弹性差而引起工件烧伤，因此选用中软砂轮为好。

(3) 磨床的选择。精密和超精密磨削机床应具有很高的几何精度和很小的导轨直线度误差，以保证工件的几何形状精度；应具有高精度的横进机构，以保证砂轮修整时的微刃性和微刃等高性，以及工件的尺寸精度；还应具有低速稳定性，工作台移动机构不能产生爬行和振动，以保证砂轮修整质量和加工质量；同时须采用经良好过滤后的磨削液，以防止工件表面划伤。除了对机床设计制造采取措施外，还须采用隔振系统，并安装在净化空间内，以防止部分灰尘拉伤工件表面。

3. 精密和超精密磨削的应用

精密和超精密磨削主要用于磨削钢铁及其合金等金属材料，如耐热钢、钛合金、不锈钢等合金钢，特别是经过淬火等处理的淬硬钢。若采用金刚石砂轮和立方氮化硼砂轮，还可用于加工硬质合金、陶瓷、玻璃、半导体材料和石材等高硬度、高脆性金属及非金属材料。由于具有高精度、高效率、低成本等特点，也常用于机械、光学和电子等领域精密零部件的加工，如超硬高精度模具、光学非球面、超精密磁头、半球谐振陀螺等。

精密研磨

2.8.3 研磨和超精密研磨

研磨是利用研磨工具和研磨剂，采用机械或手工(微量进给、低研磨速度、不断改变研磨运动方向等)，从工件上研去一层极薄表面层的精密加工方法。目前，精密研磨的加工精度可达 0.1～0.3μm，表面粗糙度 Ra 值可达 0.01～0.025μm。研磨设备结构简单，制造方便，同时具有切削和磨削达不到的加工精度和质量，是一种有效的高精度加工方法。

1. 研磨机理

研具与工件之间置以研磨剂研磨时，在研磨压力下，研具与工件做复杂、随机的相对运动，众多磨粒在研具和工件之间转动，使被研磨表面发生微小起伏的塑性流动，同时，所加入的活性物质(硬脂酸、油酸、脂肪酸等)与被研磨表面开始产生化学作用。随着研磨加工的进行，研具与工件表面更趋贴近，其间充满了微屑与破碎磨料碎渣，堵塞了研磨表面，对工件表面起着滑擦作用。故研磨加工的实质是磨粒的微量切削、研磨表面微小起伏的塑性流动、表面活性物质的化学作用以及研具堵塞物与工件表面滑擦作用的综合结果(见图 2-37)。

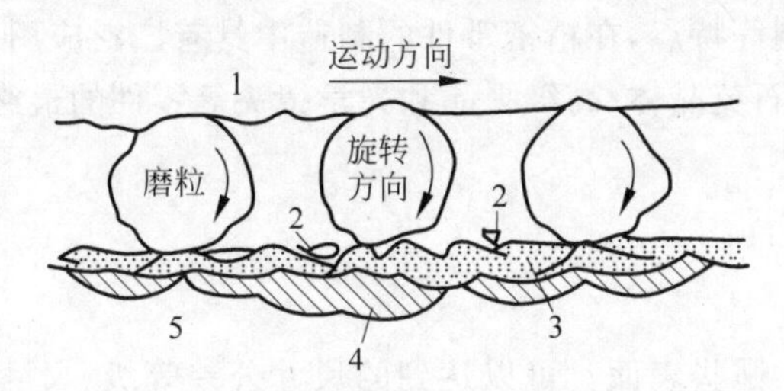

1—研具；2—切屑；3—原有的加工变质层；4—新生的加工变质层；5—工件。

图 2-37 研磨加工机理示意图

2. 研磨的工作要素

(1) 研磨工具。研磨工具在研磨过程中起着重要作用，对研磨加工质量和效率均有较大影响。为保证研磨质量，提高研磨效率，研磨工具的几何形状应与研磨工件的几何形状相适应，同时应具有良好的耐磨性和刚性。与此同时，研磨过程与被研表面的测量是同步进行的。

(2) 研磨剂。正确选择研磨剂，可提高研磨效率和质量。研磨剂是由磨料、研磨液剂辅料按一定比例配置而成的混合物。磨料的粒度有粗有细，粒度粗磨削力强，但磨出的表面较粗；粒度细磨削力弱，但磨出的表面较细。应根据工件材料和精度要求进行选择。研磨液在研磨过程中起到均匀分布、润滑和在工件表面形成氧化薄膜，从而加速研磨过程的作用。在研磨液中再加入少量石蜡、蜂蜡等填料和化学活性作用较强的油酸、脂肪酸、硬脂酸和工业用甘油等，研磨效果会更好。

(3) 研磨运动。研磨运动包括研磨轨迹和研磨速度两个方面，对研磨工作效率和工件质量均有较大影响。工件研磨运动要求平稳，避免曲率过大的转角，研磨运动轨迹为周期性的平面平行运动。研磨运动速度应是匀低速运动。研磨运动在其轨迹上曲率半径较小的拐点处速度最小，运动速度和方向不应有突变。

3. 研磨的应用

研磨可加工钢、铸铁、铜、铝及其合金、硬质合金、半导体、陶瓷玻璃、塑料等材料及常见的各种表面，且加工简单，不需要复杂和高精度设备。但研磨一般不能提高工件表面的位置精度，且生产率低。研磨多用于工件最终工序的加工，用以降低工件表面粗糙度值、提高抗腐蚀性、耐磨性和改善外观。

4. 超精密研磨

超精密研磨是在研磨加工基础上发展起来的新型超精密加工工艺，主要包括机械研磨、化学机械研磨、液中研磨、浮动研磨以及磁力研磨等，其中某些方法的工作原理已不完全是纯机械去除，所使用的甚至不是传统的研具和研磨磨料。超精密研磨能以原子或分子为单位去除材料，加工精度可达 0.1μm 以下，表面粗糙度 Ra 值低于 0.01μm。超精密研磨加工的关键工作要素有恒温、超洁净环境、加工过程无振动、研磨剂细小均匀等。此外，还要有高精度的检测方法来确保达到超精密研磨的精度要求。超精密研磨具有设备简单、适合大批量生产、加工单位可控制等特点，在精密零件的制造中具有广泛应用，常用于精密块规、球面空气轴承、半导体硅片、石英晶体、高级平晶和光学镜头等零件的最终加工。

习题 2

2-1 车削可以加工哪些表面？可以达到的尺寸公差等级、尺寸精度和表面粗糙度 Ra 值各为多少？

2-2 车削圆锥面有哪几种方法？各有何特点？

2-3 铣平面时，为什么端铣比周铣优越？

2-4 何谓逆铣和顺铣？它们各有何特点？分别适用于何种场合？

2-5 镗床上可加工哪些工件？镗削加工的工艺特点是什么？

2-6 单刃镗刀和可调浮动镗刀加工孔时有哪些特点？它们各用于什么场合？

2-7 在钻削加工中，群钻与普通标准麻花钻相比有哪些优势？

2-8 刨削加工的工艺特点是什么？

2-9 拉削加工有哪些特点？适用于何种场合？

2-10 外圆磨削的方法有哪几种？各有什么特点？

2-11 常见的高效磨削工艺有哪些？各具有什么特点？

2-12 何谓精密加工和超精密加工？

2-13 简述金刚石刀具精密切削机理和影响因素。

2-14 精密和超精密磨削有哪些应用？其加工精度范围是多少？

2-15 简述研磨的机理、特点及其应用。

自测题

第3章

特种加工

【本章导读】 特种加工是单独利用机械能进行加工以外的其他加工方法的总称，它是将电能、电化学能、热能、声能、光能、化学能及特殊机械能等多种能量，单独或组合施加到被加工的部位上，从而实现材料去除、变形、改变或镀覆的加工方法。特种加工技术已广泛应用于加工各种高硬度、形状复杂、细微、精密的工件上，是我国从制造大国走向制造强国的重要技术手段之一。本章着重讲述各种特种加工技术的加工原理、加工特点和典型应用，主要包括电火花加工、电解加工、超声波加工、激光加工、电子束加工和离子束加工等。在学习完本章知识点之后，应能掌握特种加工的基本概念，以及各种特种加工技术的原理与特点，了解它们的典型应用，提高对特种加工的感性认识和深化理性认识，丰富对各种机械加工方法的了解。

随着科学技术发展和市场需求的拉动，新产品、新材料不断涌现，结构形状复杂的精密零件和高性能难加工材料零件也不断出现。这些零件的加工向人们提出了新的挑战。如高强度、高硬度、耐高低温材料零件的加工，这类材料有高强度合金钢、耐热钢等难加工金属材料，以及如陶瓷、人造金刚石、硅片等新型非金属材料。用传统加工技术和方法难以获得预期效果，有的甚至无法加工，而且在这类材料中进行一些高精度和极低表面粗糙度的表面加工，例如：复杂型面、薄壁、小孔、窄缝等特殊结构形状的加工，则更加困难。特种加工技术是解决上述问题的重要途径，也是衡量先进制造技术水平的重要指标之一，在精密和超精密加工技术上，微型机械和纳米技术代表了其发展水平和研究热点，也是先进制造技术中最活跃的因素，而许多精密工程和纳米技术需要特种加工的支持。所以可以预见，随着科学技术和现代工业发展的需求，特种加工必将不断完善和迅速发展，并发挥越来越重要的作用。

3.1 特种加工技术概述

3.1.1 特种加工技术背景

20世纪50年代以来，航空航天工业、核能工业、电子工业以及汽车工业的迅速发展，科学技术的突飞猛进，众多产品均要求具备很高的强度质量比与性能价格比，有些产品则要求在高温、高压、高速或腐蚀环境下长期而可靠地工作。为适应这一需求，各种新结构、新材料与复杂的精密零件大量出现，其结构形状越来越复杂，材料性能越来越强韧，精度要求越来越高，表面的完整性也相应的更加苛刻。这使机械加工、材料制造等部门面临一系列严峻的考验。解决以下加工技术问题是达到上述品质要求的关键：①各种难切削材料的加工问题，如硬质合金、钛合金、淬火钢、金刚石、宝石、石英，以及硼、硅等高硬度、高强度、高韧性、高脆性的金属及非金属材料的加工。②各种特殊复杂表面的加工问题，如喷气涡轮机叶片、整体涡轮、发动机壳体、锻压模和注射模的立体成形表面，喷油嘴、栅网、喷丝头上的小孔、窄缝等的加工。③各种超精、光整或具有特殊要求的零件的加工问题，如对表面质量和精度要求很高的航空航天陀螺仪、伺服阀，以及细长轴、薄壁零件、弹性元件等低刚度零件的加工。在现实生产的迫切需求下，人们通过各种渠道，借助于多种能量形式，探求新的工艺途径，探索、寻求各种新的加工方法。于是一种从加工原理本质上有别于传统加工方式的专用加工技术——特种加工技术应运而生，并成为现代机械制造技术中不可缺少的重要组成部分。

“特种加工”是通过电、热、化学和机械能或这些能量的组合，去除、变形、改变性能或被镀覆、增加材料等，更广义上就是运用电、磁、声、光和化学等相应能量组合，施加到工件的被加工部位之上，进而有效地对材料进行加工。对于这一加工形式无须考虑加工对象的力学性能，常见于对不同的硬、软、脆、纯等材料开展加工。并且能有效地进行不接触加工工作，即不借助工具或是使用工具等，也不与工件进行接触便能保证加工工作的完成。在实际生产中，不再单一局限于普通材料，而是可以实现在不同的新型材料中开展加工操作，如复合材料、钛合金、粉末材料，以及金属间化合物等多种性质的材料。

3.1.2 特种加工技术特点

与常规机械加工方法相比，特种加工具有以下特点：

(1) 特种加工对加工件所施加的能量主要是电能、光能、声能、热能和化学能等非机械式的能量。

(2) 特种加工进行作业过程中，具体的“刀具”与工件没有直接接触，也不会出现工件产生加工硬化和切削变形等现象。

(3) 特种加工的方法逐渐朝着多样化的方向发展，加工零件的精度也在提高。

(4) 特种加工很容易获得比较好的加工表面质量。

基于这些特点，使用特种加工能够得到一些传统工艺无法达到的效果，如：

(1) 加工时无明显机械作用力，故加工脆性材料和精密微细零件、薄壁零件、弹性元件时，工具硬度可低于被加工材料的硬度。

(2) 非接触加工，加工过程中对加工“刀具”几乎无损伤。

(3) 不受材料硬度限制，特种加工的瞬时能量密度高，可以直接有效地利用各种能量，造成瞬时或局部熔化，以强力、高速爆炸、冲击等能量去除多余材料；能够加工各种超硬超强材料、高脆性和热敏材料，非导电硬脆材料，以及特殊的金属和非金属材料。

(4) 微细加工，工件表面质量高。由于在特种加工过程中，工件表面不产生强烈的弹、塑性变形，故有些特种加工方法可获得良好的表面粗糙度。热应力、残余应力、冷作硬化、热影响区及毛刺等表面缺陷均比机械切削表面小。

(5) 简单进给运动,加工复杂型面工件。特种加工技术已成为复杂型面的主要加工手段。由于特种加工技术具有其他常规加工技术无法比拟的优点,在现代加工技术中,占有越来越重要的地位。

由于特种加工对加工工件带来的这些变化,从而也促使了一些新工艺方面的变革。比如,改变不合格零件及传统工艺路线:特种加工将传统淬火工艺路线打破,对高硬度工件加工之前,传统的淬火热处理需要安排在磨削加工之外的其他切削成形加工之后。所以,在加工之前先进行淬火处理,就是为了避免成形加工之后进行淬火处理所引起的工件变形情况。特种加工技术的发展,可以将一些之前不合格的零件,通过特种加工方法进行修复。此外,改变传统结构工艺性概念:一些过去被列为结构设计禁区的,工艺性差的结构如小孔、方孔、弯孔、窄缝和深孔结构等,也因特种加工方法改变了这一现状,促使这些工艺结构,由之前的"差工艺性"向着可加工结构转变。最为重要的是促使结构工艺性变好,而不受加工方法的制约。从电火花穿孔工艺、电火花切割的角度而言,加工方孔与加工圆孔有着一样的难度。所以,特种加工能够迅速将设计理念变成具备相应功能的原型,令产品设计内选择的制造工艺方式、零件材质拥有更加广泛的选择余地,使产品的设计思路处于制造和创意相结合的局面。

3.1.3 特种加工技术存在的问题与发展方向

目前,常见的特种加工技术有:电火花加工、电解加工、超声波加工、激光加工、电子束加工、离子束加工等。这些新的加工方法,虽然解决了传统机械加工无法解决的问题,提高了材料的可加工性,但是也存在以下一些不足:

(1) 一些特种加工技术的加工机理尚不明确,加工工艺参数目前无法定量计算,且加工过程中比较复杂,不容易控制。

(2) 加工过程会对环境产生污染。如电化学加工,在加工过程中产生的废渣和有害气体会对环境和人体健康构成威胁。

(3) 加工精度和生产率还有待提高,而且需要解决加工精度和生产率的关系问题,在提高加工精度的同时,生产率也应提高,而不是下降。

(4) 一些特种加工设备复杂,设备成本高,使用维修费用高。

为此,未来特种加工的研究方向,需要对以上问题进行针对性的研究和改进,大致可以分为以下几个方面:

(1) 采用自动化技术:充分利用计算机技术对特种加工设备的控制系统、电源系统进行优化,加大对特种加工的基本原理、加工机理、工艺规律、加工稳定性等深入研究的力度,建立综合工艺参数自适应控制装置、数据库等(如超声、激光等加工),进而建立特种加工CAD/CAM与FMS系统,使加工设备向自动化、柔性化方向发展,这是当前特种加工技术的主要发展方向。

(2) 开发新工艺及复合工艺:如电解电火花加工、电解电弧加工等复合加工,以扬长避短。同时,为适应产品的高技术性能要求与新型材料的加工要求,需要不断开发新工艺方法,包括微细加工和复合加工,尤其是质量高、效率高、经济型的复合加工,如工程陶瓷、复合材料,以及聚晶金刚石等材料的加工。

(3) 趋向精密化研究:高新技术的发展促使高新技术产品向超精密化、小型化方向发展，对产品零件的精度与表面粗糙度提出了更严格的要求。为适应这一发展趋势，特种加工的精密化研究已引起人们的高度重视。因此，大力开发用于超精加工的特种加工技术（如等离子弧加工等）已成为重要的发展方向。

（4）污染问题：考虑到一些特种加工技术对环境的污染，必须要着重解决废渣、废气、废液的“三废”转化问题，向“绿色”工业及可持续发展工业转化。

3.2 电火花加工

自1943年研制出世界上第一台实用化电火花加工装置以来，电火花加工技术得到了飞速的发展，目前已经广泛应用于机械、宇航、航空、电子、电动机、仪器仪表、汽车、轻工等行业。电火花加工不仅是一种有效的机械加工手段，而且已经成为在某些场合不可替代的加工方法。例如，在解决难、硬材料及复杂形状零件的加工问题时，应用电火花加工技术十分有效。随着科学技术的不断发展，现代制造技术及其相关技术为电火花加工技术的发展提供了良好机遇。柔性制造、人工智能技术、网络技术、敏捷制造、虚拟制造和绿色制造等现代制造技术正逐渐与电火花加工技术相融合，为电火花加工技术的发展带来了新的生机。

3.2.1 电火花加工的基本原理与特点

电火花加工原理

1. 电火花加工的基本原理

电火花加工是在一定的介质中通过工具电极和工件电极之间脉冲放电的电蚀作用，对工件进行加工的方法。加工原理如图3-1所示，具体的加工过程示意图如图3-2所示。工具电极3和工件电极5分别与直流脉冲电源1的两输出端相连接。自动进给系统2使工具和工件间经常保持很小的放电间隙，当脉冲电压加到两极之间，便在当时条件下相对某一间隙最小处或绝缘强度最弱处击穿介质，在该局部产生火花放电，瞬时高温使工具和工件表面局部熔化，甚至汽化蒸发而电蚀掉一小部分金属，各自形成一个小凹坑。脉冲放电结束后，经过脉冲间隔时间，使工作液4恢复绝缘后，第二个脉冲电压加到两极上，又会在当极间距离相对最近或绝缘强度最弱处击穿放电，再电蚀出一个小凹坑。整个加工表面将由无数小凹坑所组成。这种放电循环每秒钟重复数千次到数万次，使工件表面形成许许多多非常小的凹坑的现象，称为电蚀现象。随着工具电极不断进给，工具电极的轮廓尺寸就被精确地“复制”在工件上，达到成形加工的目的。

电火花成形加工是利用工具电极和工件电极，即正、负电极之间脉冲性火花放电时产生的电腐蚀现象，蚀除工件上多余的金属，以达到对工件预定的尺寸、形状和表面质量的加工要求。与线切割所用的钼丝工具电极不同，电火花成形加工所用的工具电极是按照工件的形状及其他要求专门制造的，其材料一般为紫铜或石墨。其特点为

（1）特别适合任何难以切削加工的导电材料。

（2）可以加工特殊或形状复杂的表面和零件。

（3）在加工过程中，工具和工件不接触，作用力极小。

（4）脉冲放电时间短，冷却作用好，加工表面热影响小。

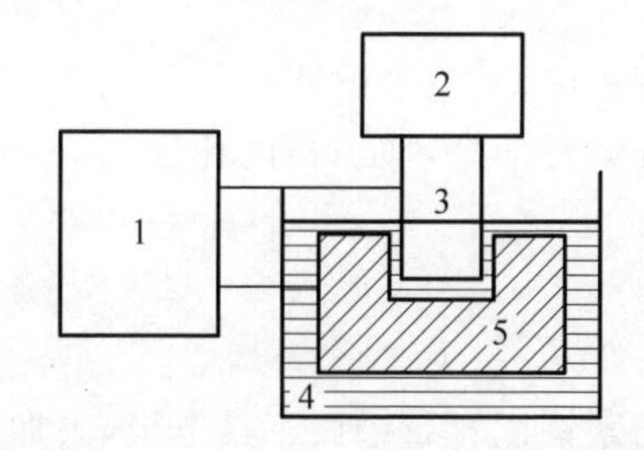

1—直流脉冲电源；2—进给系统；3—工具电极；4—工作液；5—工件电极。

图 3-1　电火花成形加工原理示意图

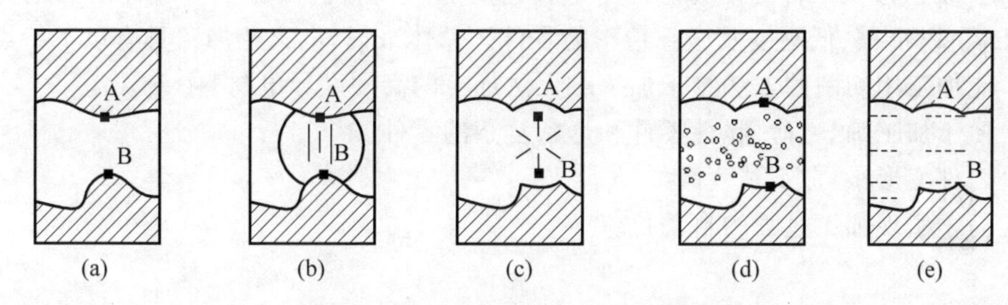

图 3-2　电火花成形加工过程示意图

(a) 电离；(b) 放电；(c) 火花放电；(d) 电极材料抛出；(e) 消电离

然而,传统电火花成形加工还存在以下缺陷:

(1) 对于非导电材料无法加工,主要用于加工金属等导电材料。

(2) 加工速度较慢,且必须预加工,去除大部分余量,以提高加工效率。

(3) 在加工过程中存在电极损耗,这对于成形加工电极的设计和制造提出了更高的要求。

电火花线切割加工作为电火花加工的一个重要分支,它具有能加工难加工材料和精密复杂零件,以及表面成形精度高等特点,同时可以节省大量的原材料。其工作原理是利用移动的细金属导线(铜丝或钼丝)作电极,对工件进行脉冲火花放电切割成形。根据电极丝的走丝速度,电火花切割机床通常分为两大类:一类是高速往复走丝电火花线切割机床,另一类是低速单向走丝电火花线切割机床。

如图 3-3 所示的高速走丝电火花线切割工艺及装置,利用细钼丝作工具电极进行放电切割,储丝筒使钼丝做正反向交替移动,一般走丝速度为 8～10m/s,加工能源由脉冲电源供给。工作液为乳化液,复合工作液或水基工作液等。工作台在水平面两个坐标方向各自按预定的控制程序,根据火花间隙状态作伺服进给移动,从而合成各种曲线轨迹,把工件切割成形,加工精度可达±0.01mm。

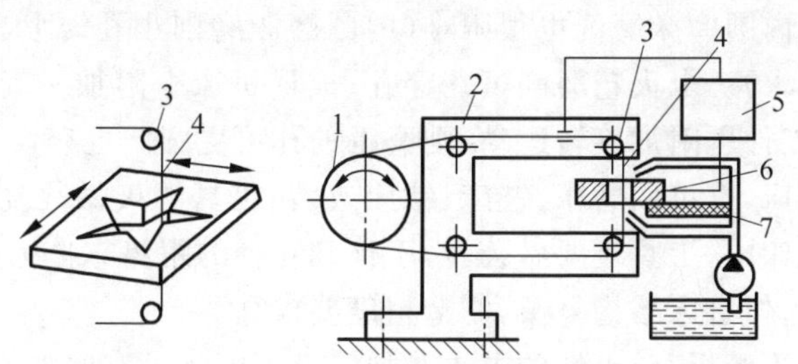

1—储丝筒；2—支架；3—导向轮；4—钼丝；5—脉冲电源；6—工件；7—绝缘底板。

图 3-3　电火花线切割加工示意图

低速单向走丝电火花切割机床,一般走丝速度低于 0.2m/s,工作介质用去离子水,特殊情况下用煤油。低速走丝系统运行平稳,加工精度比较高,一般可达±0.005mm,最高可达±0.001mm。

电火花加工特点

2. 电火花加工的特点

电火花可以用硬度不高的紫铜或者石墨做工具电极,去加工任何硬、脆、韧、软和高熔点的导电材料。而其借助电火花作用在工件上,使电极可以加工成各种所需形状,具备了加工任何特殊及复杂形状工件的能力。由于电火花的加工没有机械加工时那样的切削力,因此适于加工薄壁、窄槽、低刚度及微细精密的零件。总体来说,电火花加工具有以下特点:

(1) 能加工用切削的方法难于加工或无法加工的高硬度导电材料。

(2) 便于加工细长、薄、脆性零件和形状复杂的零件。

(3) 工件变形小,加工精度高。

(4) 易于实现加工过程的自动化。

电火花成形加工

3.2.2 电火花加工的典型应用

电火花加工一般可应用于以下几类产品:

电火花穿孔加工

电火花线切割工艺

(1) 加工模具。适用于各种形状的冲压模具和直通的模具型腔。加工各种形状的冲模、注塑模、挤压模、粉末冶金模、弯曲模等。调整不同的间隙补偿量,只需一次编程就可以切割凸模、凸模固定板、凹模及卸料板等。此外,还可加工挤压模、粉末冶金模、塑料模等。采用锥度线切割,可加工带锥度的模具零件。

(2) 加工电火花成形用的电极。电火花穿孔加工用的电极,以及带锥度型腔加工用的电极,以及铜钨、银钨合金之类的电极材料,用线切割加工特别经济,同时也适用于加工微细复杂形状的电极。

(3) 加工试制新产品的零件。用线切割在坯料上直接割出零件,例如试制切割特殊微电动机硅钢片定转子铁芯,由于不需另行制造模具,可大大缩短制造周期、降低成本。另外修改设计、变更加工程序比较方便,加工薄件时还可多片叠在一起加工。

(4) 加工品种多、数量少的零件以及特殊难加工材料的零件。如材料试验样件,各种型孔、型面、特殊齿轮、凸轮、样板、成形刀具等。采用具有锥度切割的线切割机床,还可以加工"天圆地方"等上下异形面零件。

除此之外,在生产中往往会遇到一些较深、较小的孔,而且精度和表面粗糙度要求较高,工件材料(如磁钢、硬质合金、耐热合金等)的机械加工性能很差。采用研磨方法加工这些小孔时,生产率低,采用内圆磨床磨削也很困难(内圆磨床磨削小孔时砂轮轮轴很细,刚度差,砂轮转速很难达到要求)。电火花磨削可在穿孔、成形机床上附加一套磨头来实现,使工具电极做旋转运动,如工件也附加旋转运动,则磨得的孔可更圆。也有设计成专用电火花磨床或电火花坐标磨孔机床,也可用磨床、铣床、钻床改装,工具电极做往复运动,同时还做回转运动。在坐标磨孔机床中,工具还要做公转,工件和孔径的距离靠坐标数控系统来保证。这种操作方法比较方便,但机床结构复杂,制造精度要求高。

随着加工要求的不断提高,单纯的电火花加工已不能满足有些加工的要求,因此出现了多种类型的电火花复合加工方法。

电火花共轭回转加工：在加工过程中，电极与工件具有特殊的相对运动形式，包括同步回转式、展成回转式、倍角速度回转式、差动比例回转式、相位重合回转式等不同方法。这些方法的共同特点是工件与工具电极之间的切向相对运动线速度值很小，几乎接近于零。所以在放电加工区域内，工件和工具电极近于纯滚动状态。例如，同步回转式加工内外齿轮，在加工过程中，工件与带有齿轮的工具电极始终保持同步回转，两者之间无轴向位移，工具电极不断做径向进给，使工具电极与工件维持在能产生火花放电的距离内。这样就可在工件上得到与电极齿形相同的内齿轮或外齿轮。

电火花跑合加工：在相互绝缘的工件与工具电极（或工件与工件）之间，加上交变的脉冲电压和电流，使其进行对磨跑合放电加工。一般采用多点、电刷进电的方式。由于是对磨放电加工，因而不需要考虑极性效应和损耗。电火花跑合加工能有效地消除毛刺及不规则棱边、拐点等影响工件质量的部位。

电火花磨削加工：它是在电火花成形加工的基础上发展起来的。机床运动形式与普通砂轮磨削相似。脉冲电源的两极分别接砂轮与工件。与电火花成形加工不同的是，电火花磨削蚀除金属的原理是一般的电火花加工与磨削加工的结合。电火花加工在微尺度方面热软化工件材料，方便研磨，减少磨削力。熔化的金属一部分被蚀除下来，另一部分重新凝固在工件材料表面，在熔化凝固和热影响下，工件表层包含了无数微小裂纹，选择合适的砂轮粒度可磨除微小裂纹层，改善加工表面质量并提高加工效率。

混粉工作液电火花镜面加工技术：混粉工作液电火花镜面加工技术的特点是通过在电火花工作液中添加硅、铝、镍等导电性微粒，不仅能降低大面积电火花成形加工表面的粗糙度值，还可以提高表面的硬度、耐磨性、耐蚀性，并且具有消除表面显微裂纹以及良好的脱模性能，从根本上克服了电火花加工表面粗糙度不佳，性能差的缺点。

微细电火花加工：微细电火花加工技术具有电极制造简单，电极与工件间宏观作用力小，可控性好等优点。因此，该技术已经成为微细机械制造领域的一个重要组成部分，在制造业中得到了广泛的应用。目前，在航空航天、微电子、医学、光学、模具等领域中有许多零件采用常规机床加工困难，甚至无法加工，特别是对狭小空间内的加工和微细孔加工等，如采用微小型电火花加工装置加工则会取得令人满意的效果。微小型电火花加工装置已经成为整个微型机械制造领域一个非常重要的研究方向，受到广泛重视。据统计，微细电火花加工，在电火花加工中所占的比重正逐年增加。未来，提高运动精度、响应速度，减小装置的尺寸，增强可靠性是微细电火花加工的发展方向。

陶瓷等非导电材料的加工：基于工作液（如煤油）在火花放电时的碳化导电现象，在非导电陶瓷（工件）端装有导电的辅助电极，这样在工具电极与辅助电极间就会产生通常的火花放电，进而使非导电陶瓷材料得以蚀除。将这一技术与混粉工作液相结合，加工表面质量明显提高。总体来看，近年来，电火花加工已逐步用于聚晶金刚石、立方氮化硼和工程陶瓷等弱导电或非导电超硬材料的加工。

电火花铣削加工技术：电火花铣削加工技术的出现被称为是电火花加工技术发展史上的重要里程碑。电火花铣削省去了成形电极的设计与制造过程，大大地简化了电火花加工的工艺流程，提高了电火花加工对多变市场的快速反应能力。由于电火花铣削加工中采用简单形状电极在数控系统控制下进行走刀加工，所以将大大提高复杂型腔的加工稳定性和加工质量。在传统电火花成形加工中，随着加工面积的增大及电容效应的影响，很难获得好的表面质量，而在采用简单形状电极的电火花铣削加工中，则可在保持相对较小加工面积的状态下进行加工，可以有效地减小电容效应的影响，获得更好的表面质量。而且在电火花铣削过程中，可有效解决由于采用复杂形状成形电极而造成的电极损耗不均匀和加工间隙中工作液流场不稳定等问题，并大大地简化了电极损耗的补偿策略。同时在电火花铣削加工过程中，电极高速旋转以及相对放电位置的不断改变都可以有效地改善放电条件，避免电弧放电和短路现象的产生。电火花铣削加工技术的出现，给电火花成形加工提供了崭新思路，使飞速发展的CAD/CAM技术、柔性制造技术、网络制造技术等现代技术能更好地融入电火花加工中。

3.3 电解加工

电解加工技术是当前电化学加工领域中最活跃也是最热点的研究方向，该技术延续了20世纪90年代以来的良好发展势头，工艺技术水平和设备性能均得到了稳步发展，应用领域进一步扩展。但电解加工在很多方面还需要进一步发展和提高，如过程监测和控制、工具设计、电解液处理、加工精度的改善和设备的自动化程度等。电解加工间隙状态非常复杂，涉及电化学、电场、流场等多种因素的交互影响，因而使过程监测和控制非常困难。

3.3.1 电解加工的基本原理与特点

1. 电解加工的基本原理

电解加工是一种利用金属阳极电化学溶解原理来去除材料的制造技术。从加工机理上看，工件阳极上的金属原子在加工过程中不断地失去电子成为离子，然后从工件上溶解，其材料的减少过程，是以离子的形式进行。这种微离子去除方式使电解加工具有微细加工能力。又因为电解加工过程中工具电极和工件不接触，具有加工材料范围广泛，不受材料强度、硬度、韧性的影响，工件表面无加工应力、无变形以及热影响区、无工具电极损耗、加工表面质量好等一系列独特优点。

以叶片加工为例，常采用如图3-4所示的双面进给方式，两个阴极工具分别从叶片两侧以同样的进给速度相向(呈一角度)而行，加工出叶盆和叶背。对这种加工方式建模，进而实现间隙预测或阴极设计，具有重要的实用意义，但由于复杂的三维型面变化和叶片进、排气边急剧改变的曲率，使这一问题变得非常困难。

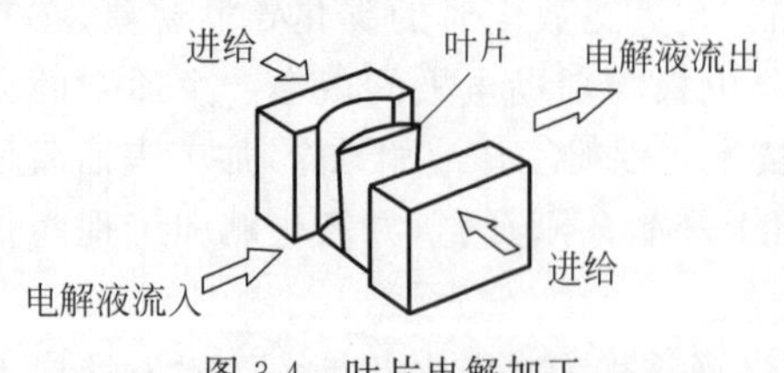

图3-4 叶片电解加工

从图3-4中也不难发现，实际的阴极设计不仅要考虑工具形状，还要兼顾电解液流道、工具绝缘等问题。脉冲电流电解加工采用脉冲电流代替传统的连续直流。脉冲电解加工系统基本构成如图3-5所示。理论、试验研究和工业实践都已表明，脉冲电解加工可显著地改进电解加工过程。在脉冲电解加工中，电解液的间断、周期性的更新，使间隙中的电解产物(阳极去除下来的金属、阴极析出的氢气、产生的热量)得到及时排除，因而其可以工作在比传统直流更高的电流密度和更小的加工间隙下。高电流密度可以提高表面加工质量，而小间隙可以显著改善加工精度，另外脉冲加工提供了更多的可调参数，为过程控制提供了便利。

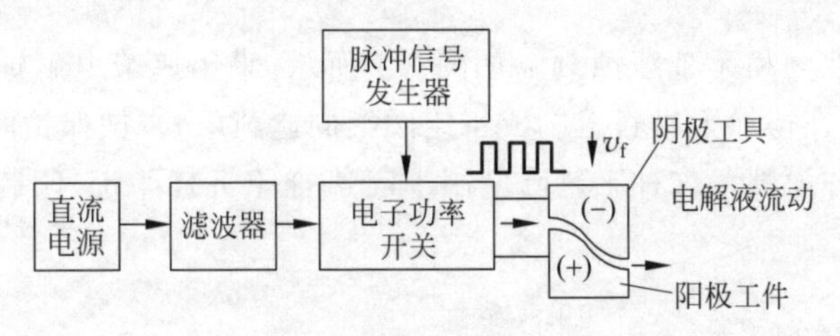

图 3-5 脉冲电解加工系统示意框图

使用短脉冲电流有利于加工过程的稳定,也便于采用更小的加工间隙(如小于0.1mm)。由于加工精度随着加工间隙的减少而增加,因此短脉冲可以显著提高加工精度。另外,已发现在某些情况下,短脉冲电流可显著改善表面质量。在某些脉冲电解加工系统中,工具采取往复运动方式。在脉间的时候工具电极回退,以加强电解液冲刷和产物排出的效果;在脉冲间隔时,采用零位对刀方式进行加工间隙的检测,然后调整间隙到所需要的值。这种周期往复运动改善了加工的稳定性和保证了加工过程的重复性,提高了加工精度。其缺点是增加了系统的复杂性和降低了加工速度。电解加工研究中的一个重要课题是探索一种实用、有效的间隙在线检测方式。

脉冲电解加工相对低的加工速度和较大的投资限制了它更广泛的应用,因而需进一步深入研究脉冲电解加工的机理及设备改进。如前所述,工具电极的修整过程费时费工,因此电解加工一般只用于中、大批量生产,如发动机叶片。为了简化工具设计,减少生产准备时间,从而拓宽电解加工在小批量甚至单件生产中的应用,近些年来发展了采用简单形状电极的数控电解加工。数控电解加工采用与数控铣相仿的工作方式,使用简单形状电极进行多维运动,加工出所需工件形状,如图 3-6 所示。数控电解加工集成了电解加工的无工具损耗、不受材料硬度影响的优点和数控加工的柔性、自动化等优点。由于不需针对每一种新零件制造专用电极,因此可显著缩短生产准备时间。另外,由于实际加工面积大为减小,因此可用小电源加工大零件,降低对电源容量的要求,其缺点是以显著降低加工速度为代价的。

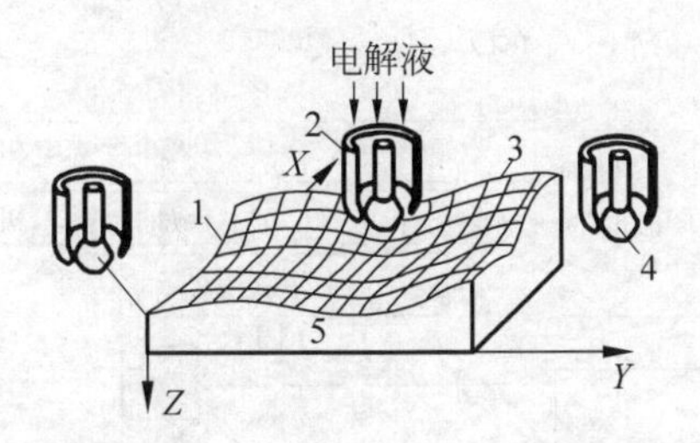

1—工具轨迹;2—阴极工具;3—加工表面;4—加工结束位置;5—工件。

图 3-6 数控电解加工示意图

在数控电解加工中,电极的几何形状和结构显著地影响着电解液流动、电场分布和间隙分布。柱状电极、球头电极、片状电极和锥状电极各具特色,如柱状电极或片状电极的加工面积较大,所以加工速度较快,球头电极适应性广,具有更大的柔性。

在电解加工中,材料去除是以离子溶解的形式进行的。这种微去除方式使电解加工具有微细加工的可能。电解加工概念已被成功地应用在电子工业中微小零件的电化学蚀刻加工中。与传统化学蚀刻相比,电化学法更容易控制和维护,对环境的影响也小得多。电化学蚀刻可分为有遮蔽蚀刻和无遮蔽蚀刻。如图 3-7 所示,采用遮蔽电解蚀刻方式进行电解液加工,常用光敏材料在待加工材料上制成特定图案的遮蔽层,未被保护的材料在电解作用下逐渐腐蚀到所需要的深度。这种工艺已应用于高速打印机打印带、印制电路板等电子产品的制造。

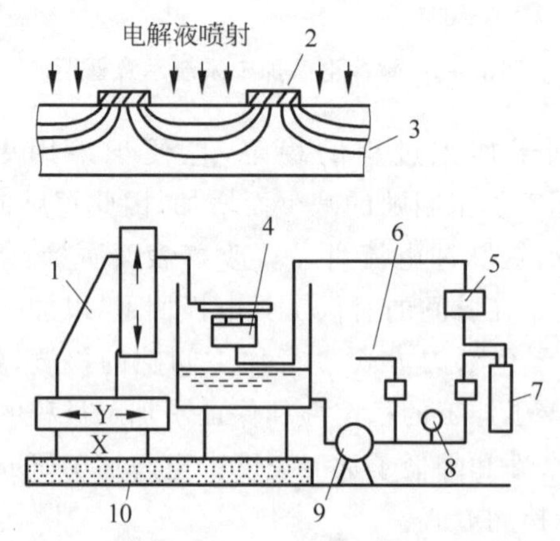

1—XYZ 工作台;2—光敏材料;3—金属板材(阳极);4—阴极;5—流量计;
6—阀门;7—过滤器;8—压力表;9—泵;10—底座。

图 3-7 单侧电化学蚀刻

无遮蔽电化学微蚀刻需要去除过程具有高度的选择性,常常用微细电解液射流来实现这一目的。采用微电解液流蚀刻在滚动轴承上加工出微小储油坑,如图 3-8 所示。在加工中,电解液流不仅限定了加工范围,而且还具有排除产物和清除钝化膜的作用。这项技术加工出的微坑光滑,无内应力、微裂纹等缺陷,比放电加工和激光加工的工艺效果更好。采用较大的加工间隙是电解加工精度受到限制的重要因素之一。如果加工间隙能大幅度减小,加工精度就会显著提高,利用电解进行微细加工的可能性也将增大。通过降低加工电压和电解液浓度,可以将加工间隙控制在 10μm 以下。采用微动进给和金属微管电极,在厚度为 0.2mm 的镍板上可加工出 0.17mm 的小孔。

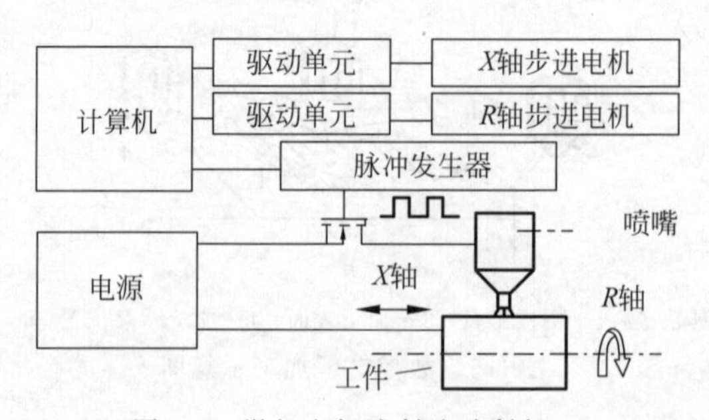

图 3-8 微细电解液射流喷射加工

2. 电解加工的特点和发展趋势

电解加工具有无工具损耗、与材料硬度无关、生产率高、表面质量好、可加工三维复杂形状等优势,它已成为航空航天制造业中一种关键技术,被广泛地应用在发动机叶片等零部件的生产中，在兵器、汽车、医疗器材、电子、模具等行业中也得到许多应用。

电解加工与其他加工方法相比，具有以下特点：

(1) 加工范围大，不受金属材料本身力学性能的限制，可以加工硬质合金、淬火钢、不锈钢、耐热合金等高硬度、高强度及韧性金属材料，并可加工叶片、锻模等的各种复杂型面。

(2) 电解加工的生产效率高，为电火花加工的 5～10 倍，在某些情况下，比切削加工的生产率还高，且加工生产率不直接受加工精度和表面粗糙度的限制。

(3) 可以达到较小的表面粗糙度 Ra 值(0.2～1.25μm)和±0.1mm 左右的平均加工精度。

(4) 由于加工过程中不存在机械切削力，所以不会产生由切削力所引起的残余应力和变形，没有飞边和毛刺。

(5) 加工过程中阴极工具耗损小，可长期使用。

电解加工未来的研究重点和发展趋势主要集中在以下几个方面：

(1) 进一步完善硬件系统，如微进给系统和微控制工作台的性能和可靠性的提升，加工过程自动检测与适应控制研发的深化。

(2) 加大对微细电解加工机理的研究，尤其是在中、高频脉冲电流条件下，对微细加工电化学反应系统动力学等方面的研究。

(3) 重点加强微细电解在加工三维形状能力上的研究，使其微细加工能力更加广泛和具有竞争力。

(4) 脉冲电源的深化研发，微秒级脉冲电源的工程化完善以及推广应用，纳秒级脉冲电源、群脉冲电源的性能完善。

(5) 微细电极的研发制备。加强对微小电极制备工艺的研究，特别是具有较复杂形状的微细电极制备研究。

(6) 新型电解液研究。针对绿色制造，加大对新型无污染电解液的研发力度。

3.3.2 电解加工的典型应用

掩膜微细电解加工：掩膜微细电解加工是结合了掩膜光刻技术的电解加工方法。它是在工件的表面(单面或双面)涂敷一层光刻胶，经过光刻显影后，工件上形成具有一定图案的裸露表面，然后通过束流电解加工或浸液电解加工，选择性地溶解未被光刻胶保护的裸露部分，最终加工出所需形状工件，如图 3-9、图 3-10 所示。由于金属溶解是各向同性的，金属在径向溶解的同时也横向被溶解。为了提高加工速度和加工精度，可在工件两面都覆盖一层图案完全相同的掩膜，从两边相向同时进行溶解。

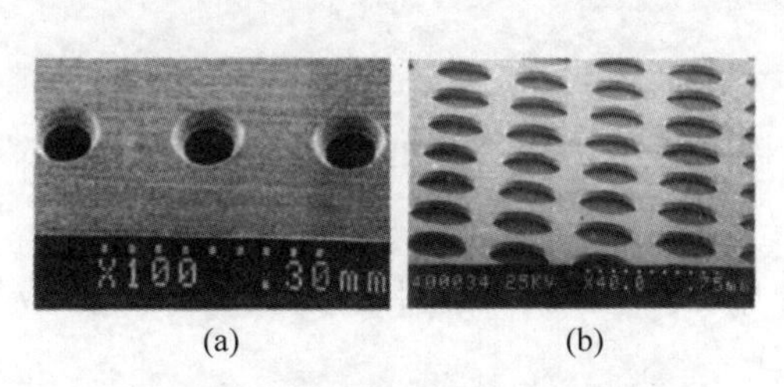

图 3-9 掩模微细电解加工的微孔

(a) 单面；(b) 双面

图 3-10 掩模微细电解加工的微传感器

电液流微细电解加工：电液流微细加工是在金属管电极加工小孔的基础上发展起来的一种微细电解加工方法，主要用于加工航空工业中的各种小孔结构。电液流加工时，采用呈收敛形状的绝缘玻璃管喷嘴抑制电化学反应的杂散腐蚀，高压电解液由玻璃管中的高压金属丝极化后，高速射向工件待加工部位，利用高电压电场进行金属的电化学去除加工。玻璃管电极是电射流加工的主要工具，玻璃管的直径大小决定了电射流加工的尺度，通常加工孔径为0.13～1.30mm。电液流加工方法不存在切削力，因此可对薄壁零件进行切割。由于玻璃管阴极制造工艺限制了阴极直径尺寸的任意缩小，从而大大限制了电液束的加工能力。采用阴极不进给方式，加工孔径不受电极直径尺寸限制，故可加工出直径小于0.1mm的微孔，但加工深度很有限。而采用阴极进给方式，加工孔径至少要大于阴极管外径。

EFAB(electrochemical fabrication)技术：EFAB技术是由美国南加州大学信息研究所Adam Coben等于1999年提出的。它是基于SFF(solid freeform fabrication)的分层制造原理，用一系列实时掩模板选择性电沉积金属将微结构层层堆积起来，这些实时掩模板是通过将光刻胶涂于金属衬底上，经光刻显影后形成的。

约束刻蚀剂层技术(confined etchant layer technique，CELT)：CELT是1992年由厦门大学的田昭武院士等人提出的。该技术将传统的各向同性的湿法化学刻蚀变为具有距离敏感性的化学刻蚀，能在不同的材料(半导体、金属和绝缘材料)上实现复杂三维微图形的复制加工，已成功地在Si、Cu、GaAs等材料上加工出复杂三维立体结构。其基本加工原理是：利用电化学或光化学反应在三维图形的模板表面产生刻蚀剂，当刻蚀剂向溶液中扩散时，与溶液中的捕捉剂迅速发生反应，致使刻蚀剂几乎无法从模板表面往溶液深处扩散，从而把刻蚀剂紧紧地约束在模板表面轮廓附近的很小区域内。当模板逐步靠近待加工材料的表面时，被约束的刻蚀剂就能和待加工基底的表面发生化学反应，从而加工出与模板互补的三维微图形。

脉冲微细电解加工技术：虽然电解加工是利用电化学溶解蚀除的方式加工，理论上可达到离子级的加工精度，在加工质量上又具有很多优点，但在加工过程中只要有电流通过，阳极工件表面不管是加工区还是非加工区均会发生电化学反应，造成杂散腐蚀。因此，将其应用于微细加工领域，必须解决杂散腐蚀的问题，提高电化学反应的定域蚀除能力。研究发现，脉冲电解中采用脉宽为毫秒级和微秒级的脉冲，可使电流效率—电流密度曲线的斜率增大，加工过程的非线性效应增强，工件溶解的定域性得到提高，有利于提高加工精度。

随着纳秒脉冲电源的应用，微细电解加工得以向更细微化的方向发展。德国Fritz-Haber研究所R. Schuster，V. Kirchner等采用脉冲宽度为纳秒级的超短脉冲电流进行电化学微细加工新技术，成功地加工出数微米尺寸的微细零件，加工精度可达几百纳米，充分发挥了脉冲电流微细电解加工的潜力。

3.4 超声波加工

超声波加工技术作为一种新兴的特种加工技术，已广泛应用于机械加工领域，成为机械制造领域重要的发展方向之一。

超声波加工不受工件材料的电、化学特性限制，不需要工件导电，也不像激光、电火花等特种加工一样给工件带来热损伤和残余应力，因而是加工玻璃、陶瓷、石英、宝石，以及半导体材料等不导电的硬脆材料非常有效的方法。

超声波加工技术凭借其极强的切削能力、极小的切削抗力、极细微的光整能力以及极高的强化能力，在难加工材料加工、深小孔加工、薄壁件加工、超声表面光整强化、超声焊接和磨粒冲击加工等领域获得越来越广泛的应用。此外，超声复合加工、微细超声加工、旋转超声加工以及超声骨切削技术等，以其技术优势将会成为未来超声加工技术的发展趋势，并得到更为广泛的研究与应用。

超声波加工的原理与设备

3.4.1　超声波加工基本原理与特点

1. 超声波加工的基本原理

超声波加工是利用超声振动工具在有磨料的液体介质中或干磨料中产生磨料的冲击、抛磨、液压冲击及由此产生的空化作用来去除材料，或给工具、工件沿一定方向施加超声频振动进行振动加工，或两种方法结合进行加工的方法。

超声波加工也称“超声加工”，加工原理如图 3-11 所示。利用工具 3 端面作超声频振动，并通过悬浮液 2 中的磨料加工脆硬材料的一种加工方法。加工时，在工具和工件 1 之间加入液体（水或煤油）和磨料混合的悬浮液 2，并使工具以很小的力轻轻压在工件上。超声换能器产生 16000Hz 以上的超声频纵向振动，并借助于变幅杆 4、5 把振幅放大到 0.05～0.1mm，驱动工具端面作超声振动，迫使工作液中的悬浮磨粒以很大的速度和加速度不断撞击、抛磨被加工表面，把加工区的工件局部材料粉碎成很细的微粒，并从工件上撞击下来。虽然每次打击下来的材料很少，但由于每秒钟撞击的次数多达 16000 次以上，所以仍有一定的加工速度。同时工作液受工具端面的超声振动作用而产生的高频、交变的液压冲击波和空化作用，将促使工作液钻入被加工材料的微裂缝，加剧机械破坏作用，有助于提高去除材料的效果。

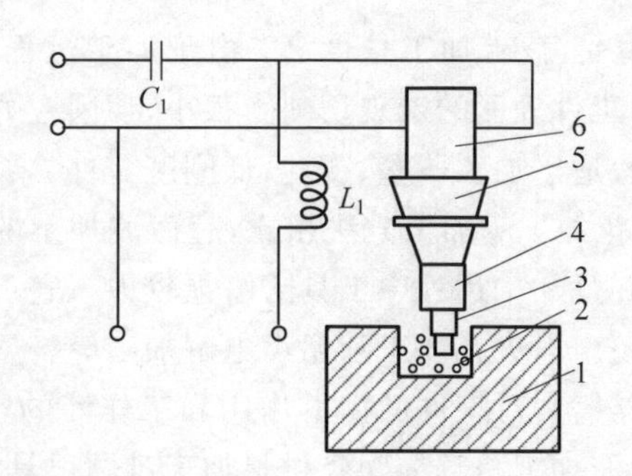

1—工件；2—磨料悬浮液；3—工具；4—变幅杆；5—变幅杆；6—超声换能器。

图 3-11　超声波加工原理图

工作液的空化作用是指当工具端面以很大的加速度离开工件表面时，会在加工间隙内形成负压和局部真空，使工作液体内形成很多气体微型空腔，当工具端面以很大加速度接近工件表面时，空腔内气泡闭合，压力增大，引起极强的液压冲击波，撞击工件的表面，可以强化加工过程。此外，正负交变的液压冲击波可以使悬浮工作液在加工间隙中强迫循环，使变钝的磨粒及时得到更新。

超声波加工设备一般包括机床本体、超声波发生器、超声波振动系统和磨料工作液循环系统。

(1) 机床本体：超声波加工机床包括支承超声波振动系统的机架及工作台，使工具以一定压力作用在工件上的进给机构以及床体等部件。

(2) 超声波发生器：其作用是将交流电转变为有一定功率输出的超声频振荡，以提供工具端面往复振动和去除被加工材料的能量。

(3) 超声波振动系统：超声波振动系统的作用是将高频电能转化为机械能，使工具做高频率小振幅振动从而进行加工，主要由超声波换能器、变幅杆及工具组成。

(4) 磨料工作液循环系统：为加工区域连续供给磨料悬浮液。超声波加工时常用水作为工作液，有时也可以用煤油或机油。磨料一般采用碳化硅、氧化铝，加工硬质合金时用碳化硼，加工金刚石用金刚石粉；磨料的粒度大，生产率高，但加工精度低，磨料的粒度大小根据加工生产率和精度要求选定。

超声波加工特点

2. 超声波加工的特点

超声波加工方法具有以下特点。

(1) 适于加工各种硬脆材料：尤其是玻璃、陶瓷、人造宝石、石英、锗、硅、石墨等不导电的非金属材料，也可加工淬火钢、硬质合金、不锈钢、钛合金等硬质或耐热导电的金属材料，但加工效率较低。被加工材料的脆性越大越容易加工，材料越硬或强度、韧性越大则越难加工。

(2) 加工复杂型腔及型面：由于工件材料的去除主要靠磨料的作用，磨料的硬度应比被加工材料的硬度高，而工具的硬度可以低于工件材料，工具材料一般选用韧性材料(如45钢、65Mn、40Cr)做成较复杂的形状，且不需要工具与工件做比较复杂的相对运动。因此，超声波加工可加工出各种复杂的型腔和型面。这也决定了超声波加工机床结构比较简单，操作维修比较方便。

(3) 工件在加工过程中受力小，加工精度高：由于加工过程中去除工件材料主要依靠磨粒瞬时局部的冲击作用，工件表面的宏观切削力很小，切削应力、切削热小，不会产生变形及烧伤，表面粗糙度也较低，适于加工薄壁、窄缝、低刚度零件。

(4) 与电解加工、电火花加工等加工方法相比，超声波加工的效率较低：随着加工深度的增加，材料去除率下降，并且加工过程中工具的磨损较大。它可与其他传统或特种加工结合应用，如超声振动切削、超声电火花加工和超声电解加工等。

超声波加工是利用悬浮磨料对工件的撞击作用和工作液的空化作用，去除工件上多余的材料。从原理上讲，超声波加工是解决陶瓷材料加工难题很具潜力的一种加工方法，可以加工任意复杂的三维型腔。

然而，传统的超声波加工是利用形状拷贝原理将工具的形状复制到工件上，要得到一定的三维形状就需要制作与工件形状凹凸相反的工具，这不仅使工具制造周期长、工具更换麻烦、工件的制造成本提高，而且受到超声波加工工具损耗大的限制。工具的损耗会带来下列很多问题：工具损耗严重，制约了复杂曲面成形加工精度的提高；尤其是加工韧性好的工程陶瓷零件时，工具损耗更加严重。由于加工过程中工具质量的变化，造成共振频率的游移，使加工速度和加工质量受到影响。当复杂型腔面积和深度较大时，由于悬浮磨料在加工间隙内分布不均匀，导致加工表面完整性不好。这些问题的存在，严重限制了超声波加工技术在复杂型腔工程陶瓷零件加工中的应用。旋转超声波加工的研究与发展，正在解决上述问题。

超声波加工实例

3.4.2 超声波加工的典型应用

超声加工技术具有很大的优势，可加工材料的范围广，既可以加工导电材料，也可以加工不导电材料，并且对于复杂的三维轮廓也可以快速加工。此外，加工过程不会或较少产生有害的热区域，不会在工件表面带来化学变化，在工件表面上产生的残余压应力可以提高被加工零件的疲劳强度。同时，材料表面可以实现纳米化，而且硬化层厚度提高效果显著，表面粗糙度 Ra 值可达到 0.02μm。自 20 世纪 50 年代起源以来，超声加工技术发展迅速，在许多产业的应用越来越普及，如半导体工业、高速列车、汽车制造、航空航天、光学元器件、医疗工业等领域。与此同时，超声复合加工、微细超声加工、旋转超声加工技术也得到进一步发展和应用。

(1) 超声复合加工技术：随着产业不断升级变化使新材料尤其是超硬、脆等难加工材料不断呈现，使用一般的超声技术加工这些硬脆材料几乎无法得到理想的效果。而超声加工技术结合其他的加工方法进行生产加工，可以综合利用超声加工技术和其他加工方法的优点，取得良好的加工效果。

超声电火花复合加工是将超声部件夹固在电火花加工机床主轴头下部，电火花加工用的方波脉冲电源（或 RC 脉冲电源）加到工具和工件上（精加工时，工件接正极），加工时主轴作伺服进给，工具端面作超声振动。在工具电极上引入超声振动后，电火花加工间隙状况得到改善，加工更加平稳，有效放电脉冲比例将由 5%增加到 50%甚至更高，从而达到提高生产率的目的，如图 3-12 所示。

超声电解复合加工是利用超声振动磨粒的机械作用和金属在电解液中的阳极的溶解作用同时进行加工的，与单纯的超声加工相比具有更大的加工速度，而工具损耗明显降低。超声电解复合加工适用于加工导电材料，如超硬合金、耐热工具钢等。超声电解复合加工的原理如图 3-13 所示。工件 2 接电解电源 7 的阳极，工具 3 接阴极，电解液和一定比例的磨料混合而成。加工时工件的被加工表面在电解作用下，产生阳极溶解而生成阳极薄膜，此薄膜随即在超声振动的工具及磨料的作用下被刮除，露出新的材料表面而继续发生溶解。超声振动引起的空化作用加速了薄膜的破坏和工作液的循环更新，加速了阳极溶解过程的进行，

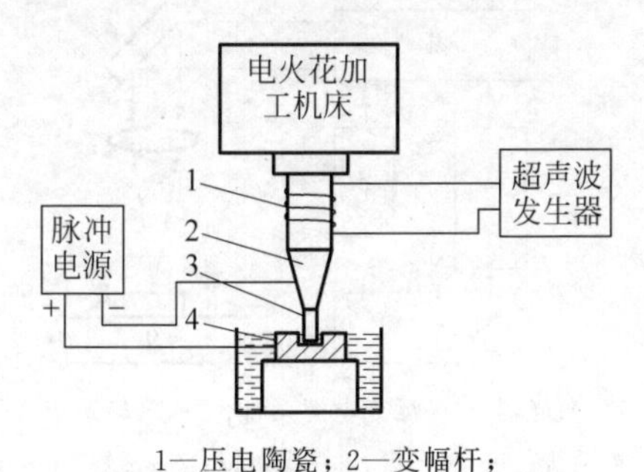

1—压电陶瓷；2—变幅杆；
3—工具电极；4—工件。

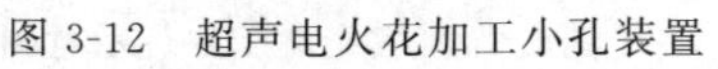
图 3-12 超声电火花加工小孔装置

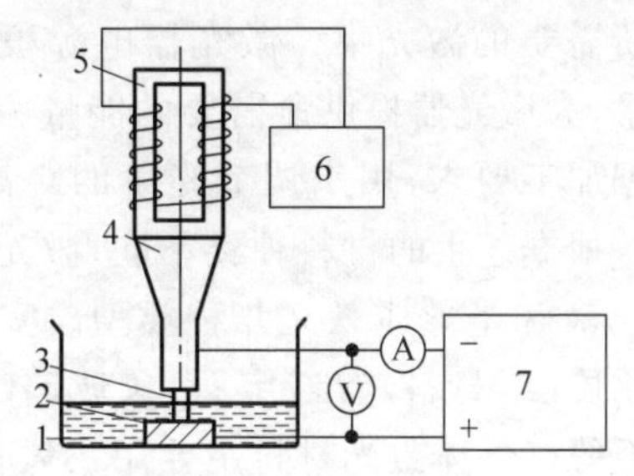

1—电解液和磨料；2—工件；3—工具；4—变幅杆；
5—换能器；6—超声发生器；7—电解电源。

图 3-13 超声电解加工原理图

从而大大提高了加工速度和质量。在超声电解复合加工间隙内，由于磨料同时也对工具阴极进行撞击和抛磨，因此随着加工工件数量增多或加工深度增加，工具阴极损耗将加大。

(2) 微细超声加工技术：近年来，微细超声加工技术随着市场对微小型零件及装置的需求快速增长，导致微细加工技术迅速发展。微型化加工技术已成功应用于航空航天、光学、通信、生物医学和汽车等诸多领域，成为机械制造方面的研究重点。目前成形加工和分层扫描加工已应用于微结构和微型零件的加工。当在脆硬材料上加工孔，如成形孔、盲孔或通孔时主要采用成形超声加工工艺；而复杂三维曲面的加工主要采用分层扫描方法，目前采用微细超声加工技术在工程陶瓷材料上可以加工出直径为 $\phi 5\mu m$ 的微孔。

(3) 旋转超声加工技术：旋转超声加工同常规超声加工对比，加工生产率较高。在加工参数相同的情况下，其加工孔的速度是传统超声波加工的 9～11 倍，是传统磨削加工的 7～9 倍，并且不需退刀排屑，易于实现孔的机械化加工。在加工硬、脆材料时，不仅可以得到更深的小孔，而且在获得更高的加工精度和更低的表面粗糙度时，所需的工作压力也小。这种加工方法绿色、经济、低污染。近年来，硬脆材料应用需求日趋普遍，旋转超声加工由于其独特的优势被认为是硬脆材料的最佳加工工艺手段之一，包括超声磨削加工、超声铣削加工、超声钻削加工等多种工艺方式。

3.5 激光加工

激光加工是目前应用十分广泛的特种加工技术，具有巨大的技术潜力。激光具有能量密度高、方向性好、单色性好的特点，因此特别适合进行材料加工。激光的空间控制性和时间控制性很好，能够自由地对加工对象的材质、形状、尺寸和加工环境进行控制，特别适用于自动化加工。激光加工系统与计算机数控技术相结合可构成高效自动化加工设备，它已成为企业实行适时生产的关键技术，为优质、高效和低成本的加工生产开辟了广阔前景。

激光加工
工作原理

3.5.1 激光加工的基本原理与特点

1. 激光加工基本原理

激光加工是通过激光器把电能转化为光能，产生所需要的激光束。激光器电源根据加工工艺要求，为激光器提供所需要的能量。光学系统是根据加工要求，用来调节光束的距离、位置和方向。根据产生的材料种类不同，激光大致分为固、气、液和半导体激光几种类型。实用的固体激光物质(或材料)有红宝石、钕玻璃、掺钕钇铝石榴石等。气体激光材料主要用二氧化碳，也有部分是用氩气。

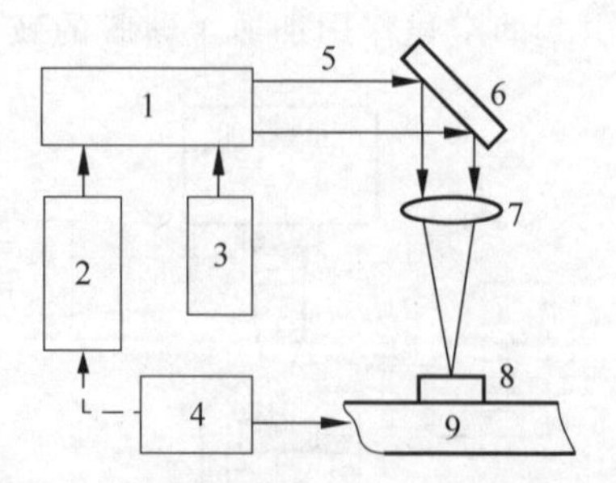

1—激光器；2—激光电源系统；3—冷却系统；4—数控系统；5—激光束；6—反射镜；7—透镜；8—工件；9—工作台。

图 3-14 激光加工原理示意图

激光加工的具体原理如图 3-14 所示，激光系统主要由激光器 1、激光电源系统 2 和冷却系统

3 构成。当激光工作物质受到光泵(即激励脉冲氙灯)的激发后,其发出的激光束 5 通过反射镜 6 反射,利用透镜 7 将激光束聚焦照射到工件 8 上的某一点,通过数控系统 4 移动工作台 9,变换工件加工位置,实现激光加工。

激光器:激光器多以光纤激光器、CO_2 激光器为主,也有一些准分子激光器、同位素激光器和半导体泵浦激光器。光纤激光器产生的激光(以下简称“光纤激光”)波长为 1.06μm,CO_2 激光器产生的激光(以下简称“CO_2 激光”)波长为 10.6μm,均是红外光,可被材料吸收,应用于工业材料加工。光纤激光不能切割非金属,包括木材、塑料、皮革、棉麻织物等,CO_2 激光不能切割铜材。

激光电源系统:激光电源是激光器的能源,它向激光器提供泵浦能量。控制激光输出强弱和重复频率,无论是固体的、气体的,还是半导体的激光器电源,都有脉冲式和连续式两种类型。脉冲式包括单次或低重复频率型、高重复频率型、高压气体脉冲放电型、大电流毫微秒脉冲型四种类型,连续式包括低压大电流弧光放电型、高压小电流辉光放电型、半导体连续激光器电源三种类型。而且这些电源的电压和电流都有比较宽的工作范围。

冷却系统:电能转换成激光,其光电转换效率只有 3%左右,大量的电能都转换成热能。这部分热能对激光器件有巨大的破坏力,所以必须有冷却系统提供冷却保障。冷却介质一般为去离子水或蒸馏水,以保证内循环系统不受污染。

反射镜:一般是 45°反射镜,有单波长 45°反射镜、双波长 45°反射镜、三波长 45°反射镜等。单波长 45°反射镜,就是指只高反某个波长(一般指 1064nm)的 45°反射镜,通常不需要有激光的预览功能。双波长 45°反射镜,能反射两个波长的激光,通常是需要一种可见的激光来指示某个不可见的激光,如 1064nm 和 650nm 双波长 45°反射镜,就是通过高反 650nm 的可见红光来指示不可见的 1064nm 激光。三波长 45°反射镜,45°高反三个波长的激光,对于那些不知道自己设备的使用者会使用 650nm 红光的指示器还是 532nm 的绿光指示器来指示不可见的 1064nm 的激光,在这种情况下,商家就选用三波长的 45°反射镜,保证不论客户选用那种波长的指示器来预览 1064nm 的激光都能看到。

透镜:即聚焦透镜,有平凸、正凹凸、非球面、衍射和反射透镜五种基本类型。划分透镜的一种方法是按照光束聚焦方法来划分的。硒化锌(ZnSe)平凸透镜、正凹凸透镜、非球面镜和衍射光学系统都是通常使用的透射型透镜。通过正确选择透镜种类,几乎可得到任何尺寸的焦斑。

2. 激光加工的特点

激光加工特点

激光加工是将激光束照射到工件的表面,以激光的高能量密度来切除、熔化材料以及改变物体表面性能,其加工特点和激光自身的特性,决定了它在加工领域的优势。激光加工的主要特点如下。

(1) 由于激光加工无接触,且高能量激光光源的能量和速度都可以进行调节,因此可对工件实现多种加工的应用。无受力变形;还有受热区域小,工件热变形小,加工精度高等特点。

(2) 将控制系统与扫描头模块化,便于自动化系统的集成,并能通过不同的应用工艺进行升级,具有极强的柔性。

(3) 激光的单色性极高,保证了光束能精确地聚焦到焦点上,从而可以得到很高的功率密度。激光有很高的相干性,保证了光波各个部分的相位关系不变。

(4) 加工材料范围广。激光几乎对所有的金属材料和非金属材料都可进行加工,特别适用于高熔点材料、耐热合金及陶瓷、宝石、金刚石等硬脆材料。

(5) 工件可离开加工机进行加工,并可通过空气、惰性气体或光学透明介质进行加工。例如,激光能透过玻璃在真空管内进行焊接,这是普通焊接方法不能做到的。

(6) 可进行微细加工。激光聚集后可实现直径0.01mm的小孔加工和窄缝切割。在大规模集成电路的制作中,可用激光进行切片。

(7) 加工速度快,加工效率高。如在宝石上打孔,加工时间仅为机械加工方法的1%左右。

(8) 既可进行打孔和切割,也可进行焊接、热处理等工作。

激光加工应用

3.5.2 激光加工的典型应用

激光具有亮度高、方向性好等特点,理论上可以急剧熔化和汽化各种材料,能够加工众多金属和非金属材料,以及复合材料。其主要应用于表面处理、打孔、焊接、光刻等,单位可达微米级。

(1) 激光打孔:采用脉冲激光器可进行打孔,脉冲宽度为0.1~1ms,特别适用于打微孔和异形孔,孔径为0.005~1mm。激光束在高硬度材料和复杂而弯曲的表面打小孔,速度快而不产生破损。激光打孔已广泛用于航空航天、汽车制造、电子仪表、化工等行业。

(2) 激光切割:激光既可以切割金属,也可以切割非金属,并且对工件不产生机械压力,切缝小,所以常用来加工玻璃、陶瓷及各种精密细小的零件,如图3-15所示。激光切割大多采用CO_2激光器,精细切割采用YAG激光器。CO_2激光切割技术是激光加工应用最广泛的技术之一。激光器的功率逐渐由2kW提升到3kW、4kW。

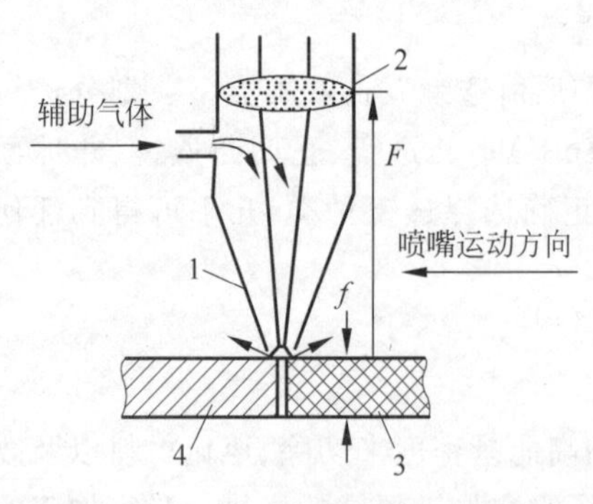

1—喷嘴;2—透镜;3—切割面;4—被割材料。

图3-15 激光切割示意图

(3) 激光焊接:激光焊接一般不要焊料和焊剂,只需将工件的加工区域“热熔”在一起,焊接速度快,热影响区小,焊接质量高,既可焊接同种材料,也可焊接异种材料。激光焊接强度高、热变形小、密封性好,可以焊接尺寸和性质悬殊及熔点很高(如陶瓷)和易氧化的材料。激光焊接的心脏起搏器,其密封性好、寿命长,而且体积小。

(4) 激光打标:激光打标是指利用高能量的激光束照射在工件表面,光能瞬时变成热能,使工件表面迅速产生蒸发,从而在工件表面刻出任意所需要的文字和图形,以作为永久的防伪标识。打标机可对零件在固定位置上打标,也可对在流水线上的物品进行飞行打标。标记对象的材料可以是各类金属和非金属。图3-16为激光打标的应用。

(5) 激光表面处理:选择适当的波长和控制照射时间、功率密度,可使材料表面熔化和再结晶,从而达到淬火或退火的目的。当激光的功率密度为10^3~10^5 W/cm^2时,可以对铸铁、中碳钢,甚至低碳钢等材料进行激光表面淬火。淬火层深度一般为0.7~1.1mm,激光淬火变形小,还能解决低碳钢的表面淬火强化问题。激光热处理的优点是可以控制热处理的深度,可以选择和控制热处理部位,工件变形小,可处理形状复杂的零件和部件,可对盲孔和深孔的内壁进行处理。激光表面处理由相变硬化发展到激光表面合金化和激光熔覆,由激光合金涂层发展到复合涂层及陶瓷涂层,以及激光显微仿形熔覆技术,还应用到电力、石化、冶金、钢铁、机械等方面的产业领域。图 3-17 为激光相变硬化区域示意图。

图 3-16 激光打标的应用

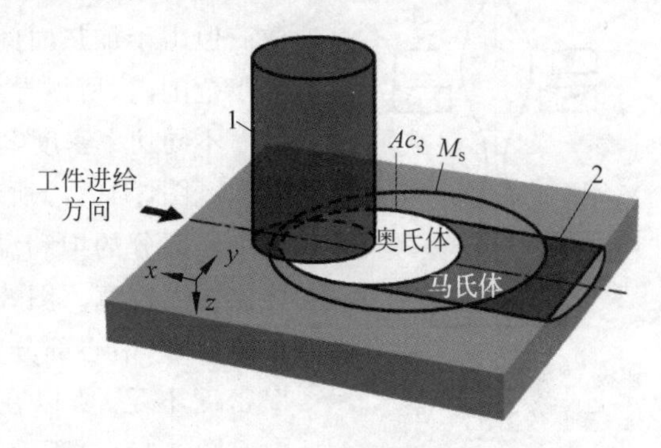

1—激光束;2—硬化区。

图 3-17 激光相变硬化区域示意图

3.6 电子束加工

通常把利用高密度能量的电子束对材料进行工艺处理的方法称为电子束加工(electron beam machining,EBM)。电子束加工是近年来发展较快的特种加工技术,主要用于打孔、焊接和光刻化学加工等。其在精密微细加工,尤其是在微电子学领域中得到较多应用。

3.6.1 电子束加工的基本原理与特点

1. 电子束加工基本原理

电子束加工是利用高能电子束流轰击材料,使其产生热效应或辐照化学和物理效应,以达到预定的工艺目的。

图 3-18 所示为电子束加工原理图。通过加热发射材料产生电子,在热发射效应下,电子飞离材料表面。在强电场作用下,热发射电子经过加速和聚焦,沿电场相反方向运动,形成高速电子束流。例如,当加速电压为 150kV 时,电子速度可达 1.6×10^5 km/s(约为光速的一半)。电子束通过一级或多级汇聚便可形成高能束流,当它冲击工件表面时,电子的动能瞬间大部分转变为热能。由于光斑直径极小(其直径可达微米级或亚微米级),所以获得极高的功率密度,可使材料的被冲击部位在几分之一微秒内,温度升高到几千摄氏度,其局部材料快速汽化、蒸发,从而达到加工的目的。这种利用电子束热效应的加工方法称为电子束热加工。上述物理过程只是一个简单的描绘,实际上电子束热加工的物理过程是一个复杂的过程,其动态过程理论分析非常困难,通常用简化的模型进行分析。

当具有一定动能的电子轰击材料表面时,电子将首先穿透材料表面很薄的一层,该层称

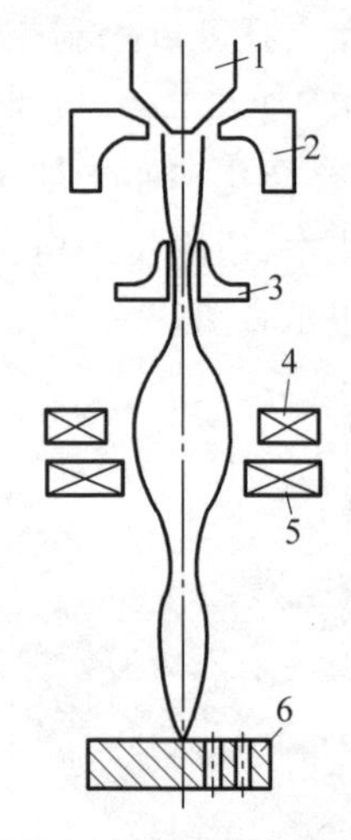

1—阴极；2—聚束极；3—阳极；4—聚焦线圈；5—偏转线圈；6—工件。

图 3-18 电子束加工原理图

为电子穿透层。当电子穿透该层时，其速度变化不大，即电子动能损失很小，所以不能对电子穿透层进行加热。当电子继续深入材料时，其速度急剧减小，直到速度降为零。此时电子将从电场获取约 90%的动能转换为热能，使材料迅速加热。对于导热材料来讲，电子束斑中心处的热量将因热传导而向周围扩散。但由于加热时间持续很短，而且加热仅局限于中心周围局部小范围内，所以导致加热区的温度极高。

不同功率密度电子束向工件深度方向加工过程可用图 3-19 表示。图 3-19(a)所示为用低功率密度的电子束照射时，电子束中心部分的饱和温度在材料熔化温度附近，材料蒸发缓慢且熔化坑也较宽。图 3-19(b)所示为用中等功率密度的电子束进行照射时，中心部分先蒸发，出现材料蒸气形成的气泡，由于功率密度不足，所以在电子束照射完后会按原形状固化在材料内。图 3-19(c)所示为采用远超过蒸发温度的强功率密度电子束照射时，由于气泡内的材料蒸气压力大于熔化层表面张力，所以材料可以从电子束加工的入口处排出去，从而有效地向深度方向加工。随着加工孔的深度加深，电子束照射点向材料内部深入，但电子束能量因孔的内壁不断吸收而削弱，从而加工深度受到一定的限制。

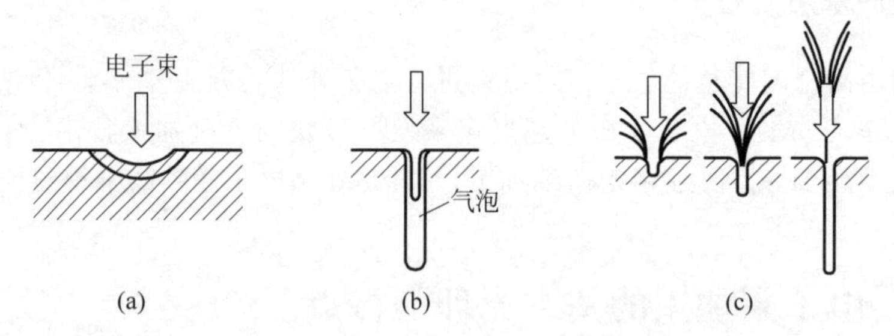

图 3-19 电子束打孔示意图

(a) 低功率密度照射时；(b) 中功率密度照射时；(c) 强功率密度照射时的打孔过程

另一类电子束加工是利用电子束的非热效应。利用功率密度比较低的电子束和电子胶(又称为“电子抗蚀剂”，由高分子材料组成)相互作用产生辐射化学或物理效应。当用电子束流照射这类高分子材料时，由于入射电子和高分子相碰撞，使电子胶的分子链被切断或重新聚合而引起分子量的变化以实现电子束曝光。将这种方法与其他处理工艺联合使用，就能在材料表面进行刻蚀细微槽和其他几何形状。其工作原理如图 3-20 所示。该类工艺方法广泛应用于集成电路、微电子器件、集成光学器件、表面声波器件的制作，也适用于某些精密机械零件的制造。通常是在材料上涂覆一层电子胶(称为“掩膜”)，用电子束曝光后，经过显影处理，形成满足一定要求的掩膜图形，然后进行不同的后置工艺处理，达到加工要求。其槽线尺寸可达微纳米级。

2. 电子束加工特点

(1) 束斑极小。束斑直径可达几十分之一微米至一毫米，可以适用于精微加工集成电

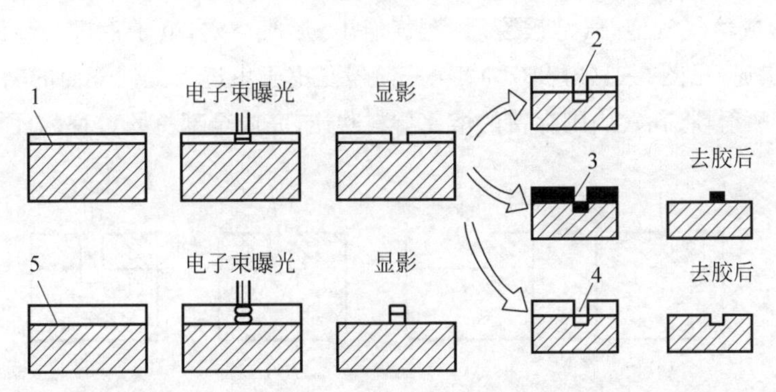

1—正电子胶；2—离子注入；3—金属淀积；4—腐蚀；5—负电子胶。

图 3-20　电子束非热加工微细结构示意图

路和微机电系统中的光刻技术，即可用电子束曝光达到亚微米级线宽。

(2) 能量密度高。在极微小的束斑上功率密度能达到 $10^5 \sim 10^9$ W/cm^2，足以使任何材料熔化或汽化，这就易于对钨、钼或其他难熔金属及合金加工，而且可以对石英、陶瓷等熔点高、导热性差的材料进行加工。

(3) 工件变形小。电子束作为热能加工方法，瞬时作用面积微小，因此加工部位的热影响区很小，在加工过程中无机械力作用，工件很少产生应力和变形，加工精度高、表面质量好。

(4) 生产率高。由于电子束能量密度高，能量利用率可达 90%以上，所以电子束加工的生产效率极高。例如，每秒钟可以在 2.5mm 厚的钢板上加工 50 个直径为 0.4mm 的孔；电子束可以 4mm/s 的速度一次焊接厚度达 200mm 的钢板，这是目前其他加工方法无法实现的。

(5) 可控性能好。电子束能量和工作状态均可方便而精确地调节和控制，位置控制精度能准确到 0.1μm 左右，强度和束斑的大小也容易达到小于 1%的控制精度。电子质量极小，其运动几乎无惯性，通过磁场或电场可使电子束以任意快的速度偏转和扫描，易于对电子束实行数控。

(6) 无污染。电子束加工在真空室中进行，不会对工件及环境产生污染，加工点能防止空气氧化产生的杂质，保持高纯度。所以适用于加工易氧化材料或合金材料，特别是纯度要求极高的半导体材料。

3.6.2　电子束加工的典型应用

随着电子信息与数控技术的快速发展，电子束加工技术及应用也得到广泛的拓展，电子束加工可用于打孔、焊接、切割、热处理、蚀刻等热加工及辐射、曝光等非热加工，但是生产中应用较多的是焊接、打孔和蚀刻。

1) 电子束打孔

电子束打孔是利用功率密度高达 $10^7 \sim 10^8$ W/cm^2 的聚焦电子束轰击材料，使其汽化而实现打孔，打孔的过程如图 3-21 所示。第一阶段是电子束 1 对待加工材料 2 进行轰击，使其熔化并进而汽化(见图 3-21(a))；第二阶段是随着表面材料蒸发，电子束进入材料内部，材料汽化形成蒸气气泡，气泡破裂后，蒸气逸出，形成空穴，电子束进一步深入，使空穴一直扩展至材料贯通(见图 3-21(b)和(c))；第三阶段是电子束进入工件下面的辅助材料 3，使其急剧蒸发，产生喷射，将孔穴周围存留的熔化材料吹出，完成全部打孔过程(见图 3-21(d))。

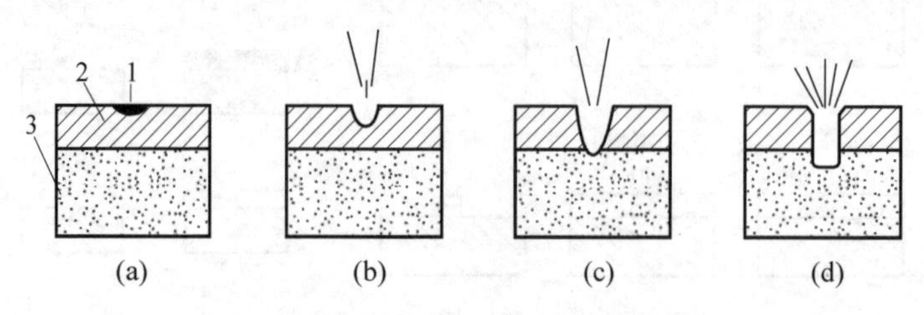

1—电子束；2—待加工材料；3—辅助材料。

图 3-21　电子束打孔加工示意图

将工件置于磁场中，适当控制磁场的变化使束流偏移，即可用电子束加工出斜孔，倾角为 35°～90°，甚至可以用电子束加工出螺旋孔。电子束打孔的速度高，生产率也极高，这是电子束打孔的一个重要特点。通常每秒可加工几十个至几万个孔。例如，板厚 0.1mm、孔径 ϕ0.1mm 时，每个孔的加工时间只有 15μs。利用电子束打孔速度快的特点，可以实现在薄板零件上快速加工高密度的孔。

综上所述，电子束打孔的主要特点如下：

(1) 可以加工各种金属和非金属材料，如高温合金、陶瓷、金刚石塑料和半导体材料等。

(2) 生产率极高，其他加工方法无可比拟。

(3) 能加工各种异形孔(槽)、斜度孔、锥孔、弯孔等。

2) 加工复杂型面及特殊表面

电子束可以用来切割各种复杂型面，切口宽度为 3～6μm，边缘表面粗糙度可控制在 Ra0.5μm 左右。电子束切割时，具有较高能量的细聚焦电子流打击工件的待切割处，使这部分工件的温度急剧上升，以至于工件未经熔化就直接变成气体(升华)，使工件表面出现一道沟槽，沟槽逐渐加深而完成工件的切割。电子束不仅可以加工各种直的型孔和型面，而且可以加工弯孔和曲面。利用电子束在磁场中偏转的原理，使电子束在工件内部偏转。控制电子速度和磁场强度，即可控制曲率半径，加工出弯曲的孔。如果同时改变电子束和工件的相对位置，就可进行切割和开槽。图 3-22 所示为电子束加工喷丝孔、异形孔。

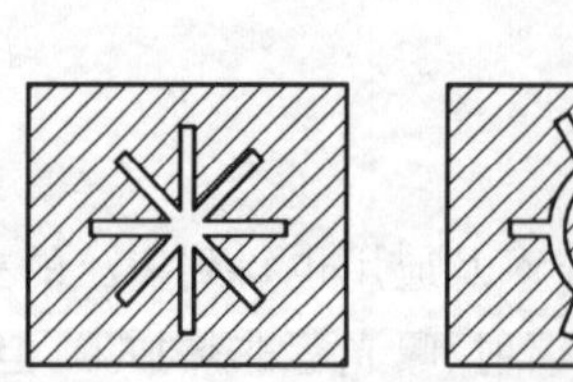

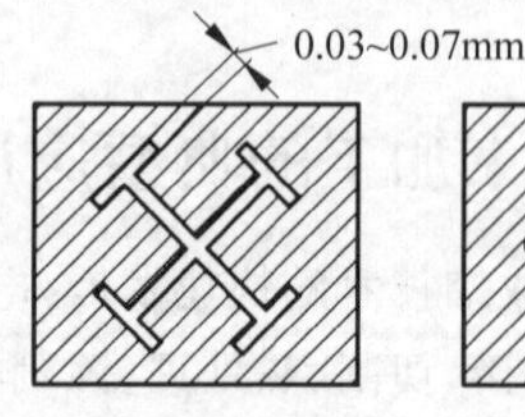

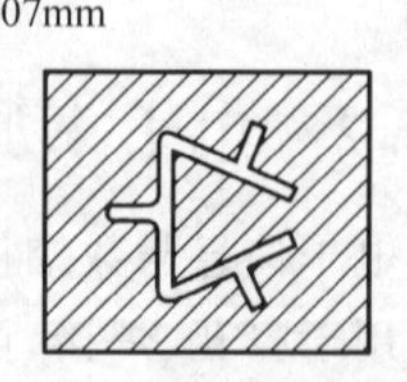

图 3-22　电子束加工喷丝孔、异形孔

3) 电子束焊接

电子束焊接是电子束加工技术应用中最广泛的一种，原理如图 3-23 所示。以电子束作为高能量密度热源的电子束焊接，比传统焊接工艺优越得多，具有焊缝深宽比高、焊接速度高、工件热变形小、焊缝物理性能好、焊接材料范围广等特点。航空航天领域的焊接工艺应用基本上都是使用电子束,以确保焊接质量。目前焊接加工中,还在尝试将更多的工艺程序合并到同一个加工流程中,如同时进行焊接、硬化和退火等。

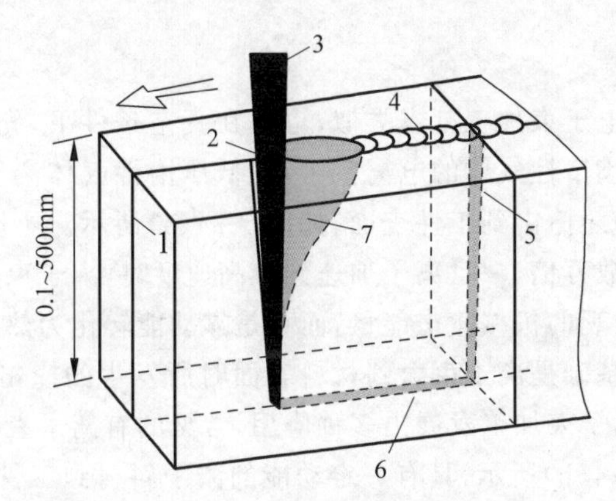

1—焊接结合面;2—深小孔;3—电子束;4—焊缝;5—焊缝截面;6—焊缝底面;7—熔池。

图 3-23　电子束焊接原理

4)电子束热处理

电子束热处理也是把电子束作为热源,适当控制电子束的功率密度,使金属表面加热不熔化,达到热处理的目的。电子束热处理的加热速度和冷却速度都很高,在相变过程中,奥氏体化时间很短,只有几分之一秒,乃至千分之一秒,奥氏体晶粒来不及长大,从而能得到一种超细晶粒组织,可使工件获得用常规热处理不能达到的硬度,硬化深度可达 0.3~0.8mm。电子束热处理与激光热处理类同,但电子束的电热转换效率高,可达 90%,而激光的转换效率低于 30%。表面合金化工艺同样适用电子束表面处理,如铝、钛合金添加元素后获得更好的表面耐磨性能。

5)电子束成形加工

电子束成形技术与激光快速成形原理基本相似,差别只是热源不同。电子束成形具有加工效率高、零件变形小、成形过程不需要金属支撑、微观组织致密等优点。

电子束成形加工必须在高真空环境下进行,这使该技术的整机复杂程度很高。在真空环境下,金属材料对电子束几乎没有反射,能量吸收率大幅提高,材料熔化后的润湿性也大大提高,增加了各子层间的冶金结合强度。因此,如不考虑成本问题,电子束成形加工零件的质量非常优异,有些性能甚至超过同种材料的精锻水平。

3.7　离子束加工

离子束技术及应用涉及物理、化学、生物、材料和信息等多学科交叉领域,我国自 20 世纪 60 年代以来,离子束技术研究有了很大进展。离子束加工是利用离子束对材料成形或改性的加工方法。在真空条件下,将由离子源产生的离子经过电场加速,获得一定速度的离子束后投射到材料表面上,然后产生溅射效应和注入效应。

离子束加工工作原理

3.7.1 离子束加工的基本原理与特点

1. 离子束加工原理

离子束加工原理和电子束加工基本类似，也是在真空条件下，先由电子枪产生电子束，再引入已抽成真空且充满惰性气体的电离室中，使低压惰性气体离子化。将离子源产生的离子束经过加速聚焦，使之撞击到工件表面，如图 3-24(a)所示。不同的是，离子带正电荷，其质量比电子大数千至数万倍，一旦离子加速到较高速度时，离子束比电子束要具有更大的撞击动能，所以它是靠微观的机械撞击能量，而不是靠动能转化为热能来加工的。

离子束加工的物理基础是离子束射到材料表面时所发生的撞击效应、溅射效应和注入效应。基于不同效应，离子束加工发展出多种应用，常见的有离子束刻蚀、溅射镀膜、离子镀及离子注入等。如图 3-24(b)所示，具有一定动能的离子斜射到工件材料(或靶材)表面时，可以将表面的原子撞击出来，这就是离子的撞击效应和溅射效应。如果将工件直接作为离子轰击的靶材，工件表面就会受到离子刻蚀(也称为"离子铣削")。如果将工件放置在靶材附近，靶材原子就会溅射到工件表面而被溅射沉积吸附，使工件表面镀上一层靶材原子的薄膜(也称为"离子镀膜")。如果离子能量足够大并垂直于工件表面进行撞击，离子就会钻进工件表面，这就是离子的注入效应(也称为"离子注入")。

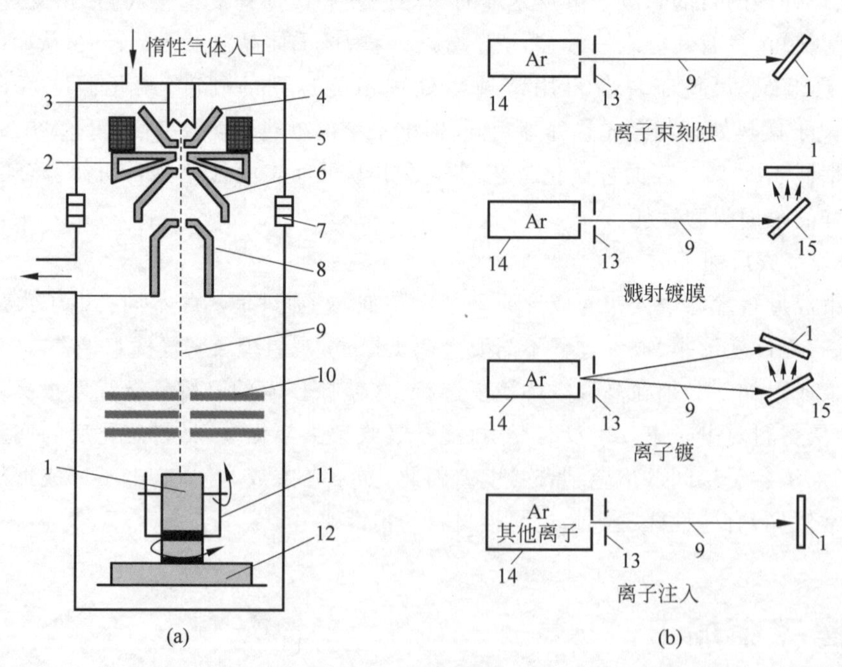

1—工件；2—阳极；3—阴极；4—中间电极；5—电磁线圈；6—控制电极；7—绝缘层；8—引出电极；9—离子束；10—聚焦装置；11—摆动装置；12—三坐标工作台；13—吸极；14—离子流；15—靶材。

图 3-24 离子源进行离子束加工原理及常见应用

(a) 加工原理；(b) 常见应用

离子束加工特点

2. 离子束加工特点

作为一种微细加工手段，离子束加工技术是制造技术的一个补充。随着微电子工业和微机械的发展，离子束加工技术获得了成功的应用，它显示出如下独特的优点。

(1) 容易精确控制。通过光学系统对离子束的聚焦扫描，离子束加工的尺寸范围可以精确控制。在同一加速电压下，离子束的波长比电子束的更短，因此散射小，加工精度高。在溅射加工时，由于可以精确控制离子束流密度及离子的能量，可以将工件表面的原子逐个剥离，从而加工出极为光整的表面，实现微精加工。而在注入加工时，能精确地控制离子注入的深度和浓度。

(2) 加工产生的污染少。离子的质量远比电子的大，转换给物质的能量多，穿透深度较电子束的小，反向散射能量比电子束的小，因此完成同样加工，离子束所需能量比电子束小，且主要是无热过程。加工在真空环境中进行，特别适合于加工易氧化的金属、合金及半导体材料。

(3) 加工应力小，变形极小，对材料的适应性强。离子束加工是一种原子级或分子级的微细加工，其宏观作用力很小，故对脆性材料、极薄的材料、半导体材料和高分子材料都可以加工，而且表面质量好。

(4) 离子束加工设备费用高，成本高，加工效率低，因此应用范围受一定限制。

离子束加工应用

3.7.2 离子束加工的典型应用

离子束加工的应用范围正在日益扩大，目前常用的离子束加工主要有离子束刻蚀加工、离子束镀膜加工和离子束注入加工等。

1) 离子束刻蚀

离子束刻蚀是以高能离子或原子轰击靶材，将靶材原子从靶表面移去的工艺过程，即溅射过程。进入离子源(考夫曼型离子源)的气体(氩气)转化为等离子体，通过准直栅把离子引出、聚焦并加速，形成离子束流，而后轰击工件表面进行刻蚀。在准直栅与工作台之间有一个中和灯丝，灯丝发出的电子可以将离子束的正电荷中和。离子束里剩余的电子还能中和工件表面上产生的电荷，这样有利于刻蚀绝缘膜。

离子束刻蚀可达到很高的分辨率，适合刻蚀精细图形。当离子束用于加工小孔时，其优点是孔壁光滑，邻近区域不产生应力和损伤，能加工出任意形状的小孔，而且孔形状只决定于掩模的孔形。

离子束刻蚀可以完成机械加工最后一道工序——精抛光，以消除机械加工所产生的刻痕以及表面应力。离子束刻蚀已广泛应用于光学玻璃的最终精加工。

在用机械方法抛光光学零件时，零件表面会因应力产生裂纹，从而导致光纤散射，降低光学透明系统的成像效果，在激光系统中散射光还会消耗大量的能量。因此在高能激光系统中，用离子束抛光激光棒和光学元件的表面，能达到良好的效果。只要严格选择溅射参数(入射粒子能量、离子质量、离子入射角、样品表面温度等)就可以使散射光极小，光学零件可以获得极佳的表面质量，表面可以达到极高的均匀性和一致性，而且在该工艺过程中也不会被污染。

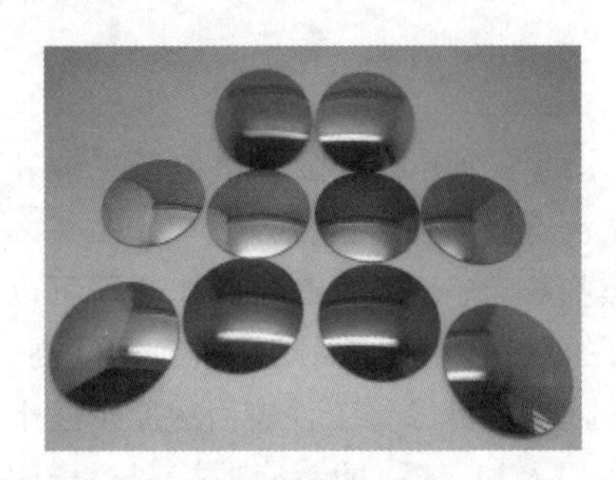

图 3-25 磁控离子溅射镀膜的应用

2）溅射镀膜

20 世纪 70 年代磁控溅射技术的出现，使溅射镀膜进入了工业应用，在镀膜工艺领域中占有极为重要的地位，图 3-25 为磁控离子溅射镀膜的应用。溅射镀膜是基于离子轰击靶材时的溅射效应。各种溅射技术采用的放电方式有所不同，直流二极溅射是利用直流辉光放电，三级溅射是利用热阴极支持的辉光放电，磁控溅射是利用环状磁场控制下的辉光放电。

溅射镀膜的应用主要包括硬质膜磁控溅射和固体润滑膜两个方面。

硬质膜磁控溅射。在高速钢刀具上用磁控溅射镀氮化钛（TiN）超硬膜，可大大提高刀具的寿命。氮化钛可以采用直流溅射的方式形成，因为它是良好的导电材料，但在工业生产中更经济的是采用反应溅射。其工艺是工件经过超声清洗之后，再经过射频溅射清洗，在一定参数下，氮气可以全部与溅射到工件上的钛原子发生化学反应而耗尽，镀膜速率大约为 300nm/min。随氮化钛中氮含量的增加，镀膜色泽由金属光泽变为金黄色，可以用作仿金装饰镀层。

固体润滑膜。在齿轮的齿面上和轴承上溅射控制二硫化钼润滑膜，其厚度为 0.2～0.6μm，摩擦系数为 0.04。溅射时，采用直流溅射或射频溅射，在靶材上用二硫化钼粉末压制成形。为确保得到晶态薄膜（此种状态下，有润滑作用），必须严格控制工艺参数。如用射频溅射二硫化钼的工艺参数，则：电压为 2.5kV，真空度为 1Pa，镀膜速率约为 30nm/min。为了避免得到非晶态薄膜，基片温度适当高一些，但不能超过 200℃。

3）离子镀

离子镀是在真空蒸镀和溅射镀膜的基础上发展起来的一种镀膜技术。从广义上讲，离子镀这种真空镀膜技术是膜层在沉积的同时受到高能粒子束的轰击。这种粒子流的组成可以是离子，也可以是通过能量交换而形成的高能中性粒子。这种轰击使界面和膜层的性能会发生某些变化：膜层对基片的附着力、覆盖情况、膜层状态、密度、内应力等发生变化。由于离子镀的附着力好，使原来在蒸镀中不能匹配的基片材料和镀料，可以通过离子镀完成，还可以镀出各种氧化物、氮化物和碳化物的膜层。氮化钛涂层可以大大提高刀具的耐热温度、硬度，提高刀具的抗冲击、抗剪切性能，降低摩擦因数，提高耐磨性能，并具有优良的抗氧化性能和化学稳定性，能大大提高刀具的使用寿命，如图 3-26 所示。

图 3-26 氮化钛涂层刀具

4）离子注入

离子注入是离子束加工中一项特殊的工艺技术。它既不从加工表面去除基体材料，也不在表面以外添加镀层，仅仅改变基体表面层的成分和组织结构，从而造成表面性能变化，满足材料的使用要求。离子注入的过程为：在高真空室中，将要注入的化学元素的原子在离子源中电离并引出离子，在电场加速下，离子能量达到几万到几十万电子伏，将此高速离子射向置于靶盘上的零件。入射离子在基体材料内,与基体原子不断碰撞而损失能量,最终离子就停留在几纳米到几百纳米处,形成了注入层。进入的离子最终以一定的分布方式固溶于工件材料中,从而改变了材料表面层的成分和结构。

习题 3

3-1　电火花加工的基本原理是什么?

3-2　电火花加工与线切割加工的主要区别是什么?

3-3　线切割加工走丝速度对加工质量有何影响?

3-4　慢走丝切割加工表面粗糙度值为何低于快走丝切割加工?

3-5　电解加工的基本原理是什么?

3-6　电解加工的工件和工具各是何种极性?

3-7　电解加工的电解液有何作用?

3-8　电解加工的尺寸精度和表面粗糙度值能达到多少?

3-9　超声波加工的基本原理是什么?

3-10　超声波加工的主要特点是什么?目前有哪些应用?

3-11　激光加工的基本原理是什么?

3-12　激光加工的主要特点是什么?目前有哪些应用?

3-13　根据产生的材料种类的不同,激光可分为哪几种类型?实用的激光材料主要有哪些?

3-14　电子束加工的基本原理是什么?

3-15　电子束加工的主要特点是什么?目前有哪些应用?

3-16　离子束加工的基本原理是什么?

3-17　离子束加工的主要特点是什么?目前有哪些应用?

自测题

第4章 数控加工技术

【本章导读】 数控加工技术是一种由数控机床的数字信息控制，适用于精度高、形状复杂的单件和中、小批量生产的高效、柔性化自动加工技术。数控机床是典型的机电一体化产品，其拥有和普及程度是衡量一个国家工业现代化水平的重要标志之一。数控机床具有高效率、高精度与高柔性等特点，能够满足复杂、精密、小批量多品种零件的加工需要，是制造业现代化的重要装备。本章主要介绍数控加工技术的基本概念，数控机床的组成、加工使用特点、分类及应用，以及数控编程基础和编程实例等内容。通过本章知识点的学习，能够了解数控加工技术的基本概念，掌握数控机床的加工原理、系统组成、分类、加工特点和适应范围，基本熟悉数控加工编程方法，针对零件加工工艺要求，能够灵活应用不同编程指令，提出合理、正确的零件加工程序编写思路并进行简单编程。

随着制造业转型升级的快速推进，企业对零件加工质量的要求也越来越高。同时产品改型频繁，在一般机械加工中，单件和中、小批量产品占的比重越来越大。为了保证产品质量，提高生产率和降低成本，要求机床不仅要具有较好的通用性和灵活性，而且在加工过程中要具有较高的自动化程度。数控加工技术就是在这种环境下发展起来，以数控机床为基础的数字信息控制的自动化加工技术。

数控加工技术是现代先进制造技术以及智能制造的基础和核心，是发展新兴高新技术产业和尖端工业的使能技术和最基本的装备，是衡量一个国家国际核心竞争力的重要标志，它的技术水平和现代化程度决定着整个国民经济的水平和现代化程度。

4.1 数控加工技术概述

4.1.1 数控加工技术基本概念

1. 数字控制

数字控制（numerical control，NC）是一种借助数字、字符或其他符号对某一工作过程（如加工、测量、装配等）进行控制的自动化方法。

2. 数控技术

数控技术(numerical control technology)是指用数字量及字符发出指令并实现自动控制的技术,它是制造业实现自动化、柔性化和集成化生产的基础技术。由于计算机应用技术的成熟,数控系统均采用了计算机数控(computer numerical control,CNC)以区别于传统的 NC。

3. 数控加工

数控加工(numerical control machining)是指采用数字信息对零件加工过程进行定义,并控制机床进行自动运行的一种自动化加工方法。数控加工是一种高效率、高精度与高柔性特点的自动化加工方法,可有效解决复杂、精密、小批量多变零件的加工问题,能充分适应现代化生产的需要。

4. 数控机床

数控机床(numerical control machine tool)是指用计算机通过数字信息来自动控制机械加工的机床。具体地说,数控机床是通过编制程序,即通过数字(代码)指令来自动完成机床各个坐标的协调运动,正确地控制机床运动部件的位移量,并且按加工的动作顺序要求自动控制机床各个部件的动作。数控机床是集计算机应用技术、自动控制、精密测量、微电子技术、机械加工技术于一体的一种具有高效率、高精度、高柔性和高自动化的光机电一体化数控装备。

5. 数控机床加工原理

数控机床在加工工艺与表面成形方法上与普通机床基本相同,主要的不同是在于实现自动化控制的原理和方法上。数控机床是用数字化的信息来实现自动控制的,将与加工零件有关的信息——工件与刀具相对运动轨迹的尺寸参数、切削用量以及各种辅助操作等加工信息——用规定的文字、数字和符号组成的代码,按一定的格式编写加工程序单,将加工程序通过控制介质输入到数控装置,经过数控装置的处理、运算,按各坐标轴的分量送到各轴的驱动电路,经过转换、放大进行伺服电动机的驱动,带动各轴运动,并进行反馈控制,使刀具、工件以及其他辅助装置严格按程序规定的顺序、轨迹和参数有条不紊地工作,从而加工出所需要的零件。

4.1.2　数控机床的组成

数控机床一般由数控系统、伺服系统、主传动系统、强电控制柜、机床本体和各类辅助装置组成。图 4-1 所示为一种较典型的现代数控机床组成框图。

1. 数控系统

数控系统是机床实现自动加工的核心,主要有操作系统、主控制系统、可编程控制器、各类 I/O 接口等组成。其主要功能有：多坐标控制和多种函数的插补；多种程序输入功能以

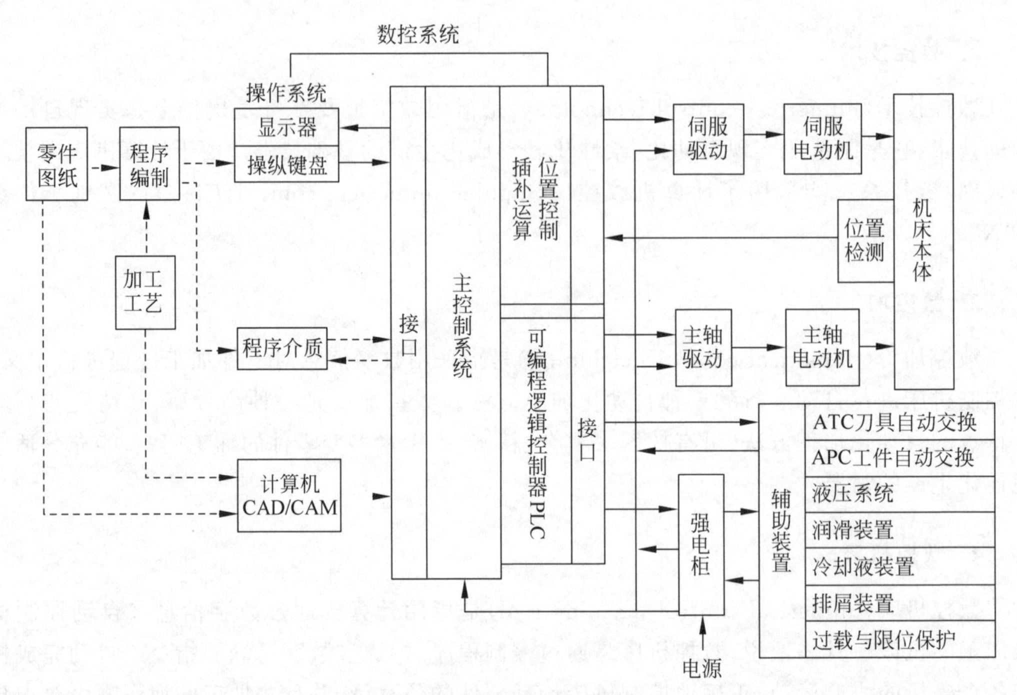

图 4-1　数控机床的主要组成

及编辑和修改功能；信息转换功能；补偿功能；多种加工方法选择；显示功能；自诊断功能；通信和联网功能。其控制方式可分为数据运算处理控制和时序逻辑控制两大类，其中主控制器内的插补运算模块就是通过译码、编译等信息处理，进行相应的刀具轨迹插补运算，并通过与各坐标伺服系统的位置、速度反馈信号比较，从而控制机床各个坐标轴的位移。而时序逻辑控制通常主要由可编程控制器 PLC 来完成，它根据机床加工过程中的各个动作要求进行协调，按各检测信号进行逻辑判别，从而控制机床各个部件有条不紊地工作。

2. 伺服系统

伺服系统是数控系统的执行部分，主要由伺服电动机、驱动控制系统及位置检测反馈装置等组成。并与机床上的执行部件和机械传动部件组成数控机床的进给系统。它根据数控装置发来的速度和位移指令控制执行部件的进给速度、方向和位移。伺服驱动系统有开环、半闭环和全闭环之分。在半闭环和全闭环伺服驱动系统中，还要使用位置检测装置去间接或直接测量执行部件的实际进给位移，并与指令位移进行比较，按闭环原理，将其误差转换放大后控制执行部件的进给运动。

3. 主传动系统

主传动系统是机床切削加工时传递扭矩的主要部件之一。一般分为齿轮有级变速和电气无级调速两种类型。档次较高的数控机床都要求实现无级调速，以满足各种加工工艺的要求。它主要由主轴驱动控制系统、主轴电动机以及主轴机械传动机构等组成。

4. 强电控制装置

强电控制装置是介于数控装置和机床机械、液压部件之间的控制系统，主要由各种中间继电器、接触器、变压器、电源开关、接线端子和各类电气保护元器件等构成。其主要作用是接收数控装置输出的主运动变速、刀具选择交换、辅助装置动作等指令信号，经必要的编译、逻辑判断、功率放大后直接驱动相应的电器、液压、气动和机械部件，以完成指令所规定的动作。此外还有行程开关和监控检测等开关信号也要经过强电控制装置送到数控装置进行处理。

5. 机床本体

机床本体是指数控机床机械结构实体。它与普通机床相比，同样由主传动机构、进给传动机构、工作台、床身以及立柱等部分组成，但数控机床的整体布局、外观造型、传动机构、刀具系统及操作机构等具有如下特点：

(1) 采用高性能主传动及主轴部件。

(2) 进给传动采用高效传动件。一般采用滚珠丝杠螺母副、直线滚动导轨副等。

(3) 具有较完善的刀具自动交换和管理系统。

(4) 具有工件自动交换、工件夹紧与放松机构。

(5) 床身机架具有很高的动、静刚度。

(6) 采用全封闭罩壳。

6. 辅助装置

辅助装置主要包括刀具自动交换装置(automatic tool changer，ATC)、工件自动交换装置(automatic pallet changer，APC)、工件夹紧放松机构、回转工作台、液压控制系统、润滑装置、冷却液装置、排屑装置、过载与限位保护装置等。

4.2　数控加工的特点及适用范围

4.2.1　数控加工的特点

1. 加工精度高、质量稳定

数控加工是靠数控机床以数字形式给出指令来进行加工的。由于目前数控机床的脉冲当量可达到0.0001～0.01mm，而且进给传动链的反向间隙与丝杆螺距误差等均可由数控装置进行补偿，因此，数控机床可以获得比机床本身精度更高的加工精度，且加工质量稳定。

2. 生产效率高

数控机床主轴转速和进给量的变化范围比普通机床大，每一道工序都可选用最佳的切削用量，这就有利于提高数控机床的切削效率。数控机床移动部件的快速移动和定位均采用加、减速控制，并可选用很高的空行程运动速度，从而缩短了定位和非切削时间。工件装夹时间短，对刀、换刀快，更换工件时几乎不需要重新调整机床，节省了工件安装调整时间。带有刀库和自动换刀装置的数控加工中心可实现多道工序的连续加工，大大减少了切削加工中对不同工序的检测时间，生产效率的提高更为明显。与普通机床相比，数控机床的生产率可提高 2～3 倍，有些可提高几十倍。

3. 适应性强

由于采用数字程序控制，当加工对象改变时，只要重新编制零件程序，输入新的加工程序就能够实现对新零件的自动化生产。因此在同一台机床上可实现对不同品种及尺寸规格工件的自动加工而无须制造、更换许多工具、夹具和检具，更不需要重新调整机床，这就为复杂结构的单件、小批量生产，以及新产品试制提供了极大的便利。

4. 良好的经济效益

虽然在使用数控机床加工零件时分摊到每个工件上的设备费用较高，但由于数控机床的适应性强，在单件、小批量生产情况下，可节省工艺装备费用、辅助生产工时、生产管理费用以及降低废品率，从而使生产成本下降。此外，数控机床可实现一机多用。

5. 自动化程度高、劳动强度低

数控机床是按预先编制好的程序自动完成零件加工的，操作者一般只需装卸工件、操作键盘而无须进行繁杂的重复性手工操作，因而大大减轻了操作者的劳动强度和紧张程度，改善了劳动条件，减少了对熟练技术工人的需求，并可实现一人管理多台机床加工。

6. 有利于实行现代化生产管理

采用数控机床加工，能很方便地准确计算零件加工工时、生产周期和加工费用，并有效地简化了检验以及工夹具和半成品的管理工作。利用数控系统的通信功能，采用数控信息与标准代码输入，易于实行计算机联网，实现 CAD/CAM 一体化。

7. 数控加工的未来发展趋势

数控加工作为一种高效、精密的数字化切削加工技术，已经成为各种产品机械加工的主要手段。随着我国汽车、国防、航空、航天等工业的高速发展以及铝合金等新材料的应用，对数控加工技术提出了更高的要求。当前，先进数控加工技术正朝着高速化、高精度化、功能复合化、控制智能化、管理网络化、高可靠性等方向快速发展。

4.2.2 数控机床的使用特点

1. 对操作、维修人员的要求较高

数控机床的操作人员不仅要应具有一定的工艺知识，还应对数控机床的结构特点、工作原理，以及程序编制等十分熟悉和了解，通常须进行专门的技术理论培训和操作训练，掌握

操作和编程技能，并能对数控加工中出现的各种情况做出正确的应急判断和处理。数控机床维修人员应有较丰富的理论知识和维修技术，并掌握比较宽的机、电、液专业知识，才能综合分析、判断故障根源，实现高效维修，以便尽可能地缩短故障停机时间。

2. 对夹具和刀具的要求

单件生产时一般采用通用夹具，而对于批量生产，为节省工时，应使用专用夹具，并要求夹具定位可靠，能实现自动夹紧，还应具有良好的排屑、冷却结构。

数控机床刀具应具有以下特点：①较高的精度、寿命和几何尺寸稳定性；②采用机夹不重磨式刀具，能实现机外预调、快速换刀；③能很好地控制切屑的折断、卷曲和排出；④具有良好的可冷却性能。

4.2.3　数控加工的适应范围

一般来说，数控加工最适合具有以下特点的零件。

(1) 多品种小批量生产的零件。由图 4-2(a)可以看出，零件加工批量的增大对选用数控机床是不利的。原因在于数控机床价格昂贵，与大批量生产采用的专用机床相比，其生产效率还不够高。由图 4-2(b)可以看出，在多品种、中、小批量生产情况下，采用数控机床的总费用更为合理，其中从最小经济批量 N_{min} 到最大经济批量 N_{max} 之间的生产批量是其适用范围。

(2) 形状结构比较复杂的零件。由图 4-2(a)可以看出，随零件复杂程度和生产批量的不同，三种机床的应用范围也发生了变化。随着零件复杂程度的提高，数控机床越显得适用。目前，随着数控机床的普及，应用范围正由高加工复杂性的 BCD 线向较低复杂性的 EFG 线的范围扩大。

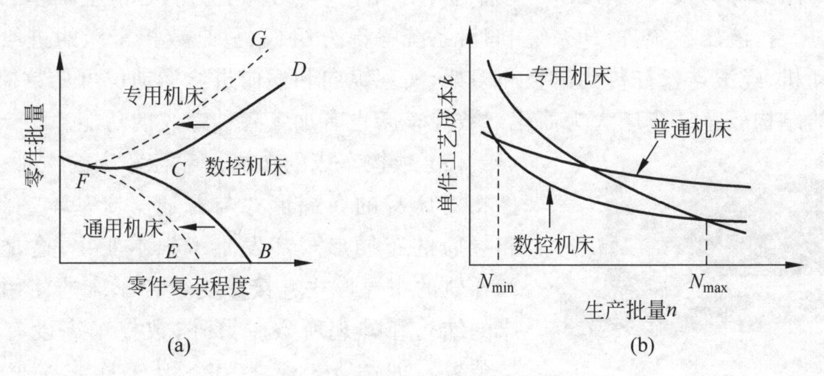

图 4-2　数控机床的适用范围

(a) 零件复杂程度与批量的关系；(b) 生产批量与工艺成本的关系

(3) 需要频繁改型的零件。

(4) 需要最短生产周期的急需零件。

随着科学技术的不断发展，数控加工技术的适用范围和应用领域也在不断扩大，比如高端装备大型复杂构件的制造。大型复杂构件是航空航天、能源、船舶、高铁等领域装备的核心结构件，此类构件通常具有尺寸大(长度可达 50m)、形状复杂(扭曲、变厚非对称)、刚性弱(长厚比高达1000∶1)等特点,传统数控机床已无法适应此类大型构件的加工需求。其集成数控加工技术、机器人技术、激光检测技术于一体,把“数控机床”安装在机器人的末端,而机器人本体安装在自动导航小车(AGV)上,从而构成新型可移动式机器人加工机床。让“数控机床”移动起来,而大型加工构件固定,从而实现诸如空间站舱体、大飞机机身、高铁车身等大型复杂构件的机械加工需求。

4.3 数控机床分类及应用

自1952年美国麻省理工学院研制出世界上第一台数控机床以来,数控机床已在制造工业,特别是汽车、航空航天以及军事工业中得到广泛应用。数控机床的种类很多,可以按不同方法对数控机床进行分类,通常是按工艺用途、运动控制方式和伺服控制方式来进行分类。

4.3.1 按工艺用途分类

按工艺用途分类,可以将数控机床分为金属切削类数控机床、金属成形类数控机床和特种加工类数控机床。下面重点介绍金属切削类数控机床。

1. 金属切削类数控机床

数控机床可分为两类:一类是普通型数控机床,如数控车床、数控铣床等;另一类是加工中心,其主要特点是具有刀库和自动换刀机构,工件经一次装夹后,可以进行多种工序的加工。下面介绍几种常见的典型金属切削类数控机床及其应用。

1) 数控车床

数控车床又称为“CNC车床”。与普通车床相比,其结构上仍然是由主轴箱、刀架、进给传动系统、床身、液压系统、冷却系统、润滑系统等部分组成,只是数控车床的进给系统是采用伺服电动机,经滚珠丝杠传到滑板和刀架,实现纵向和横向进给运动。可见数控车床进给传动系统的结构较普通车床大为简化。数控车床也有加工各种螺纹的功能。

数控车床概述

图4-3 斜床身数控车床外观照片

(1) 数控车床的布局。数控车床的主轴、尾座等部件相对床身的布局形式与普通车床基本一致,但刀架和导轨的布局形式却发生了根本变化,这是因为刀架和导轨的布局形式直接影响数控车床的使用性能及机床的结构和外观所致。另外,数控车床设有封闭的防护装置。如图4-3所示为一斜床身数控车床的外观照片。

① 床身和导轨布局。数控车床床身导轨与水平面的相对位置如图4-4所示,它有四种布局形式:图4-4(a)为平床身,图4-4(b)为斜床身,图4-4(c)为平床身斜滑板,图4-4(d)为立式床身。

平床身的工艺性好,便于导轨面的加工。平床身配上水平放置的刀架可提高刀架的运动精度,一般可用于大型数控车床或小型精密数控车床的布局。但是平床身由于下部空间

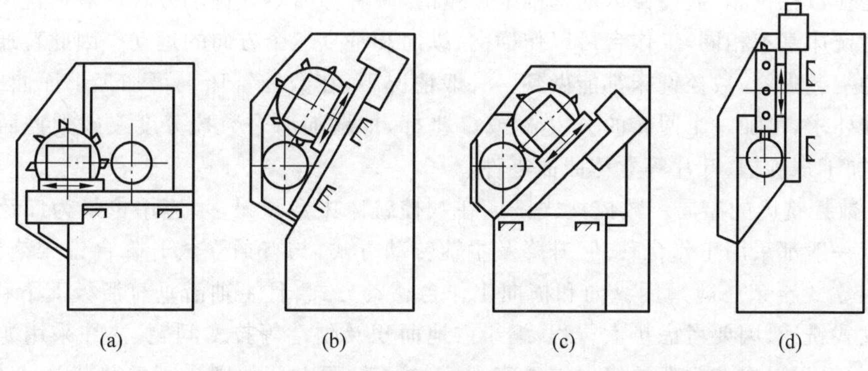

图 4-4 数控车床的布局

(a) 平床身；(b) 斜床身；(c) 平床身斜滑板；(d) 立式床身

小，故排屑困难。从结构尺寸上看，刀架水平放置使滑板横向尺寸较长，从而加大了机床宽度方向的结构尺寸。

平床身配上倾斜放置的滑板和斜床身配置斜滑板布局形式被中、小型数控车床所普遍采用。此两种布局形式的特点是排屑容易，铁屑不会堆积在导轨上，也便于安装自动排屑器；操作方便，易于安装机械手，以实现单机自动化；机床占地面积小，外形简单、美观，容易实现封闭式防护。

斜床身其导轨倾斜的角度分别为 30°、45°、60°、75°和 90°(称为"立式床身")，若倾斜角度小，排屑不便；若倾斜角度大，导轨的导向性差，受力情况也差。导轨倾斜角度的大小还会直接影响机床外形尺寸高度与宽度的比例。综合考虑上面的诸因素，中、小规格的数控车床，其床身的倾斜度以 60°为宜。

立式床身的结构形式多为固定立柱，工作台为长方形，其主轴直立与工作台台面相垂直。具有导轨负载大、跨距宽、精度高、结构尺寸紧凑、装夹方便、便于操作等优点。适合于加工盘、套、板类零件，能够一次装夹，完成钻、铣、镗、扩、铰、刚性攻螺纹等多种工序加工。

② 刀架的布局。刀架作为数控车床的重要部件，其布局形式对机床整体布局及工作性能影响很大。目前两坐标联动数控车床多采用 12 工位的回转刀架，也有采用 6 工位、8 工位、10 工位回转刀架的。回转刀架在机床上的布局有两种形式：一种是回转轴垂直于主轴；另一种是回转轴平行于主轴。

四坐标数控车床，床身上安装有两个独立的滑板和回转刀架，故称为双刀架四坐标数控车床。其上每个刀架的切削进给量是分别控制的，因此两刀架可以同时切削同一工件的不同部位，既扩大了加工范围，又提高了加工效率。四坐标数控车床的结构复杂，且需要配置专门的数控系统实现对两个独立刀架的控制。这种机床适合加工曲轴、飞机零件等形状复杂、批量较大的零件。

(2) 数控车床的用途。数控车床与普通车床一样，是用来加工轴类或盘类的回转体零件的。但是由于数控车床是自动完成内外圆柱面、圆锥面、圆弧面、端面、螺纹等工序的切削加工，所以特别适合加工形状复杂的轴类或盘类零件。

数控车削特点

2) 数控铣床

数控铣床是一种加工功能很强的数控机床，目前迅速发展起来的加工中心、柔性加工单元等都是在数控铣床、数控镗床的基础上产生的，两者都离不开铣削方式。数控铣床机械部分与普通铣床基本相同，工作台可以作横向、纵向和垂直三个方向的运动。因此普通铣床所能加工的工艺内容，数控铣床都能做到。一般情况下，在数控铣床上可加工平面曲线轮廓。如有特殊要求，可加一个回转的 A 坐标或 C 坐标，即增加一个数控分度头或数控回转工作台，用来加工螺旋槽、叶片等立体曲面零件。

(1) 数控铣床的布局。数控立式铣床在数控铣床中数量最多、应用也最为广泛。小型数控铣床一般都采用工作台移动、升降及主轴转动方式，与普通立式升降台铣床结构相似；中型数控立式铣床一般采用纵向和横向工作台移动方式，且主轴沿垂直溜板上下移动；大型数控立式铣床，因要考虑扩大行程，缩小占地面积及刚性等技术问题，往往采用龙门架移动式，其主轴可以在龙门架的横向与垂直溜板上运动，而龙门架则沿床身做纵向运动。立式数控铣床的外观图如图 4-5 所示。

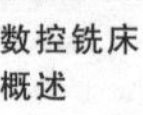
数控铣床概述

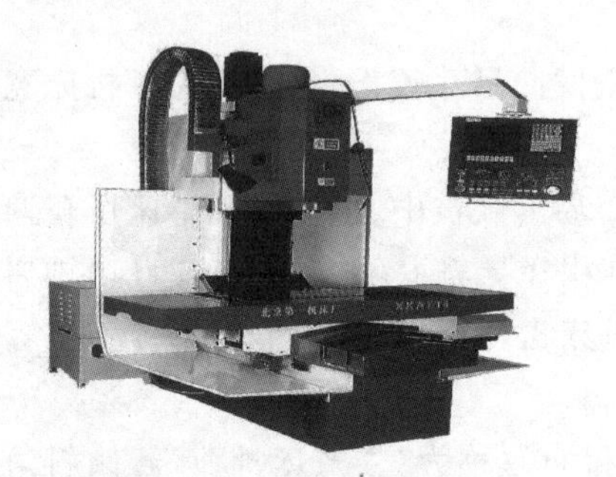
图 4-5 立式数控铣床外观照片

(2) 数控铣床的主要功能。数控铣床可分为立式、卧式和立卧组合式。各类铣床配置的数控系统不同，其功能也不尽相同。一般数控铣床常具有下列主要功能。

① 点位控制。利用这一功能，数控铣床可以进行钻孔、扩孔、锪孔、铰孔和镗孔等加工。

② 连续轮廓控制。数控铣床通过直线与圆弧插补，可以实现对刀具运动轨迹的连续轮廓控制，加工出由直线和圆弧两种几何要素构成的平面轮廓工件。对非圆曲线构成的平面轮廓，在经过直线或圆弧逼近后也可以加工。

③ 刀具半径自动补偿。利用这一功能，编程人员在编程时可以很方便地按工件实际轮廓形状和尺寸进行编程计算，而在加工中可以使刀具中心自动偏离工件轮廓一个刀具半径，加工出符合要求的轮廓表面，也可以通过改变刀具半径补偿量的方法来弥补铣刀制造的尺寸精度误差，扩大刀具直径选用范围及刀具返修刃磨的允许误差。还可以利用改变刀具半径补偿值的方法，以同一加工程序实现分层铣削和粗、精加工，或用于提高加工精度。此外，通过改变刀具半径补偿值的正负号，还可以用同一加工程序加工某些需要相互配合的工件(如凹凸模具等)。

④ 刀具长度补偿。利用这一功能可以自动改变切削平面高度，同时可以降低在制造与返修时对刀具长度尺寸的精度要求，还可以弥补轴向对刀误差。

⑤ 镜像加工。对于轴对称工件来说，利用这一功能，仅需编制一半形状的加工程序便可完成全部加工。

⑥ 固定循环。数控铣床进行钻、扩、铰、锪和镗加工时的基本动作是：无切削快进到孔位—工进—快退。对于这种典型操作，可以专门设计一段子程序，在需要的时候进行调用来实现上述加工循环。特别是在加工许多相同的孔时，应用固定循环功能可以大大简化程序。利用数控铣床的连续轮廓控制功能时，也常遇到一些典型操作，如铣整圆、方槽等，也可以实现循环加工。对于大小不等的同类几何形状(圆、矩形、三角形、平行四边形等)，也可以用参数方式编制加工各种几何形状的子程序，在加工中按需要调用。对子程序中设定的参数随时赋值，就可以加工出大小不同或形状不同的工件轮廓及孔径、孔深不同的孔。

⑦ 特殊功能。具有自适应控制系统的数控铣床可以通过检测切削力、温度等的变化，及时控制机床改变切削用量，使铣床及刀具始终保持最佳状态，从而可获得较高的切削效率和加工质量，延长刀具使用寿命。具备数据采集系统的数控铣床既能对实物扫描采集数据，又能对采集到的数据进行自动处理并生成数控加工程序的系统。

3）加工中心

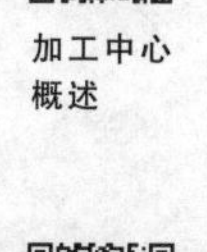
加工中心概述

在数控铣床的基础上再配以刀库和自动换刀系统，就构成了加工中心。加工中心与普通数控机床的区别主要在于它能在一台机床上完成由多台机床才能完成的工作。现代加工中心包括以下内容：第一，刀库和自动换刀装置。加工中心普遍带有可安装十几把到上百把铣刀的刀库。根据加工零件的不同，可通过自动换刀装置，方便选用所需要的刀具。工件在一次装夹后，可以连续对工件表面自动进行钻孔、扩孔、铰孔、镗孔、攻螺纹、铣削等多工序的加工，工序高度集中；第二，加工中心一般带有自动分度回转工作台或主轴箱可自动转角度，从而使工件一次装夹后，自动完成多个平面或多个角度位置的多工序加工；第三，加工中心能自动改变机床主轴转速、进给量和刀具相对工件的运动轨迹及其他辅助机能；第四，带有交换工作台的加工中心可实现加工时间和装卸工件时间重合。

数控铣削特点

(1) 加工中心的结构组成。加工中心主要由以下几大部分组成。

① 基础部件。它是加工中心的基础结构，由床身、立柱和工作台等组成，它们主要承受加工中心的静载荷以及在加工时产生的切削负载，因此必须要有足够的刚度。这些大件可以是铸铁件，也可以是焊接而成的钢结构件，它们是加工中心中体积和重量最大的部件。

② 主轴部件。由主轴箱、主轴电动机、主轴和主轴轴承等零件组成。主轴的启、停和变速等动作均由数控系统控制，并且通过装在主轴上的刀具参与切削运动，是切削加工的功率输出部件。

③ 数控系统。加工中心的数控部分是由 CNC 装置、可编程控制器、伺服驱动装置以及操作面板等组成。它是执行顺序控制动作和完成加工过程的控制中心。

④ 自动换刀系统。由刀库、机械手等部件组成。当需要换刀时，数控系统发出指令，由机械手(或通过其他方式)将刀具从刀库内取出，并装入主轴孔中。

⑤ 辅助装置。包括润滑、冷却、排屑、防护、液压、气动和检测系统等部分。这些装置虽然不直接参与切削运动，但对加工中心的加工效率、加工精度和可靠性起着保障作用，因此也是加工中心不可缺少的部分。

(2) JCS-018A 型立式加工中心。该加工中心的外观图如图 4-6 所示。图 4-6 中 10 是床身，其顶面的横向导轨支承着滑座 9，滑座床身导轨的运动为 Y 轴。工作台 8 沿滑座导轨的纵向运动方向为 X 轴。5 是主轴箱，主轴箱沿立柱导轨的上、下移动方向为 Z 轴。1 为 X 轴的直流伺服电动机。2 是换刀机械手，它位于主轴和刀库之间。4 是盘式刀库，能储存 16 把刀具。3 是数控柜，7 是驱动电源柜，它们分别位于机床立柱的左右两侧。6 是机床的操作面板。

加工中心特点

2. 金属成形类数控机床

加工中心实例

这类机床是指采用冲、挤、压、拉等成形工艺的数控机床，如数控折弯机、数控弯管机、数控压力机等。

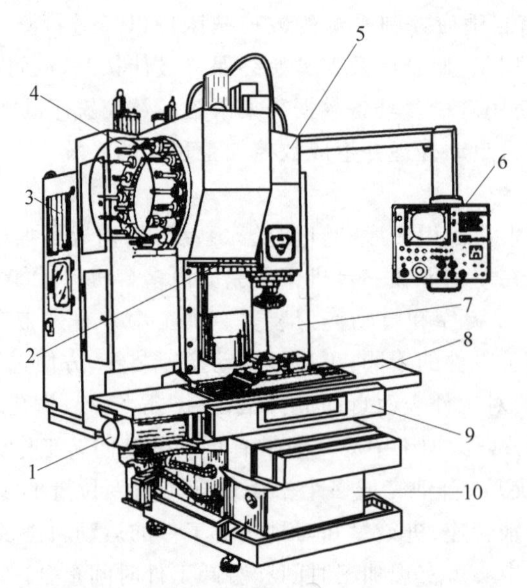

1—X 轴的直流伺服电动机；2—换刀机械手；3—数控柜；4—盘式刀库；5—主轴箱；6—操作面板；7—驱动电源柜；8—工作台；9—滑座；10—床身。

图 4-6 JCS-018A 型立式加工中心外观图

3. 特种加工类数控机床

这类机床主要有数控线切割机、数控电火花加工机床、数控激光切割机床、数控超声波加工机床、数控火焰切割机等。

4.3.2 按运动轨迹分类

1. 点位控制数控机床

这类机床主要有数控钻床、数控镗床、数控冲床等。点位控制的数控机床用于加工平面内的孔系，它控制在加工平面内的两个坐标轴（一个坐标轴就是一个方向的进给运动）带动刀具与工件相对运动，从一个坐标位置（坐标点）快速移动到下一个坐标位置，然后控制第三个坐标轴进行钻镗切削加工，要求坐标位置有较高的定位精度。为了提高生产效率，采用机床设定的最高进给速度进行定位运动，在接近定位点前要进行分级或连续降速，以便低速趋近终点，从而减少运动部件的惯性过冲和由此引起的定位误差。在定位移动过程中不进行切削加工，因此对运动轨迹没有任何特殊要求。

2. 点位直线控制数控机床

这类机床的特点是除了要求控制点与点之间的准确位置外，而且还要控制两相关点之间的移动速度和轨迹，但其轨迹是与机床坐标轴平行的直线。在移动过程中刀具能以指定的进给速度进行切削，一般只能加工矩形、台阶形零件。这类机床主要有数控车床、数控铣床、数控磨床和加工中心等，其数控装置的控制功能比点位控制系统复杂，不仅要控制直线运动轨迹，而且还要控制进给速度及自动循环加工等功能。一般情况下，这类机床有2～3个可控轴，但同时控制的坐标轴只有一个。

3. 轮廓控制数控机床

轮廓控制的特点是能够对两个或两个以上坐标轴的位移和速度同时进行连续控制，以加工出任意斜率的、圆弧或任意平面曲线（如抛物线、阿基米德螺旋线等）或曲面。为了满足刀具沿工件轮廓的相对运动轨迹符合工件加工轮廓的表面要求，必须将各坐标运动的位移控制和速度控制按照规定的比例关系精确地协调起来。因此，在这类控制方式中，要求数控装置具有插补运算的功能，即根据程序输入的基本数据（如直线的终点坐标、圆弧的终点坐标和圆心坐标或半径），通过数控系统内插补运算器的数学处理，把直线或曲线的形状描述出来，并一边运算，一边根据计算结果向各坐标轴控制器分配脉冲，从而控制各坐标轴的联动位移量与所要求轮廓相符。这类机床主要有数控车床、数控铣床、数控线切割机床、加工中心等。按所控制的联动坐标轴数，轮廓控制数控机床又可分为以下几种形式。

（1）二轴联动。主要用于数控车床加工曲线旋转面或数控铣床等加工曲线柱面，如图4-7(a)所示。

（2）二轴半联动。即以 X、Y、Z 三轴中任意两轴作插补运动，第三轴作周期性进给，采用球头铣刀用“行切法”进行加工。如图4-7(b)所示，在 Y 向分为若干段，球头铣刀沿 XZ 平面的曲线进行插补加工，当一段加工完后进给 Δy，再加工另一相邻曲线，如此依次用平面曲线来逼近整个曲面。

（3）三轴联动。一般分为两类：一类就是 X、Y、Z 三个直线坐标轴联动，比较多地用于数控铣床、加工中心等，如用球头铣刀铣切三维空间曲面（见图4-7(c)）；另一类是除了控制 X、Y、Z 中任意两个直线坐标轴联动外，还同时控制围绕其中某一直线坐标轴旋转的旋转坐标轴。如车削加工中心，它除了控制纵向（Z 轴）、横向（X 轴）两个直线坐标轴联动外，还需同时控制围绕 Z 轴旋转的主轴（C 轴）联动。

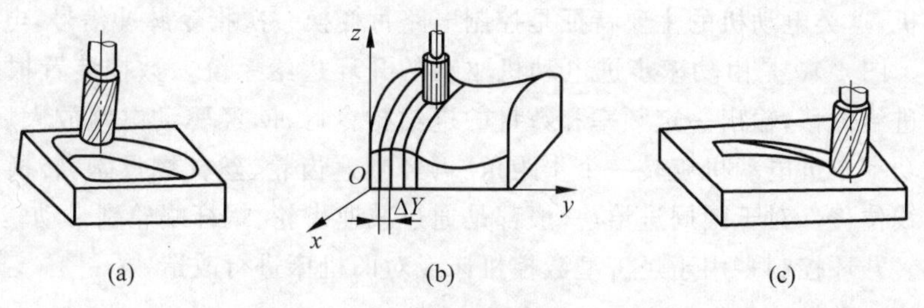

图4-7　不同形面铣削的联动轴数

(a) 二轴联动；(b) 二轴半联动；(c) 三轴联动

（4）四轴联动。即同时控制 X、Y、Z 三个直线坐标轴与某一旋转坐标轴联动，如图4-8所示为同时控制 X、Y、Z 三个直线坐标轴与一个工作台回转轴（B 轴）联动的数控机床。

（5）五轴联动。除了控制 X、Y、Z 三个直线坐标轴联动外，还同时控制围绕这三个直线坐标轴旋转的 A、B、C 坐标轴中的两个坐标轴，即形成同时控制五个轴联动。如图4-9所示，用端铣刀加工时，刀具的端面与工件轮廓在切削点处的切平面相重合（加工凸面），或者与切平面成某一夹角（加工凹面），也就是刀具轴线与工件轮廓的法线平行或成某夹角（成一夹角可以避免产生刀刃干涉)。加工时切削点 $P(x,y,z)$ 处的坐标与法线 n 的方向角 θ 是不断变化的,因此刀具刀位点 O 的坐标与刀具轴线的方向角也要做相应的变化。

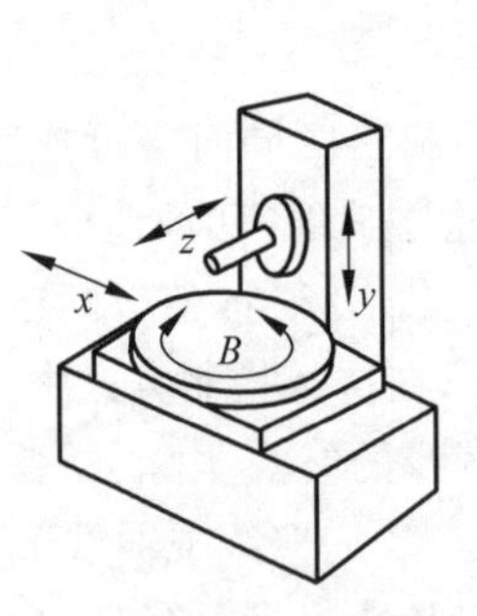

图 4-8　四轴联动数控机床

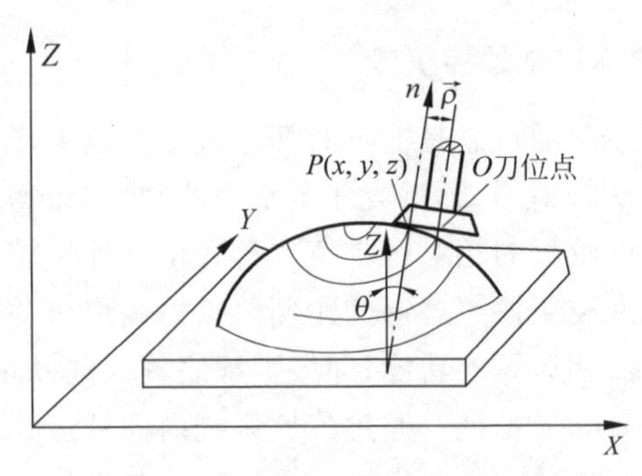

图 4-9　五轴联动数控加工

目前的数控机床都是在编制加工程序时根据零件曲面轮廓的数学模型,计算出每一个切削点相对应的刀位点 O 的坐标与方向角(即刀位数据),通过程序输送至数控系统控制刀具与工件相对运动至所要求的切削位置。刀位点的坐标位置可以由三个直线进给坐标轴来实现,刀具轴线的方向角则可以由任意两个绕坐标轴旋转的圆周进给坐标的两个转角合成来实现。因此,用端铣刀加工空间曲面轮廓时,需控制五个坐标轴,即三个直线坐标轴,两个圆周进给坐标轴进行联动。五轴联动的数控机床是功能最全、控制最复杂的一种数控机床。

4.3.3　按伺服控制方式分类

1. 开环控制数控机床

这类机床的进给伺服系统是开环的,即没有位置检测反馈装置。其驱动电动机通常采用步进电动机,这类电动机的主要特征是控制电路每变换一次指令脉冲信号,电动机就转动一个步距角。图 4-10 是由功率步进电动机驱动的开环进给系统。数控装置根据所要求的进给速度和进给位移,输出一定频率和数量的进给指令脉冲,经驱动电路放大后,每一个进给脉冲驱动功率步进电动机旋转一个步距角,再经减速齿轮、丝杠螺母副,转换成工作台的一个当量直线位移。对于圆周进给,一般都是通过减速齿轮、蜗杆蜗轮副带动转台进给一个当量角位移。开环控制多用于经济型数控机床或对旧机床进行改造。

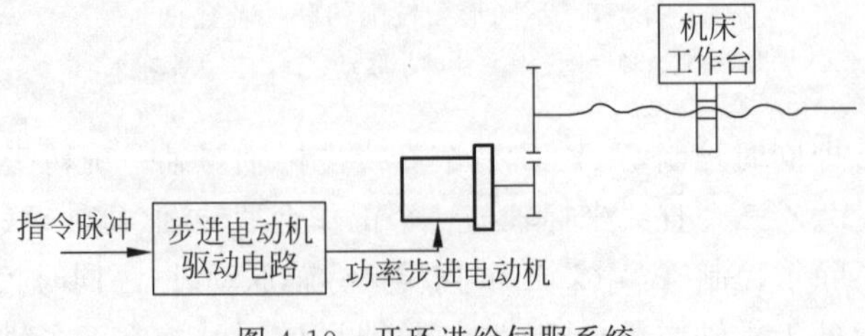

图 4-10　开环进给伺服系统

2. 全闭环数控机床

闭环数控机床的进给伺服系统是按闭环反馈控制方式工作的，其驱动电动机可采用直流或交流两种伺服电动机，并需同时配有速度反馈和位置反馈。按照位置检测装置安装的部位不同，可分为全闭环和半闭环伺服控制系统两种。图 4-11 所示为典型的全闭环进给伺服系统，其位置检测装置安装在进给系统末端的执行部件上，实测它的位置或位移量。数控装置将位移指令与位置检测装置测得的实际位置反馈信号，随时进行比较，根据其差值与指令进给速度的要求，按一定的规律进行转换后，得到进给伺服系统的速度指令。另一方面还利用和伺服驱动电动机同轴刚性连接的测速元器件，随时实测驱动电动机的转速，得到速度反馈信号，将它与速度指令信号相比较，以其比较的结果即速度误差信号，对驱动电动机的转速随时进行校正。

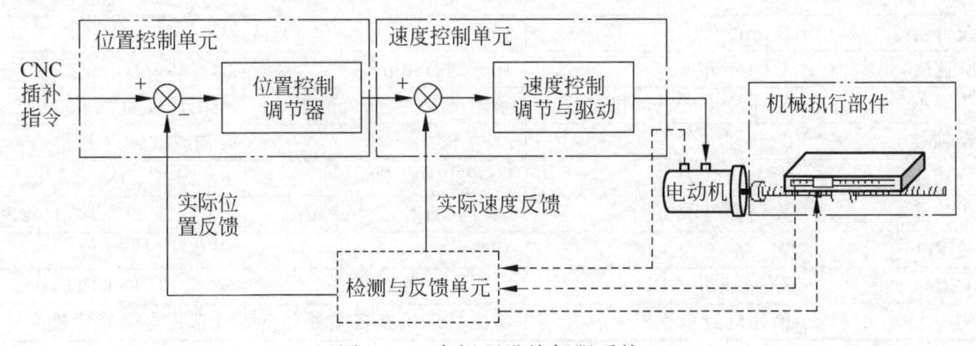

图 4-11　全闭环进给伺服系统

利用上述的位置控制和速度控制的两个回路，可以获得比开环进给系统精度更高、速度更快、驱动功率更大的特性指标。但是，由于在整个控制环内，许多机械传动环节的摩擦特性、刚性和间隙均为非线性，并且整个机械传动链的动态响应时间（与电气响应时间相比）又非常大，这给整个闭环系统的稳定性校正带来很大困难，系统的设计和调整也都相当复杂，因此这种全闭环控制方式主要用于精度要求很高的数控坐标镗床、数控精密磨床等。

3. 半闭环数控机床

如果将位置检测装置安装在伺服电动机或丝杠的端部（见图 4-12 中虚线），间接测量执行部件的实际位置或位移，这种系统就是半闭环进给伺服系统。它可以获得比开环系统更

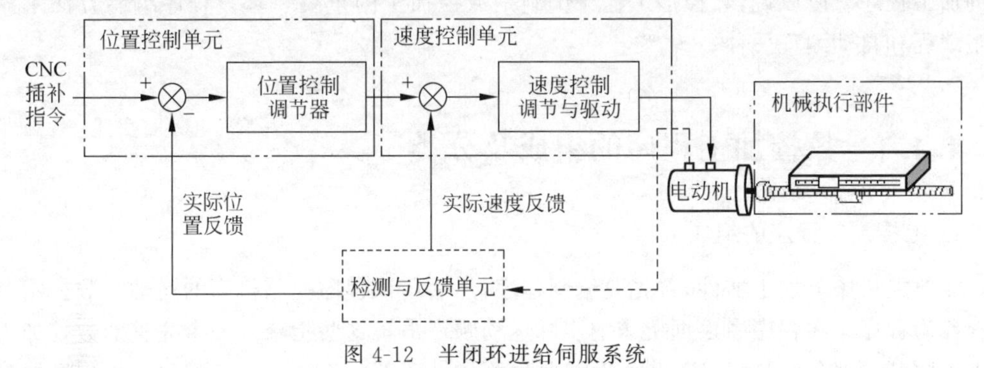

图 4-12　半闭环进给伺服系统

高的精度，但其位移精度比全闭环系统的要低。与全闭环系统相比，因大部分机械传动环节未包括在系统闭环环路内，故易于实现系统的稳定性。现在大多数数控机床都广泛采用这种半闭环控制方式。

4.3.4 按数控系统功能水平分类

按数控系统的功能水平通常把数控系统分为低、中、高三档，见表4-1。中、高档数控一般称为全功能数控或标准型数控，低档数控属于经济型数控，是指由单片机和步进电动机组成的数控系统，或其他功能简单、价格低的数控系统。

表4-1 数控系统不同档次的功能及指标表

功 能	低 档	中 档	高 档
系统分辨率	10μm	1μm	0.1μm
G00 速度	3～8m/min	10～24m/min	24～100m/min
伺服类型	开环及步进电动机	半闭环及直、交流伺服	全闭环及直、交流伺服
联动轴数	2～3轴	2～4轴	5轴或5轴以上
通信功能	无	RS-232C或DNC	RS-232C、DNC、MAP
显示功能	数码管显示	CRT：图形、人机对话	CRT：三维图形、自诊断
内装 PLC	无	有	强功能内装 PLC
主 CPU	8位、16位 CPU	16位、32位 CPU	32位、64位 CPU
结构	单片机或单板机	单微处理机或多微处理机	分布式多微处理机

4.4 数控编程基础知识及应用

数控编程是将零件加工的工艺顺序、运动轨迹与方向、位移量、工艺参数(主轴转速、进给量、切深)以及辅助动作(换刀、变速、冷却液、开停等)，按动作顺序，用数控机床的数控系统所规定的代码和程序格式，编制成加工程序单(相当于普通机床加工的工艺规程)，再将程序单中的内容通过控制介质输送给数控系统，从而控制数控机床自动加工。这种从零件图纸到制成控制介质的过程，称为数控机床的程序编制。

数控机床之所以能加工出各种形状和尺寸的零件，就是因为有编程人员为它编制出不同的加工程序。所以说，数控加工程序编制是数控加工的重要一环。程序编制方法主要有手工编程和自动编程两种。

4.4.1 数控加工程序的组成及分类

1. 数控加工程序的组成

在数控机床上加工零件，首先要编制程序，然后用该程序控制机床的运动。数控指令的集合称为程序。在程序中根据机床的实际运动顺序书写这些指令。一个完整的数控加工程序由程序开始部分(程序号)、若干个程序段、程序结束部分组成。一个程序段由程序段号和若干个程序字组成，一个程序字由字母和数字组成。

下面是一个完整的数控加工程序，该程序由程序号开始，以 M02 结束。

```
程序                                   说明
O1002                                  程序开始
N1 G90 G92 X0 Y0 Z0;                   程序段 1
N2 G42 G01 X-60.0 Y10.0 D01 F200;      程序段 2
N3 G02 X40.0 R50.0;                    程序段 3
N4 G00 G40 X0 Y0;                      程序段 4
N5 M02;                                程序结束
```

1）程序号

为了区分每个程序，对程序要进行编号，这样可为今后的使用、存储和检索等带来很大方便。程序号由程序号地址和程序的编号组成，程序号必须放在程序的开头。如：O1002，其中 O 为程序号地址（编号的指令码），1002 为程序的编号（1002 号程序）。

不同的数控系统，程序号地址也有所差别。如 SIMENS 系统用%，而 FANUC 系统用 O 作为程序号的地址码，编程时一定要参考机床说明书，否则程序无法执行。

2）程序字

一个程序字由字母和数字组成，如：Z－16.8，其中 Z 为地址符，－16.8 表示数字（有正、负之分）。

3）程序段

程序段号加上若干程序字就可组成一个程序段。在程序段中表示地址的英文字母可分为尺寸地址和非尺寸地址两种。表示尺寸地址的英文字母有 X、Y、Z、U、V、W、P、Q、I、J、K、A、B、C、D、E、R、H 共 18 个字母。表示非尺寸地址有 N、G、F、S、T、M、L、O 共 8 个字母。常用地址符见表 4-2。

表 4-2　常用地址符

机　能	地　址　符	说　　明
程序号	O 或 P 或%	程序编号地址
程序段号	N	程序段顺序编号地址
坐标字	X、Y、Z；U、V、W；P、Q、R； A、B、C；D、E； R； I、J、K	直线坐标轴 旋转坐标轴 圆弧半径 圆弧中心坐标
准备功能	G	指令动作方式
辅助功能	M、B	开关功能，工作台分度等
补偿值	H 或 D	补偿值地址
暂停	P 或 X 或 F	暂停时间
重复次数	L 或 H	子程序或循环程序的循环次数
切削用量	S 或 V F	主轴转数或切削速度 进给量或进给速度
刀具号	T	刀库中刀具编号

4）程序段的格式和组成

程序段的格式可分为地址格式、分隔地址格式、固定程序段格式和可变程序段格式等。其中以可变程序段格式应用最为广泛，所谓可变程序段格式就是程序段的长短是可变的。如：N004 G01 X5 Y10 F 100；其中N是程序段地址符，用于指定程序段号；G是指令动作方式的准备功能地址，G01为直线插补；X、Y是坐标轴地址；F是进给速度指令地址，其后的数字表示进给速度的大小，例如F100表示进给速度为100mm/min。

2. 数控加工程序的分类

数控加工程序可分为主程序和子程序，子程序的结构同主程序的结构一样。在通常情况下，数控机床是按主程序的指令进行工作，但是，当主程序中遇到调用子程序的指令时，控制转到子程序执行。当子程序遇到返回主程序的指令时，控制返回到主程序继续执行。一般情况下，FANUC系统最多能存储200个主程序和子程序。在编制程序时，若相同模式的加工在程序中多次出现，可将这个模式编成一个子程序，使用时只需通过调用子程序命令进行调用，这样就简化了程序的设计。

在数控加工程序中可以使用用户宏（程序）。所谓宏程序就是含有变量的子程序，在程序中调用宏程序的指令称为用户宏指令，系统可以使用用户宏程序的功能叫作用户宏功能。执行时只需写出用户宏命令，就可以执行其用户宏功能。使用用户宏的主要方便之处是可以用变量代替具体数值，在实际加工时，只需将此零件的实际尺寸数值用用户宏命令赋值给变量即可。

4.4.2 常见指令功能介绍

数控机床的各种操作是按照给定加工程序中的各项指令来完成的。这些指令包括G指令、M指令以及F功能（进给功能）、S功能（主轴转速功能）、T功能（刀具功能）。

1. G指令

G指令也称"准备功能指令"，这类指令是在数控装置插补运算之前需要预先规定，为插补运算、刀补运算、固定循环等做好准备，其在数控编程中极其重要。G指令通常由地址符G和其后的两位数字组成，目前，不同数控系统的G指令并非完全一致，因此编程人员必须对所用机床的数控系统有深入的了解（一般G指令在机床说明书中给出）。

G指令分为模态指令（又称"续效指令"）和非模态指令（又称"非续效指令"）两类。模态指令一经程序段中指定，便一直有效，直到以后程序段中出现同组另一指令或被其他指令取消时才失效，编写程序时，与上段相同的模态指令可省略不写；非模态指令只有在被指定的程序段中才有意义。

同一条程序段中，出现相同指令（相同地址符）或同一组指令，那么后出现的起作用。

2. M指令

M指令也称"辅助功能指令"，这类指令是控制机床或系统的辅助功能动作，如冷却泵的开、关；主轴的正反转；程序结束等。M指令通常由地址符M和其后的两位数字组成。

1）M00 程序停止指令

M00 指令实际上是一个暂停指令。功能是执行此指令后，机床停止一切操作。即主轴停转、切削液关闭、进给停止。但模态信息全部被保存，在按下控制面板上的启动指令后，机床重新启动，继续执行后面的程序。

该指令主要用于工件在加工过程中需停机检查、测量零件、手工换刀或交接班等。

2）M01 计划停止指令

M01 指令的功能与 M00 相似，不同的是，M01 只有在预先按下控制面板上"选择停止开关"按钮的情况下，程序才会停止。如果不按下"选择停止开关"按钮，程序执行到 M01 时不会停止，而是继续执行下面的程序。M01 停止之后，按启动按钮可以继续执行后面的程序。

该指令主要用于加工工件抽样检查，清理切屑等。

3）M02 程序结束指令

M02 指令的功能是程序全部结束。此时主轴停转、切削液关闭，数控装置和机床复位。该指令写在程序的最后一段。

4）M03、M04、M05 主轴正转、反转、停止指令

M03 表示主轴正转，M04 表示主轴反转。所谓主轴正转，是从主轴向 Z 轴正向看，主轴顺时针转动；反之，则为反转。M05 表示主轴停止转动。M03、M04、M05 均为模态指令。要说明的是有些系统（如华中数控系统 CJK6032 数控车床）不允许 M03 和 M05 程序段之间写入 M04，否则在执行到 M04 时，主轴立即反转，进给停止，此时按"主轴停"按钮也不能使主轴停止。

5）M06 自动换刀指令

M06 为手动或自动换刀指令。当执行 M06 指令时，进给停止，但主轴、切削液不停。M06 指令不包括刀具选择功能，常用于加工中心等换刀前的准备工作。

6）M07、M08、M09 冷却液开关指令

M07、M08、M09 指令用于冷却装置的启动和关闭。属于模态指令。

M07 表示 2 号冷却液或雾状冷却液开。

M08 表示 1 号冷却液或液状冷却液开。

M09 表示关闭冷却液开关，并注销 M07、M08、M50 及 M51（M50、M51 为 3 号、4 号冷却液开）。

7）M30 程序结束指令

M30 指令与 M02 指令的功能基本相同，不同的是，M30 能自动返回程序起始位置，为加工下一个工件做好准备。

8）M98、M99 子程序调用与返回指令

M98 为调用子程序指令，M99 为子程序结束并返回到主程序的指令。

注意 M00、M01、M02 和 M30 的区别与联系。

M00 为程序暂停指令。程序执行到此进给停止，主轴停转。重新按启动按钮后，再继续执行后面的程序段。主要用于编程者想在加工中使机床暂停（检验工件、调整、排屑等）。

M01 为程序选择性暂停指令。程序执行时控制面板上"选择停止"键处于"ON"状态时此功能才能有效，否则该指令无效。执行后的效果与 M00 相同，常用于关键尺寸的检验或

临时暂停。

M02 为主程序结束指令。执行到此指令,进给停止,主轴停止,冷却液关闭。但程序光标停在程序末尾。

M30 为主程序结束指令。功能同 M02,不同之处是,光标返回程序头位置,不管 M30 后是否还有其他程序段。

3. T 功能

T 功能也称为"刀具功能指令",表示选择刀具和刀补号。一般具有自动换刀的数控机床上都有此功能。

刀具功能指令的编程格式因数控系统不同而不一样,主要有两种格式。

1) "T"指令编程

刀具功能用地址符 T 加 4 位数字表示,前两位是刀具号,后两位是刀补号。刀补号即刀具参数补偿号,一把刀具可以有多个刀补号。如果后两位数为 00,则表示刀具补偿取消。例如:

```
N01  G92  X140.0  Z300.0;      建立工件坐标系
N02  G00  S2000  M03;          主轴以 2000r/min 正转
N03  T0304;                    3 号刀具,4 号刀补
N04  X40.0  Z120.0;            快速点定位
N05  G01  Z50.0  F20;          直线插补
N06  G00  X140.0  Z300.0;      快速点定位
N07  T0300;                    3 号刀具,补偿取消
```

2) "T、D"指令编程

T 后接两位数字,表示刀号,选择刀具;D 后面也是接两位数,表示刀补号。

定义这两个参数时,其编程的顺序为 T、D。"T"和"D"可以编写在一起,也可以单独编写,例如,T5D8 表示选择 5 号刀,采用刀具偏置表 8 号的偏置尺寸;如果在前面程序段中写 T5,后面程序段中写入 D8,则仍然表示选择 5 号刀,采用刀具偏置表 8 号的偏置尺寸。如果选用了 D0,则表示取消刀具补偿。

4. F 功能

F 功能也称"进给功能指令",表示进给速度,属于模态代码。在 G01、G02、G03 和循环指令程序段中,必须要有 F 指令,或者在这些程序段之前已经写入了 F 指令。如果没有 F 指令,不同的系统处理方法不一样,有的系统显示出错,有的系统自动取轴参数中各轴"最高允许速度"的最小设置值。快速点定位 G00 指令的快速移动速度与 F 指令无关。

根据数控系统不同,F 功能的表示方法也不一定相同。进给功能用地址符 F 和其后的一位到五位数字表示,通常用 F 后跟三位数字(F×××)表示。进给功能的单位一般为 mm/min,当进给速度与主轴转速有关时(如车削螺纹),单位为 mm/r。

(1) 切向进给速度的恒定控制。F 指令设定的是各轴进给速度的合成速度,目的在于使切削过程的切向进给速度始终与指令速度一样。系统自动根据 F 指令的切向进给速度控制各轴的进给速度。

(2) 进给量设定。一般用 G94 表示进给速度,单位为 mm/min,用 G95 表示进给量,单

位为 mm/r。G94 和 G95 都是模态代码,G94 为默认值。在华中数控系统中,用 G98、G99 指令设定 F 指令的进给量,单位分别为每分钟进给量(mm/min)和主轴每转进给量(mm/r)。G98 和 G99 都是模态代码,G98 为默认值。

(3) 进给速度的调整。F 指令给定的进给速度可通过"进给修调"形状调整。注意,"进给修调"在螺纹加工时无效。

(4) 快速移动速度。各轴的快速移动速度是在轴参数中设定的"最高允许速度",可用"进给修调"形状调整,与 F 指令的进给速度无关。

5. S 功能

S 功能也称"主轴转速功能指令",主要表示主轴转速或速度,属于模态代码。主轴转速功能用地址符 S 加二到四位数字表示。用 G97 和 G96 分别指令时单位为 r/min 或 m/min,通常使用 G97(r/min)。例如:

```
G96  S300; 主轴转速为 300m/min
G97  S1500; 主轴转速为 1500r/min
```

注意,在车床系统里,G97 表示主轴恒转速,G96 表示恒切削速度。

4.4.3 数控车削编程实例

1. 实例 1

如图 4-13 所示轴类零件,毛坯为 ϕ25mm×100mm 棒材,材料为 45 钢,完成数控车削。

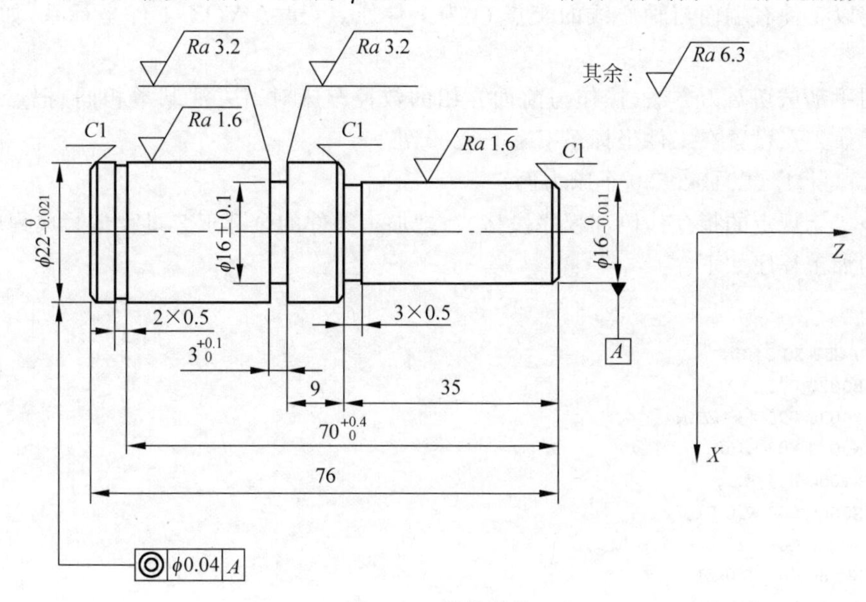

图 4-13 轴类零件

1) 确定工艺方案及加工路线

(1) 对细长轴类零件,轴心线为工艺基准,用三爪自定心卡盘夹持 ϕ25mm 外圆一头,使工件伸出卡盘85mm，用顶尖顶持另一头，一次装夹完成粗精加工。

(2) 工步顺序。

① 手动粗车端面。

② 手动钻中心孔。

③ 自动加工粗车 ϕ16mm、ϕ22mm 外圆，留精车余量 1mm。

④ 自右向左精车各外圆面：倒角→车削 ϕ16mm 外圆，长 35mm→车 ϕ22mm 右端面→倒角→车 ϕ22mm 外圆，长 45mm。

⑤ 粗车 2mm×0.5mm 槽，3mm×ϕ16mm 槽。

⑥ 精车 3mm×ϕ16mm 槽，切槽 3mm×0.5mm 槽，切断。

2) 选择机床设备

根据零件图样要求，选用经济型数控车床即可达到要求。故选用 CK0630 型数控卧式车床。

3) 选择刀具

根据加工要求，选用五把刀具，T01 为粗加工刀，选 90°外圆车刀，T02 为中心钻，T03 为精加工刀，选 90°外圆车刀，T05 为切槽刀，刀宽为 2mm，T07 为切断刀，刀宽为3mm(刀具补偿设置在左刀尖处)。同时把五把刀在自动换刀刀架上安装好，且都对好刀，把它们的刀偏值输入相应的刀具参数中。

4) 确定切削用量

切削用量的具体数值应根据该机床性能、相关的手册并结合实际经验确定，详见加工程序。

5) 确定工件坐标系、对刀点和换刀点

确定以工件右端面与轴心线的交点 O 为工件原点，建立 XOZ 工件坐标系，如图 4-13 所示。

采用手动试切对刀方法(操作与前面介绍的数控车床对刀方法基本相同)把点 O 作为对刀点。换刀点设置在工件坐标系下 X35、Z30 处。

6) 编写程序(以 CK0630 车床为例)

按该机床规定的指令代码和程序段格式，把加工零件的全部工艺过程编写成程序清单。该工件的加工程序如下：

数控车削实例

```
O0034
N0010 G59 X0 Z105;
    N0020 G90;
    N0030 G92 X35 Z30;
    N0040 M03 S700;
    N0050 M06 T01;
    N0060 G00 X20 Z1;
    N0070 G01 X20 Z-34.8 F80;
    N0080 G00 X20 Z1;
    N0090 G00 X17 Z1;
    N0100 G01 X17 Z-34.8 F80;
    N0110 G00 X23 Z-34.8;
    N0120 G01 X23 Z-80 F80;
    N0130 G28;
```

```
N0140 G29;
N0150 M06 T03;
N0160 M03 S1100;
N0170 G00 X14 Z1;
N0171 G01 X14 Z0;
N0180 G01 X16 Z-1 F60;
N0190 G01 X16 Z-35 F60;
N0200 G01 X20 Z-35 F60;
N0210 G01 X22 Z-36 F60;
N0220 G01 X22 Z-80 F60;
N0230 G28;
N0240 G29;
N0250 M06 T05;
N0260 M03 S600;
N0270 G00 X23 Z-72.5;
N0280 G01 X21 Z-72.5 F40;
N0290 G04 P2;
N0300 G00 X23 Z-46.5;
N0310 G01 X16.5 Z-46.5 F40;
N0320 G28;
N0330 G29;
N0340 M06 T07;
N0350 G00 X23 Z-47;
N0360 G01 X16 Z-47 F40;
N0370 G04 P2;
N0380 G00 X23 Z-35;
N0390 G01 X15 Z-35 F40;
N0400 G00 X23 Z-79;
N0410 G01 X20 Z-79 F40;
N0420 G00 X22 Z-78;
N0430 G01 X20 Z-79 F40;
N0440 G01 X0 Z-79 F40;
N0450 G28;
N0460 G29;
N0470 M05;
N0480 M02
```

2. 实例 2

加工图 4-14 所示的套类零件，毛坯直径为 ϕ150mm、长为 40mm，材料为 HT200；未注倒角 1×45°。

1）加工过程

(1) 装夹 ϕ120mm 外圆，找正，加工 ϕ145mm 外圆及 ϕ112mm、ϕ98mm 内孔。所用刀具有外圆加工正偏刀(T01)、内孔车刀(T02)。加工工艺路线为：粗加工 ϕ98mm 的内孔→粗加工 ϕ112mm 的内孔→精加工 ϕ98mm、ϕ112mm 的内孔及孔底平面→加工 ϕ145mm 的外圆。

(2) 装夹 ϕ112mm 内孔，加工 ϕ120mm 的外圆及端面。所用刀具有 45°端面刀(T01)、外圆加工正偏刀(T02)。加工工艺路线为：加工端面→加工 ϕ120mm 的外圆→加工 R2 圆

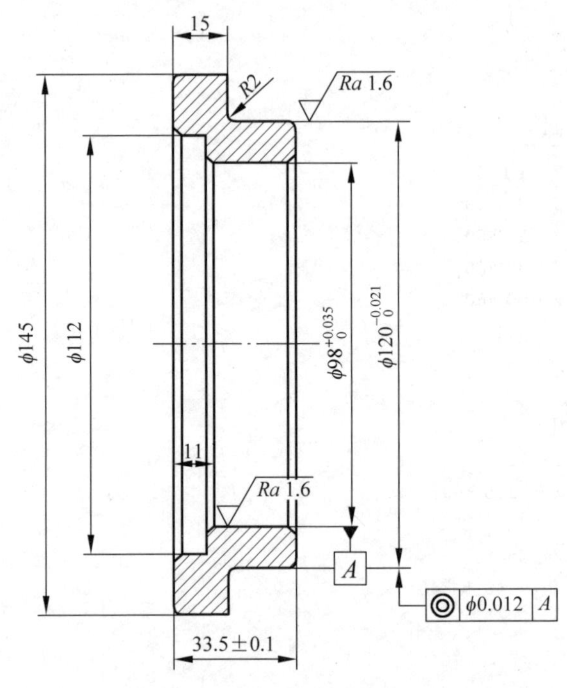

图 4-14 套类零件

弧及平面。

2）加工程序如下

(1) 加工 ϕ145mm 外圆及 ϕ112mm、ϕ98mm 内孔的程序。

```
O0035;                            程序名
N10 G92 X160 Z100;                设置工件坐标系
N20 M03 S300;                     主轴正转,转速 300r/min
N30 M06 T0202;                    换内孔镗刀
N40 G90 G00 X95 Z5;               快速定位到 φ95mm 直径,距端面 5mm 处
N50 G81 X150 Z0 F100;             加工端面
N60 G80 X97.5 Z-35 F100;          粗加工 φ98mm 内孔,留径向余量 0.5mm
N70 G00 X97;                      刀尖定位至 φ97mm 直径处
N80 G80 X105 Z-10.5 F100;         精加工 φ112mm
N90 G80 X111.5 Z-10.5 F100;       粗加工 φ112mm 内孔,留径向余量 0.5mm
N100 G00 X116 Z1;                 快速定位到 φ116mm 直径,距端面 1mm 处
N110 G01 X112 Z-1;                倒角 1×45°
N120 Z-10;                        精加工 φ112mm 内孔
N130 X100;                        精加工孔底平面
N140 X98 Z-11;                    倒角 1×45°
N150 Z-34;                        精加工 φ98mm 内孔
N160 G00 X95;                     快速退刀到 φ95mm 直径处
N170 Z100;
N180 X160;
N190 T0200;                       清除刀偏
N200 M06 T0101;                   换加工外圆的正偏刀
N210 G00 X150 Z2;                 刀尖快速定位到 φ150mm 直径,距端面 2mm 处
N220 G80 X145 Z-15.5 F100;        加工 φ145mm 外圆
```

```
N230 G00 X141 Z1;
N240 G01 X147 Z-2 F100;           倒角 1×45°
N250 G00 X160 Z100;               刀尖快速定位到 φ160mm 直径,距端面 100mm 处
N260 T0100;                       清除刀偏
N270 M05;                         主轴停
N280 M02                          程序结束
```

(2) 加工 ϕ120mm 外圆及端面的程序。

```
O0036;                            程序名
N10 G92 X160 Z100;                设置工件坐标系
N20 M03 S500;                     主轴正转,转速 500r/min
N30 M06 T0101;                    45°端面车刀
N40 G90 G00 X95 Z5;               快速定位到 φ95mm 直径,距端面 5mm 处
N50 G81 X130 Z0.5 F50;            粗加工端面
N60 G00 X96 Z-2;                  快速定位到 φ96mm 直径,距端面 2mm 处
N70 G01 X100 Z0 F50;              倒角 1×45°
N80 X130;                         精修端面
N90 G00 X160 Z100;                刀尖快速定位到 φ160mm 直径,距端面 100mm 处
N100 T0100;                       清除刀偏
N110 M06 T0202;                   换加工外圆的正偏刀
N120 G00 X130 Z2;                 刀尖快速定位到 φ130mm 直径,距端面 2mm 处
N130 G80 X120.5 Z-18.5 F100;      粗加工 φ120mm 外圆,留径向余量 0.5mm
N140 G00 X116 Z1;
N150 G01 X120 Z-1 F100;           倒角 1×45°
N160 Z-16.5;                      粗加工 φ120mm 外圆
N170 G02 X124 Z-18.5 R2;          加工 R2 圆弧
N180 G01 X143;                    精修轴肩面
N190 X147 Z20.5;                  倒角 1×45°
N200 G00 X160 Z100;               刀尖快速定位到 φ160mm 直径,距端面 100mm 处
N210 T0200;                       清除刀偏
N220 M05;                         主轴停
N230 M02                          程序结束
```

习题 4

4-1　数控系统的插补功能可分为________和________两种。

4-2　CNC 装置软件包括________和________两大类。

4-3　脉冲当量是指数控装置发出________,机床执行部件产生的________。

4-4　数控机床伺服系统可分为________、________和________三种类型。

4-5　数控车床床身有________、________、________和________四种布局形式。

4-6　数控机床位置检测装置,按运动方式分为________和________两种类型。

4-7　数控机床按运动轨迹分为________、________和________三种类型。

4-8　数控机床的编程方法有________和________两种。

4-9　一个完整的加工程序由________、________和________三部分组成。

4-10　以下指令的含义：G00 ________；G01 ________；G02 ________；G03 ________。

4-11 什么是数字控制技术？什么叫数控机床？

4-12 数控机床的加工特点有哪些？试述数控机床的使用范围。

4-13 数控机床由哪几部分组成？各部分的基本功能是什么？

4-14 简述数控机床的工作原理。

4-15 试述数控机床按其功能的分类情况以及各类机床的特点。

4-16 试述闭环控制数控机床的控制原理，它与开环控制数控机床的差异。

4-17 什么叫点位控制、点位直线控制、轮廓控制数控机床？试述各自的特点和应用。

4-18 加工中心同一般数控机床的区别是什么？

4-19 何为数控编程？程序编制的方法主要有哪两种？

4-20 数控加工程序由哪几部分组成？

4-21 G 指令和 M 指令的基本功能是什么？

自测题

第5章

典型表面加工分析

【本章导读】 各种机械零件的结构形状虽然千差万别，但零件的表面多由圆柱面、平面、圆锥面、成形面等基本表面组成。本章着重讲述如何根据加工零件的技术要求、结构形状和尺寸、材料、生产类型等条件，分析、确定零件典型表面的加工方法和加工路线。主要内容包括外圆表面加工、内圆表面加工、平面加工、圆锥面加工、成形面加工、螺纹加工、齿轮齿形加工等几个部分。确定加工零件表面的加工方法和加工路线是制定机械零件加工工艺规程的重要组成部分。在学完本章知识点后，应能够遵循零件切削加工方法的选择原则，分析零件具体的加工要求和加工条件，制定出合理的加工方案，为后续学习制定完整的机械加工工艺规程打下良好基础。

机械零件表面都是由一些简单的几何表面(如外圆、孔、平面或成形表面等)所组成。这些表面的加工要求是根据其加工精度、表面粗糙度以及零件的结构与特点，选用相应的加工方案予以保证的。

在分析研究零件图的基础上，选择各表面的加工方法时，一般先选择零件精度要求最高的表面的加工方法。这通常是指该表面的最终加工方法。

零件切削加工方法的选择原则包括：

(1) 所选加工方法的经济精度及表面粗糙度应满足加工表面精度和表面粗糙度的要求。满足要求的加工方法可能会有多种，可结合其他条件，最后确定一种即可。

(2) 应根据加工表面的结构形状和尺寸，选择与之相适应的加工方法。如小孔一般用铰削，而较大的孔用镗削加工；箱体上的孔一般采用镗削或铰削；对于非圆通孔，加工批量较大时，应优先考虑用拉削，加工批量较小时，用插削加工。

(3) 应根据零件材料性质和热处理要求选择加工方法。例如，淬火钢表面硬度很高，精加工时选用磨削；有色金属的精加工因材料过软易堵塞砂轮，所以需要用精细车和精细镗等切削方法。

(4) 应根据生产类型选择与之相适应的加工方法。批量较大的生产，应采用一些高效率的加工方法，如加工孔、内键槽、内花键等可以采用拉削方法；批量不大时，则采用一般的钻、铰、镗、插等方法。

(5) 应根据现有实际条件，选择切实可行的生产方法。选择加工方法，不能脱离本厂现有设备状况和工人的技术水平。既要充分利用现有设备，也要注意不断对原有设备和工艺进行技术改造，挖掘企业潜力。

5.1 外圆表面加工

5.1.1 外圆表面加工技术要求

外圆表面是轴类、盘类和套类零件的主要外表面。外圆表面的基本加工方法包括车削、磨削和光整加工。其加工技术要求主要包括：

(1) 尺寸精度要求。例如零件外圆表面的直径和长度等尺寸精度。

(2) 形状精度要求。例如高要求的零件外圆表面的圆度、圆柱度、直线度、圆锥面的锥度等。

(3) 位置精度要求。例如零件外圆表面轴线与其他表面间的同轴度、垂直度、对称度、跳动等。

(4) 表面质量要求。例如零件外圆表面的表面粗糙度值和表面的物理力学性能(如热处理、硬度、表面处理)等方面的要求。

轴类零件大都是长度大于直径的回转体零件，其加工表面主要有圆柱面、圆锥面、螺纹、沟槽等。

轴类零件的支撑轴颈一般与轴承配合，是轴类零件的主要表面，它影响轴的旋转精度与工作状态。通常对其尺寸公差等级要求较高，最高为IT5～IT6。轴类零件的形状精度主要是指支撑轴颈的圆度、圆柱度。轴类零件的位置精度的普遍要求是保证配合轴颈相对支撑轴颈的同轴度或跳动量。轴类零件的配合轴颈表面粗糙度 Ra 值一般为 0.63～2.5μm。

盘类零件的直径尺寸比轴向尺寸大，最大外圆直径与内圆直径相差较大，端面面积也较大。盘类零件除要求尺寸精度和表面粗糙度外，还有同轴度的要求，而且端面与轴线的垂直度要求较高。

套类零件的内外圆直径相差较小，壁厚往往比较薄。这类零件的技术要求除尺寸精度及表面粗糙度外，还包括内外圆的同轴度要求，重要端面对轴线的端面圆跳动要求等。

5.1.2 外圆表面加工方案分析

外圆表面是轴类、套类、盘类等零件的主要表面，往往具有不同的技术要求，这就需要结合具体的生产条件，拟定合理的加工方案。

零件上一些精度要求较高的表面，仅用一种加工方法往往达不到其规定的技术要求。这些表面必须顺序地进行粗加工、半精加工和精加工等操作，从而逐步提高其表面精度，降低表面粗糙度。不同加工方法有序的组合即为加工方案。

确定某个表面的加工方案时，先由加工表面的技术要求(加工精度、表面粗糙度、热处理方法等)确定最终加工方法，然后根据此种加工方法的特点确定前道工序的加工方法，如此类推。但由于获得同样技术要求的加工方法可能有若干种，实际选择时还应结合零件的结构、形状、尺寸大小、生产纲领，以及材料和热处理等要求进行全面考虑。外圆表面常用加工方法的加工经济精度及表面粗糙度见表 5-1。

表 5-1　外圆表面常用加工方法的加工经济精度及表面粗糙度

加工方法		经济精度（公差等级 IT）	表面粗糙度 $Ra/\mu m$	待加工表面要求	适用场合
车	粗车	12～14	6.3～25	毛坯面	适用于淬火钢以外的各种金属材料
	半精车	10～11	1.6～12.5	粗车后	
	精车	6～9	0.2～1.6	粗车或半精车后	
	金刚石车	5～6	0.025～0.2	精车后	
磨	粗磨	8～9	0.8～6.3	粗车或半精车后	主要用于淬火钢件、未淬火钢件，不宜用于有色金属
	半精磨	7～8	0.2～1.6	粗磨后	
	精磨	6～7	0.2～0.4	粗磨或半精磨后	
	精密磨（精修整砂轮）	5～6	0.08～0.32	精磨后	
	镜面磨	5	0.008～0.08	粗磨或精磨后	
研磨	粗研	5～6	0.2～1.6	精车或精磨后	
	半精研	5	0.05～0.4	粗研后	
	精研	5	0.012～0.1	精研或精研后	
超精加工		5	0.012～0.4	精车或精磨后	
砂带磨	精磨	5～6	0.02～0.16		
	精密磨	5	0.008～0.04		
滚压		5～9	0.05～0.4	精车后	适用于钢或铸铁，特别是表面质量有特殊要求时
抛光	一般		0.1～1.6	精磨后	

外圆表面加工方案的选择与零件的材料、热处理以及零件的结构等密切相关。有色金属硬度低、韧性大，磨削时切屑易堵塞砂轮，不适于选择磨削，常采用粗车→半精车→精车的加工方案；钢件有表面硬度要求时，可采用粗车→半精车→淬火→磨削的加工方案；零件各表面之间有较高的位置精度要求时，应在一次装夹中按顺序车削各表面，以保证各表面之间的位置精度要求。

外圆表面通常采用车削和磨削来加工，要求特别高时才采用光整加工方法。外圆表面常用加工方案及所能达到的加工经济精度和表面粗糙度见表 5-2。

表 5-2　外圆表面常用加工方案及其经济精度

序　号	加工方法	经济精度（公差等级 IT）	表面粗糙度 $Ra/\mu m$	适用范围
1	粗车	11 级以下	6.3～25	适用于淬火钢以外的各种金属材料
2	粗车→半精车	10～11	1.6～12.5	
3	粗车→半精车→精车	6～9	0.2～1.6	
4	粗车→半精车→精车→滚压（或抛光）	5～9	0.05～0.4	
5	粗车→半精车→磨削	6～8	0.4～0.8	主要用于淬火钢件、未淬火钢件，不宜用于有色金属
6	粗车→半精车→粗磨→精磨	6～7	0.2～0.4	
7	粗车→半精车→粗磨→精磨→超精加工	5	0.012～0.4	

续表

序　号	加工方法	经济精度（公差等级 IT）	表面粗糙度 $Ra/\mu m$	适用范围
8	粗车→半精车→精车→精细车（金刚石车）	5～6	0.012～0.4	主要用于精度要求较高的有色金属
9	粗车→半精车→粗磨→精磨→超精磨（镜面磨削）	5	0.008～0.08	主要用于淬火钢件、未淬火钢件，不宜用于有色金属
10	粗车→半精车→粗磨→精磨→研磨	5	0.012～1.6	

零件的外圆表面主要采用下列几条基本加工路线加工。

（1）粗车。适用于加工除淬火钢以外的各种金属。当要求外圆表面精度低和表面较粗糙时，一次粗车即可完成。

（2）粗车→半精车。此方案适用于中等精度和中等表面粗糙度要求的未淬火钢件和铸铁件的外圆表面加工。

（3）粗车→半精车→精车。这是一种应用最广泛的加工方案。适用于加工除淬火钢以外的各种金属。

（4）粗车→半精车→磨削。此加工方案最适用于加工精度要求稍高的淬火钢件或未淬火钢件、铸铁件的外圆表面。但对于有色金属，因其韧性很大，磨削时易阻塞砂轮，难以得到较低的表面粗糙度值，所以一般不宜采用。

（5）粗车→半精车→粗磨→精磨。此方案的适用范围与方案（4）相同，只是外圆表面的精度要求更高，表面粗糙度要求更细，需将磨削分为粗磨和精磨两次加工来达到要求。

（6）粗车→半精车→粗磨→精磨→光整加工。若采用方案（5）仍不能满足精度，尤其是粗糙度的要求，可采用此方案。常用的光整加工方法有研磨、超精加工、砂带磨削、精密磨削、抛光等。在本方案最后一道光整加工中，采用超精加工和研磨都能达到同样的加工精度。当表面配合精度要求比较高时，最后一道加工方法采用研磨较合适；当只要求较小的表面粗糙度值，最后一道加工方法则采用超精加工较合适。但无论采用研磨还是超精加工，对加工表面的形状精度和位置精度改善均不显著，所以前道工序应采用精磨，先使加工表面的位置精度和几何形状精度达到技术要求。

下面举例说明：图 5-1 所示为轴零件图，材料为 40Cr，数量为 10 件，调质处理。试选择外圆 ϕ40f7、ϕ26h6 的加工方案。

1. 外圆 ϕ40f7

尺寸公差精度等级为 IT7，表面粗糙度 Ra 值为 1.6μm，材料为 40Cr，调质，数量为 10 件。

因为轴需要的调质处理，通常安排在粗加工之后，半精加工之前进行；又由于尺寸公差等级和表面粗糙度分别为 IT7 和 Ra 1.6μm，因此精车即可满足精度要求。所以外圆 ϕ40f7 的加工方案为：粗车→调质处理→半精车→精车。

2. 外圆 ϕ26h6

尺寸公差精度等级为 IT6，表面粗糙度 Ra 值为 0.4μm，材料为 40Cr，调质，数量为 10 件。

调质处理安排同外圆 ϕ40f7。由于尺寸公差等级和表面粗糙度分别为 IT6 和 Ra 0.4μm，因此外圆 ϕ26h6 表面最终工序需要磨削才能保证。所以 ϕ26h6 的加工方案为：粗车→调质处理→半精车→磨削。

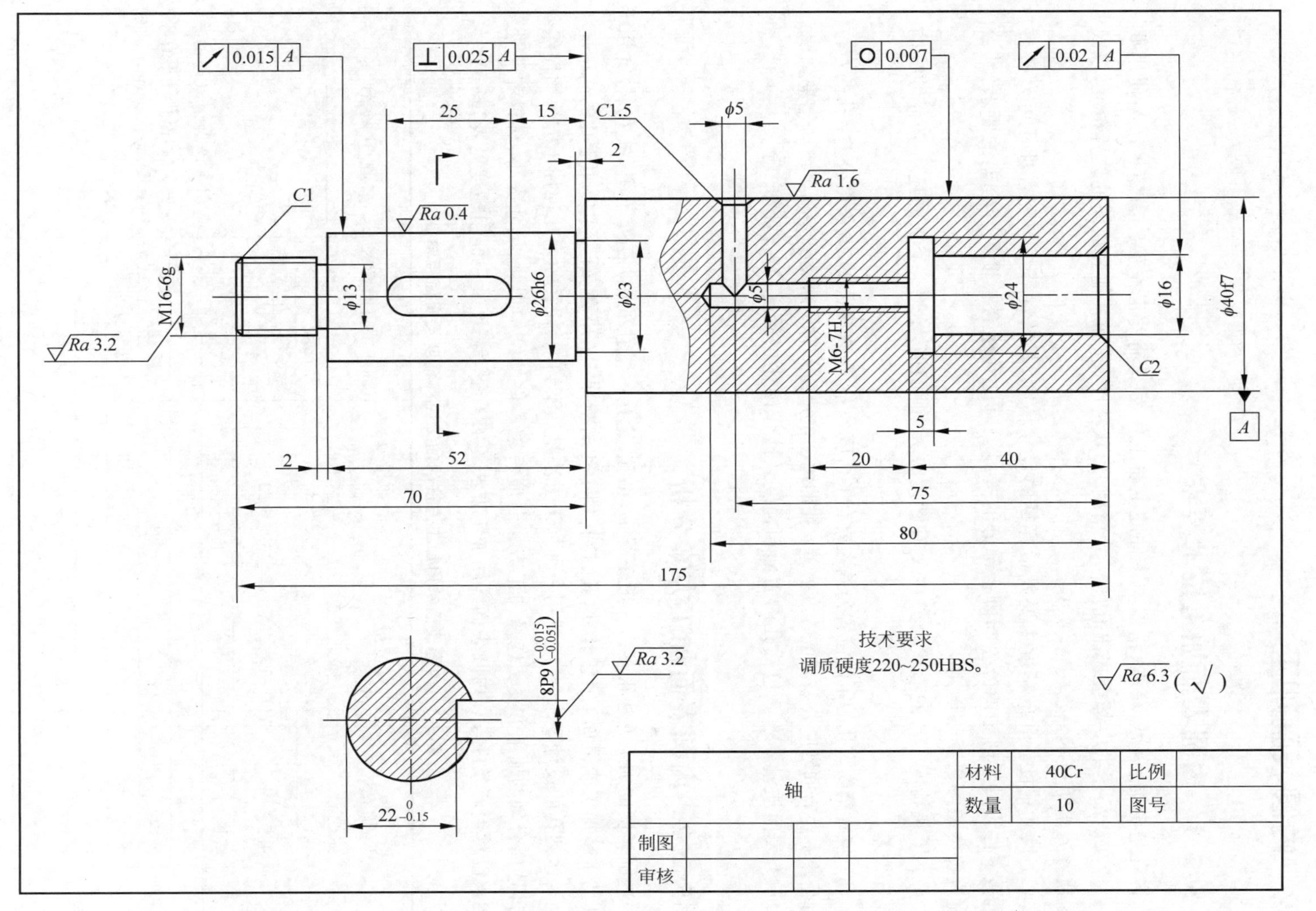

0.015 A
0.025 A
0.007
0.02 A
25
15
C1.5
φ5
2
Ra 1.6
C1
Ra 0.4
M16-6g
Ra 3.2
φ13
φ26h6
φ23
φ5
M6-7H
φ24
φ16
φ40f7
C2
A
5
2
52
20
40
70
75
80
175
8P9 (−0.015 −0.051)
Ra 3.2
技术要求
调质硬度220~250HBS。
Ra 6.3 (√)
22 0 −0.15
轴
材料
40Cr
比例
数量
10
图号
制图
审核

图 5-1　轴零件图

5.2 内圆表面加工

5.2.1 内圆表面加工技术要求

内孔是套类、盘类、箱体、箱盖类零件的主要工作面或辅助工作面。为满足产品使用要求，一般在产品图纸中都会提出孔的尺寸精度、形状精度、孔和其他表面间的位置精度，以及表面质量要求等技术要求。

(1) 尺寸精度。孔的精度主要是指孔径的尺寸精度，其精度等级与配合性质可直接查阅机械零件设计手册中的公差与配合部分的资料。有的孔还有长度尺寸公差的要求，其公差值应按公差等级查表确定。

(2) 形状精度。孔的形状公差主要有圆度公差和圆柱度公差，个别的还可能有母线的直线度公差。

(3) 位置精度。孔的定向位置公差主要有平行度公差、垂直度公差、倾斜度公差；孔的定位位置公差主要有同轴度公差和位置度公差；孔的跳动位置公差有圆跳动公差和全跳动公差。

(4) 表面质量要求。包括孔的表面粗糙度及冷作硬化层深度(特殊要求)等。

5.2.2 内圆表面加工方案分析

内圆表面的加工方法很多。一般情况下，钻孔、锪孔用于孔的粗加工；车孔、扩孔、镗孔用于孔的半精加工或精加工；铰孔、磨孔、拉孔用于孔的精加工；珩磨、研磨主要用于孔的高精加工。要达到孔的设计要求，一般只用一种加工方法是达不到的，往往须由几种加工方法顺序组合，即选择合理的加工方案。选择加工方案时应考虑零件的结构形状、尺寸大小、材料和热处理要求以及生产条件等。内圆表面常用加工方法的加工经济精度及表面粗糙度见表 5-3。

表 5-3 内圆表面常用加工方法的加工经济精度及表面粗糙度

<table>
<tr><th colspan="2">加工方法</th><th>经济精度
(公差等级 IT)</th><th>表面粗糙
度 Ra/μm</th><th>待加工表面要求</th><th>适用场合</th></tr>
<tr><td colspan="2">钻</td><td>11～14</td><td>3.2～25</td><td>无底孔</td><td rowspan="10">适用于淬火钢以外的各种金属，但孔径不宜过大，一般在 φ100mm 以下</td></tr>
<tr><td rowspan="2">扩</td><td>粗扩</td><td>11～13</td><td>6.3～12.5</td><td>毛坯底孔或钻孔后</td></tr>
<tr><td>精扩</td><td>10</td><td>1.6～6.3</td><td>钻或粗扩孔后</td></tr>
<tr><td rowspan="3">铰</td><td>半精铰</td><td>8～9</td><td>0.4～3.2</td><td>钻、扩孔后</td></tr>
<tr><td>精铰</td><td>7～8</td><td>0.1～1.6</td><td>半精铰后</td></tr>
<tr><td>手铰</td><td>6～7</td><td>0.08～1.25</td><td>钻、扩孔后</td></tr>
<tr><td rowspan="2">拉</td><td>粗拉</td><td>8～9</td><td>0.4～3.2</td><td>钻、粗扩</td></tr>
<tr><td>精拉</td><td>7～8</td><td>0.1～0.4</td><td>粗拉后</td></tr>
<tr><td rowspan="2">推</td><td>半精推</td><td>6～8</td><td>0.32～1.25</td><td>钻、粗扩后</td></tr>
<tr><td>精推</td><td>6</td><td>0.2～0.8</td><td>半精推后</td></tr>
</table>

续表

加工方法		经济精度(公差等级IT)	表面粗糙度$Ra/\mu m$	待加工表面要求	适用场合
镗	粗镗	13	6.3～50	毛坯底孔	适用于淬火钢以外的各种金属,加工孔径范围大
	半精镗	11	0.8～6.3	粗镗、钻、扩后	
	精镗(浮动镗)	7～10	0.4～1.6	半精镗后	
	金刚镗	6～7	0.2～0.8		
内磨	粗磨	8～9	1.25～10	粗镗、钻、扩后	主要用于淬火钢,也可用于非淬火钢、铸铁,但不适用于有色金属
	半精磨	9～10	0.8～6.3	粗磨后	
	精磨	7	0.2～0.8	半精磨后	
	精密磨(精修整砂轮)	6	0.1～0.2	精磨后	
珩	粗珩	5～6	0.2～0.8	精磨后	
	精珩	5	0.025～0.2	粗珩后	
研磨	粗研	5～6	0.2～0.4	精磨后	
	精研	5	0.05～0.2	粗研后	
	精密研	5	<0.005	精研后	
挤	滚珠、圆柱扩孔器,挤压头	7～10	0.05～0.4	精镗或精磨后	适用于钢或铸铁,特别是表面质量有特殊要求时

对于轴类零件中间部位的孔,通常在车床上加工比较方便；支架、箱体类零件上的轴承孔,可根据零件的结构形状、尺寸大小等采用车床、铣床、卧式镗床或者加工中心；盘套类、支架、箱体类零件上的螺纹底孔、螺栓孔等可在钻床上加工；对盘套类零件中间轴线上的孔,为保证其与外圆、端面的位置精度,一般在车床上与外圆和端面一次装夹中同时加工出来；在大量生产时,可以采用拉床进行加工。内圆表面常用的加工方案及所能达到的加工经济精度和表面粗糙度见表5-4。

表5-4 内圆表面常用加工方案及其经济精度

序号	加工方法	经济精度(公差等级IT)	表面粗糙度$Ra/\mu m$	适用范围
1	钻	11～14	3.2～25	加工未淬火钢及铸铁的实心毛坯,也用于加工有色金属材料上孔径小于15～20mm的孔
2	钻→铰	8～9	0.4～3.2	
3	钻→粗铰→精铰	7～8	0.1～1.6	
4	钻→扩	10	1.6～6.3	同上,孔径大于15～20mm
5	钻→扩→铰	8～9	0.4～3.2	
6	钻→扩→粗铰→精铰	7～8	0.1～1.6	
7	钻→扩→机铰→手铰	6～7	0.08～1.25	
8	钻→(扩)→拉	7～9	0.1～3.2	大批大量生产中、小零件的通孔(精度由拉刀的精度而定)

续表

序　号	加 工 方 法	经济精度（公差等级 IT）	表面粗糙度 $Ra/\mu m$	适 用 范 围
9	粗镗(或扩孔)	13	6.3～50	除淬火钢外的各种材料，毛坯有铸出或锻出的孔
10	粗镗(粗扩)→半精镗(精扩)	11	0.8～6.3	
11	粗镗(粗扩)→半精镗(精扩)→精镗(铰)	7～10	0.4～1.6	
12	粗镗(扩)→半精镗(精扩)→精镗→浮动镗刀块精镗	6～7	0.4～0.8	
13	粗镗(扩)→半精镗→磨孔	7～8	0.2～0.8	主要用于淬火钢件的加工，也可用于未淬火钢的加工，但不宜用于有色金属
14	粗镗(扩)→半精镗→粗磨→精磨	7	0.2～0.8	
15	粗镗→半精镗→精镗→金刚镗	6～7	0.2～0.8	主要用于精度要求高的有色金属加工
16	钻→(扩)→粗铰→精铰→珩磨	5～6	0.2～0.8	黑色金属
17	钻→(扩)→拉→珩磨			
18	粗镗→半精镗→精镗→珩磨			
19	用研磨代替上述方案中的珩磨	6级以上	＜0.1	

零件的内圆表面主要采用下列几条基本加工路线加工。

(1) 钻→扩→铰。此方案适用于加工直径小于80mm的孔。工件材料应为未淬火钢或铸铁，对于有色金属虽可加工，但铰孔不易保证所需的表面粗糙度。

(2) 粗镗→半精镗→精镗。此方案多用于加工毛坯上铸出或锻出的孔，孔径不宜太小。箱体零件通常采用这种方案。

(3) 粗镗→半精镗→粗磨→精磨。此方案适用于需经淬火的工件。对于铸铁及未淬火钢的工件，虽然也可采用，但磨孔的生产率较低。

(4) 钻(扩)→拉。此方案适用于中、小型零件的成批和大量生产，其加工质量稳定，生产效率高。当工件上没有铸出或锻出毛坯孔时，第一道工序需安排钻孔。工件材料可为未淬火钢、铸铁及有色金属。可根据需要将拉削加工分为粗拉和精拉两步。

(5) 钻→扩→机铰→手铰。该方案多用于中、小孔加工。其中扩孔有纠正位置精度的能力，铰孔只能保证尺寸、形状精度和减小孔的表面粗糙度，不能纠正位置精度。当对孔的尺寸精度、形状精度要求比较高时，表面粗糙度要求又比较高时，往往安排一次手铰加工。

(6) 钻或粗镗→半精镗→精镗→浮动镗刀块精镗(或金刚镗)。以下几种情况下的孔加工，多采用本方案。①单件、小批量生产中的箱体孔系加工；②位置精度要求很高的孔系加工；③直径比较大的孔，毛坯上已有位置精度比较低的铸孔或锻孔；④材料为非铁金属的加工。

在这条加工路线中，当工件毛坯上已有毛坯孔时，第一道工序安排粗镗，无毛坯孔时则第一道工序安排钻孔。后面的工序视零件的精度要求，可安排半精镗，亦可安排半精镗→精镗或安排半精镗→精镗→浮动镗，半精镗→精镗→金刚镗。

下面举例说明：图5-2所示为法兰盘零件图，材料为45钢，数量分别为10件、1000件、

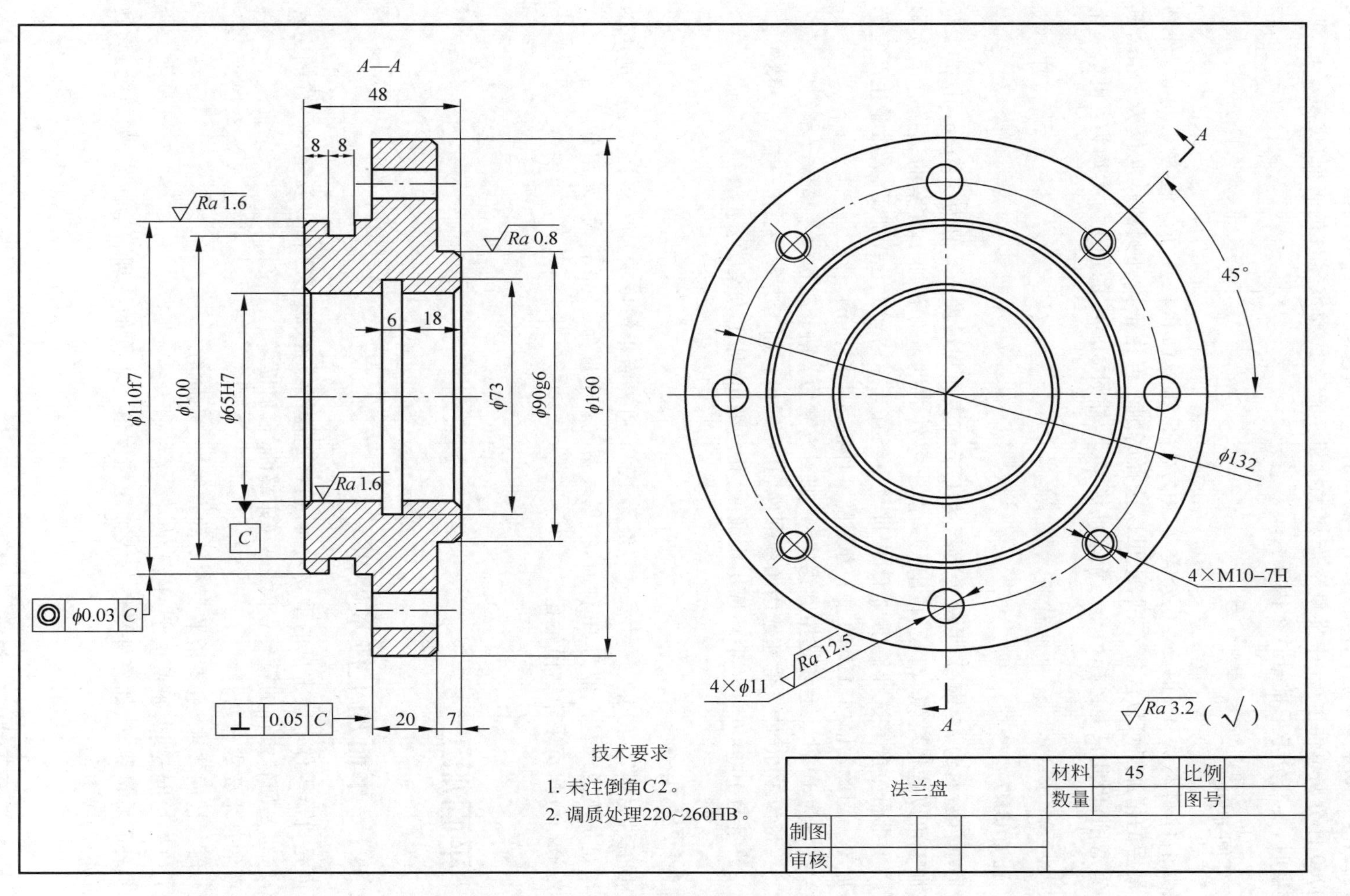

A—A
48
8
8
Ra 1.6
Ra 0.8
6
18
φ110f7
φ100
φ65H7
φ73
φ90g6
φ160
Ra 1.6
C
◎ φ0.03 C
⊥ 0.05 C
20
7
A
45°
φ132
4×M10-7H
Ra 12.5
4×φ11
A
Ra 3.2（√）
技术要求
1. 未注倒角C2。
2. 调质处理220~260HB。
法兰盘
材料 45
比例
数量
图号
制图
审核

图 5-2　法兰盘零件图

100000件。试选择外圆 ϕ90g6、孔 ϕ65H7、孔 4×ϕ11 的加工方案。

法兰盘零件数量有10件、1000件、100000件三种情况，该零件属轻型零件，10件、1000件、100000件分属单件生产、中批量生产和大批量生产。选择该零件的表面（尤其是内圆）加工方案时，要充分考虑批量这个因素。

1. 外圆 ϕ90g6

根据工件材料为45钢、尺寸公差等级为IT6和表面粗糙度 Ra 值为0.8μm，外圆 ϕ90g6最后的精加工可以选择车削，也可以选择磨削。但由于该外圆的长度仅为7mm，其结构不宜磨削，因此只能选择精车。无论批量多少，外圆 ϕ90g6的加工方案均为：粗车→半精车→精车。

2. 孔 ϕ65H7

根据工件材料为45钢、尺寸公差等级为IT7和表面粗糙度 Ra 值为1.6μm，孔 ϕ65H7最后精加工可以选择精镗、精铰、拉削。又由于零件的批量对孔加工方案的选择有很大影响，单件、小批量生产宜选择镗削加工，中批量生产宜选择钻→扩→铰加工，大批量生产宜选择拉削加工。因此，孔 ϕ65H7的加工方案随零件批量不同而异。

（1）数量为10件。毛坯选用圆钢棒料，加工方案为：钻→粗镗→半精镗→精镗。

（2）数量为1000件。毛坯选用胎膜锻件，孔已锻出。加工方案为：扩→粗铰→精铰。

（3）数量为100000件。毛坯选用模锻件，孔已锻出，加工方案为：扩→拉。

3. 4×ϕ11孔

根据工件材料为45钢、尺寸公差等级为IT14和表面粗糙度 Ra 值为12.5μm，选用钻孔即可满足加工要求。产量为10件时，按划线钻孔；产量为1000件时，采用分度钻孔；产量为100000件时，可采用钻模钻孔。

5.3 平面加工

5.3.1 平面加工技术要求

平面是机器零件上最常见的重要表面，通常是盘形零件、板形零件以及箱体零件的主要表面，有时也是回转零件的重要表面之一（如端面、台肩面等）。

平面的技术要求包括：

（1）形状精度要求，主要指平面本身的直线度、平面度。

（2）位置精度要求，如垂直度、平行度。

（3）表面质量要求，如零件平面的表面粗糙度值和表面的物理力学性能（如热处理、硬度、表面处理）等方面。

5.3.2 平面加工方案分析

平面的加工方法很多。其中，铣削与刨削是常用的粗加工方法，磨削是常用的精加工方法。对表面质量要求很高的平面，可用刮研、研磨等方法进行光整加工。平面常用加工方法的加工经济精度及表面粗糙度见表5-5。

表5-5 平面常用加工方法的加工经济精度及表面粗糙度

<table>
<tr><th colspan="2">加工方法</th><th colspan="2">经济精度
(公差等级IT)</th><th>表面粗糙度 $Ra/\mu m$</th><th>待加工表面要求</th><th>适用场合</th></tr>
<tr><td rowspan="3">周铣
端铣</td><td>粗铣</td><td colspan="2">11～13</td><td>3.2～12.5</td><td>毛坯面</td><td rowspan="12">适用于淬火钢以外的各种金属</td></tr>
<tr><td>半精铣</td><td colspan="2">8～11</td><td>0.4～6.3</td><td>粗铣后</td></tr>
<tr><td>精铣</td><td colspan="2">6～8</td><td>0.2～1.6</td><td>半精铣后</td></tr>
<tr><td rowspan="3">车</td><td>半精车</td><td colspan="2">8～11</td><td>3.2～6.3</td><td>毛坯面或粗铣后</td></tr>
<tr><td>精车</td><td colspan="2">6～8</td><td>1.6～6.3</td><td>半精车后</td></tr>
<tr><td>金刚石车</td><td colspan="2">6～7</td><td>0.04～0.8</td><td>精车后</td></tr>
<tr><td rowspan="4">刨</td><td>粗刨</td><td colspan="2">11～13</td><td>6.3～25</td><td>毛坯面</td></tr>
<tr><td>半精刨</td><td colspan="2">8～11</td><td>1.6～6.3</td><td>粗刨后</td></tr>
<tr><td>精刨</td><td colspan="2">6～8</td><td>0.4～1.6</td><td>半精刨后</td></tr>
<tr><td>宽刃精刨</td><td colspan="2">6～7</td><td>0.008～1.25</td><td>半精刨或精刨后</td></tr>
<tr><td rowspan="2">拉</td><td>粗拉</td><td colspan="2">10～11</td><td>3.2～12.5</td><td>毛坯面</td></tr>
<tr><td>精拉</td><td colspan="2">6～9</td><td>0.2～1.6</td><td>粗拉后</td></tr>
<tr><td rowspan="3">平磨</td><td>粗磨</td><td colspan="2">8～10</td><td>1.6～3.2</td><td>粗铣后</td><td rowspan="3">主要用于淬火钢，也可用于非淬火钢、铸铁，但不适用于有色金属</td></tr>
<tr><td>半精磨</td><td colspan="2">8～9</td><td>0.4～1.6</td><td>粗磨后</td></tr>
<tr><td>精磨</td><td colspan="2">6～8</td><td>0.025～0.4</td><td>半精磨后</td></tr>
<tr><td colspan="2" rowspan="5">刮</td><td rowspan="5">25×25mm²内点数</td><td>8～10</td><td>0.63～1.25</td><td rowspan="5">精铣、精车、精刨后</td><td rowspan="5">适用于淬火钢以外的各种金属，主要在修配中使用</td></tr>
<tr><td>10～13</td><td>0.32～0.63</td></tr>
<tr><td>13～16</td><td>0.16～0.32</td></tr>
<tr><td>16～20</td><td>0.08～0.16</td></tr>
<tr><td>20～25</td><td>0.04～0.08</td></tr>
<tr><td rowspan="3">研磨</td><td>粗研</td><td colspan="2">6</td><td>0.2～0.4</td><td>半精磨或精磨后</td><td rowspan="5">主要用于淬火钢，也可用于非淬火钢、铸铁，但不适用于有色金属</td></tr>
<tr><td>精研</td><td colspan="2">5</td><td>0.05～0.2</td><td>粗研后</td></tr>
<tr><td>精密研</td><td colspan="2">5</td><td><0.005</td><td>粗研或精研后</td></tr>
<tr><td rowspan="2">砂带磨</td><td>精磨</td><td colspan="2">5～6</td><td>0.04～0.32</td><td>精磨后</td></tr>
<tr><td>精密</td><td colspan="2">5</td><td>0.008～0.04</td><td>砂带精磨后</td></tr>
<tr><td>滚压</td><td></td><td colspan="2">7～10</td><td>0.05～0.4</td><td>精铣、精车、精刨后</td><td>适用于钢或铸铁，特别是表面质量有特殊要求时</td></tr>
</table>

应根据零件的形状、尺寸、材料、技术要求和生产类型等情况正确选择平面加工方案。平面的作用不同，其技术要求也不同，故应采用的加工方案也不相同。除回转体零件上的端面常用车削加工之外，铣削、刨削和磨削是平面加工的主要方法。板类零件的平面常采用铣(刨)→磨方案。不论零件是否需要淬火，精加工一般都采用磨削，这比单一采用铣(刨)方案更为经济。但有色金属及其合金以及其他纯金属不能采用磨削，常采用粗铣→精铣方案。平面常用的加工方案及所能达到的加工经济精度见表5-6。

表 5-6 平面常用加工方案及其经济精度

序 号	加 工 方 法	经济精度(公差等级 IT)	表面粗糙度 $Ra/\mu m$	适 用 范 围
1	粗车	10～11	6.3～12.5	未淬硬钢、铸铁、有色金属工件的端面加工
2	粗车→半精车	8～11	3.2～6.3	
3	粗车→半精车→精车	6～8	1.6～6.3	
4	粗车→半精车→磨削	8～10	1.6～3.2	钢、铸铁端面加工
5	粗刨(粗铣)	11～13	6.3～25	不淬硬的平面加工
6	粗刨(粗铣)→半精刨(半精铣)	8～11	1.6～6.3	
7	粗刨(粗铣)→精刨(精铣)	6～8	0.4～1.6	
8	粗刨(粗铣)→半精刨(半精铣)→精刨(精铣)	6～8	0.4～1.6	
9	粗铣→拉	6～9	0.2～1.6	大量生产中加工较小的不淬硬平面
10	粗刨(粗铣)→半精刨(半精铣)→宽刃精刨	6～7	0.2～0.8	大量生产未淬硬的小平面(精度视拉刀精度而定)
11	粗刨(粗铣)→半精刨(半精铣)→精刨(精铣)→宽刃低速精刨	5	0.16～0.8	
12	粗刨(粗铣)→精刨(精铣)→刮研	5～6	0.1～0.8	
13	粗刨(粗铣)→半精刨(半精铣)→精刨(精铣)→刮研	5～6	0.04～0.8	
14	粗刨(粗铣)→精刨(精铣)→磨削	5～6	0.2～0.4	淬硬或未淬硬的黑色金属
15	粗刨(粗铣)→半精刨(半精铣)→精刨(精铣)→磨削	5～6	0.2～0.4	
16	粗铣→精铣→磨削→研磨	5	0.05～0.2	

零件的平面主要采用下列几条基本加工路线来加工：

(1) 粗车→半精车→精车。此方案适用于加工不淬硬的回转体工件的端面。

(2) 粗车→半精车→磨削。此方案适用于回转体工件上的端面加工,这些端面大多数与零件的外圆或孔有垂直度要求,对于已淬硬或高精度的端面,需进行磨削的终加工。

(3) 粗刨(粗铣)→精刨(精铣)。此方案适用于箱体及机架类零件上固定连接平面的加工。对狭长平面选用刨削方法时有较高的生产率；对宽度较大的平面选用铣削方法时具有较高的生产率。

(4) 粗刨(粗铣)→精刨(精铣)→磨削。此方案适用于精度及表面质量要求较高的滑动平面或淬硬钢件上的平面。

(5) 粗拉→精拉。此方案适用于大批量生产,特别适用于加工有台阶面或沟槽的表面,生产率高,但拉刀和拉削设备比较昂贵。

(6) 粗铣→半精铣→粗磨→精磨→研磨、砂带磨、抛光。此方案主要用于淬火表面或高精度表面的加工。

(7) 粗刨→半精刨→精刨→宽刃精刨或刮研。此方案以刨削加工为主,用于单件、小批量生产精度要求较高的不淬硬平面。批量较大时宜采用宽刃精刨方案。

下面举例说明：图 5-3 所示为轴承座零件简图,零件材料为 HT200。试选择外表面为平

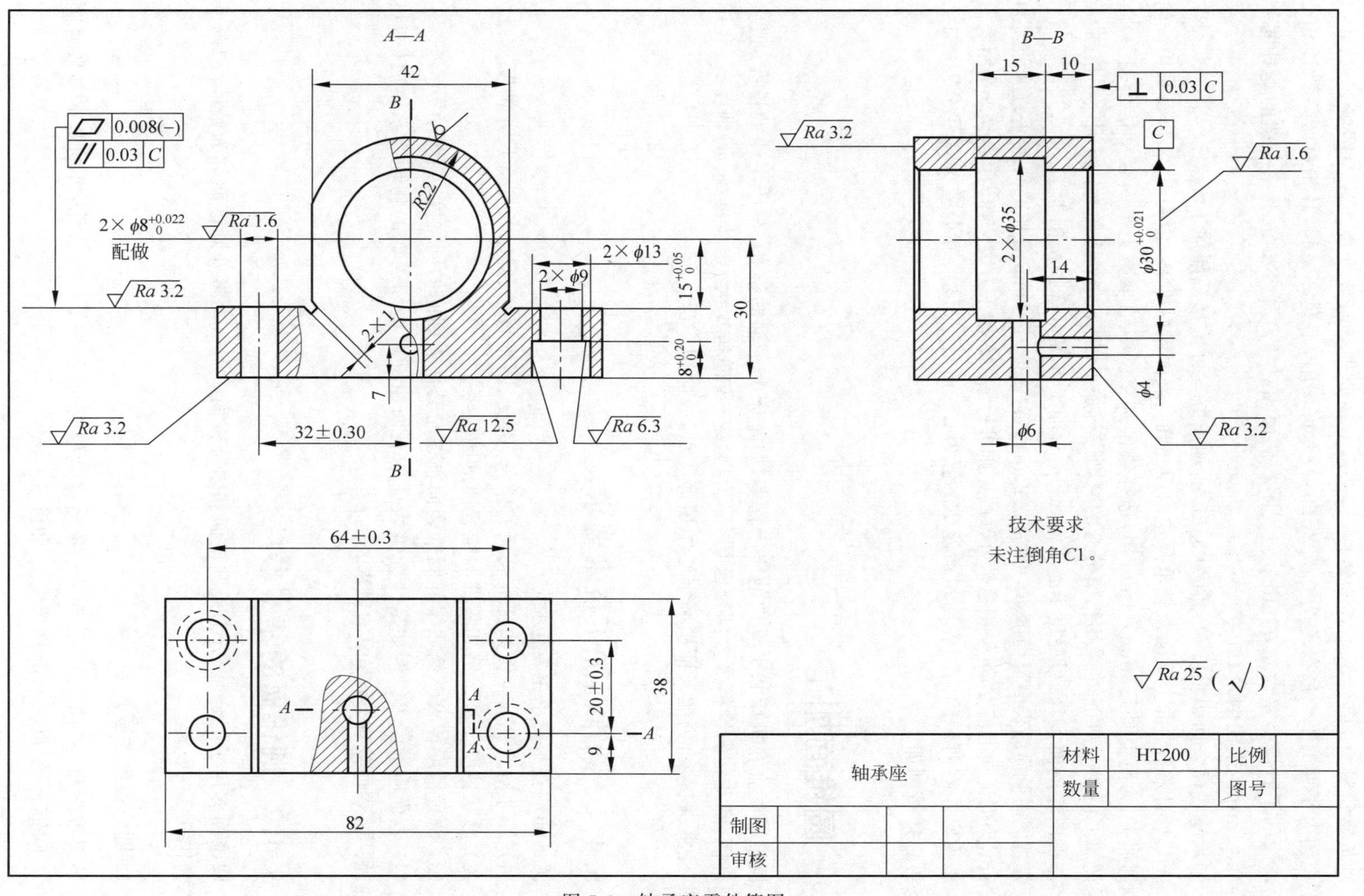
A—A
B—B
42
0.008(−)
0.03 C
2×φ8 配做
Ra 1.6
Ra 3.2
R22
2×1
7
32±0.30
Ra 12.5
Ra 6.3
2×φ13
2×φ9
30
15
10
0.03 C
C
2×φ35
14
φ4
φ6
技术要求
未注倒角C1。
64±0.3
20±0.3
38
9
82
Ra 25 (√)
轴承座
材料
HT200
比例
数量
图号
制图
审核

图 5-3 轴承座零件简图

面的各表面的加工方案。

轴承座材料为HT200，毛坯为铸件，铸造后毛坯要进行时效处理。按照图纸要求，A—A 剖视图上平面的平面度公差为0.008mm，只允许凹陷，不允许突起，且相对 $\phi 30^{+0.021}_{0}$ mm孔中心线的平行度公差为0.03mm；左视图右侧面相对 $\phi 30^{+0.021}_{0}$ mm孔中心线的垂直度公差为0.03mm。未注倒角 $C1$。

轴承座底面表面粗糙度 Ra 值为3.2μm，加工方案可选择铣削加工。

A—A 剖视图中的上平面及轴承孔左、右两侧面，表面粗糙度 Ra 值为3.2μm，可采用铣削或刨削加工，为便于加工2mm×1mm槽，选择刨削加工。因轴承座上平面有形位公差要求，为保证加工精度，上平面可采用粗精分开的原则进行加工，加工方案选择为：粗刨→半精刨。

左视图左侧面，表面粗糙度 Ra 值为3.2μm，加工方案可选择铣削加工。

左视图右侧面的表面粗糙度 Ra 值为3.2μm，相对 $\phi 30^{+0.021}_{0}$ mm孔中心线的垂直度公差为0.03mm，为保证加工精度，可采用粗精分开的原则进行加工。加工方案选择为：粗铣→半精铣。

轴承座左右两个侧面的表面粗糙度 Ra 值为25μm，且长度尺寸公差为未注公差，加工方案可选择铣削加工。

5.4 圆锥面加工

圆锥面配合在机床和工具中的应用较多，如车床上主轴的锥孔、车床尾座的锥孔、顶尖的圆锥柄、麻花钻的锥柄等。圆锥面具有配合紧密、传递扭矩大、定位准确、同轴度高、装拆方便，经多次拆装，仍能保证精确定心作用等优点，故应用广泛。

5.4.1 圆锥面加工技术要求

圆锥面的技术要求主要包括：

(1) 尺寸精度要求。例如圆锥表面的锥角、锥度、圆锥直径、圆锥长度等尺寸精度。

(2) 形状精度要求。例如零件圆锥表面的圆度等。

(3) 位置精度要求。例如零件圆锥表面轴线与其他表面间的同轴度、圆跳动等。

(4) 表面质量要求。例如零件圆锥表面的表面粗糙度值和表面的物理力学性能(如热处理、硬度、表面处理)等方面的要求。

5.4.2 圆锥面的基本参数

圆锥面多用于配合面，分为外圆锥面和内圆锥面。习惯上将外圆锥面称为锥体，内圆锥面称为锥孔。

1. 圆锥面的主要尺寸

外圆锥面和内圆锥面的主要尺寸及名称是相同的，如图5-4所示，圆锥的基本参数有圆锥角 α、圆锥直径(D、d)、圆锥长度 L 和锥度 C。

1) 圆锥角 α

在通过圆锥轴线的截面内，两条素线间的夹角称为圆锥角。

2）圆锥直径

圆锥直径是圆锥在垂直轴线截面上的直径。常用的直径有：

（1）最大圆锥直径 D；

（2）最小圆锥直径 d；

（3）给定截面圆锥直径 d_x。

3）圆锥长度 L

圆锥长度为最大直径 D 与最小直径 d 之间的距离。

4）锥度 C

锥度 C 为两个垂直于圆锥轴线的截面直径差与该两截面间的轴向距离之比。即

$$C=(D-d)/L$$

锥度与锥角 α 的关系为

$$C=2\tan(\alpha/2)$$

锥度一般用比例或分式形式表示。

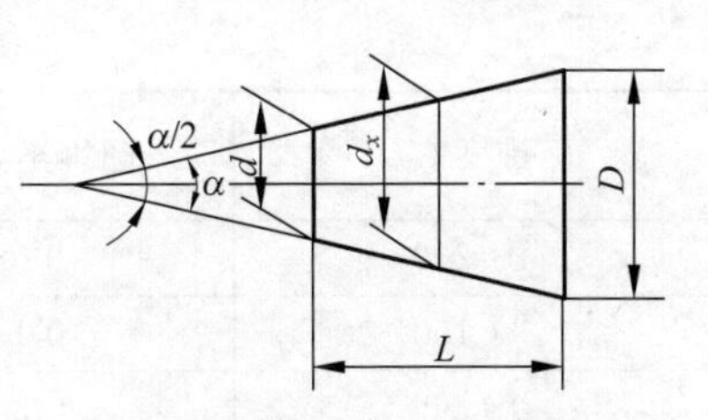

D—最大圆锥直径；d—最小圆锥直径；d_x—给定截面圆锥直径；L—圆锥长度；α—圆锥角；$\alpha/2$—圆锥半角。

图 5-4 圆锥的基本参数

2. 常用标准圆锥

为了降低生产成本和方便使用，常用的工具、刀具圆锥都已经标准化。即圆锥的各部分尺寸，按照规定的几何标准尺寸制造，使用时选用相同号数的配合圆锥面，便能紧密配合和互换。圆锥的标准已经国际标准化，任何国家制造的圆锥面，只要符合圆锥标准即能互换。

常用的圆锥标准有以下几种。

1）米制圆锥

米制圆锥的锥度固定不变，即 $C=1:20$，圆锥半角 $\alpha/2=1°25'56''$。

米制圆锥共有 4 号、6 号、80 号、100 号、120 号、140 号、160 号、200 号八种。它的号数表示圆锥大端的直径 D。米制圆锥的优点是锥度不变，便于记忆。

2）莫氏圆锥

莫氏圆锥是机器制造业中应用最广泛的一种。它共有 0 号、1 号、2 号、3 号、4 号、5 号、6 号七个号码，最小是 0 号，最大是 6 号。莫氏圆锥的号数不同，其圆锥半角 $\alpha/2$ 也不同。号数越大，圆锥直径尺寸也越大，见表 5-7。

表 5-7 莫氏圆锥锥度表

号 数	锥度 C	圆锥半角 $\frac{\alpha}{2}$/(°)	大端直径 D/mm
0	1∶19.212=0.052050	1°29′27″	9.045
1	1∶20.048=0.049880	1°25′43″	12.065
2	1∶20.020=0.049950	1°25′50″	17.780
3	1∶19.922=0.050196	1°26′16″	23.825
4	1∶19.254=0.051937	1°29′15″	31.267
5	1∶19.002=0.052626	1°30′26″	44.399
6	1∶19.180=0.052138	1°29′36″	63.348

3）其他常用圆锥

其他常用圆锥参数见表 5-8。

表 5-8　常用锥度及圆锥半角

锥度 C	圆锥半角 $\frac{\alpha}{2}$/(°)	锥度 C	圆锥半角 $\frac{\alpha}{2}$/(°)
1∶200	0°08′36″	1∶10	2°51′45″
1∶100	0°17′11″	1∶8	3°34′35″
1∶50	0°34′23″	1∶7	4°05′08″
1∶30	0°57′17″	1∶5	5°42′38″
1∶20	1°25′56″	1∶3	9°27′44″
1∶15	1°54′33″	7∶24	8°17′46″
1∶12	2°23′09″		

锥体名称	锥度 C	圆锥半角 $\frac{\alpha}{2}$/(°)
30°	1∶1.866	15°
45°	1∶1.207	22°30′
60°	1∶0.866	30°
75°	1∶0.652	37°30′
90°	1∶0.5	45°
120°	1∶0.289	60°

5.4.3　圆锥面加工方法分析

1. 外圆锥面加工

外圆锥面的常用加工方法包括：车削和磨削。

车削外圆锥面的常用方法有以下四种：

转动小拖板法，适宜单件、小批量生产时加工精度较低、圆锥半角较大且长度较短的圆锥面；偏移尾座法，一般只能加工锥度较小、精度不高、锥体较长的工件，不能加工内锥面；宽刀法，适用于短圆锥面的加工；靠模法，适用于精度要求较高、锥角小于12°的长圆锥面，用于大批量生产。

磨削外圆锥面的常用方法有以下两种。

(1) 转动工作台法，适用于锥度小、锥面长的工件；

(2) 转动头架法，适用于锥度较大而锥面较短的工件。

外圆锥面常用加工方法的加工经济精度及表面粗糙度可部分参照表5-1。

外圆锥面常用加工方案及其经济精度可部分参照表5-2。

下面举例说明。图5-5所示为曲轴零件简图，材料为QT600-3。试选择零件右端锥度为1∶10圆锥面的加工方案。

曲轴材料为QT600-3，毛坯为铸造件。根据图纸要求，1∶10锥度对A—B轴线的圆跳动为0.03mm。

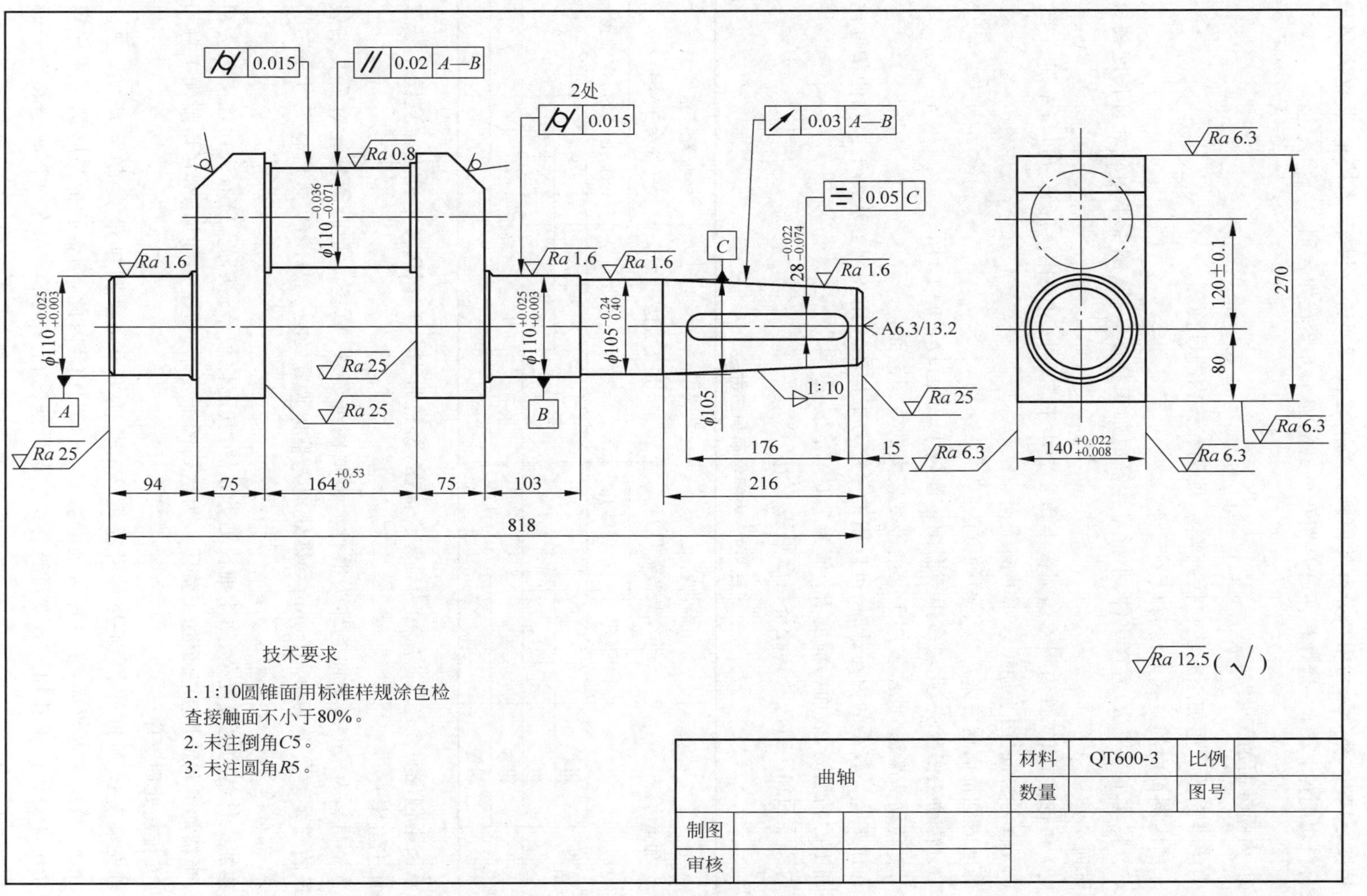
0.015
0.02 A—B
2处
0.015
0.03 A—B
0.05 C
Ra 0.8
Ra 1.6
Ra 1.6
Ra 1.6
Ra 1.6
Ra 6.3
Ra 6.3
Ra 6.3
Ra 6.3
Ra 25
Ra 25
Ra 25
Ra 25
$φ110^{-0.036}_{-0.071}$
$φ110^{+0.025}_{+0.003}$
$φ110^{+0.025}_{+0.003}$
$φ105^{-0.24}_{-0.40}$
$28^{-0.022}_{-0.074}$
A6.3/13.2
1:10
φ105
A
B
C
120±0.1
80
270
$140^{+0.022}_{+0.008}$
94
75
$164^{+0.53}_{0}$
75
103
176
15
216
818
技术要求
1. 1:10圆锥面用标准样规涂色检查接触面不小于80%。
2. 未注倒角C5。
3. 未注圆角R5。
Ra 12.5 (√)
曲轴
材料
QT600-3
比例
数量
图号
制图
审核

图 5-5　曲轴零件简图

轴右端圆锥面表面粗糙度 Ra 值为 1.6μm，圆锥面的最终加工工序可选为磨。为保证加工精度，对加工部分采用粗精分开的原则。磨削之前需要进行粗车、半精车，将绝大部分多余材料切削掉。因此，选择粗车→半精车→磨的加工方案较为合理。

2. 内圆锥面加工

内圆锥面的常用加工方法包括：车削、磨削和铰内圆锥面等。

车削内圆锥面的主要方法有以下三种。

(1) 转动小刀架法，适宜单件、小批量生产时加工精度较低、圆锥半角较大且长度较短的圆锥面；

(2) 仿形法，当工件内圆锥的圆锥半角 $\alpha/2$ 小于 12°时，可采用仿形装置进行车削；

(3) 宽刀法，适用于加工较短的圆锥面。

磨削内圆锥面通常采用以下两种方法。

(1) 转动工作台法，此法多用于磨削锥度较小，锥面较长的工件；

(2) 转动头架法，此法多用于磨削锥度较大的短圆锥面。

在加工直径较小的内圆锥时，可以用锥形铰刀来加工。用铰削方法加工锥孔的精度比车削加工的精度高，表面粗糙度 Ra 值为 1.6～3.2μm。

内圆锥面加工方法及其经济精度见表 5-9。

表 5-9 内圆锥面加工方法

<table>
<tr><td colspan="2" rowspan="2">加工方法</td><td colspan="2">经济精度
（公差等级 IT）</td><td colspan="2" rowspan="2">加工方法</td><td colspan="2">经济精度
（公差等级 IT）</td></tr>
<tr><td>锥孔</td><td>深锥孔</td><td>锥孔</td><td>深锥孔</td></tr>
<tr><td rowspan="2">扩孔</td><td>粗扩</td><td>11</td><td rowspan="2"></td><td rowspan="2">铰孔</td><td>机动</td><td>7</td><td rowspan="2">7～9</td></tr>
<tr><td>精扩</td><td>9</td><td>手动</td><td>高于 7</td></tr>
<tr><td rowspan="2">镗孔</td><td>粗镗</td><td>9</td><td rowspan="2">9～11</td><td>磨孔</td><td colspan="2">高于 7</td><td>7</td></tr>
<tr><td>精镗</td><td>7</td><td>研磨孔</td><td colspan="2">7</td><td>6～7</td></tr>
</table>

下面举例说明。图 5-6 所示为轴零件简图，材料为 45Cr。试选择零件左端莫氏 4 号锥孔的加工方案。

本轴材料为 45Cr，零件毛坯为锻件。根据图纸要求，莫氏 4 号内圆锥孔对公共轴线 A—B 的圆跳动公差为 0.015mm。热处理先整体调质 28～32HRC，然后将尺寸 ϕ70×138mm 部分淬火 42～48HRC。

本加工件结构比较复杂，属于细长轴类零件，其刚性较差。因此，所有表面加工分为粗加工、半精加工和精加工三个加工阶段。为达到图纸要求、便于切削加工，在切削加工过程中，需安排热处理工序。

轴左端莫氏圆锥孔锥面表面粗糙度 Ra 值为 1.6μm，圆锥最大直径为 31.27±0.015mm，精度要求较高，零件淬火硬度为 42～48HRC，因此，圆锥孔的最终加工工序可选为精磨。莫氏圆锥孔加工方案可选择为：调质→钻孔→粗车→精车→淬火→粗磨→时效处理→精磨。

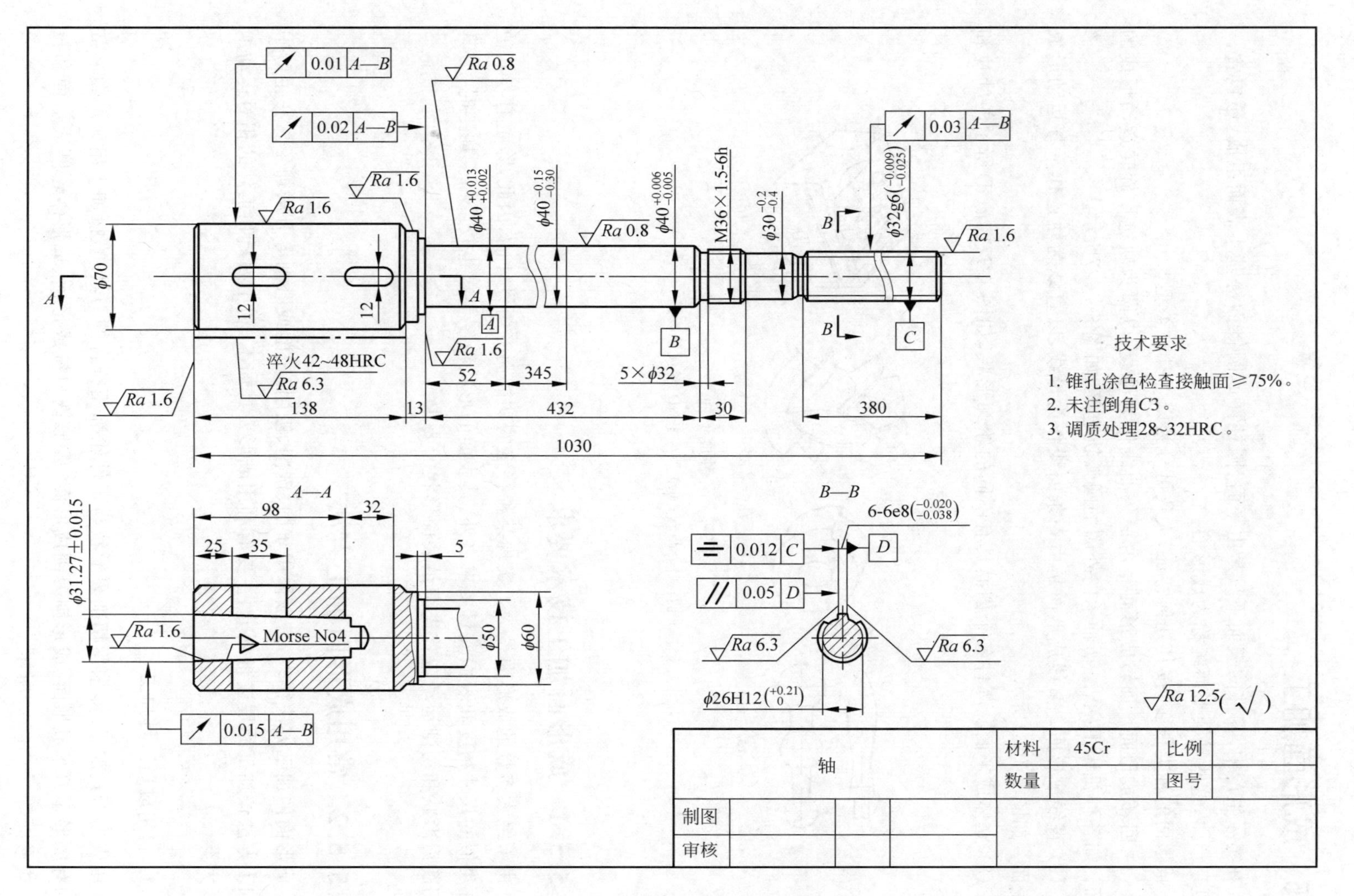

0.01 A—B
0.02 A—B
0.03 A—B
Ra 0.8
Ra 1.6
Ra 1.6
φ40$^{+0.013}_{+0.002}$
φ40$^{-0.15}_{-0.30}$
Ra 0.8
φ40$^{+0.006}_{-0.005}$
M36×1.5-6h
φ30$^{-0.2}_{-0.4}$
φ32g6($^{-0.009}_{-0.025}$)
Ra 1.6
φ70
A
12
12
A
B
C
B
B
Ra 1.6
淬火42~48HRC
Ra 6.3
Ra 1.6
52
345
5×φ32
138
13
432
30
380
1030
技术要求
1. 锥孔涂色检查接触面≥75%。
2. 未注倒角C3。
3. 调质处理28~32HRC。
A—A
98
32
25
35
5
φ31.27±0.015
Ra 1.6
Morse No4
φ50
φ60
0.015 A—B
B—B
6-6e8($^{-0.020}_{-0.038}$)
0.012 C
D
0.05 D
Ra 6.3
Ra 6.3
φ26H12($^{+0.21}_{0}$)
Ra 12.5(√)
轴
材料
45Cr
比例
数量
图号
制图
审核

图 5-6　轴零件简图

5.5 成形面加工

在实际生产中，零件的表面不只是由平面、圆柱面或圆锥面等基本表面组成，还包含一些复杂形面，这些复杂形面统称为成形面。

成形面的种类很多，按其几何特征，大致可分为以下三种类型。

(1) 回转成形面。回转成形面是由一条曲线作为母线，以圆为轨迹作旋转运动形成的表面。如各种机床手柄、滚动轴承内外圈的圆弧轨道等，如图 5-7(a)所示。

(2) 直线成形面。直线成形面是由一条曲线作为母线，以直线为轨迹作平移运动形成的表面。如图 5-7(b)所示。

(3) 立体成形面。零件各个剖面具有不同的轮廓形状，如图 5-7(c)、(d)所示的叶片和锻模。

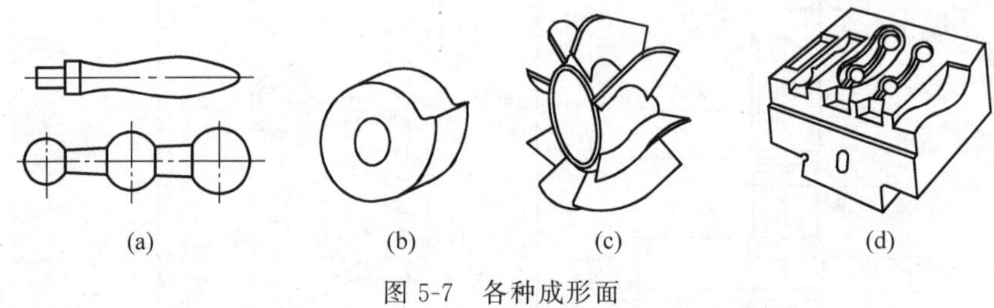

图 5-7 各种成形面

(a) 手柄；(b) 凸轮；(c) 叶轮；(d) 多模膛锻模

5.5.1 成形面加工技术要求

由于绝大多数的成形面是为了实现某种特定的功能而专门设计的，因此，除了有与其他表面类似的尺寸精度和表面质量要求之外，其表面的形状精度要求也较严格。加工时，刀具的切削刃形状和切削运动应首先满足表面形状的要求。

5.5.2 常用成形面加工方法

成形面的加工方法很多，一般采用车削、铣削、刨削、拉削或磨削等方法加工。在生产中其加工方法按加工原理进行划分，主要有利用成形刀具加工、利用刀具和工件的相对运动加工两大类。

1. 利用成形刀具加工

用成形刀具加工，即采用切削刃形状与工件轮廓相符合的刀具，直接加工出成形面。常见的有成形车刀车成形面、成形刨刀刨成形面、成形铣刀铣成形面、成形砂轮磨成形面和拉刀拉成形面等，如图 5-8 所示。

用成形刀具加工成形面，机床的运动和结构比较简单，操作也较简便，生产效率高。但是刀具的制造和刃磨比较复杂，成本较高。而且，这种方法的应用受到成形面尺寸的限制，不宜加工刚性差或较宽的成形面。

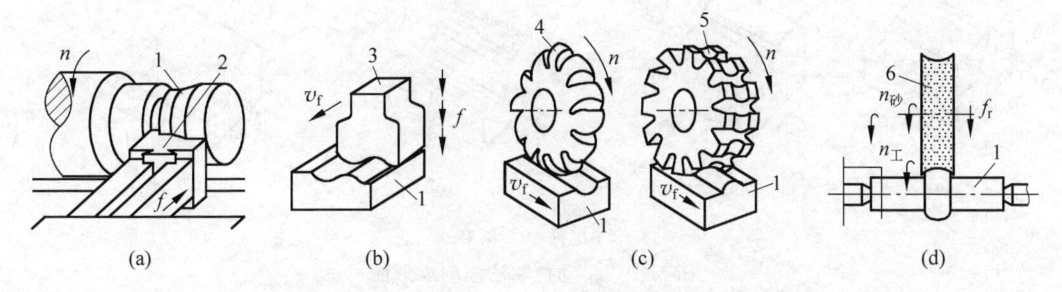

1—工件；2—成形车刀；3—成形刨刀；4—凸圆弧铣刀；5—凹圆弧铣刀；6—砂轮。

图 5-8　用成形刀具加工成形面

(a) 成形车刀加工成形面；(b) 成形刨刀加工成形面；(c) 成形铣刀加工成形面；(d) 成形砂轮磨成形面

2. 利用刀具和工件的相对运动加工

通过刀具与工件做特定的相对运动来加工出成形面，可以利用手动、机械靠模、液压仿形装置或数控装置来实现。

1）手动控制法

手动控制法是由手工操作机床、刀具相对工件做曲线成形运动加工出成形面。图 5-9 所示为在车床上用双手控制双向车削法车回转成形面。车削过程中需用样板进行度量(见图 5-10)，以保证成形面的加工质量。

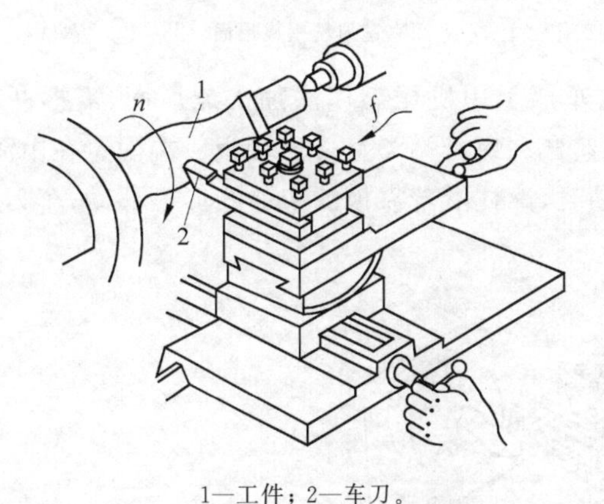

1—工件；2—车刀。

图 5-9　手动控制法车成形面

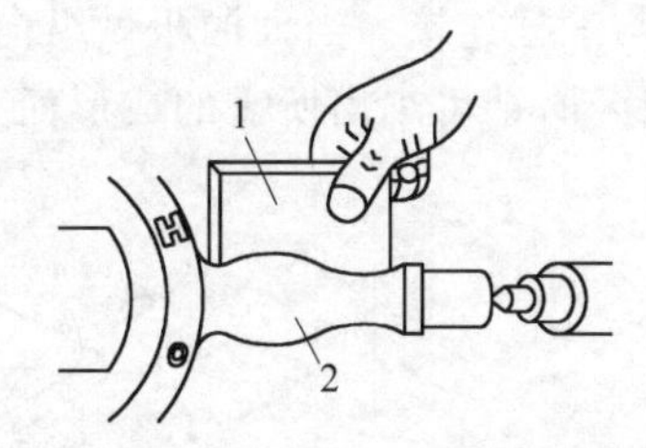

1—样板；2—工件。

图 5-10　用样板度量成形面

图 5-11 是在刨床上用手动控制法刨削直线成形面的方法及步骤；图 5-12 是在立式铣床上用手动控制法铣削成形面的方法和步骤。

手动控制法加工成形面无须专用的设备和刀具，可加工成形面尺寸和形状范围较广，但对加工者的操作技能要求高。

2）靠模法

靠模法是刀具由一传动机构带动，跟随靠模轮廓线移动而加工出与该靠模轮廓线相符合的成形面的一种加工方法。常见的有机械靠模法加工和液压传动靠模法加工。

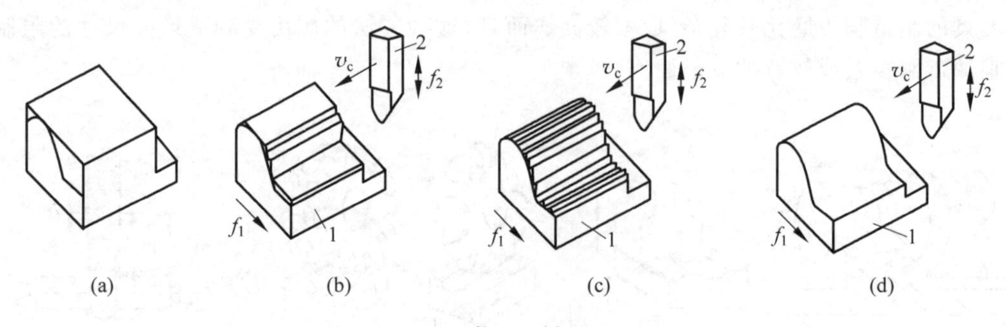

1—工件；2—刨刀。

图 5-11 手动控制法刨削成形面

(a) 划线；(b) 粗刨；(c) 半精刨；(d) 精刨

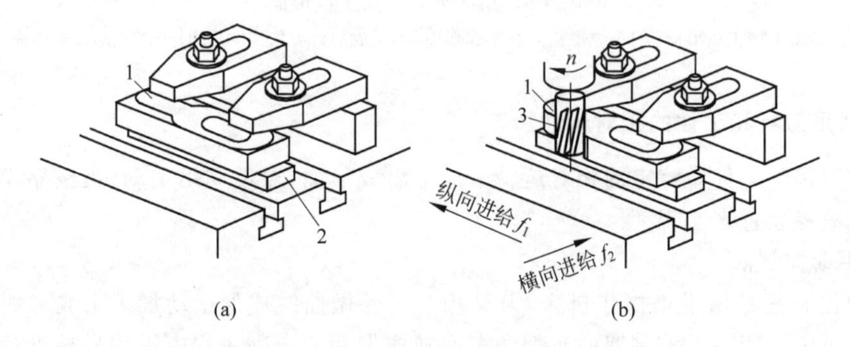

1—工件；2—垫铁；3—立铣刀。

图 5-12 手动控制法铣削成形面

(a) 将划线的工件装夹在工作台上；(b) 用立铣刀铣削成形面

(1) 机械靠模法。如图 5-13 所示，在车床上用机械靠模法加工成形面，需拆开车床中溜板里的丝杠，使中溜板的直线移动与其丝杠和螺母无关。将连接板一端固定在中溜板上，另一端与滚柱连接。当大溜板做纵向移动时，滚柱沿着靠模的中曲线形槽移动，车刀则随之做相应移动，即可车出所需的成形面。

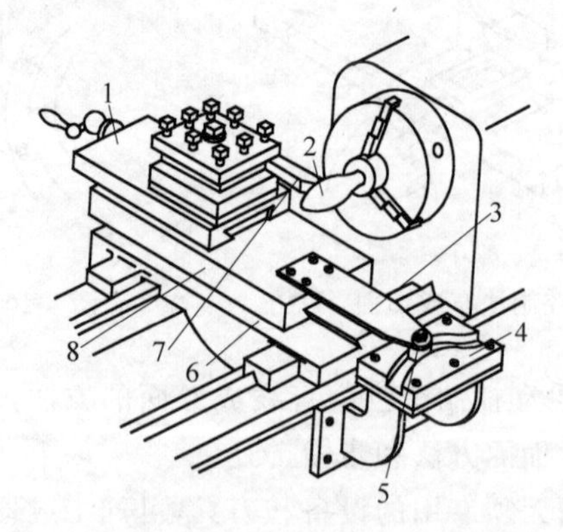

1—小溜板；2—工件；3—连接板；4—靠模板(固定在床身上)；5—滚柱；6—大溜板；7—车刀；8—中溜板。

图 5-13 机械靠模法加工成形面

(2) 液压传动靠模法。图 5-14 为液压仿形铣床的工作原理图。当铣刀连同靠模销一起做纵向或横向自动进给时，靠模销沿着靠模滑动，靠模外轮廓曲线使靠模销产生轴向移动。当靠模销向上移动时，柱塞也同时向上移动，这时从油泵出来的压力油经过油管4流入油室下腔，再经过油管1流入活动油缸上腔，油缸就会带动指状铣刀向上移动。此时，与油缸连在一起的壳体也向上移动，这样就关闭了油管4，油终止流入油缸内。当铣刀、油缸和壳体一起上移时，油缸下腔内的油被挤出，经油管2流入油室上腔，再经油管3流回油箱。当靠模销下移时，在压力弹簧的作用下，靠模机构产生相反的移动。此过程使铣刀能够始终“跟随”靠模销运动，便可铣出有相应轮廓的工件。

靠模法适用于大批量生产中加工尺寸较大的成形面。靠模法灵活性差，不同零件需要各自专用的靠模。

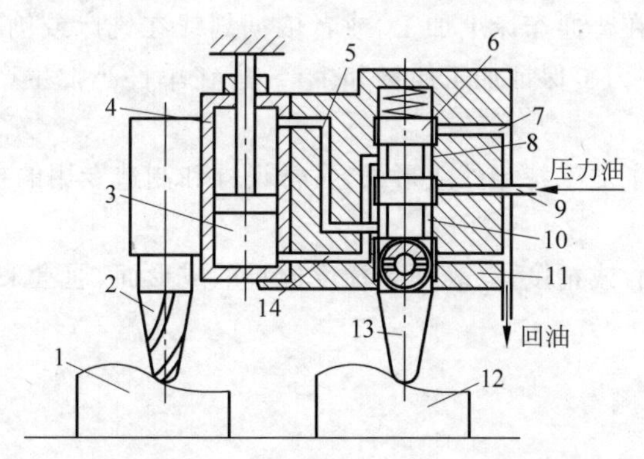

1—工件；2—指状铣刀；3—油缸下腔；4—活动油缸；5—油管1；6—柱塞；7—油管3；8—油室上腔；9—油管4；10—油室下腔；11—壳体；12—靠模；13—靠模销；14—油管2。

图5-14　液压仿形铣床的工作原理

3）展成法

展成法又称“滚切法”，利用刀具和工件对滚时做相对展成运动，刀具和工件的瞬心线相互做纯滚动，两者之间保持确定的速比关系，如图5-15所示，所获得的成形面就是刀具切削刃运动轨迹的包络线。齿轮加工中的插齿、滚齿、剃齿、珩齿等均属于展成法加工（详见5.7节齿轮齿形加工）。利用展成法可加工出齿坯上的渐开线齿面、摆线齿面和双曲线齿面等。

展成法概述

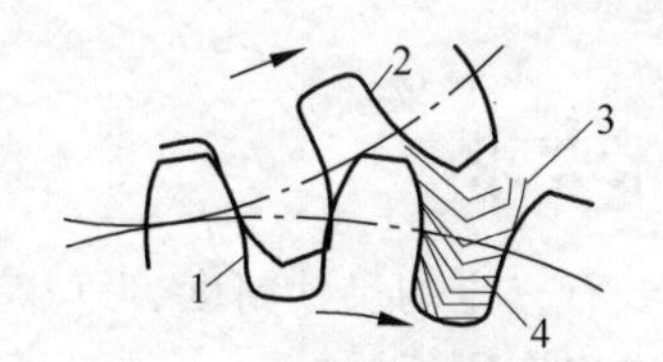

1—工件；2—刀具；3—刀刃侧面运动轨迹；4—包络线。

图5-15　展成法加工成形面

4）数控加工法

数控技术的发展和数控机床的广泛使用，为成形面的加工提供了新的方法。加工时，数控机床可以按照给定的程序自动加工出所需的成形面。数控法比靠模法灵活，加工精度高。批量小、形状复杂且多变的精密成形面用数控法加工，既可保证质量，又可提高生产效率。

此外，特种加工技术以及特种加工技术与数控技术的综合运用，为成形面的加工提供了更多、适应能力更强的加工方法。对于一些微小、结构复杂的成形面，或由高硬度、高韧性、高脆性等难加工材料制成的成形面，可选用特种加工方法加工。

5.5.3 成形面加工方法分析

加工成形面时，应根据零件的尺寸、形状及生产类型等来选择加工方法。

对于小型回转体零件上形状不太复杂的成形面，在大批量生产时，常用成形车刀在自动或半自动车床上加工；批量较小时，可用成形车刀在普通车床上加工。

加工直槽和螺旋槽等，一般可用成形铣刀在万能铣床上加工。

对于尺寸较大的成形面，大批量生产中，多采用仿形车床或仿形铣床加工；单件、小批量生产中，可借助样板在普通车床上加工，或者依据划线在铣床或刨床上加工，但这种方法加工质量和效率较低。为了保证加工质量和生产率，在单件小批生产中可应用数控机床加工成形面。

大批量生产中，为了加工特定的成形面，常常设计和制造专用的拉刀或专门化的机床进行加工。

对于淬硬的成形面，或精度高、表面粗糙度值小的成形面，通常采用磨削，必要时采用精整加工。

5.6 螺纹加工

螺纹是零件上常见的重要表面之一，它有多种形式，按用途不同可分为紧固螺纹和传动螺纹两种。

(1) 紧固螺纹。它用于零件间的固定连接，常用的有普通螺纹和管螺纹，螺纹牙型多为三角形。对于普通螺纹的主要要求是可旋入性和连接的可靠性；对于管螺纹的主要要求是密封性和连接的可靠性。

(2) 传动螺纹。它用于传递动力、运动或位移，其牙型多为梯形或锯齿形。对于传动螺纹的主要要求是传动准确、可靠，螺牙接触良好及耐磨等。

5.6.1 螺纹加工技术要求

与其他类型的表面一样，螺纹有一定的尺寸精度、形位精度和表面质量的要求。由于它的用途和使用要求不同，技术要求也有所不同。

对于紧固螺纹和无传动精度要求的传动螺纹，一般只要求中径、外螺纹的大径、内螺纹的小径的精度。

对于有传动精度要求或用于读数的螺纹，除要求中径和顶径的精度外，还要求螺距和牙型角的精度。为了保证传动精度或读数精度及耐磨性，对螺纹表面的粗糙度和硬度等也有较高的要求。

5.6.2 常用螺纹加工方法

螺纹的加工方法很多，可以在车床、钻床、螺纹铣床、螺纹磨床等机床上利用不同的工具进行加工。

根据螺纹的种类和精度要求，常用的螺纹加工方法有攻螺纹、套螺纹、车螺纹、铣螺纹和磨螺纹等。此外，也可采用滚压方法加工螺纹。

1. 攻螺纹和套螺纹

攻螺纹是用丝锥加工尺寸较小的内螺纹。单件、小批量生产中，可以用手用丝锥手工攻螺纹；当批量较大时，则在车床、钻床或攻丝机上用机用丝锥攻螺纹。套螺纹是用板牙加工尺寸较小的外螺纹，螺纹直径一般不超过16mm，它既可以手工操作，也可在机床上进行加工。

攻螺纹和套螺纹的加工精度较低，主要用于加工精度要求不高的普通螺纹。

2. 车螺纹

车螺纹是用螺纹车刀加工出工件上的螺纹，可用来加工各种形状、尺寸及精度的内、外螺纹，特别适用于加工尺寸较大的螺纹。车螺纹时，工件的旋转运动是主运动，车刀在车床丝杠带动下沿工件轴线的移动为进给运动。工件每转一周，车刀进给一个待加工螺纹的导程。用螺纹车刀车螺纹，刀具简单，适用性广，可以使用通用设备，且能获得较高精度的螺纹。但生产率低，加工质量取决于工人的技术水平以及机床、刀具本身的精度，所以主要用于单件、小批量生产。当生产批量较大时，为了提高生产率，常采用螺纹梳刀(见图5-16)车螺纹。螺纹梳刀实质上是多把螺纹车刀的组合，一般一次走刀就能切出全部螺纹，因而生产率很高。螺纹梳刀制造困难，且只能加工低精度螺纹。当加工不同螺距、头数、牙形角的螺纹时，必须更换相应的螺纹梳刀，故只适用于成批量生产。此外，对螺纹附近有轴肩的工件，不能用螺纹梳刀加工螺纹。

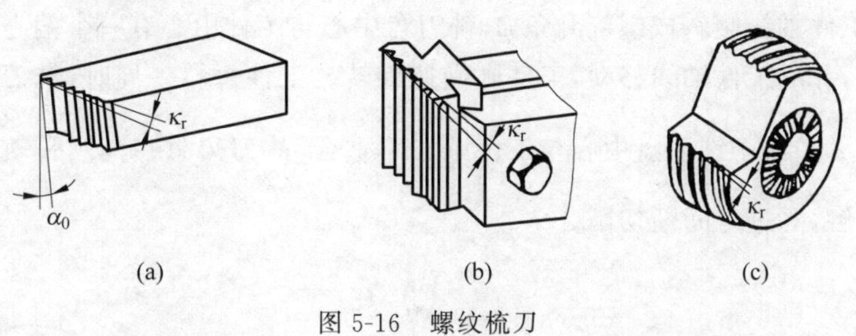

图5-16　螺纹梳刀

(a) 平体螺纹梳刀；(b) 棱体螺纹梳刀；(c) 圆体螺纹梳刀

3. 铣螺纹

铣螺纹是用螺纹铣刀切出工件上的螺纹，多用于加工尺寸较大的传动螺纹，一般在专门的螺纹铣床上进行，生产率较高，常在大批量生产中作为螺纹的粗加工或半精加工。

根据所用铣刀的结构不同，铣螺纹可以分为如下三种方法：

1）盘形螺纹铣刀铣螺纹

在普通万能铣床上用盘形螺纹铣刀铣削梯形螺纹，如图5-17所示。工件装夹在分度头与尾座顶尖之间，用万能铣头使刀轴处于水平位置，并与工件轴线呈螺旋升角 ψ。铣刀高速旋转，工件在沿轴向移动一个导程 L 的同时需转动一周。这一运动关系通过纵向工作台丝杠与分度头之间的挂轮予以保证。若铣多线螺纹，可利用分度头分线、依次铣削各条螺旋槽。

2）梳形螺纹铣刀铣螺纹

梳形螺纹铣刀铣螺纹(见图 5-18)是在专用螺纹铣床上加工螺纹短且螺距小的三角形内、外螺纹，梳形螺纹铣刀实质上是若干把盘形螺纹铣刀的组合。铣螺纹时，工件只需转 $1\frac{1}{3}\sim1\frac{1}{2}$ 周，便可切出全部螺纹，故生产率很高，但加工精度较低。用这种方法可以加工靠近轴肩或盲孔底部的螺纹，且不需要退刀槽。

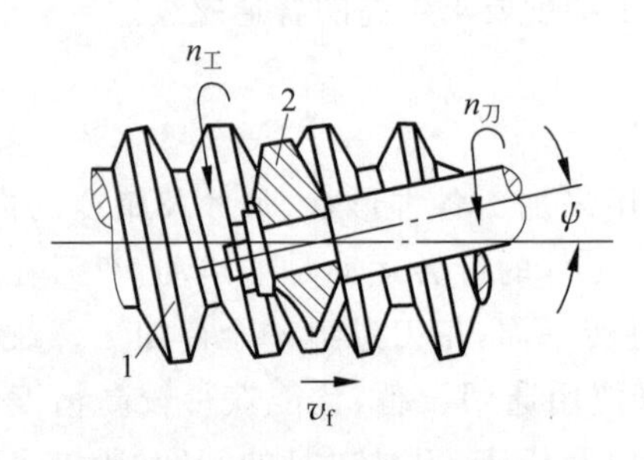

1—工件；2—盘形螺纹铣刀。

图 5-17　盘形螺纹铣刀铣螺纹

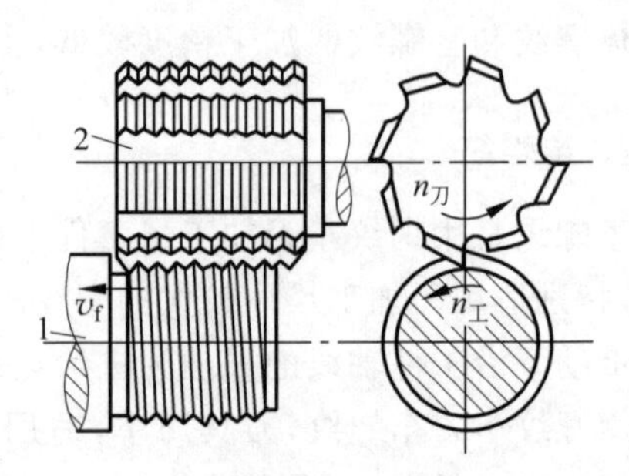

1—工件；2—螺纹铣刀。

图 5-18　梳形螺纹铣刀铣螺纹

3）旋风铣头铣螺纹

旋风铣头铣螺纹(见图 5-19)是用旋风铣头在改装的车床、改装的螺纹加工机床或专用机床上切出工件上的内、外螺纹，旋风铣头为一个装有 1～4 个硬质合金刀头的高速旋转刀盘，其轴线与工件轴线倾斜成螺旋升角 ψ，铣刀盘中心与工件中心有一个偏心 e。铣削时，铣刀盘高速旋转，并沿工件轴线移动，工件则慢速旋转。工件每转一周时，铣刀盘移动一个工件的螺纹导程 L。由于铣刀盘中心与工件中心不重合，故刀刃只在其圆弧轨迹的 $\frac{1}{6}\sim\frac{1}{3}$ 圆弧上与工件接触，并进行间断切削。

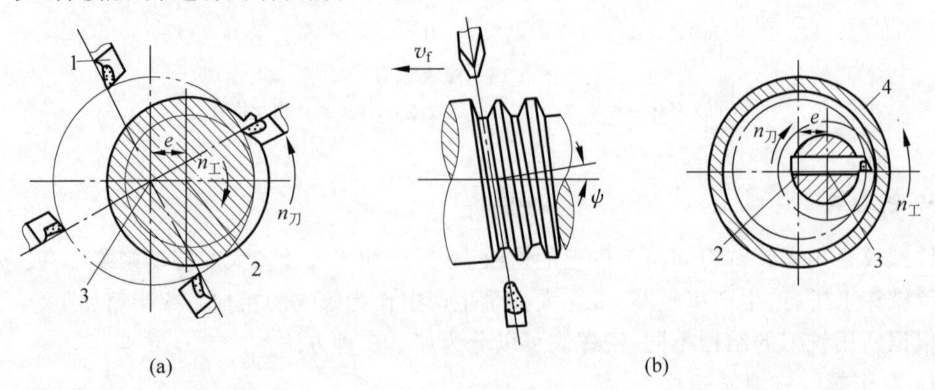

1—硬质合金刀头；2—工件旋转中心；3—铣刀盘旋转中心；4—工件。

图 5-19　旋风铣头铣螺纹

(a) 铣外螺纹；(b) 铣内螺纹

旋风铣头铣螺纹时，由于每把刀只有很短的时间在切削金属，大部分时间在空气中冷却，因此可采用很高的切削速度，生产率比盘形铣刀铣削高 3～8 倍。但旋风铣头铣螺纹的加工精度不高，调整旋风铣头也比较费时，故常用于大批量生产螺杆或精密丝杠的预加工。

4. 磨螺纹

磨螺纹一般在专门的螺纹磨床上进行。常用于淬硬螺纹的精加工，例如丝锥、螺纹量规、滚丝轮及精密传动螺杆上的螺纹。为了修正上述及类似零件热处理后引起的变形，提高加工精度，必须进行磨削。螺纹在磨削之前，可以用车、铣等方法进行预加工，对于小尺寸的精密螺纹，也可以不经预加工而直接磨削。

外螺纹可以用单线砂轮或多线砂轮进行磨削（见图 5-20）。用单线砂轮磨螺纹时，砂轮的修整较方便，加工精度较高，且可加工较长的螺纹。而用多线砂轮磨螺纹，砂轮的修整比较困难，加工精度比前者低，仅适用于加工较短的螺纹。但采用多线砂轮磨削时，工件转 $1\frac{1}{3}$～$1\frac{1}{2}$周便可完成磨削加工，故生产率比用单线砂轮磨削高。

直径大于 30mm 的内螺纹，可以用单线砂轮磨削。

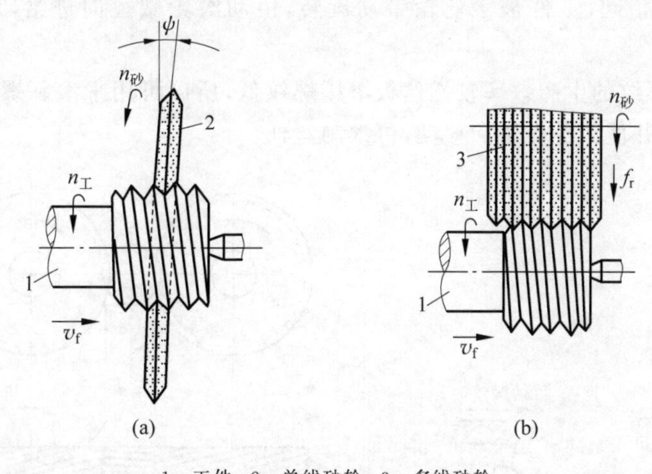

1—工件；2—单线砂轮；3—多线砂轮。

图 5-20　砂轮磨螺纹

(a) 单线砂轮磨螺纹；(b) 多线砂轮磨螺纹

5.6.3　其他螺纹加工方法

螺纹除采用攻螺纹、套螺纹、车螺纹、铣螺纹、磨螺纹方法获得外，还可以采用滚压螺纹方法获得。滚压螺纹是一种无切削加工方法，工件在滚压工具的压力作用下产生塑性变形，从而压出螺纹，螺纹上材料的纤维未被切断，因而强度和硬度都得到了相应的提高。滚压螺纹生产率高，适用于大批量生产。图 5-21 为切削和滚压螺纹断面纤维状态的比较。滚压螺纹的方法有搓丝板滚压螺纹和滚丝轮滚压螺纹两种。当螺杆的长径比很大，即螺杆的刚度很差时，亦可采用旋转电加工的方法加工螺纹。

图 5-21　切削和滚压的螺纹断面纤维状态

(a) 切削的螺纹；(b) 滚压的螺纹

1. 搓丝板滚压螺纹

如图 5-22(a)所示，搓丝板滚压螺纹时，工件放在固定搓丝板与活动搓丝板之间，两个搓丝板的平面内有斜槽，其截面形状与待搓螺纹牙型相等。当活动搓丝板移动时，即在工件表面上挤压出螺纹。

2. 滚丝轮滚压螺纹

如图 5-22(b)所示，滚丝轮滚压螺纹时，工件放在表面具有螺纹的两个滚丝轮之间，两轮转速相等、转向相同，工件被滚丝轮带动旋转，由动滚轮做径向进给，从而逐渐挤压出螺纹。

滚丝轮滚压螺纹的生产效率较搓丝板滚压螺纹低，所以可用来滚制螺钉、丝锥等，利用三个或两个滚轮，并使工件做轴向移动，可滚制丝杠。

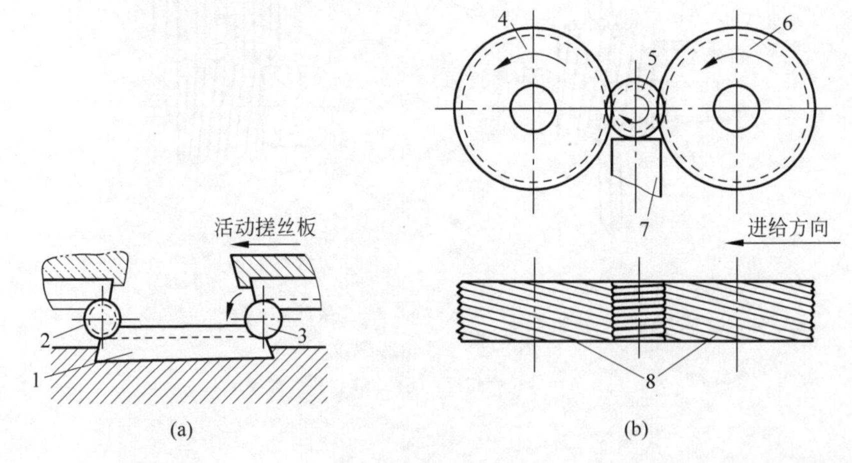

1—固定搓丝板；2—成品；3—毛坯；4—定滚轮；5—工件；6—动滚轮；7—支承板；8—滚丝轮。

图 5-22　滚压螺纹

(a) 搓丝板滚压螺纹；(b) 滚丝轮滚压螺纹

5.6.4　螺纹加工方法分析

螺纹加工方法的选择，主要取决于螺纹种类、公差等级、工件材料、热处理、生产类型及螺纹件的结构特点等方面，见表 5-10。

表 5-10 螺纹加工方法

加工方法		公差等级①	表面粗糙度 Ra/μm	适用范围
车螺纹		4～9	0.8～3.2	适用于单件、小批量生产中，加工轴、盘、套类零件与轴线同轴的内外螺纹以及传动丝杠和蜗杆等
攻螺纹		6～8	1.6～6.3	用于各种批量生产中，加工各类零件上的螺孔，直径小于M16 的常用手动，大于 M16 或大批量生产用机动
铣螺纹		6～9	3.2～6.3	适用于大批量生产中，传动丝杠和蜗杆的粗加工和半精加工，也可加工普通螺纹
滚压螺纹	搓螺纹	5～7	0.8～1.6	适用于大批量生产中，滚压塑性材料的外螺纹，亦可滚压传动丝杠
	滚螺纹	3～5	0.2～0.8	
磨螺纹		3～4	0.1～0.8	适用于各种批量的高精度、淬硬或不淬硬的外螺纹及直径大于 30mm 的内螺纹

① 系指普通螺纹中径的公差等级(GB/T 197—2018《普通螺纹 公差》)。

5.7 齿轮齿形加工

齿轮是传递运动和动力的重要零件，在机械、仪器、仪表中应用广泛，其加工质量直接影响这些产品的工作性能、承载能力、使用寿命及工作精度等。

随着科学技术和生产的发展，对机械产品的工作精度、传递功率和转速的要求越来越高。因此，对齿轮及其传动精度也提出了更高的要求。

5.7.1 齿轮齿形加工技术要求

由于齿轮在使用上的特殊性，除了一般的尺寸精度、形位精度和表面质量的要求外，还有一些特殊的要求。虽然各种机械上齿轮传动的用途不同、要求不一样，但归纳起来有如下四项。

(1) 传递运动的准确性：传递运动的准确性是要求齿轮在一转范围内，最大转角误差限制在一定的范围内。

(2) 传动的平稳性：传动的平稳性是要求齿轮传动瞬时传动比的变化不能过大，以免引起冲击，产生振动和噪声，甚至导致整个齿轮的破坏。

(3) 载荷分布的均匀性：载荷分布的均匀性是要求齿轮啮合时齿面接触良好，以免引起应力集中，造成齿面局部磨损，影响齿轮的使用寿命。

(4) 传动侧隙：传动侧隙是要求齿轮啮合时非工作齿面间具有一定的间隙，以便贮存润滑油，补偿因温度变化和弹性变形引起的尺寸变化以及加工和安装误差的影响，否则传动齿轮在工作中可能卡死或烧伤。

对于以上四项要求，不同齿轮会因用途和工作条件的不同而有所不同。例如，控制系统、分度机构和读数装置中的传动齿轮，主要要求传递运动的准确性和一定的传动平稳性，而对载荷分布的均匀性要求不高，但要求有较小的传动侧隙，以减小反转时的回程误差。机床和汽车等变速箱中速度较高的齿轮传动，主要要求传动的平稳性。轧钢机和起重机等的低速重载齿轮传动，既要求载荷分布的均匀性，又要求足够大的传动侧隙。汽轮机减速器等的高速重载齿轮传动，四项精度要求都很高。总之，这四项精度要求，相互间既有一定联系，又有主次之分，应根据具体的用途和工作条件来确定。

齿轮的结构形式多种多样，常见的有圆柱齿轮、锥齿轮及蜗杆蜗轮等，其中以圆柱齿轮应用最广。一般机械上所用的齿轮，多为渐开线齿形；仪表中的齿轮常为摆线齿形；矿山机械、重型机械中的齿轮，有时采用圆弧齿形等。本节重点介绍渐开线圆柱齿轮齿形的加工。

国家标准 GB/T 10095.1—2008《圆柱齿轮　精度制　第 1 部分：轮齿同侧齿面偏差的定义和允许值》对渐开线圆柱齿轮及齿轮副规定 13 个精度等级，精度由高到低依次为 0、1、2、3、…、12 级。其中 0、1、2 级是为发展远景而规定的，目前加工工艺尚未达到这样高的水平。7 级精度为基本级，是在实际使用或设计中普遍应用的精度等级。在加工中，基本级就是在一般条件下，应用普通的滚、插、剃三种切齿工艺所能达到的精度等级。齿轮副中两个齿轮的精度等级一般取成相同，也允许取成不同。

5.7.2　常用齿形加工方法

齿形加工是齿轮加工的核心和关键，目前制造齿轮主要是用切削加工，也可以用铸造或碾压（热轧、冷轧）等方法。铸造齿轮的精度低、表面粗糙；碾压齿轮生产率高、力学性能好，但精度仍低于切削加工，未被广泛采用。

用切削加工方法加工齿轮的渐开线齿形，按加工原理的不同分为成形法和展成法（又称“范成法”或“包络法”）两大类。成形法是用与被切齿轮的齿槽法向截面形状相符的成形刀具切出齿形的方法。展成法是利用齿轮刀具与被切齿轮保持啮合运动关系而切出齿形的方法。

1. 铣齿

铣齿属于成形法加工，是利用成形铣刀在万能铣床上加工齿轮齿形。通常模数 $m<8$ 的齿轮，用盘状模数铣刀在卧式铣床上加工（见图 5-23(a)）；模数 $m\geqslant 8$ 的齿轮，用指状模数铣刀在立式铣床上加工（见图 5-23(b)）。

铣齿

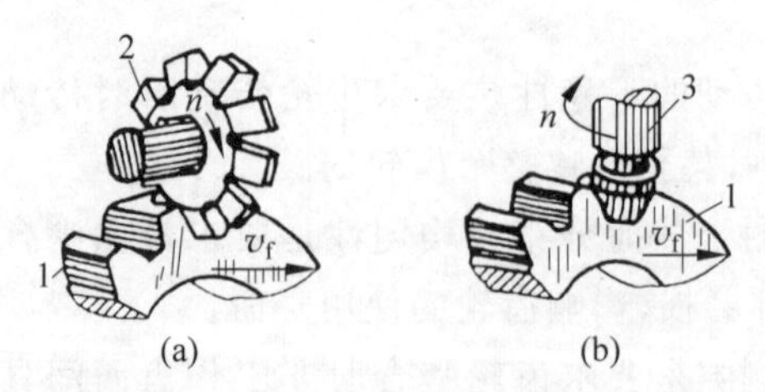

1—工件；2—盘状模数铣刀；3—指状模数铣刀。

图 5-23　盘状和指状模数铣刀铣齿轮

(a) 在卧式铣床上铣齿；(b) 在立式铣床上铣齿

根据渐开线的形成原理可知，渐开线齿形与模数和齿数有关。为了铣出准确的齿形，每种模数、齿数的齿轮，都必须采用相应的铣刀来加工，这样既不经济也不便于刀具的管理。

所以，在实际生产中将同一模数的齿轮，按其齿数划分为 8 组或 15 组，每组采用同一把铣刀加工，该铣刀齿形按所加工齿数组内的最小齿数齿轮的齿槽轮廓制作，以保证加工出的齿轮在啮合时不会产生干涉(卡住)。

铣齿的特点如下。

1）成本低

铣齿可以在一般的铣床上进行，刀具也比其他齿轮刀具简单，因而加工成本低。

2）加工精度低

由于铣刀分成若干组，齿形误差较大，且铣齿时采用通用附件分度头进行分度，分度精度不高，会产生分度误差，再加上铣齿时产生的冲击和振动，造成铣齿的加工精度较低。

3）生产率低

铣齿时，每铣一个齿槽都要重复进行切入、切出、退刀和分度等工作，消耗的辅助时间长，故生产率低。

铣齿仅适用于单件、小批量生产或维修工作中加工精度不高的低速齿轮，有时也用于齿形的粗加工。铣齿不仅可以加工直齿、斜齿和人字齿圆柱齿轮，还可以加工齿条和锥齿轮等。

插齿

2. 插齿

插齿属于展成法加工，用插齿刀在插齿机上加工齿轮的齿形，它是按一对圆柱齿轮相啮合的原理进行加工的。如图 5-24 所示，相啮合的一对圆柱齿轮，若其中一个是工件，则另一个用高速钢制成，并于淬火后在轮齿上磨出前角和后角，形成切削刃，加上必要的切削运动，即可在工件上切出齿形来。

插直齿圆柱齿轮时，用直齿插齿刀。插齿(见图 5-25)时的运动有：

1）主运动

主运动即插齿刀的上下往复直线运动，以每分钟往复行程次数来表示(str/min)。

2）分齿运动(展成运动)

分齿运动即插齿刀和工件之间强制地按速比保持一对齿轮啮合关系的运动，即

$$\frac{n_{工}}{n_{刀}}=\frac{Z_{刀}}{Z_{工}} \tag{5-1}$$

1—工件；2—插齿刀。

图 5-24　插齿的加工原理

式中，$n_{工}$、$n_{刀}$为工件和插齿刀的转速，r/min；$Z_{工}$、$Z_{刀}$为工件和插齿刀的齿数。

3）圆周进给运动

圆周进给运动即分齿运动过程中插齿刀每往复一次其分度圆周所转过的弧长(mm/str)。它反映插齿刀和齿轮坯转动的快慢，决定每切一刀的金属切除量和包络渐开线齿形的切线数目，从而影响齿面的表面粗糙度值。

4）径向进给运动

开始插齿时，插齿刀要逐渐切至全齿深，插齿刀每往复一次径向移动的距离，称为径向进给量。当切至全齿深时，径向进给运动停止，分齿运动仍继续进行，直至加工完成。

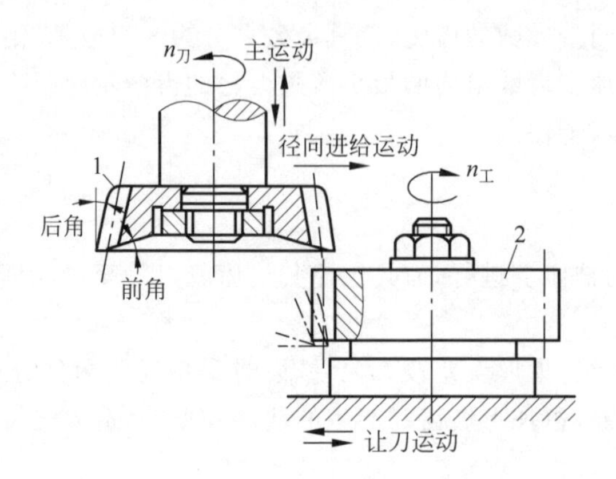

1—插齿刀；2—齿轮坯。

图 5-25 插齿加工

5）让刀运动

为了避免插齿刀在返回行程中，刀齿的后刀面与工件的齿面发生摩擦，在插齿刀返回时，工件必须让开一段距离；当切削行程开始前，工件又恢复原位，这种运动称为让刀运动。

插齿主要用于加工直齿圆柱齿轮、内齿轮。由于插齿要求退刀槽的尺寸小，还可用于加工双联或多联齿轮。

滚齿

3. 滚齿

滚齿也属于展成法加工，用齿轮滚刀在滚齿机上加工齿轮的齿形，它是按一对螺旋齿轮相啮合的原理进行加工的，如图 5-26 所示。相啮合的一对螺旋齿轮，当其中一个螺旋角很大、齿数很少（一个或几个）时，其轮齿变得很长，形成蜗杆形。若该蜗杆用高速钢等刀具材料制成，并在其螺纹的垂直方向开出若干容屑槽，形成刀齿及切削刃，它就变成了齿轮滚刀。

滚齿（见图 5-27）时的运动有：

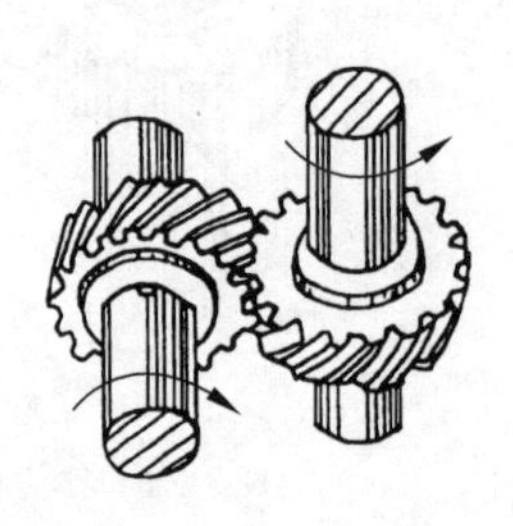

图 5-26 滚齿的加工原理图

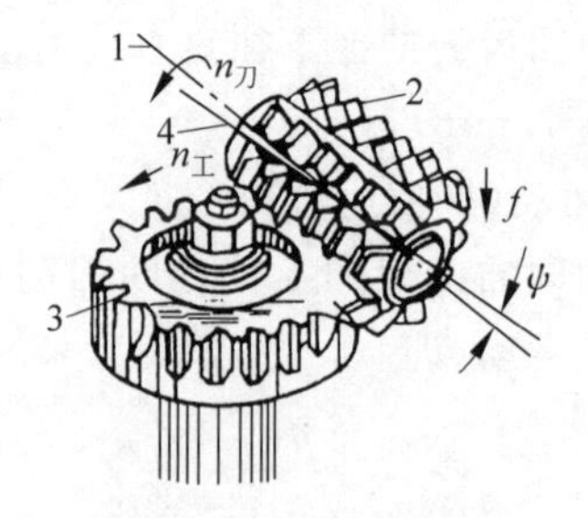

1—滚刀轴线；2—滚刀（线数 k）；3—齿轮（齿数 z）；4—水平线。

图 5-27 滚齿加工

1）主运动

主运动是指滚刀的高速旋转，转速以 $n_刀$（r/min）表示。

2）分齿运动（展成运动）

分齿运动是指滚刀与被切齿轮之间强制地按速比保持一对螺旋齿轮啮合关系的运动，即

$$\frac{n_{工}}{n_{刀}}=\frac{k}{Z_{工}} \tag{5-2}$$

式中,$n_{工}$、$n_{刀}$为工件和齿轮滚刀的转速,r/min; k 为齿轮滚刀的线数; $Z_{工}$为工件的齿数。

3) 垂直进给运动

为了在齿轮的全齿宽上切出齿形,齿轮滚刀需要沿工件的轴向做进给运动。工件每转一周齿轮滚刀移动的距离,称为垂直进给量。当全部轮齿沿齿宽方向都滚切完毕后,垂直进给停止,加工完成。

加工螺旋齿轮时,除上述三个运动外,在滚切过程中工件还需要有一个附加的转动,即根据螺旋齿轮的导程 L,在滚刀垂直进给导程 L 距离的同时,工件应多转(右旋滚刀滚右旋螺旋齿轮时)或少转(右旋滚刀滚左旋齿轮时)一周,这样才能加工出所要求的螺旋齿,这个附加的转动,可以通过调整滚齿机有关挂轮而得到。在滚齿机上用蜗轮滚刀还可滚切蜗轮。

4. 插齿、滚齿与铣齿的比较

1) 插齿和滚齿的精度基本相同,且均比铣齿高

插齿刀的制造、刃磨及检验均比滚刀方便,容易制造得较精确,但插齿机的分齿传动链比滚齿机复杂,增加了传动误差。综合两方面,插齿和滚齿的精度基本相同。

由于插齿机和滚齿机的结构与传动机构都是按加工齿轮的要求而专门设计和制造的,分齿运动的精度高于万能分度头的分齿精度。插齿刀和齿轮滚刀的精度也比齿轮铣刀的精度高,不存在像齿轮铣刀那样因分组而带来的齿形误差。因此,插齿和滚齿的精度都比铣齿高。

一般情况下,插齿和滚齿可获得 7~8 级精度的齿轮,若采用精密插齿或滚齿,可以得到 6 级精度的齿轮,而铣齿仅能达到 9 级精度。

2) 插齿齿面的表面粗糙度 Ra 值较小

插齿时,插齿刀沿齿宽连续地切下切屑,而在滚齿和铣齿时,轮齿齿宽是由刀具多次断续切削而成,并且在插齿过程中包络齿形的切线数量比较多,所以插齿的齿面表面粗糙度 $R\alpha$ 值较小。

3) 插齿的生产率低于滚齿而高于铣齿

插齿的主运动为往复直线运动,插齿刀有空行程,所以插齿的生产率低于滚齿。插齿和滚齿的分齿运动是在切削过程中连续进行的,省去了铣齿时的单独分度时间,所以插齿和滚齿的生产率均比铣齿高。

4) 插齿刀和齿轮滚刀加工齿轮齿数范围较大

插齿和滚齿都是按展成原理进行加工的,同一模数的插齿刀或齿轮滚刀,可以加工模数相同而齿数不同的齿轮,不像铣齿那样,每个刀号的铣刀适于加工的齿轮齿数范围较小。

在齿轮齿形的加工中,滚齿应用最为广泛,它不但能加工直齿圆柱齿轮,还可以加工螺旋齿轮、蜗轮等,但一般不能加工内齿轮和相距很近的多联齿轮。插齿的应用也比较广泛,它可以加工直齿和螺旋齿圆柱齿轮,但生产率没有滚齿高,多用于加工用滚刀难以加工的内齿轮、相距较近的多联齿轮或带有台肩的齿轮等。

尽管滚齿和插齿所使用的刀具及机床比铣齿复杂、成本高,但由于加工质量好、生产率高,在大批量生产中仍可收到很好的经济效果。有时在单件小批生产中为了保证加工质量,也常采用插齿或滚齿加工。

5.7.3 齿形精加工方法

铣齿、插齿和滚齿只能完成对齿形的半精加工，对于7级精度以上或需要淬火的齿轮，在插齿、滚齿之后还需要进行精加工。齿形精加工的方法有剃齿、珩齿、磨齿和研齿等。

剃齿

1. 剃齿

剃齿是用剃齿刀在剃齿机上进行的，主要用于加工插齿或滚齿后未经淬火的直齿和螺旋齿圆柱齿轮，精度可达6～7级，表面粗糙度 Ra 值为0.4～0.8μm。

剃齿(见图5-28)属于展成法加工，剃齿刀(见图5-28(a))的外形很像一个斜齿圆柱齿轮，精度很高，并在齿面上开出许多小沟槽，以形成切削刃。剃齿时，工件与剃齿刀啮合并直接由剃齿刀带动旋转，它是一种"自由啮合"的展成法加工，剃齿刀齿面上众多的切削刃从工件齿面上剃下细丝状的切屑。

当剃直齿圆柱齿轮时，剃齿刀与工件之间的位置关系及运动情况如图5-28(b)所示。为了保证剃齿刀与工件正确地啮合，剃齿刀轴线必须与工件轴线倾斜一个剃齿刀的螺旋角 β，这样剃齿刀在点 C 的圆周速度 $v_{刀}$ 可分解为沿工件圆周切线的分速度 $v_{工}$ 和沿工件轴线的分速度 $v_{轴}$。$v_{工}$ 使工件旋转，$v_{轴}$ 为剃齿刀与工件齿面间的相对滑动速度，即剃削时的切削速度。为了能沿轮齿齿宽进行剃削，工件由工作台带动做往复直线运动。在工作台的每一次往复行程终了时，剃齿刀需做径向进给，以便剃去全部余量。剃齿过程中，剃齿刀时而正转，时而反转，正转时剃轮齿的一个侧面，反转时剃轮齿的另一个侧面。

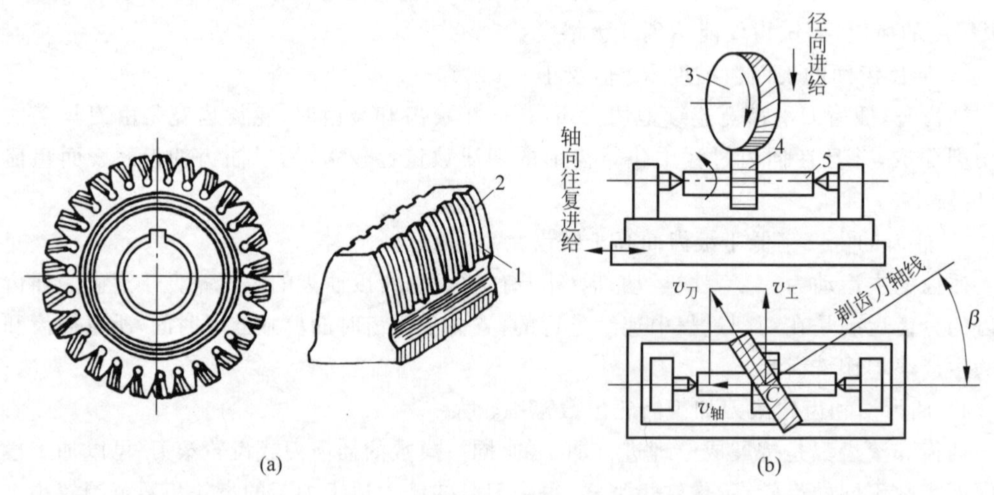

1—小沟槽；2—切削刃；3—剃齿刀；4—工件；5—心轴。

图5-28 剃齿刀与剃齿

(a) 剃齿刀；(b) 剃齿

剃齿主要是提高齿形精度和齿向精度，减小齿面的表面粗糙度值。由于剃齿是"自由啮合"的展成法加工，因此不能修正分齿误差，剃齿精度只能在插齿或滚齿的基础上提高一级。

由于剃齿机的结构简单，生产率高，所以多用于大批量生产的齿形精加工。

2. 珩齿

珩齿是用珩磨轮在珩齿机上进行的一种齿形光整加工方法，其原理和方法与剃齿相同，主要用于加工经过淬火后的齿轮。

珩齿所用的珩磨轮（见图5-29）是用磨料与环氧树脂等浇铸或热压而成的，是具有很高齿形精度的螺旋齿轮。当模数 $m>4$ 时，采用带金属齿芯的珩磨轮；当模数 $m\leqslant 4$ 时，则采用不带金属齿芯的珩磨轮。

珩齿时，珩磨轮的转速高达1000～2000r/min，比只有每分钟几百转的剃齿刀的转速高得多。当珩磨轮以高速带动工件旋转时，在相啮合的轮齿齿面上产生相对滑动，从而实现切削加工。珩齿具有磨削、剃削和抛光等精加工的综合作用。

珩齿主要用于消除淬火后的氧化皮和轻微磕碰而产生的齿面毛刺与压痕，可有效减小表面粗糙度值，适当减小齿轮噪声，但对齿形精度改善不大。

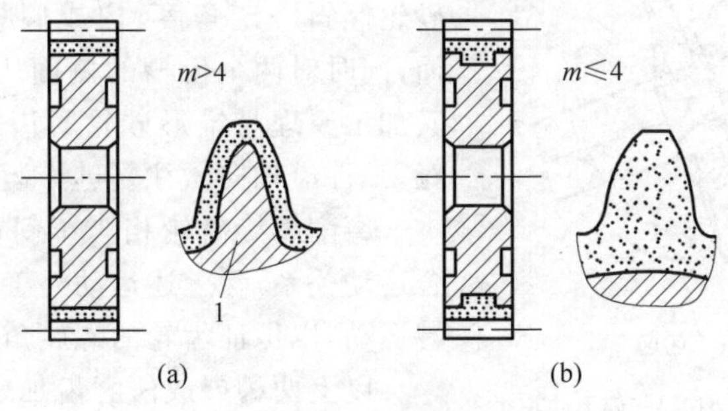

图5-29 珩磨轮

(a) 带金属齿芯；(b) 不带金属齿芯

3. 磨齿

磨齿是用砂轮在磨齿机上精加工淬火或不淬火的齿轮，加工精度可达4～6级，甚至可达3级，齿面的表面粗糙度 Ra 值为0.2～0.4μm。按加工原理不同，磨齿可分为成形法磨齿和展成法磨齿两类。

1）成形法磨齿

如图5-30所示，砂轮磨削部分需修整成与被磨齿槽相吻合的渐开线轮廓，然后对工件的齿槽进行磨削，加工方法与用齿轮铣刀铣齿相似。成形法磨齿生产率较高，但受砂轮修整精度及机床分度精度的影响，其加工精度较低，一般为5～6级，所以实际生产中成形法磨齿应用较少，而展成法磨齿应用较多。

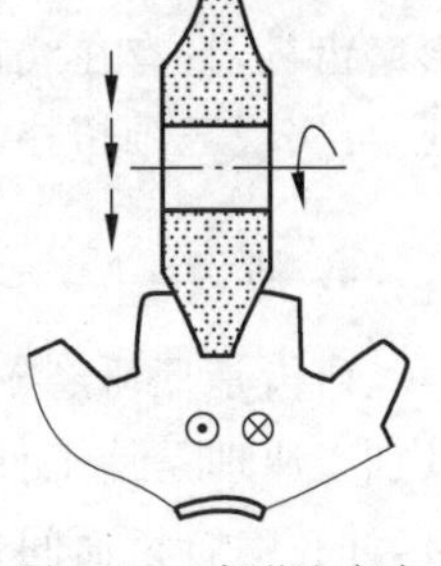

图5-30 成形法磨齿

2）展成法磨齿

根据所用砂轮和机床的不同，展成法磨齿可分锥形砂轮磨齿和双碟形砂轮磨齿。

锥形（双斜边）砂轮磨齿如图5-31所示，砂轮的磨削部分修整成与被磨齿轮相啮合的假想齿条的齿形。磨削时强制砂轮与被磨齿轮保持齿条与齿轮的啮合运动关系，砂轮做高速旋转的同时沿工件轴向做往复运动，以便磨出全齿宽，工件则边移动边转动。当工件逆时针转动并向右移动时，砂轮的右侧面磨削齿槽1的右齿面；当齿槽1的右齿面由齿根到齿顶磨削完毕后，机床使工件得到与上述完全相反的运动，利用砂轮的左侧面磨削齿槽1的左齿面。当齿槽1的左齿面磨削完毕后，砂轮自动退离工件，工件自动进行分度。分度后砂轮进入下一齿槽2重新开始磨削，如此自动循环，直到全部齿槽磨削完毕。

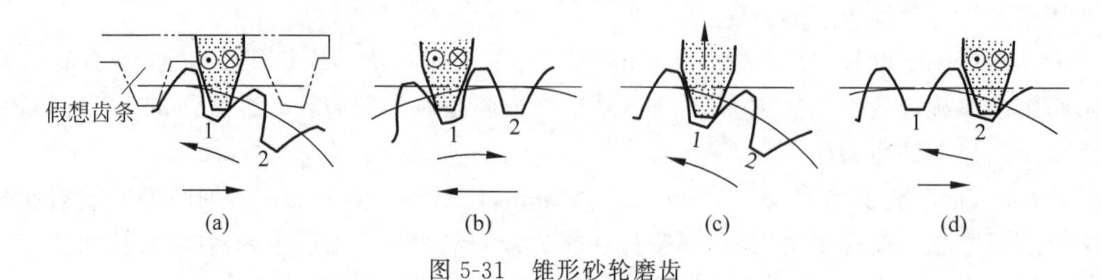

图 5-31 锥形砂轮磨齿

(a) 磨齿槽右侧齿面；(b) 磨齿槽左侧齿面；(c) 砂轮退出工件分度；(d) 磨第2齿槽

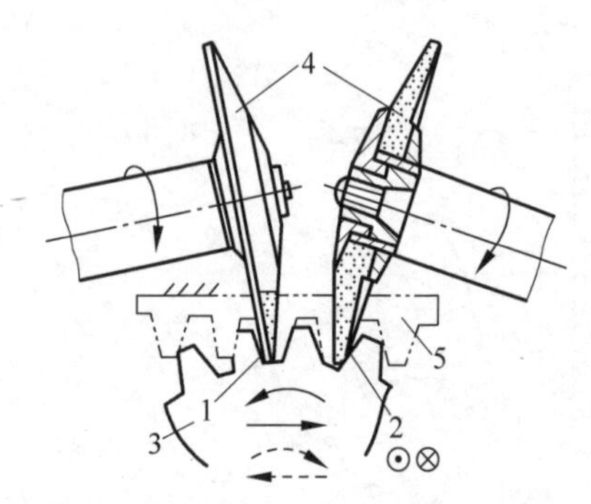

1,2—齿槽的侧面；3—工件；4—碟形砂轮；5—假想齿条。

图 5-32 双碟形砂轮磨齿

双碟形砂轮磨齿如图5-32所示，将两个碟形砂轮倾斜一定角度，构成假想齿条两个齿的外侧面，同时对两个齿槽的侧面1和侧面2进行磨削。其加工原理与锥形砂轮磨齿相同。为了磨出全齿宽，工件沿轴向做往复进给运动。

磨削螺旋齿轮相当于斜齿条与螺旋齿轮的啮合运动关系，除上述运动外工件还需有一个附加旋转运动，以保证齿轮的螺旋角 β。

以上两种展成法磨齿加工精度较高，可达4～6级。但齿槽是由齿根到齿顶逐渐磨出，而不像成形法磨齿一次成形，因而生产率低于成形法磨齿。

磨齿主要用于磨削高精度的直齿和螺旋齿圆柱齿轮，在内齿轮磨床上利用成形法可磨削内齿轮。

除上述介绍的两种磨齿方法外，还可以采用数控成形磨齿机进行磨齿。近年来，数控成形磨齿机已实现国产化。如陕西秦川机械发展有限公司研发的国内最大规格的数控成形磨齿机，通过人机对话，可以进行双齿面带齿根、不带齿根磨削和单齿面磨削三种方式以及齿形面的精密修整；洛阳科大越格数控机床有限公司与河南科技大学自主研发的五轴数控成形磨齿机，具有在线砂轮修整、在线测量等动态检测和补偿功能，可实现三维拓扑修形和参数化精密成形磨削加工。

研齿

4. 研齿

研齿是用研磨轮在研齿机上对齿轮进行光整加工的方法，其加工原理是使工件与轻微制动的研磨轮做无间隙的自由啮合，并在啮合齿面间加入研磨剂，利用齿面的相对滑动从被研齿轮的齿面上切除一层极薄的金属，达到减小表面粗糙度 Ra 值和校正齿轮部分误差的目的。

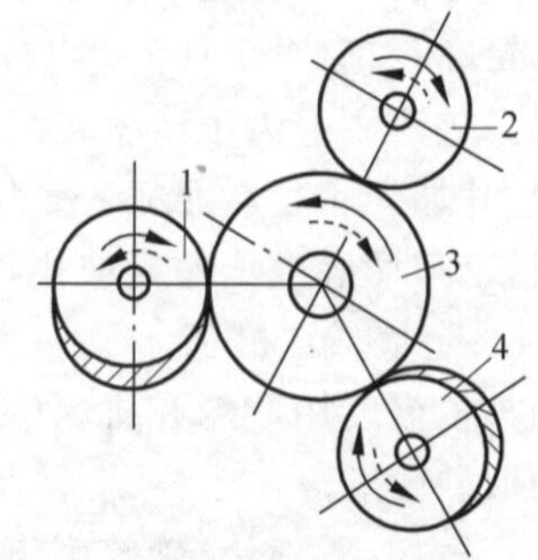

1—研轮1；2—研轮3；3—被研齿轮；4—研轮2。

图 5-33 研齿

如图5-33所示，工件放在三个研磨轮之间，同时与三个研磨轮啮合。研磨直齿圆柱齿轮时，三个研磨轮中一个是直齿圆柱齿轮，另两个是螺旋角相反的斜齿圆柱齿轮。研齿时，工件带动研磨轮旋转并沿轴向做快速往复运动，以便研磨全齿宽上的齿面。研磨一定时间后，改变旋转方向，研磨另一齿面。

研齿对齿轮精度的提高作用不大，但能减小齿面的表面粗糙度值，同时稍微修正齿形、齿向误差，主要用于淬硬齿面的精加工。

5.7.4　面齿轮成形加工

面齿轮传动是由圆柱齿轮与圆锥齿轮相啮合的齿轮传动演变而来，如图 5-34(a)所示。当圆柱齿轮与圆锥齿轮的轴线处于正交状态时，圆锥齿轮的轮齿就会处在一个平面上，锥齿轮也就演变成了面齿轮，如图 5-34(b)所示。相比于锥齿轮，面齿轮传动无须考虑配对使用，互换性好，振动冲击小，噪声低，便于安装和调整。此外，面齿轮的传动比大，可达到 10，单级面齿轮传动可以替代两级其他齿轮传动，无轴向力，支撑结构简单，重量轻，适合多路传动。因此，面齿轮传动已广泛应用于航空、航天、汽车、雷达天线、机器人、高档机床、风电、农机等多个领域。

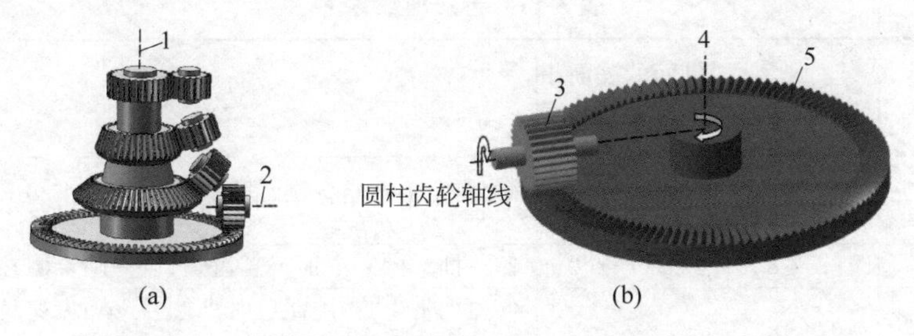

1—锥齿轮轴线；2—圆柱齿轮轴线；3—圆柱齿轮；4—面齿轮轴线；5—面齿轮。

图 5-34　面齿轮传动示意图

(a) 面齿轮传动的演化；(b) 面齿轮传动

从圆柱齿轮的齿廓形状来看，面齿轮传动一般分为直齿面齿轮、斜齿面齿轮和弧齿面齿轮传动，常见的几种面齿轮传动形式如图 5-35 所示。和普通圆柱齿轮不同的是，面齿轮加工时，加工位置不在圆柱毛坯的侧面，大多在其端面，而且加工所用刀具的法向齿形截面必须要保证与面齿轮啮合的圆柱齿轮一样，因此必须使用专门的机床和刀具。

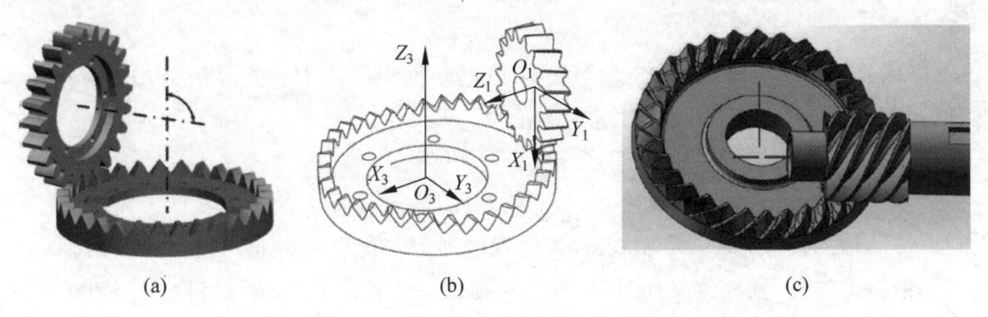

图 5-35　常见的几种面齿轮传动形式

(a) 直齿面齿轮传动；(b) 斜齿面齿轮传动；(c) 弧齿面齿轮传动

由于面齿轮齿形比较复杂，其轮齿的齿厚沿齿宽方向变化，因此不适合用仿形法加工，须采用前面介绍的展成法进行加工(即利用包络法形成共轭齿面的原理进行切齿),如插齿、滚齿、车齿和磨齿。其中对于插齿、车齿和磨齿,需专用的面齿轮加工机床,如果利用圆柱齿轮滚齿机加工面齿轮,齿轮滚刀必须专门进行设计和制造。此前,面齿轮加工主要集中在欧美国家,但近年来已开始国产化。如国内洛阳科大越格数控机床有限公司已生产出数控面齿轮车齿机,该车齿机中刀具轴和工件轴定滚比高速联动,制齿效率高,精度高;西北工业大学与秦川机床工具集团股份公司联合研制出第一台数控面齿轮蜗杆砂轮磨齿机,可以磨削 5 级精度面齿轮。除了上述方法外,也可采用注塑模、粉末冶金和锻造等非传统齿轮加工手段来成形面齿轮。

5.7.5 齿形加工方法分析

齿形加工方法的选择应考虑齿轮精度等级、齿面粗糙度、结构、形状、尺寸、材料、热处理和生产类型等因素。常用圆柱齿轮齿形加工方法见表 5-11。

表 5-11 齿形加工方法

加工方法		精度等级	齿面的表面粗糙度 $Ra/\mu m$	适用范围
成形法铣齿		9 级或 9 级以下	3.2～6.3	单件、小批量生产中加工直齿和螺旋齿轮及齿条
展成法	滚齿	7～8	1.6～3.2	各种批量生产中加工直齿、斜齿外啮合圆柱齿轮和蜗轮
	插齿	7～8	1.6	各种批量生产中加工内外圆柱齿轮、双联齿轮、扇形齿轮、短齿条等。插削斜齿轮只适用于大批量生产
	剃齿	6～7	0.4～0.8	大批量生产中滚齿或插齿后未经淬火的齿轮精加工
	珩齿	6～7	0.4～1.6	大批量生产中高频淬火后齿形的精加工
	磨齿	3～6	0.2～0.8	单件、小批量生产中淬硬或不淬硬齿形的精加工
	研齿		0.2～0.4	淬硬齿轮的齿形精加工,可有效地减小齿面的 Ra 值

习题 5

5-1 内孔直径为 $\phi 50$,尺寸公差等级为 IT8,表面粗糙度 Ra 值为 0.08μm,材料为黄铜的零件,可采用精磨方法加工内孔,请判断正误。

5-2 选择表面加工方法的依据是什么?

5-3 单件、小批量生产条件下,加工下列表面,应选择什么加工方案?

(1) 传动轴的轴颈,尺寸为 $\phi 50k6$,表面粗糙度 Ra 值为 0.8μm,材料为 45 钢。

(2) 箱体上的孔,孔径为 $\phi 100H7$,表面粗糙度 Ra 值为 1.6μm,材料为 HT300。

5-4 在大批量生产条件下,加工一批直径为 $\phi 25h6$mm,长度为 58mm 的光轴,其表面粗糙度 Ra 值为 0.2μm,材料为 45 钢,试选择其加工方案。

5-5 外圆表面的基本加工方法有哪些?

5-6 孔加工方法主要有哪些?

5-7　平面加工方法主要有哪些？

5-8　成批生产某箱体，材料为 HT300，箱体的外形尺寸（长×宽×高）为 700mm×540mm×360mm，试为该箱体前壁 ϕ170K6 通孔选择加工方案。该孔长为 90mm，表面粗糙度 Ra 值为 0.4μm，圆度公差为 0.006mm。

5-9　成形面的种类有哪些？

5-10　成形面常用的加工方法有哪几类？

5-11　按用途不同，螺纹一般可分为哪几种？

5-12　常用的螺纹加工方法有哪些？

5-13　齿轮齿形的技术要求有哪些？

5-14　按加工原理的不同，齿轮齿形加工可以分为哪几类？

5-15　齿形加工方法中，试对插齿、滚齿及铣齿进行比较。

5-16　齿形的精加工方法有哪些？

自测题

第6章

零件的结构工艺性

【本章导读】 零件结构对其制造工艺过程影响很大。在设计产品(或零件)结构时,不仅要考虑其使用性能,还要考虑是否便于加工、装配和维修等问题。零件的结构工艺性反映在毛坯成形、热处理、切削加工和装配等各个阶段,是评价零件结构设计优劣的重要指标之一。本章通过列举实例,重点讲述零件切削加工工艺性和装配工艺性。前者主要从便于安装、便于加工、便于测量和提高生产效率等方面进行介绍,后者主要从便于装配、便于拆卸等方面进行介绍。在学习完本章知识点之后,应能熟悉零件结构工艺性的基本概念,掌握切削加工工艺性和零件装配工艺性的设计准则,具备辨别零件结构工艺性好坏和设计合理零件结构的能力,同时理论联系实际,将所学知识应用到具体的零件设计中,提高产品质量和生产效率,降低生产成本。

随着现代工业和科学技术的快速发展,对质量可靠、性能优良、标准化机械产品的要求越来越高。机械产品不仅应满足其使用性能,还应该具备良好的加工工艺性和装配工艺性,从而提高生产效率,降低成本。也就是说,设计零件时要考虑零件结构的工艺性。

6.1 零件结构工艺性的概念

零件的结构工艺性是指在一定的生产规模和生产条件下,具有某种结构的零件在毛坯生产、切削加工、热处理等阶段是否能用高效率、低消耗和低成本的方法制造出来,并能较方便、精准地装配成机器。或者说,从制造工艺的角度考虑,在不影响使用的前提下,零件结构如何设计更为合理。因此在设计零件时,除了考虑零件的使用要求外,还应考虑零件是否能够制造和便于制造,也就是说结构工艺性表征了零件制造和装配时的难易程度。它既是评价零件结构设计优劣的技术经济指标之一,也是评价零件结构设计优劣的标准,对机器制造生产具有重要意义。

结构工艺性的好坏是相对的。比如在单件、小批量生产中,某个零件具有良好的结构工艺性,但在大批量生产中,可能因无法采用高效率专用机床和工艺装备而使其结构工艺性变差。

因此,评价机械零件结构工艺性的优劣,会随着科学技术的发展和具体生产条件(生产类型、生产设备、经济成本等)的不同而发生变化。

设计零件结构一般应考虑如下问题：

（1）设计零件结构需满足使用要求。这是设计制造零件的根本目标，也是考虑零件结构工艺性的前提。

（2）设计零件结构需统筹兼顾、综合考虑。产品及零件制造包括毛坯生产、切削加工、热处理和装配调试等多个过程，在结构设计时，应尽可能使各个阶段都具有良好的结构工艺性。无法同时兼顾时，需分清主次，保证主要方面，照顾次要方面。

（3）设计零件结构需依据生产类型和条件。生产批量不同，零件结构工艺性也会有所差异。例如，图6-1(a)所示的铣床工作台T形槽，在单件、小批量生产中结构工艺性良好，但在大批量生产时，需要在龙门刨床上一次装夹，同时对多个零件进行加工，此时，由于A壁挡刀，结构工艺性不好。改为图6-1(b)所示结构时，A壁顶面低于T形底面，则可实现一次走刀同时加工多个零件，提高了生产率。所以，结构设计时必须考虑现有设备条件、生产类型和技术水平等条件。

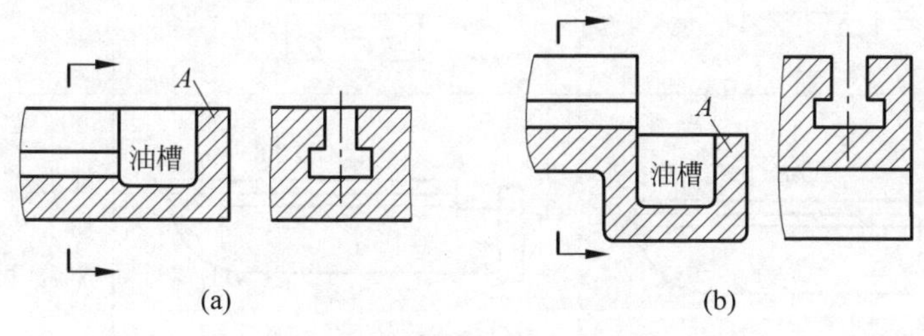

图6-1　铣床工作台的结构工艺性

(a) 单件、小批量；(b) 大批量

（4）零件结构工艺性与科学技术发展相适应。新技术和新工艺随着科学技术的发展而不断涌现，对零件的结构工艺性也有直接影响。例如，用一般切削加工方法很难在硬质合金材料上加工小孔，但采用电火花加工却十分方便。特别是近年发展起来的3D打印（增材制造）技术，更是彻底改变了减材制造（切削加工等）的设计理念。

机械加工零件的结构工艺性

6.2　零件结构的切削加工工艺性

切削加工工艺性综合反映了机械零件切削加工的可行性和经济性，它是一项综合性的技术经济指标，涵盖生产批量、工艺路线、加工精度与方法、工艺装备等许多方面。影响切削加工工艺性的主要因素有零件材料、零件毛坯种类、热处理和零件的结构等。

零件结构切削加工工艺性设计的主要目的是使零件加工方便，提高工作效率，减少加工量和保证加工质量。本节表6-1～表6-9中举例说明结构设计时应注意的问题和解决方案。

切削加工结构工艺性概述

1. 便于安装、加工与测量（见表6-1）

(1)便于装夹、保证定位可靠；(2)便于减小加工难度；(3)便于进刀和退刀；(4)尽量采用标准化参数；(5)零件型面力求简单；(6)便于测量。

表 6-1　便于安装、加工与测量

设计准则	图例		说　明
	不合理的结构	合理的结构	
便于装夹、保证定位可靠	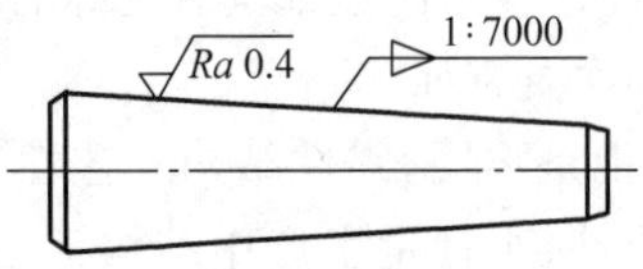	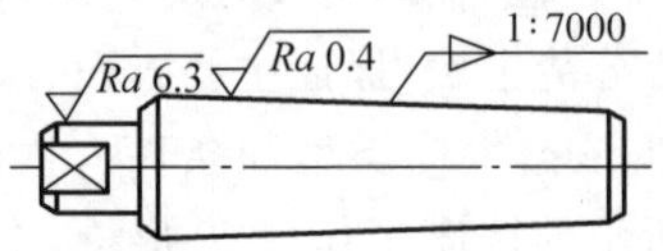	锥度心轴一般是先车后磨，用顶尖、拨盘、卡箍装夹。应在心轴一端设计一圆柱表面，以便安装卡箍，增加工艺轴头便于装夹
	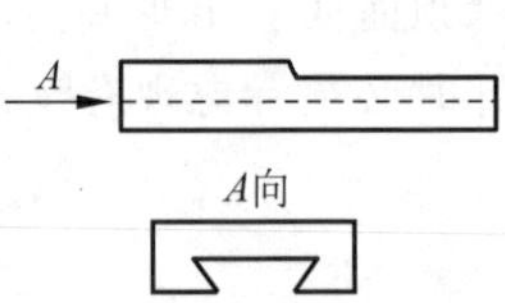	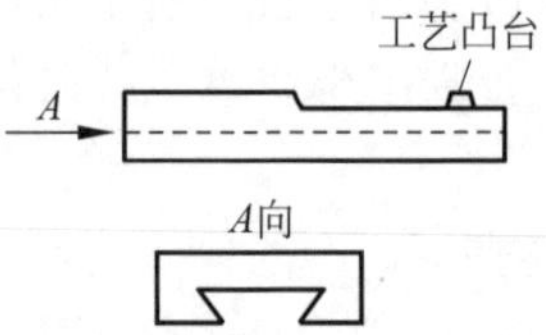	设置工艺凸台，便于加工下部燕尾槽
	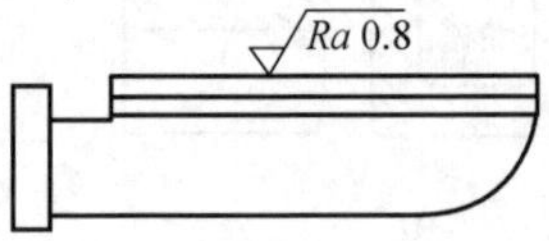	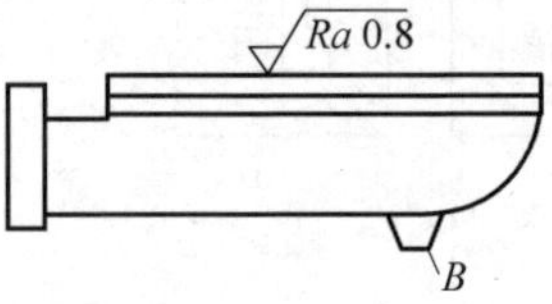	刨削时为安装方便，增加工艺凸台 B。加工完毕后，再将凸台切除
	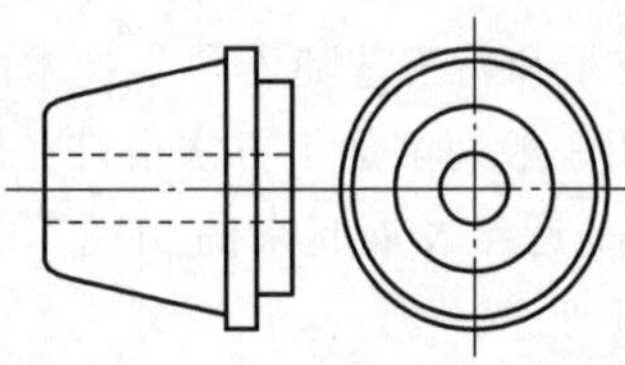	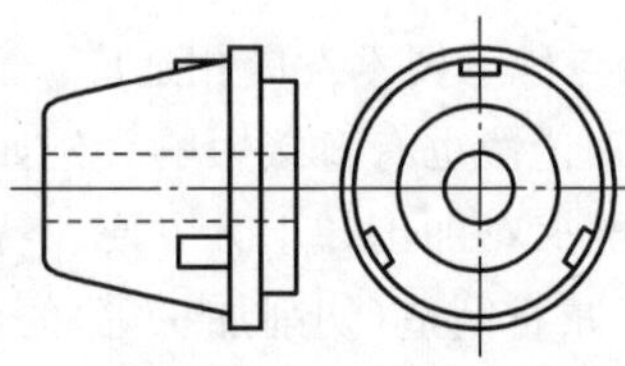	在装夹时，装夹面为斜面，不容易将零件夹紧，在铣削或者钻孔时，零件容易掉落、滑出。增加工艺凸台后，可利用三爪卡盘进行装夹
	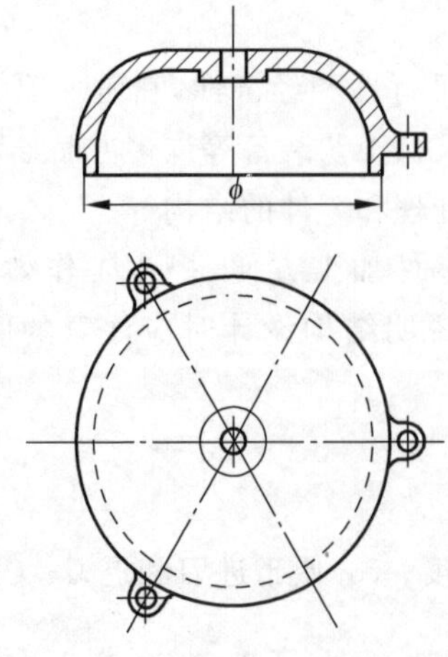	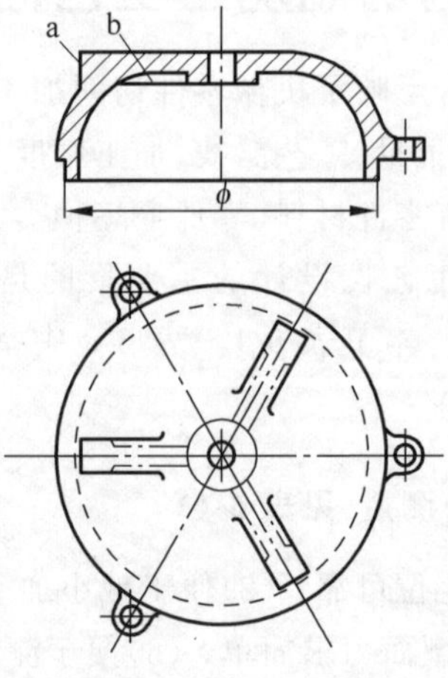	电动机外壳端盖须设合适的装夹表面，一般在毛坯铸造时增设三个凸台 a，便于用三爪卡盘装夹；设置肋板 b 可增加其刚性，防止装夹时变形

续表

设计准则	图例		说　明
	不合理的结构	合理的结构	
便于装夹、保证定位可靠	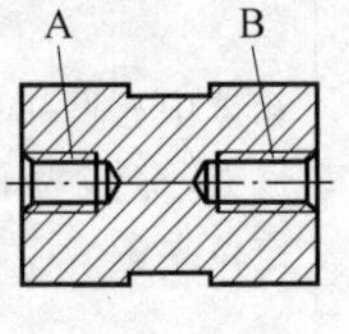 A　B	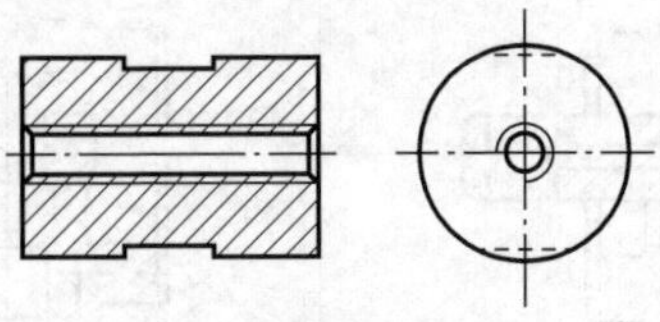	将两个盲孔螺纹(A、B)做成通孔螺纹,可以减少装夹次数
	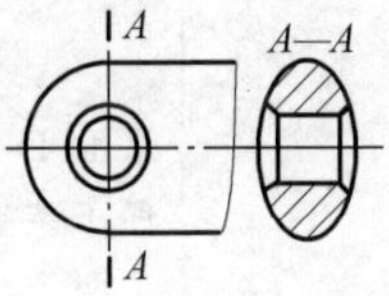 A　A—A　A	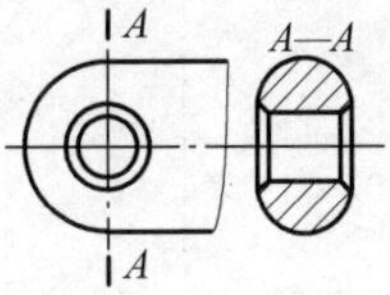 A　A—A　A	曲面改为平面易于定位夹紧
	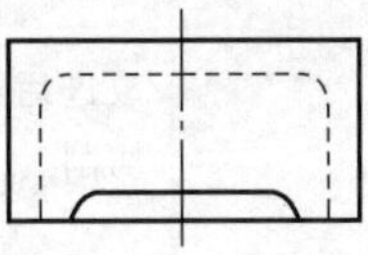	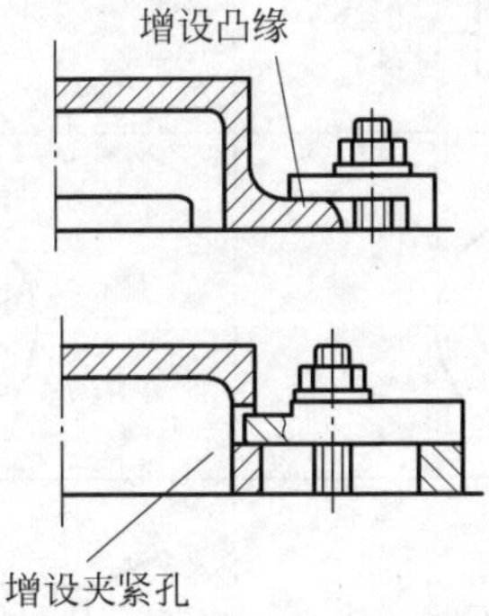 增设凸缘 增设夹紧孔	增大夹紧凸缘或开设夹紧工艺孔
	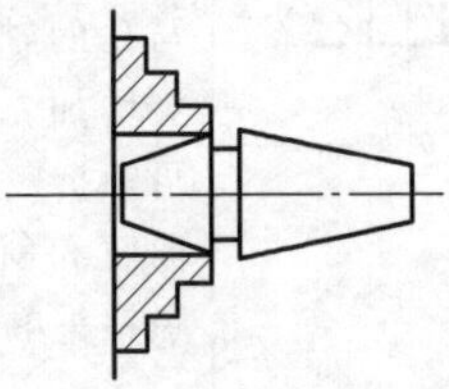	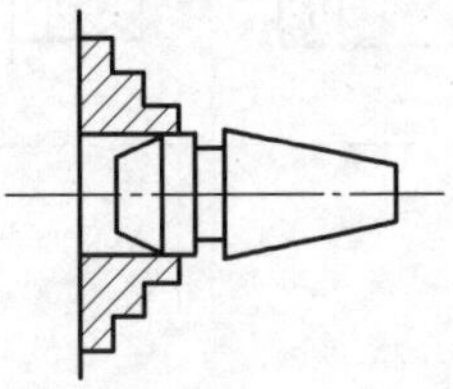	原设计用圆锥面做装夹部位,无法夹牢。改进设计后,以圆柱面装夹,装夹稳固,定位可靠
	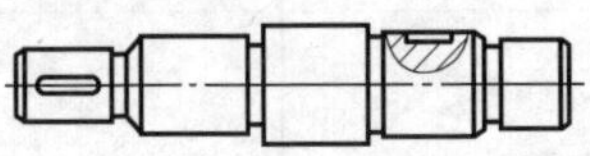	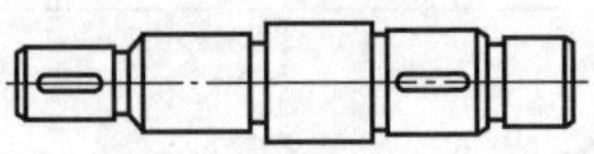	轴上的键槽应设计在同一侧,以便在一次装夹中完成轴上所有键槽的加工
	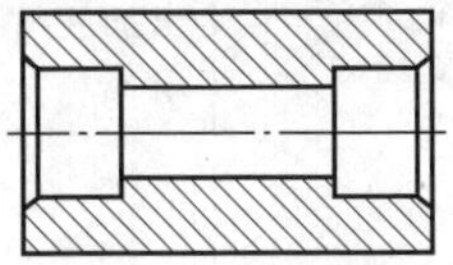	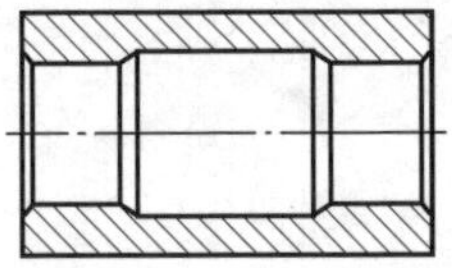	轴套上有精度要求的表面,最好能一次装夹加工。设计成右图结构,则可在一次装夹中车出两个孔,且易保证两端孔的同轴要求

续表

设计准则	图例		说明
	不合理的结构	合理的结构	
便于装夹、保证定位可靠	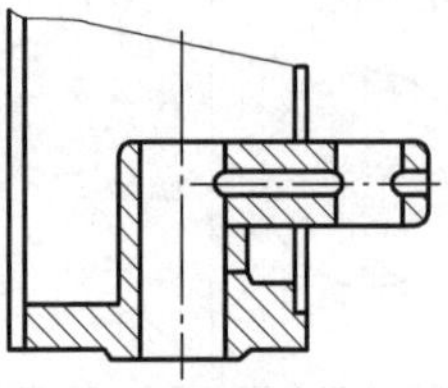	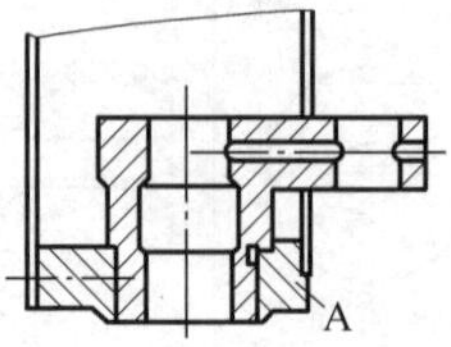	箱体中有凸出底面的支承架，分成两件后易于定位夹紧
	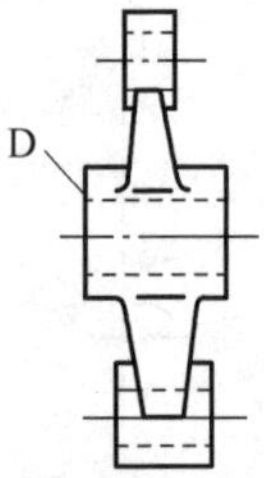	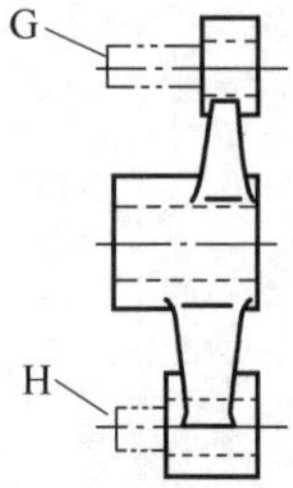	平面 D 太小，加工时不便于装夹；改进后增设了两个工艺凸台 G、H，便于稳定可靠地装夹
便于减小加工难度	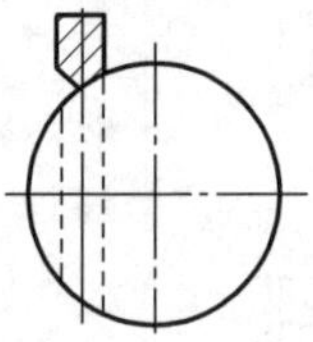	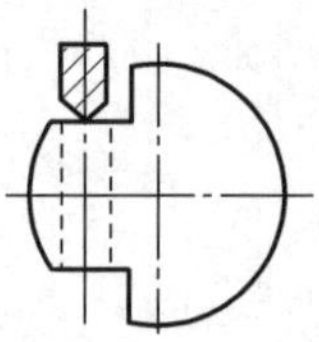	改进后避免了刀具单面切削
	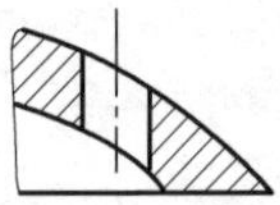 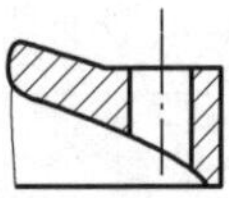	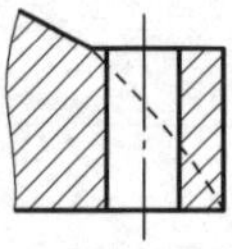 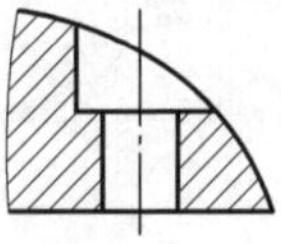	工件上钻头进出表面应与孔的轴线垂直，否则会增加钻孔难度，甚至可能折断钻头；避免在曲面和斜面上钻孔，以免钻头单边切削
	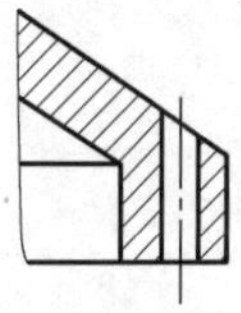	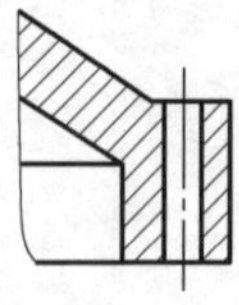	
	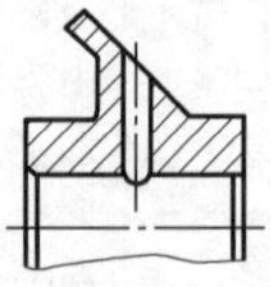	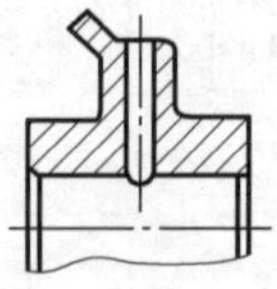	斜面钻孔，钻头容易引偏；只要结构允许，应留出加工平台，避免钻头引偏
	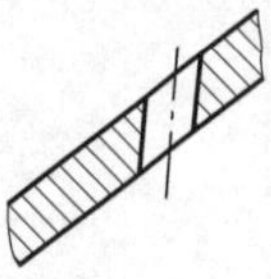	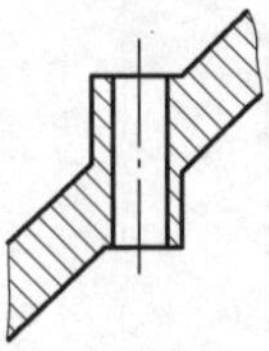	

续表

设计准则	图例		说　明
	不合理的结构	合理的结构	
	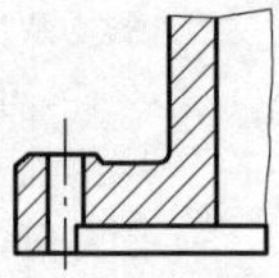	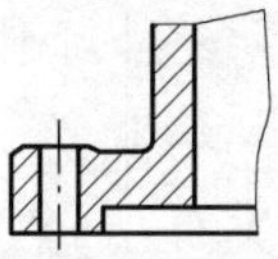	避免出口处(钻头)单边切削
	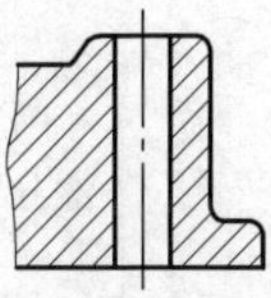	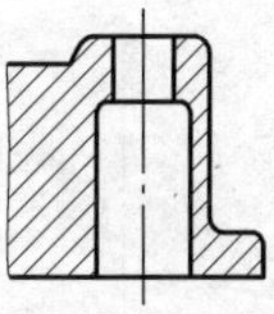	钻孔加工面过长,钻头损耗大,且容易引偏;改进后钻孔的一端留空刀,钻头寿命长,且不易偏斜
	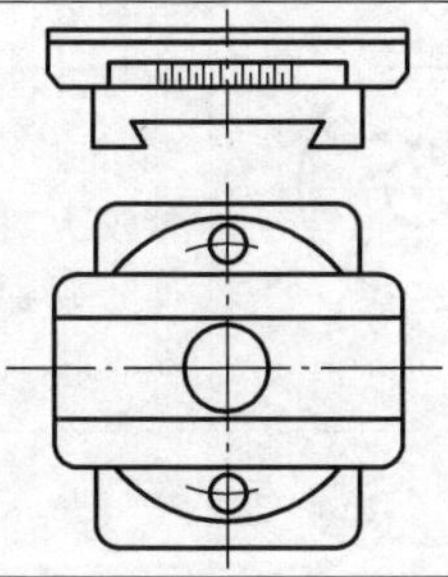	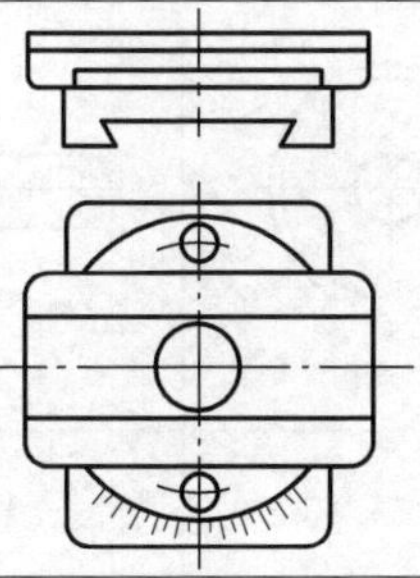	在刀架转盘圆柱面上进行精密刻线,其周围要进行复杂加工,刻线可能会受损或者影响其他加工,应改为在原座平面上刻线
便于减小加工难度	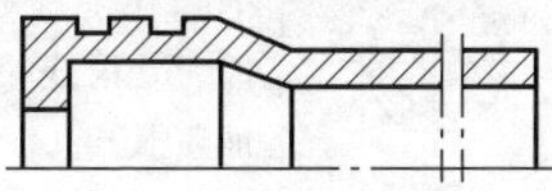	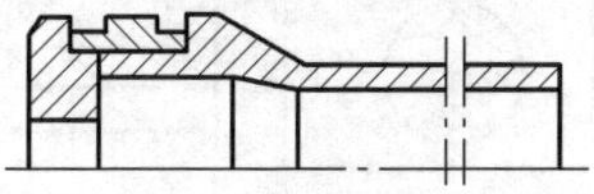	合理应用组合结构,以减少内表面加工难度
	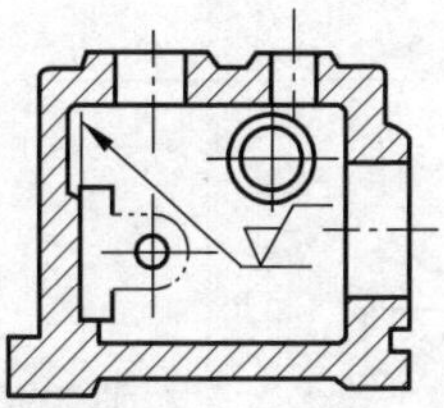	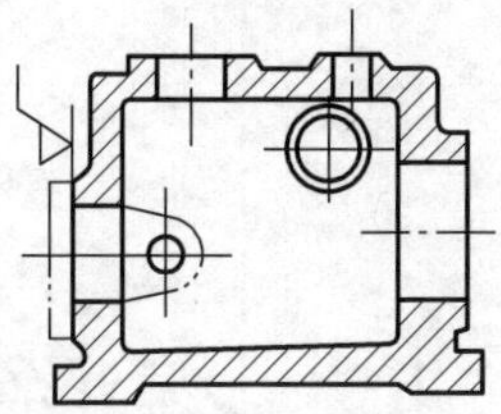	将箱体内表面加工改为外表面加工,可以大大减小加工难度
	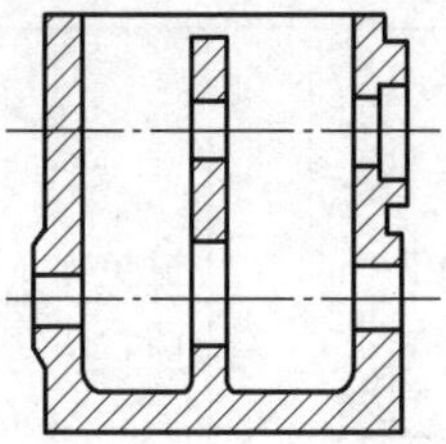	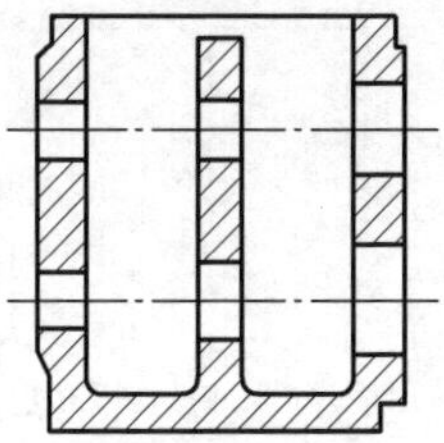	为便于加工,箱体同轴孔系应尽可能设计成无台阶的通孔。孔径应向一个方向递减,孔的端面应在同一平面上

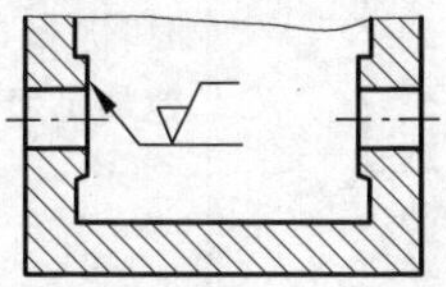

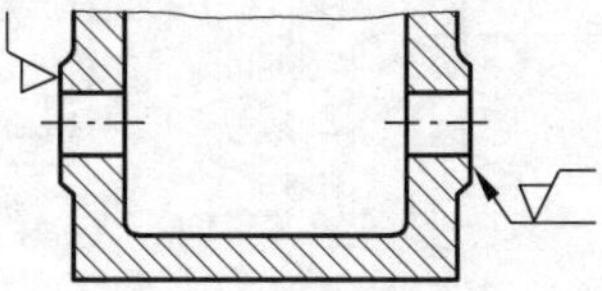

续表

设计准则	图例		说明
	不合理的结构	合理的结构	
便于减小加工难度	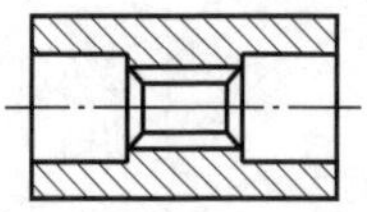	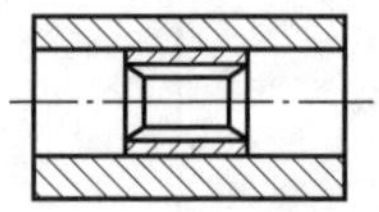	复杂内孔表面采用组合件，可简化内部复杂面的加工，易于保证质量，并可简化刀具结构
	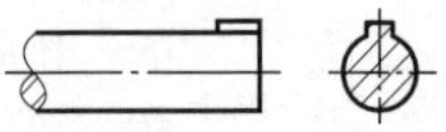	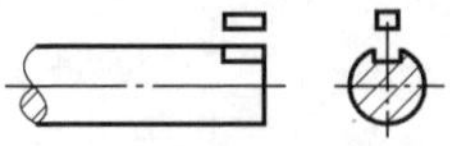	轴与键作为一体不利于车削加工，改进后，轴和键分开，便于加工
	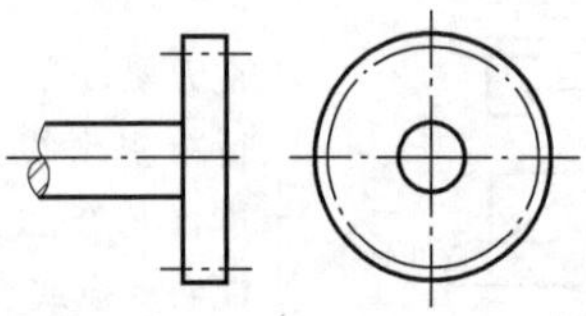	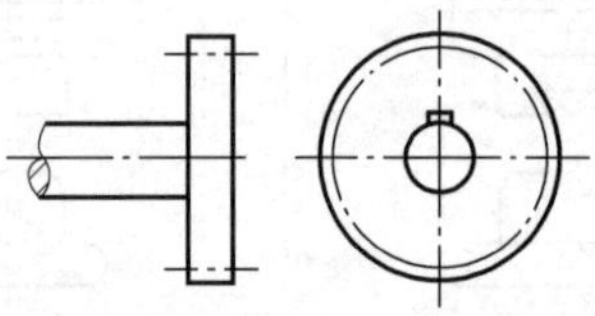	当轴短、齿轮小时，可把轴与齿轮做成一个整体（齿轮轴）；当轴较长、齿轮较大时，必须分成三件分别加工，然后装配在一起，加工方便
	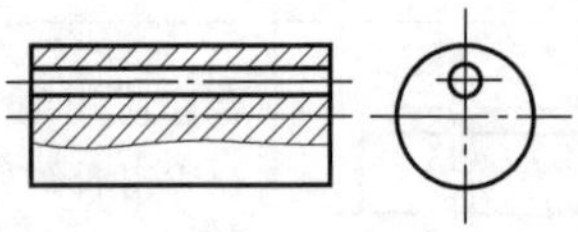	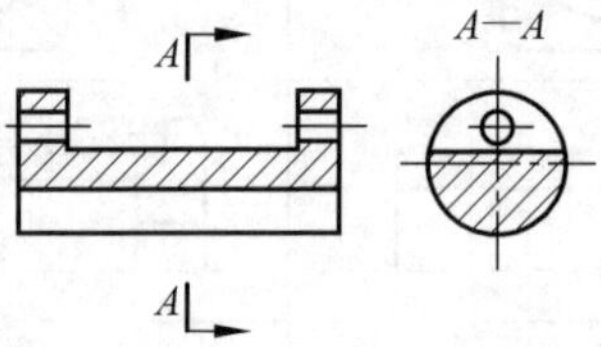 A—A	细长孔不容易进行切削加工；改进后减少孔的加工长度
	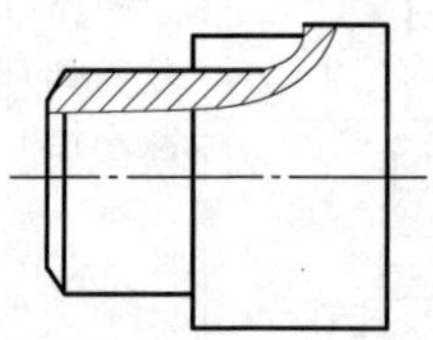	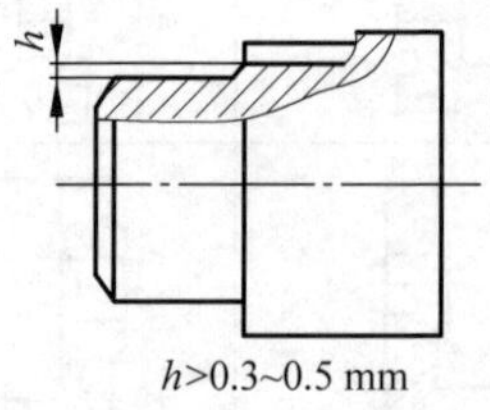 h>0.3~0.5 mm	在加工阶梯轴的键槽时，键槽的表面勿与其他加工面重合
	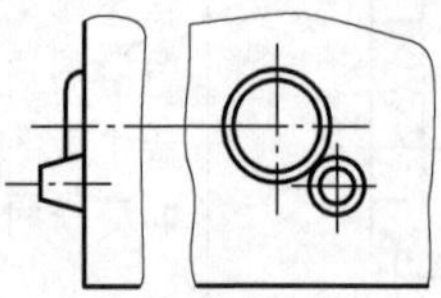	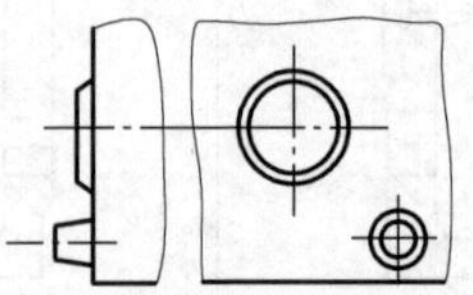	避免加工平面与非加工凸台相连

续表

设计准则	图例：不合理的结构	图例：合理的结构	说明
便于减小加工难度	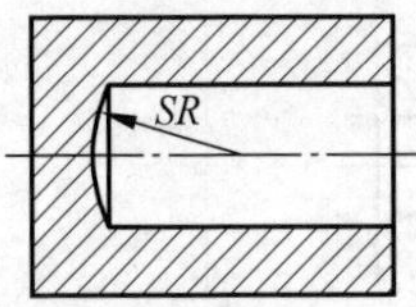 SR	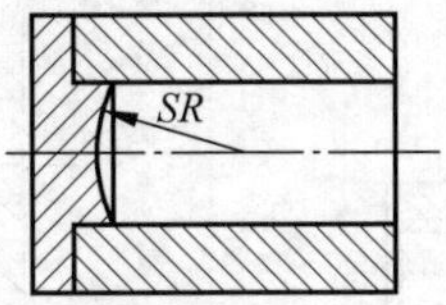 SR	内部球面很难加工，改进后将零件分为两件，内部球面加工变为外部加工，使加工得以简化
	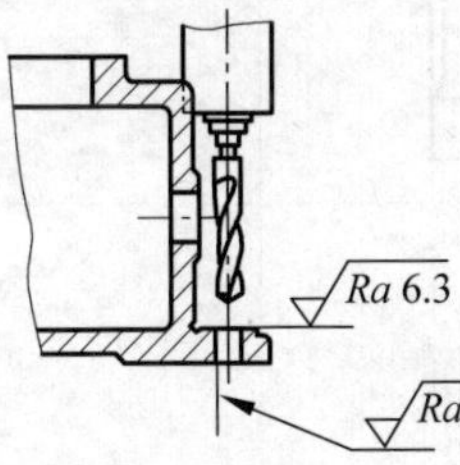 Ra 6.3 Ra 12.5	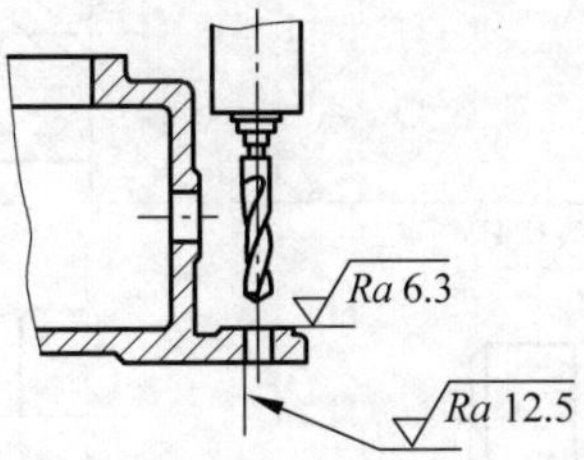 Ra 6.3 Ra 12.5	底座上的小孔离箱壁太近，钻头向下引进时易碰到箱壁，改进后适当增大小孔与箱壁的距离，方便钻孔
	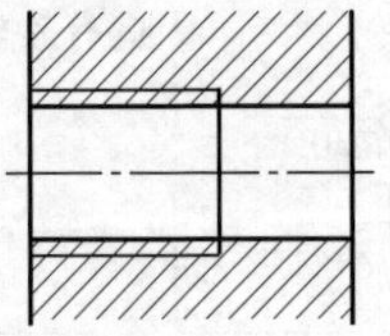	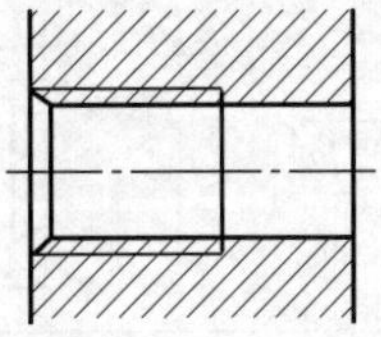	内螺纹的孔口应有倒角，以便顺利引入螺纹刀具
	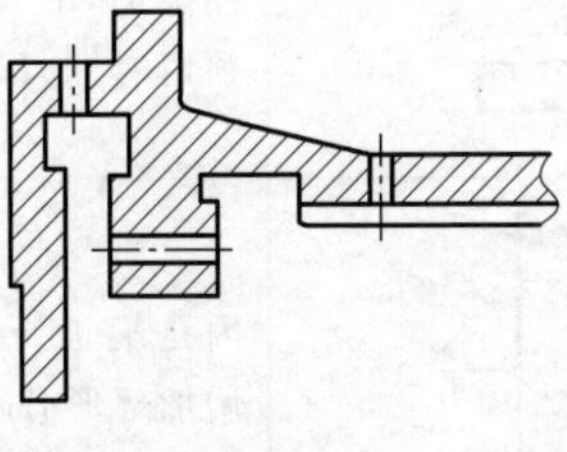	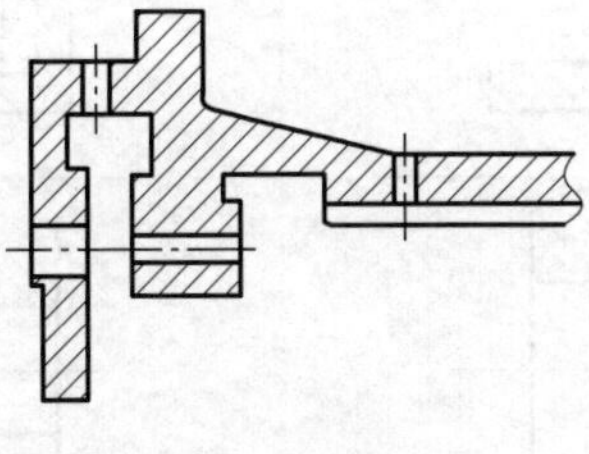	设计工艺孔，便于对螺孔进行钻孔和攻螺纹
便于进刀和退刀	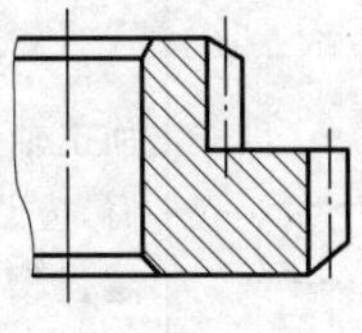	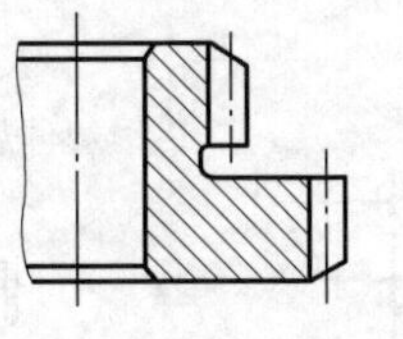	双联齿轮中间必须设计有越程槽，以保证小齿轮的插削加工
	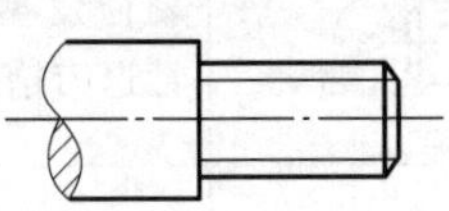	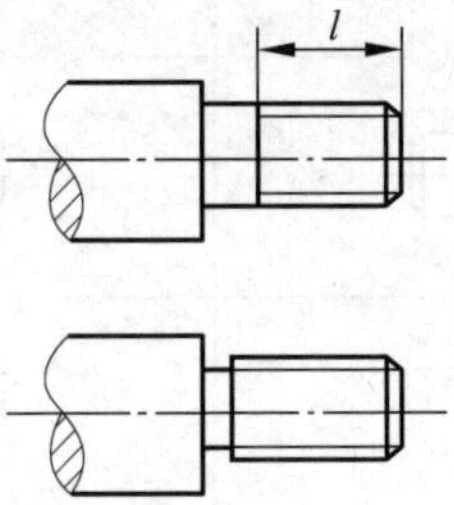 l	加工内、外螺纹时应留有退刀槽或保留足够的退刀长度

续表

设计准则	图例		说明
	不合理的结构	合理的结构	
便于进刀和退刀	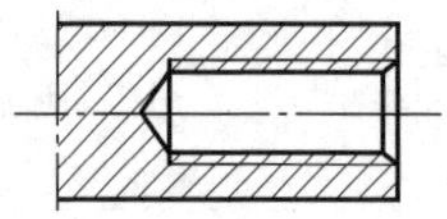	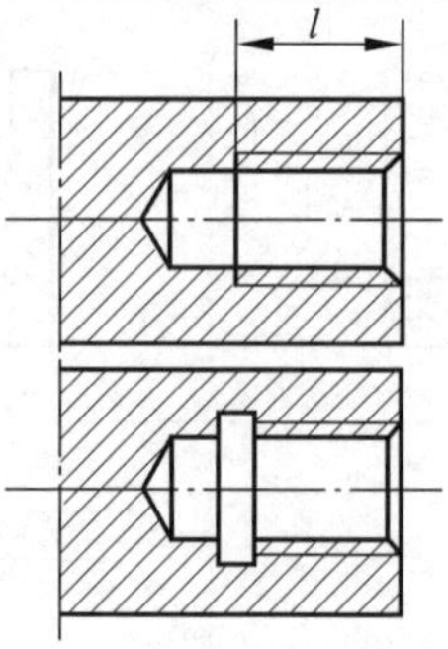 l	
	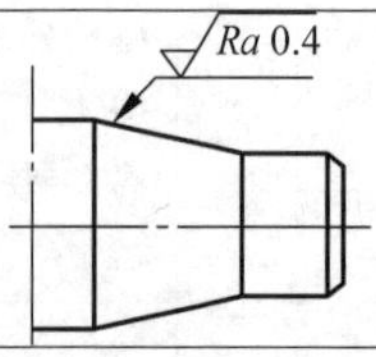 Ra 0.4	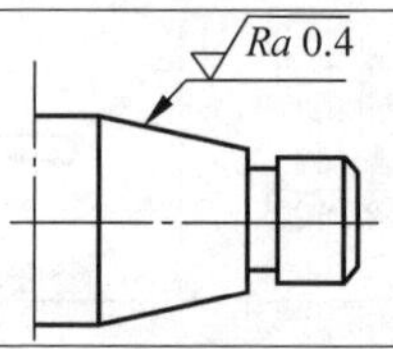 Ra 0.4	磨削内、外圆时，其根部应有砂轮越程槽
	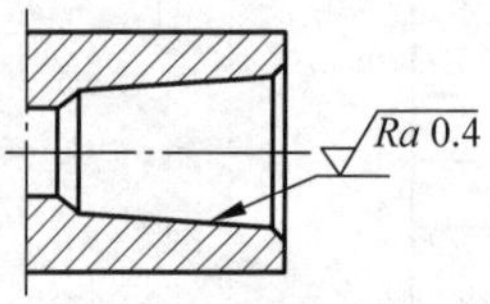 Ra 0.4	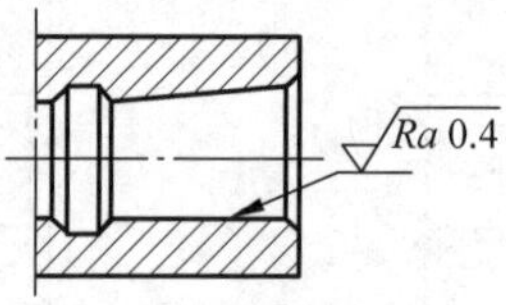 Ra 0.4	
	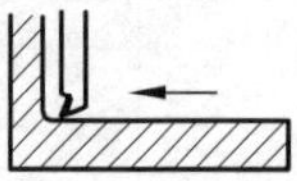	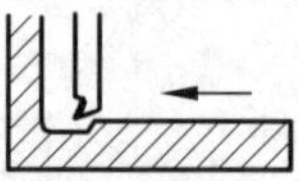	刨削时，在平面的前端须留有刨刀越程槽
	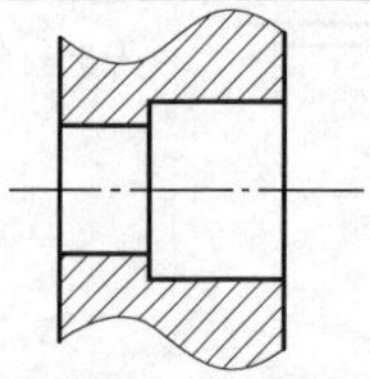	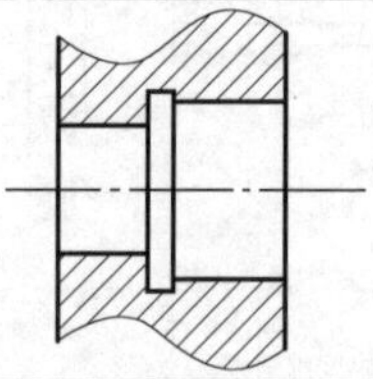	内孔端面无法磨削，应增加环形砂轮越程槽
	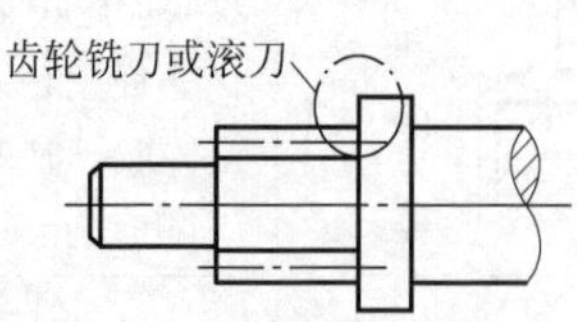 齿轮铣刀或滚刀	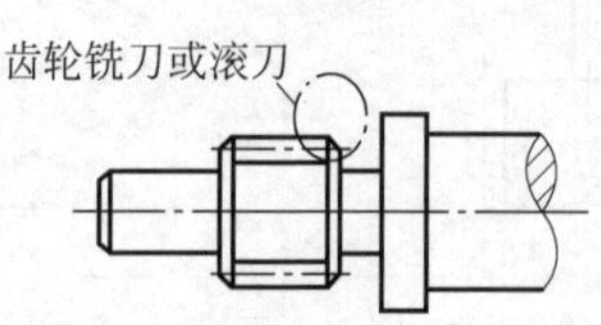 齿轮铣刀或滚刀	加工轴齿轮的前端有轴肩，应设计齿轮刀具的越程槽，以便于加工出全齿宽
	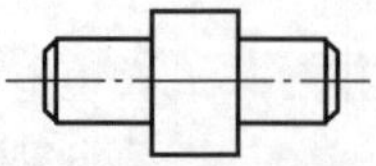	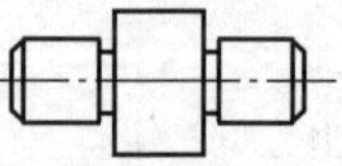	轴径发生改变时，应设计退刀槽
	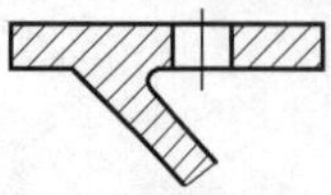	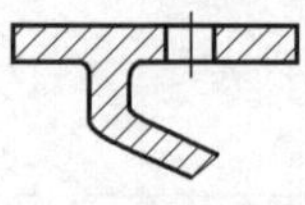	钻孔出口处应留较大空间，保证钻削正常进行

续表

设计准则	图例		说　明
	不合理的结构	合理的结构	
便于进刀和退刀	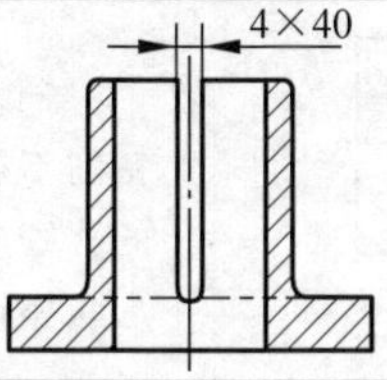 4×40	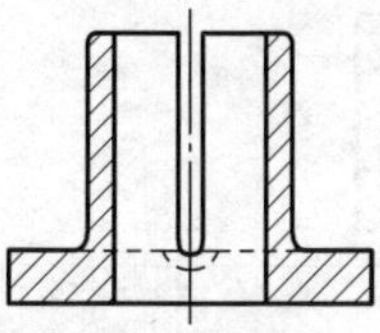	在法兰上铸出半圆槽，使铣刀能够顺利进入和退出切削
	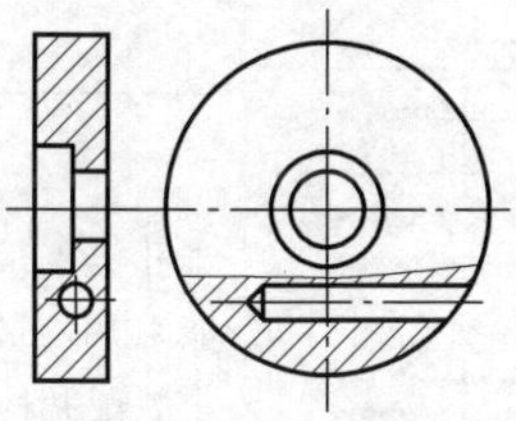	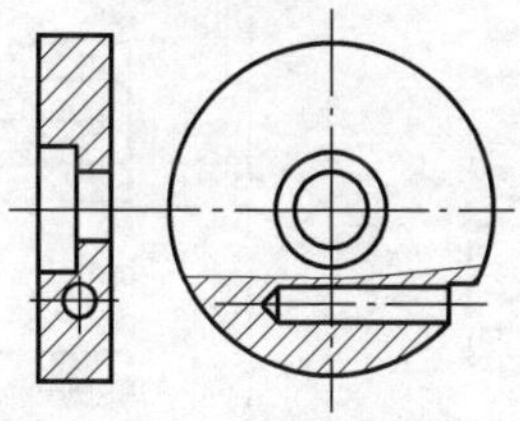	孔的进刀处应避免弧面
	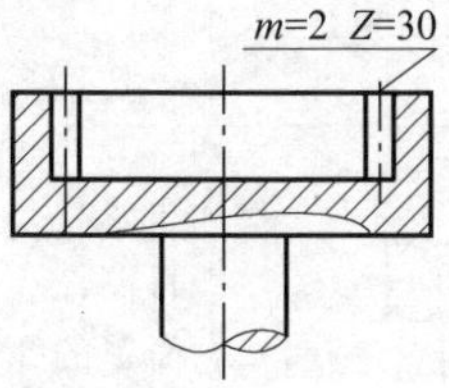 m=2　Z=30	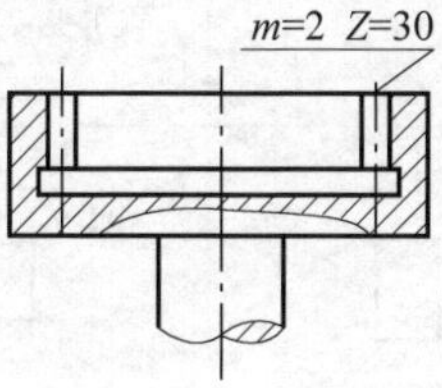 m=2　Z=30	内齿轮根部必须留有足够宽度的退刀槽，以便插齿刀退出
	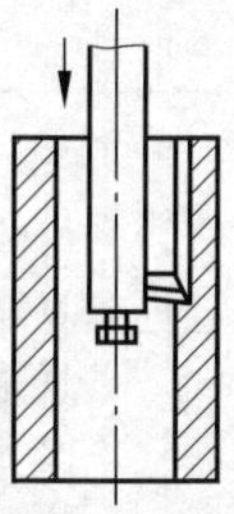	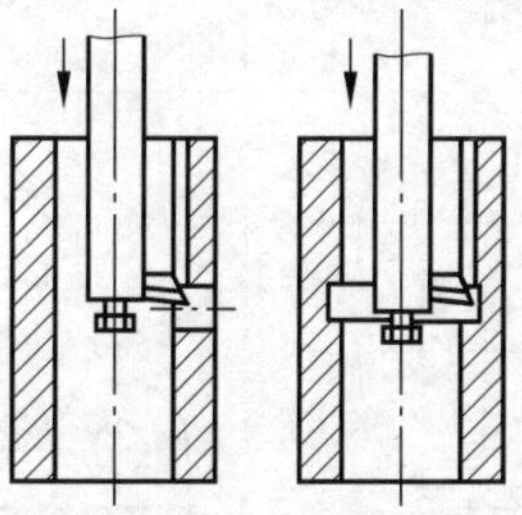	孔内不通的键槽前端必须有孔或环槽，以便插削时退刀
尽量采用标准化参数	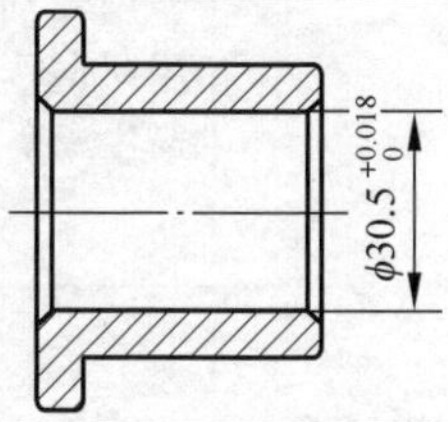 $\phi30.5^{+0.018}_{0}$	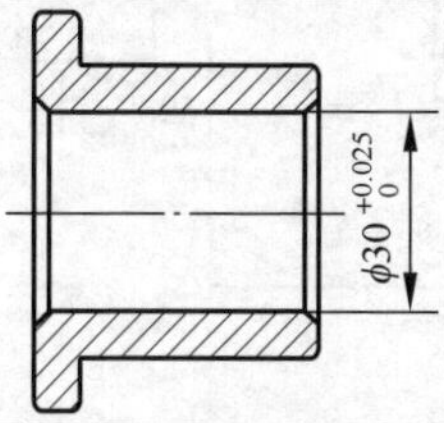 $\phi30^{+0.025}_{0}$	一个与轴相配合的孔，当工件批量较大时，应选择改进后的标准化数值，以便选择合适的铰刀和塞规
	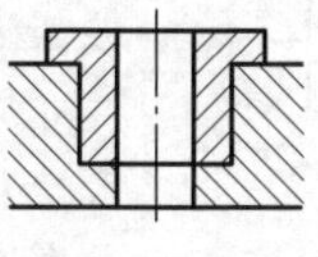	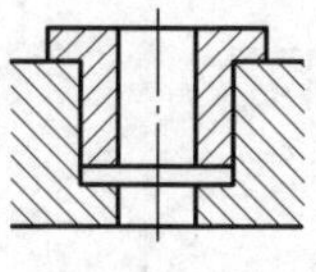	互相配合的零件在同一方向上的接触面只能有一对。否则，必须提高有关表面的尺寸精度和位置精度
	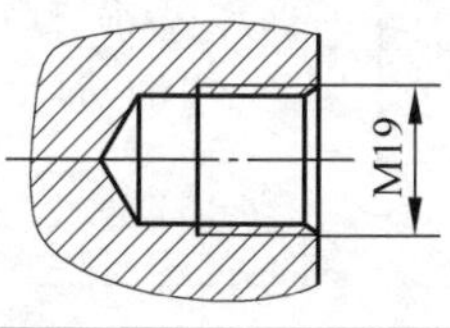 M19	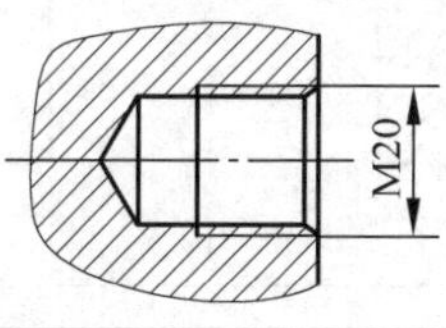 M20	改进后为螺纹孔的标准数值，可以采用标准丝锥攻螺纹

续表

设计准则	图例		说明
	不合理的结构	合理的结构	
尽量采用标准化参数	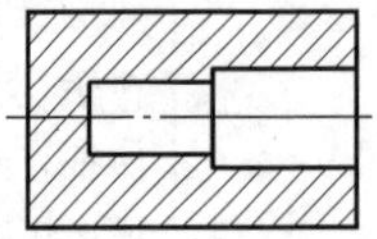	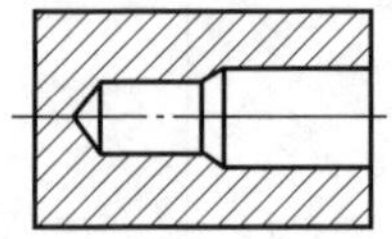	钻削不通孔或阶梯形孔的孔底应与钻头的尺寸形状相符
	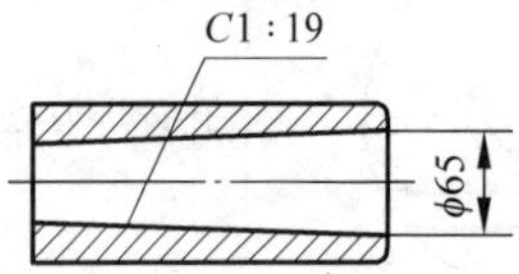 $C1:19$　$\phi65$	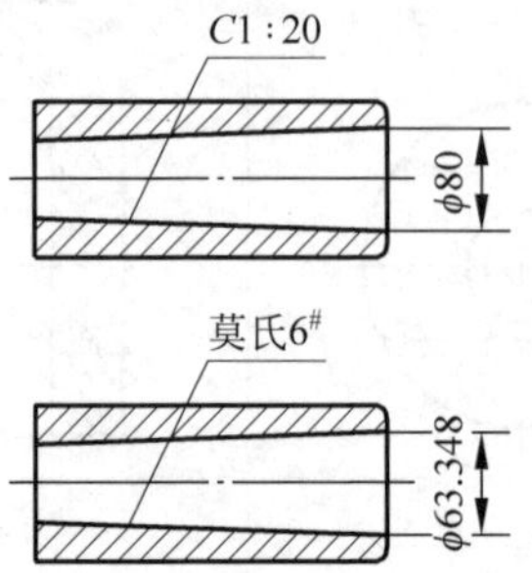 $C1:20$　$\phi80$　莫氏$6^{\#}$　$\phi63.348$	锥孔锥度值和尺寸尽可能采用标准尺寸，以便于装配和检验
零件型面力求简单	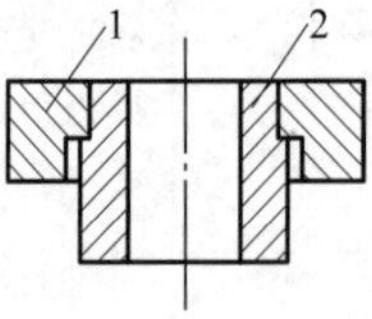 1　2	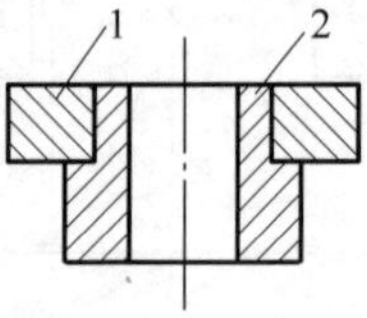 1　2	将零件 1 的阶梯孔改为简单的孔，以便于加工
	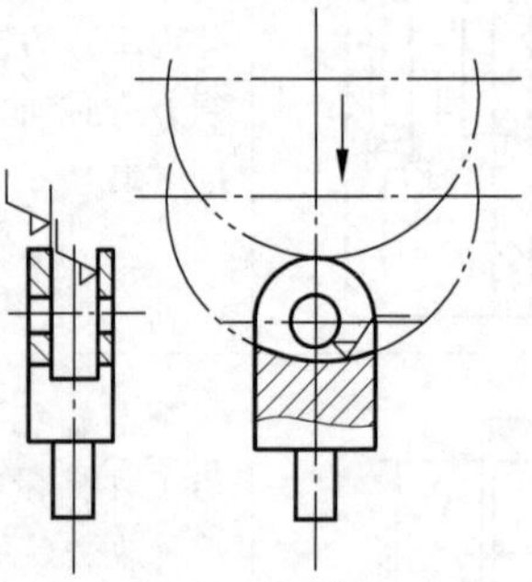	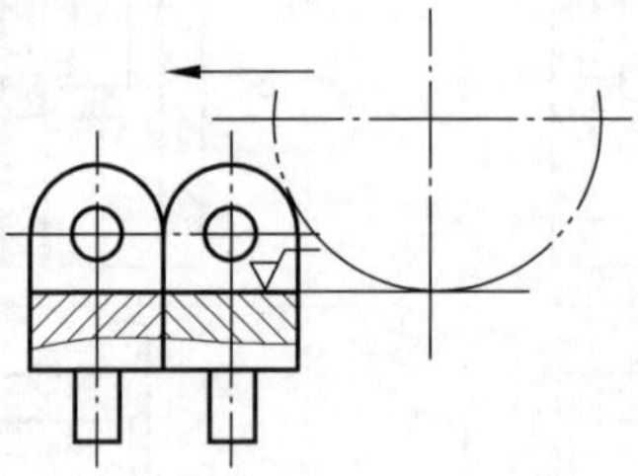	沟槽底部若是圆弧，铣刀直径必须与工件圆弧直径一致，槽底改为平面，则可选择任何直径的铣刀加工，还可多件串联起来同时加工，提高生产率
	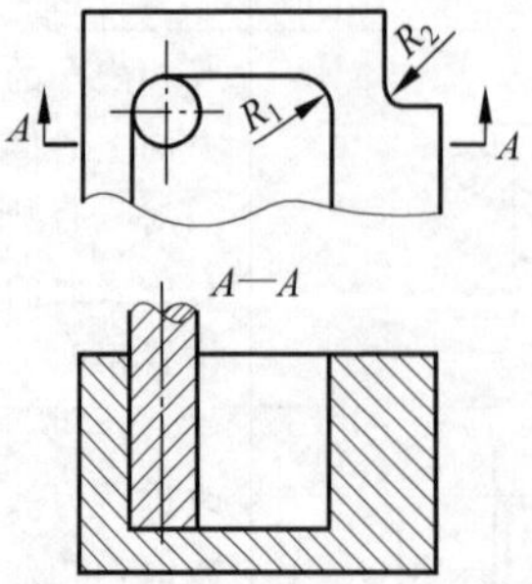 A　R_1　R_2　A　$A—A$	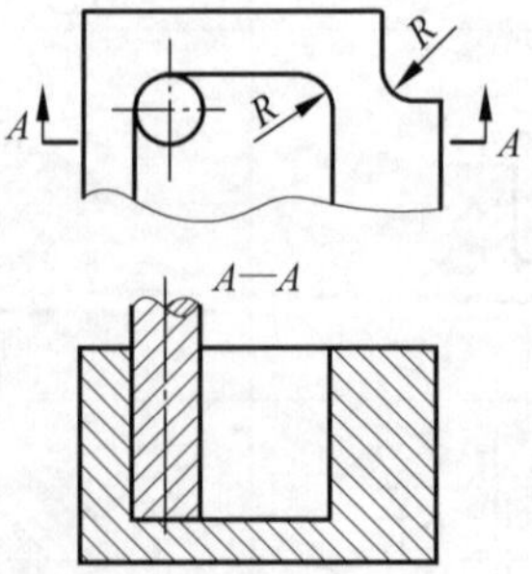 A　R　R　A　$A—A$	零件的内腔和外形最好采用统一的几何类型和尺寸，可减少刀具规格和换刀次数；轮廓内圆弧半径决定着刀具直径大小，因而内圆弧半径不应过小

续表

设计准则	图例		说明
	不合理的结构	合理的结构	
零件型面力求简单	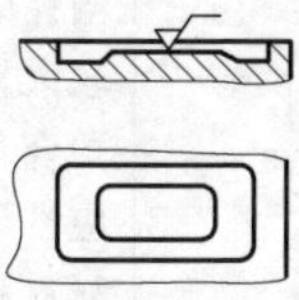	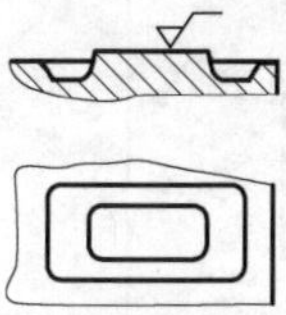	改进前加工平面位于低凹处，不仅铣刀直径选择受限，且只能单件加工，改进后，可用大直径面铣刀，且能多件加工
	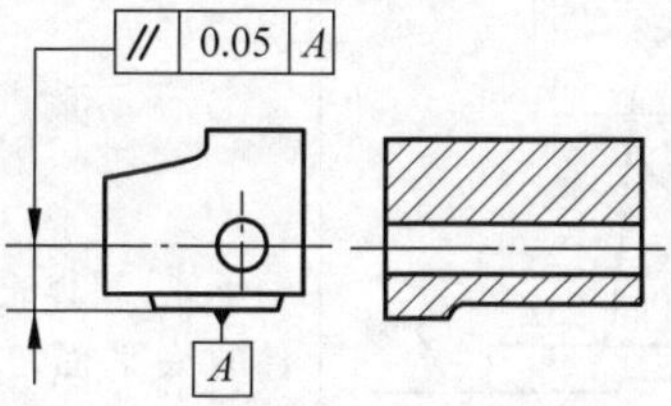	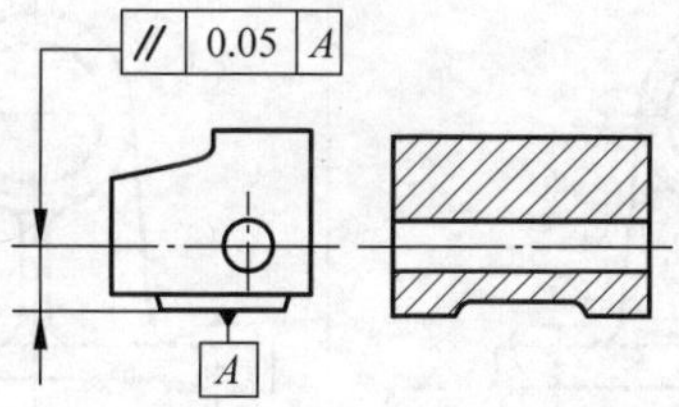	改进后便于位置误差度量
便于测量	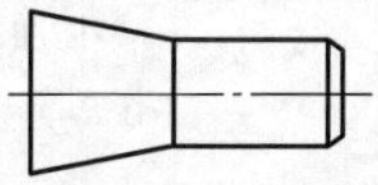	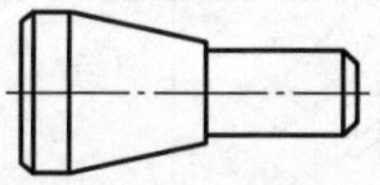	改进后便于加工和检测
	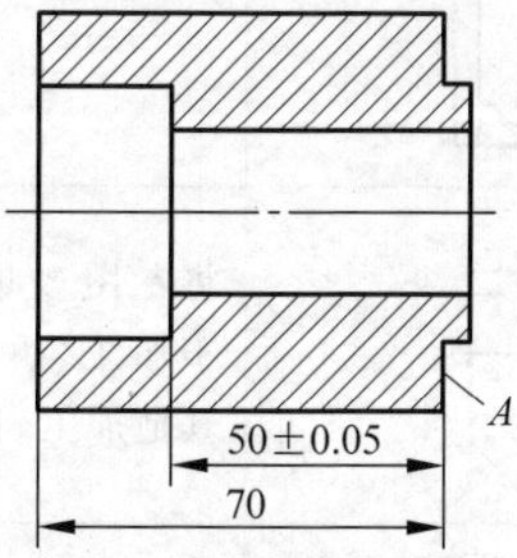	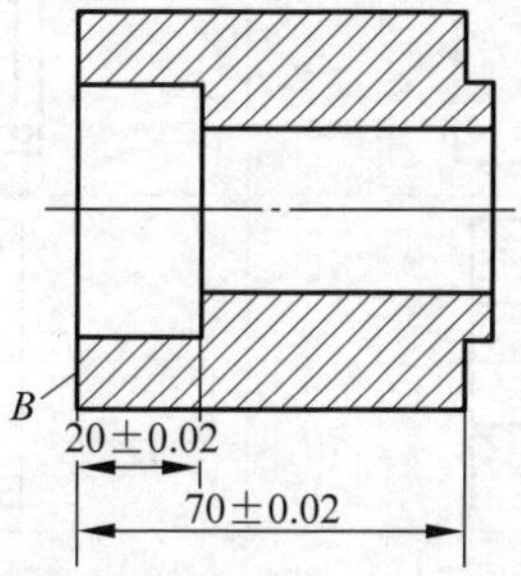	左图标注尺寸测量基准为 *A* 面，不便于测量，改进后，尺寸测量基准面为 *B* 面，便于测量

2. 减少切削加工量，降低生产成本（见表 6-2）

(1) 尽量采用形状和尺寸相近的标准型材或锻件，以减少加工工作量；

(2) 尽量减少配合表面的加工面积，以降低装配难度；

(3) 同一零件上的凸台应设计为等高，以便在一次走刀中完成所有表面的加工。

减少切削加工量，降低成本

表 6-2 减少切削加工量，降低成本

设计准则	图例		说明
	不合理的结构	合理的结构	
减少加工表面面积	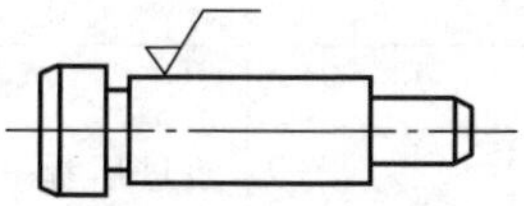	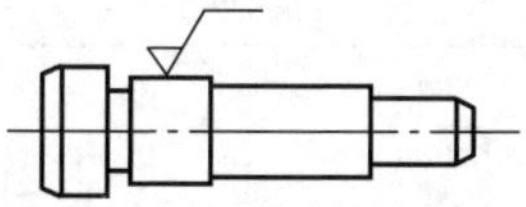	当轴与盘、套类零件相配合时，应保证配合部位的精度，非配合表面不必制成高精度。这样不仅可减少精加工面积，且易于保证质量

续表

设计准则	图例		说　明
	不合理的结构	合理的结构	
减少加工表面面积	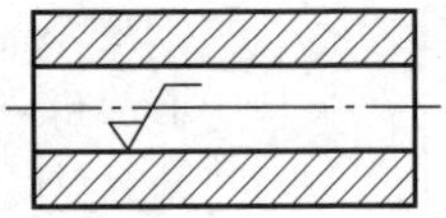	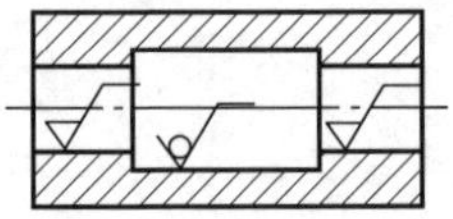	当孔的长度与直径之比较大时，应保证与轴相配合部位的精度，中间应设计空刀结构以节省材料和降低工时
	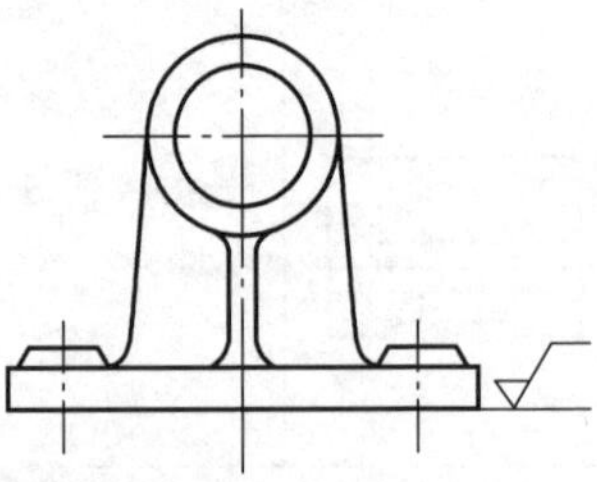	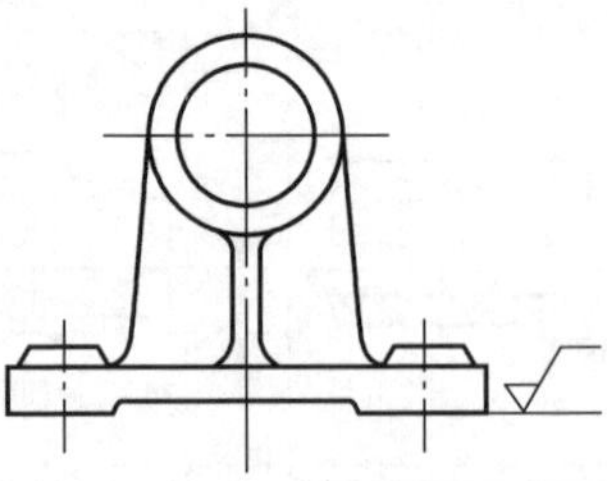	轴承座、箱体、支架类零件的底平面，应设计成中部呈凹状的平面，以减少加工面积，保证工作可靠
	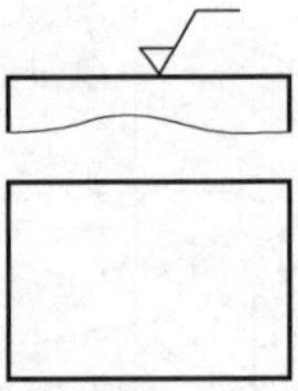	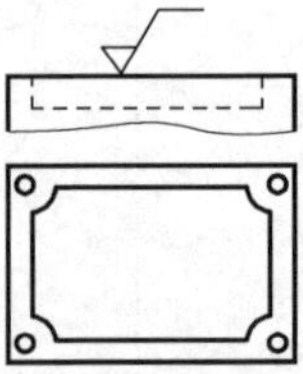	
	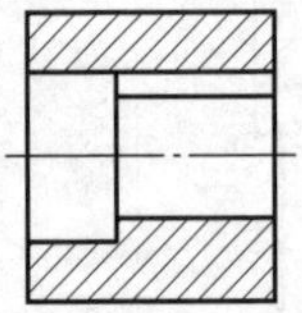	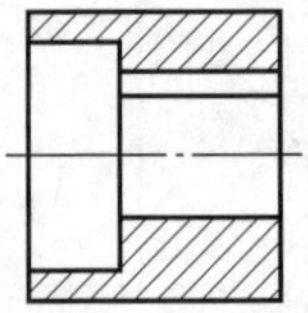	将左图改进后，不仅便于加工，也可避免损伤其他加工表面
	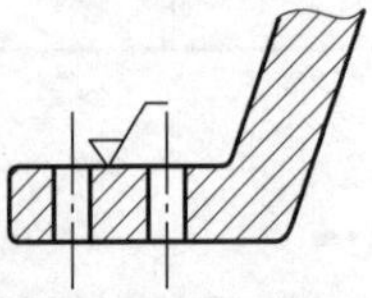	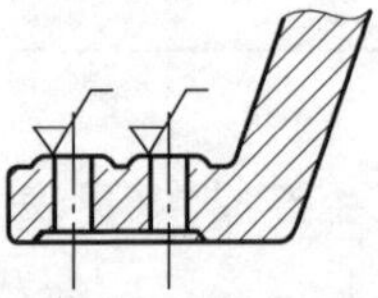	铸出凸台，以减少加工表面面积，也比较美观
	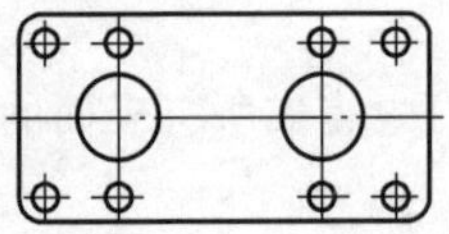	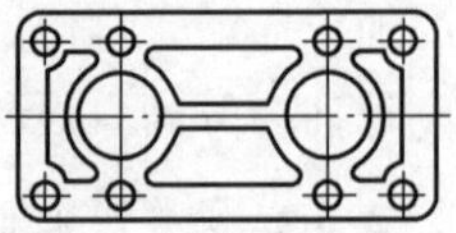	减少刮削和磨削表面面积，提高加工效率
	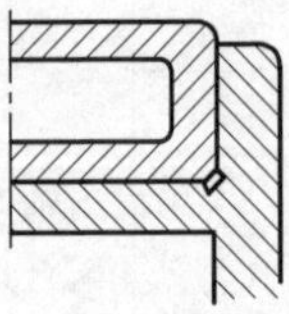	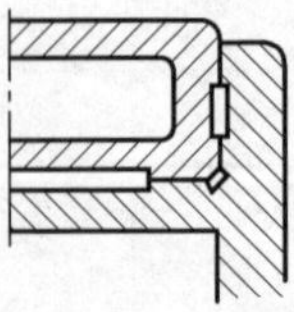	接触面改为环形带后，可使切削加工面积大为减少
	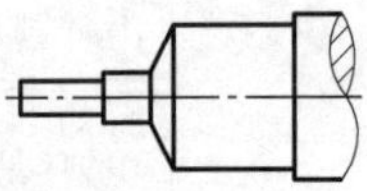	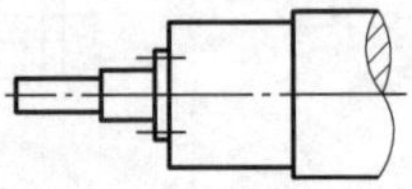	改进后提高了材料利用率，减少加工余量

续表

设计准则	图例		说明
	不合理的结构	合理的结构	
减少加工表面面积	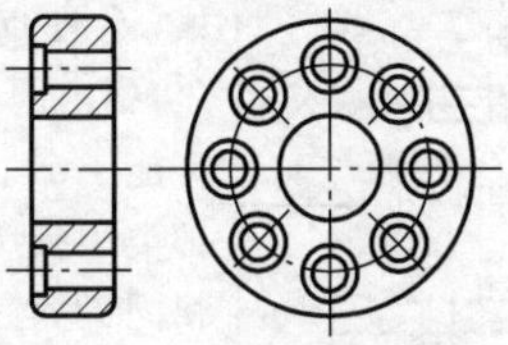	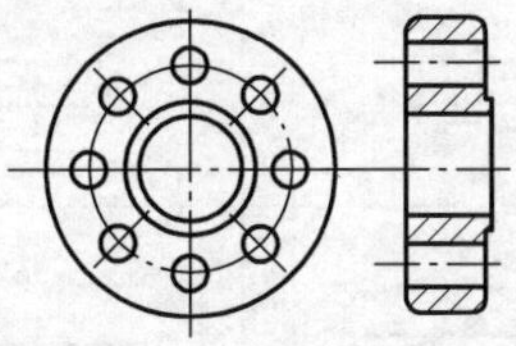	将沉孔改为通孔，可减少切削加工表面数
	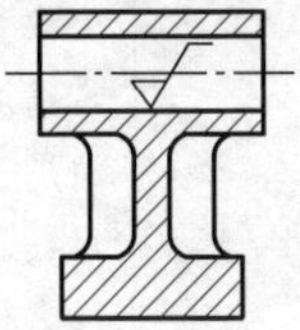	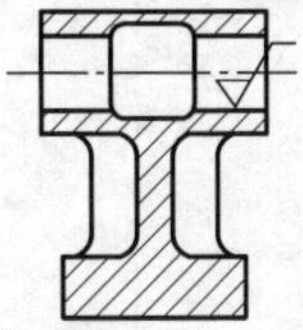	减小加工面积，同时易于保证加工精度
	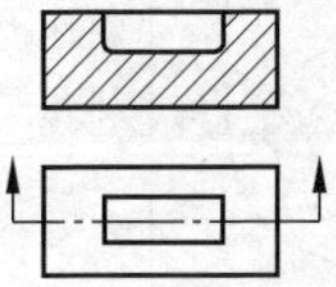	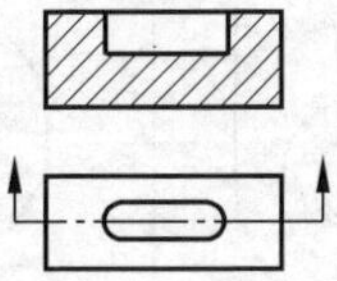	槽的形状（直角、圆角）和尺寸应与立铣刀形状相符
	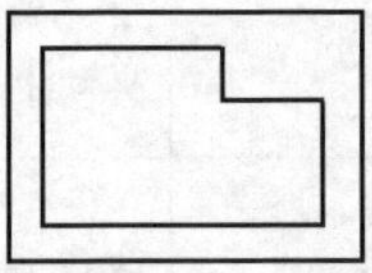	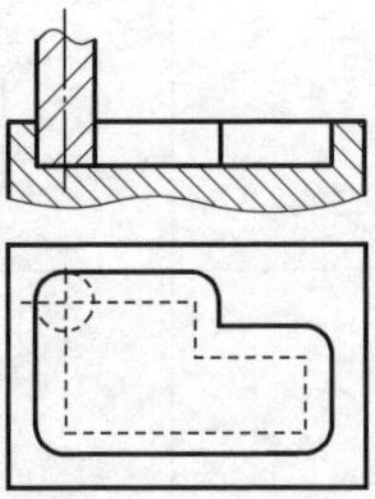	铣削凹面内圆角直径应与标准立铣刀直径一致，以便于加工和降低成本

3. 减少辅助时间，提高生产效率（见表 6-3）

(1) 孔的轴线应与其端面垂直；

(2) 有相互位置精度要求的表面，最好在一次安装中加工出来；

(3) 尽可能减少安装次数，节约辅助时间；

(4) 同类结构的要素应尽量统一，减少刀具种类，节省换刀和对刀时间；

(5) 加工表面的几何形状应尽量简单，且尽量布置在同一平面、同一母线上或同一轴线上，以减少机床的调整次数。

表 6-3 减少辅助时间,提高生产效率

设计准则	图例		说明
	不合理的结构	合理的结构	
减少刀具种类	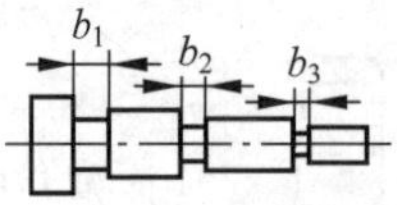 b_1 b_2 b_3	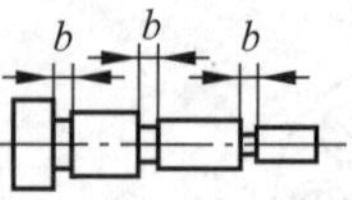 b b b	同一零件上结构相同的槽(键槽、刀槽),其宽度(包括内圆角半径)应尽可能一致,以减少刀具种类和换刀次数;性质相同的尺寸应一致,以便用同一把刀具进行加工
	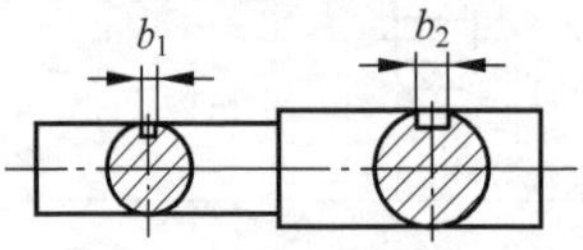 b_1 b_2	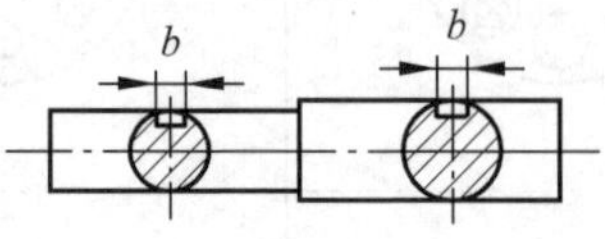 b b	
	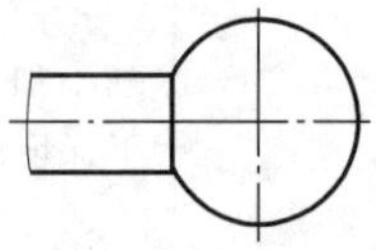	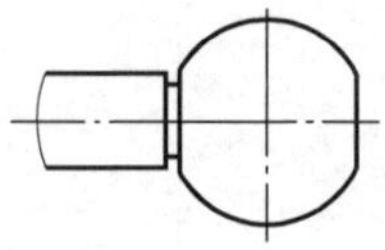	尽量避免成形表面,尤其是曲面交接的成形表面加工,改进后可改善刀具工作条件和减少刀具磨损
	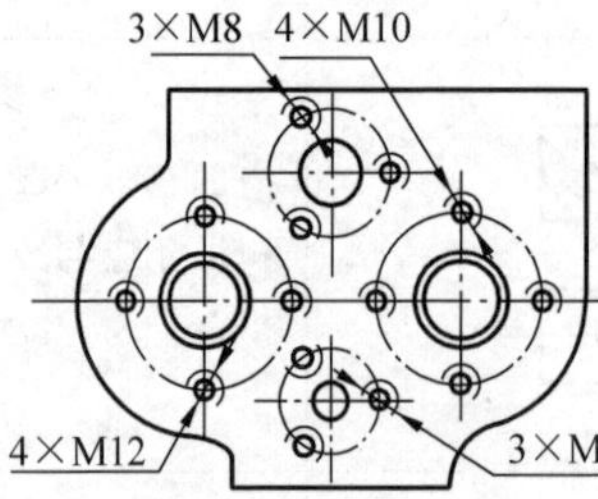 3×M8 4×M10 4×M12 3×M6	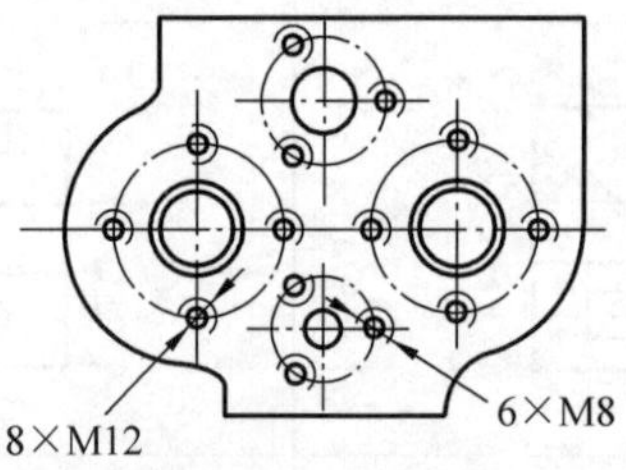 8×M12 6×M8	箱体上的螺纹孔直径应尽量一致或减少种类,以便采用同一丝锥或减少丝锥规格
减少装夹次数	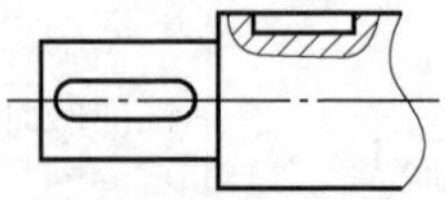	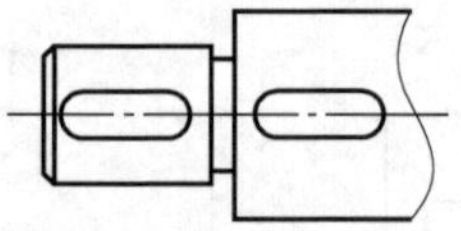	键槽的尺寸、方位应尽量一致,便于在一次装夹和走刀中铣出各键槽
	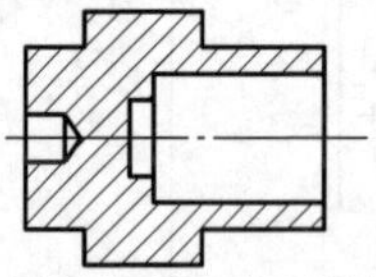	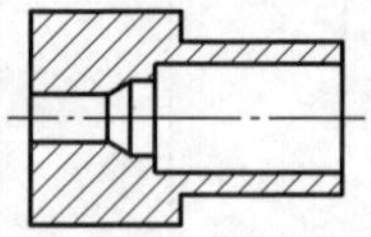	改成通孔可减少装夹次数
	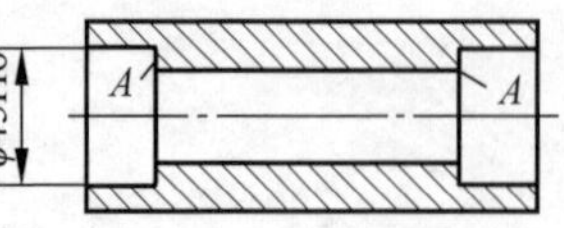 ϕ45H6 A A	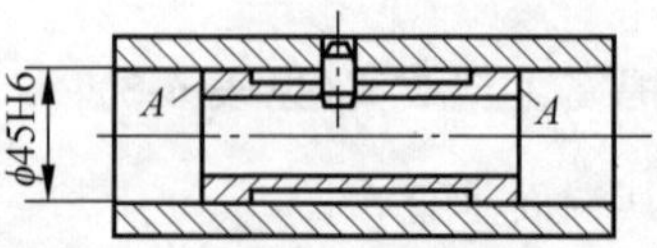 ϕ45H6 A A	内圆磨头套筒两端轴承孔与端面位置精度要求很高,改进后,分成两件,可一次装夹加工,并便于研磨
	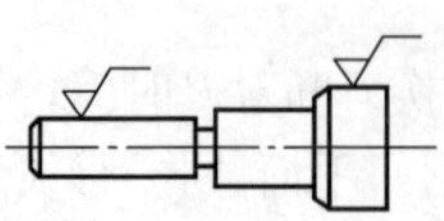	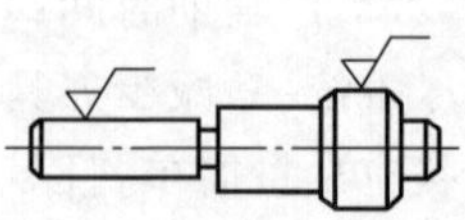	需要精车或磨削的零件,应考虑在一次安装中完成加工,以保证加工精度和节省工时

续表

设计准则	图例		说　明
	不合理的结构	合理的结构	
减少装夹次数	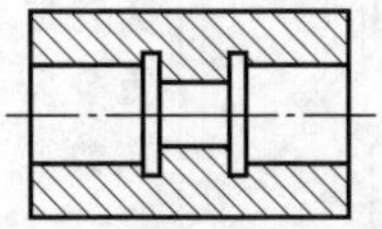	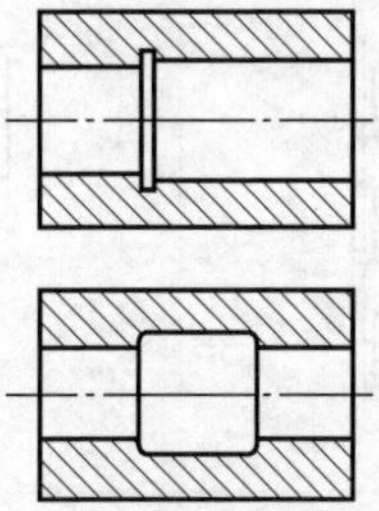	改进后在一次安装中加工出来
	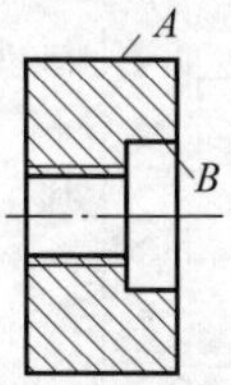	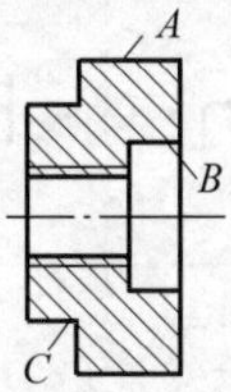	
	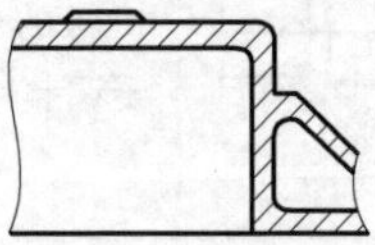	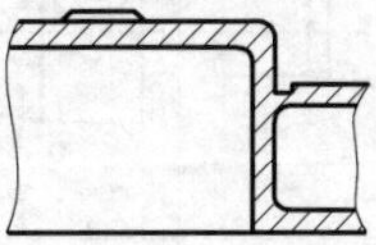	
	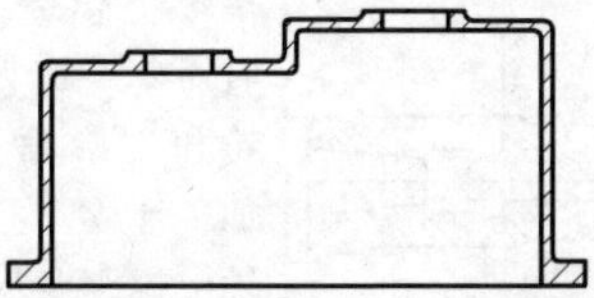	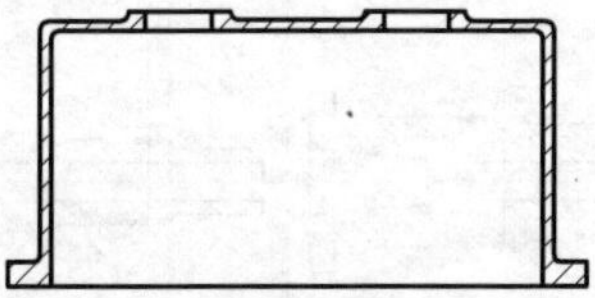	
	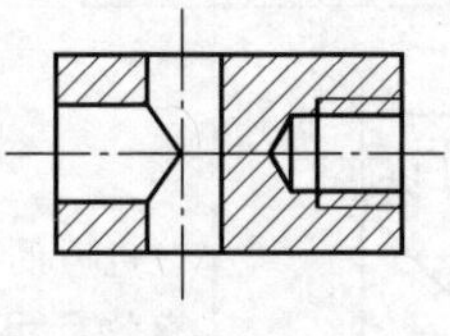	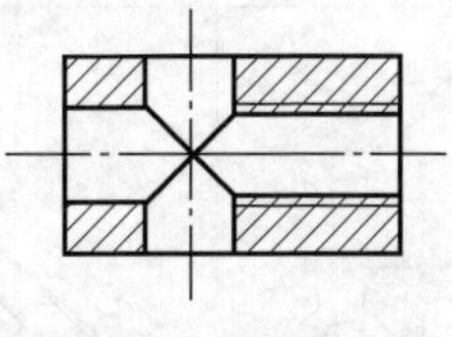	原设计需要二次装夹，改进设计后一次装夹即可，易于保证孔的同轴度
	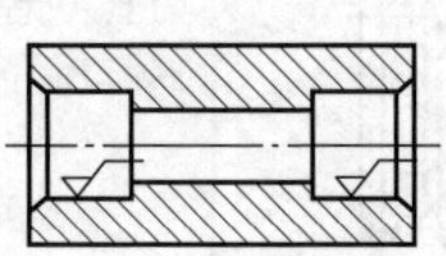	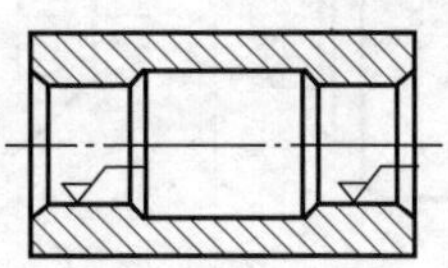	改进后的设计可在一次装夹中车出两端的孔，易保证其同轴度要求
	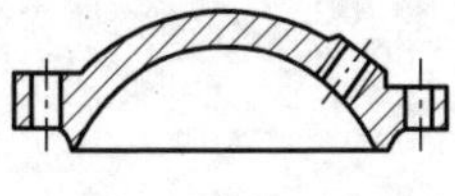	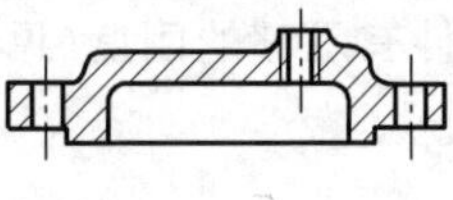	左图轴承盖上的螺孔是倾斜的，既增加安装次数，又不便于钻孔是和攻螺纹，改进后可提高生产效率

续表

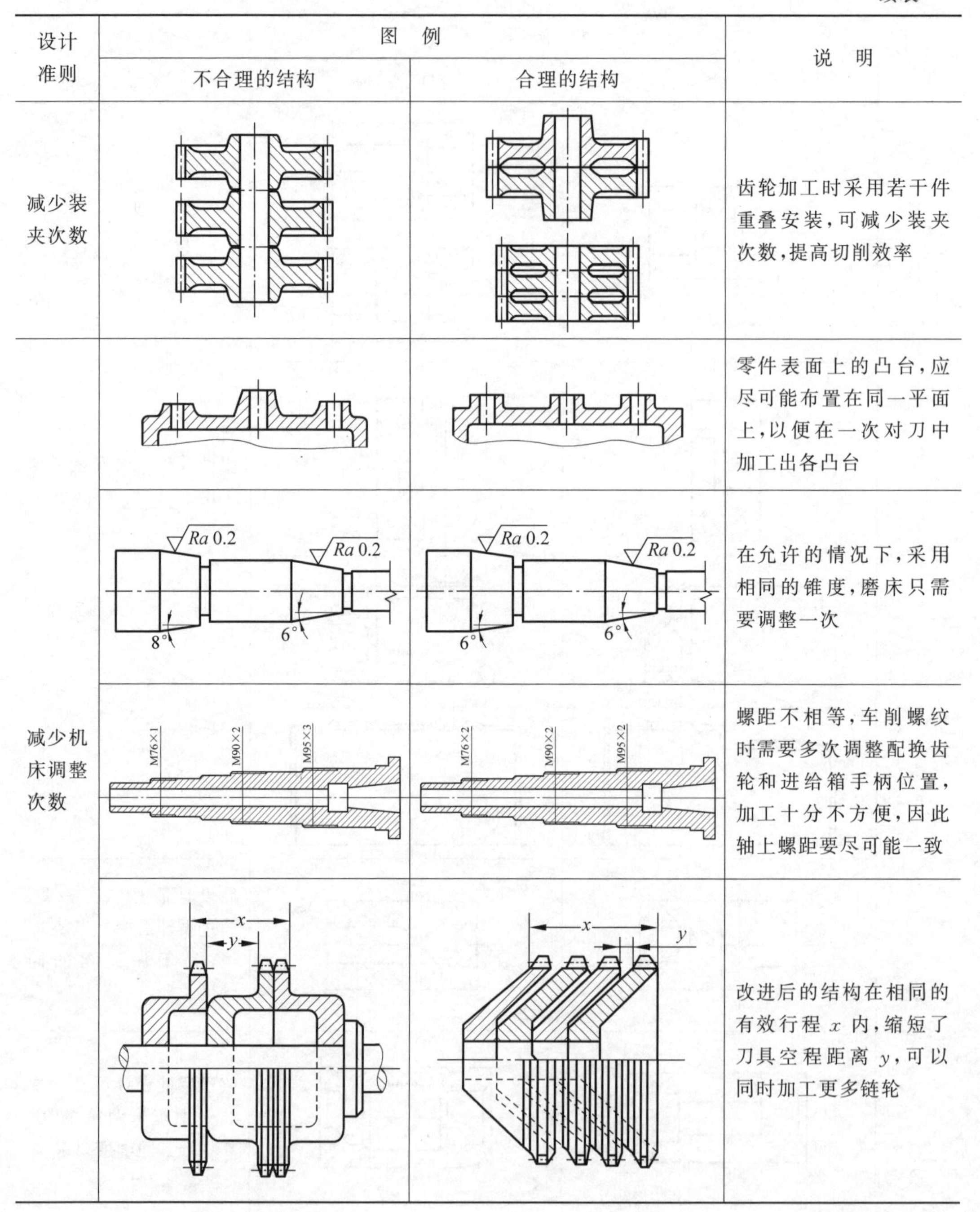

设计准则	图例		说明
	不合理的结构	合理的结构	
减少装夹次数			齿轮加工时采用若干件重叠安装，可减少装夹次数，提高切削效率
			零件表面上的凸台，应尽可能布置在同一平面上，以便在一次对刀中加工出各凸台
减少机床调整次数			在允许的情况下，采用相同的锥度，磨床只需要调整一次
			螺距不相等，车削螺纹时需要多次调整配换齿轮和进给箱手柄位置，加工十分不方便，因此轴上螺距要尽可能一致
			改进后的结构在相同的有效行程 x 内，缩短了刀具空程距离 y，可以同时加工更多链轮

便于安装、加工与测量

4. 减小工件变形，使零件有足够的刚度(见表 6-4)

(1) 增加薄壁零件的刚度；

(2) 机床导轨的边缘下面应设计装夹部位，增加加强筋板，以防止加工时变形。

表 6-4 减小工件变形，使零件有足够的刚度

设计准则	图例		说明
	不合理的结构	合理的结构	
考虑夹紧力情况			薄壁、套筒类零件夹紧时易变形，若一端增加凸缘，可提高工件刚度
考虑夹紧力情况			改进前薄壁套筒常因夹紧力和切削力的作用而变形，因此需要在一端或两端加凸缘，以增加零件刚度
考虑加工时冲击力情况			改进零件形状，设置加强筋，可提高零件刚度，减少刨削或铣削时的振动或变形，便于切削加工（可采用大切削用量），提高生产率
	Ra 6.3 Ra 6.3	Ra 6.3 Ra 6.3	
		肋	
避免切削振动和冲击	ϕ40H6	ϕ40H6	精密镗削孔表面应连续
			花键孔均匀连续时易保证加工精度

改善刀具切削条件，提高刀具寿命

5. 改善刀具切削条件，提高刀具寿命（见表6-5）

表6-5 改善刀具切削条件，提高刀具寿命

设计准则	图例		说明
	不合理的结构	合理的结构	
改善刀具切削条件			尽量避免用端铣方法加工封闭槽，以改善铣刀切削条件
			沟槽表面不应与其他加工表面重合

6. 大件、长件设计应便于吊运（见表6-6）

表6-6 大件、长件设计应便于吊运

设计准则	图例		说明
	不合理的结构	合理的结构	
大件、长件设计应便于吊运			大件、沉重刮研件应设置吊装凸耳或专用吊装孔等，以便于加工、吊运、装配和维修
			对于很大的铸件，要铸出吊运孔或吊运搭子
			长轴一端应设置吊挂
	2000 A — A A—A	2000 A — A A—A	划线用大平板的两边应增加两个大孔，以便用压板螺栓压紧工件且便于吊装起运

7. 合理使用弹性挡圈，以简化结构（见表6-7）

表6-7 合理使用弹性挡圈，以简化结构

设计准则	图例：不合理的结构	图例：合理的结构	说明
合理使用弹性挡圈	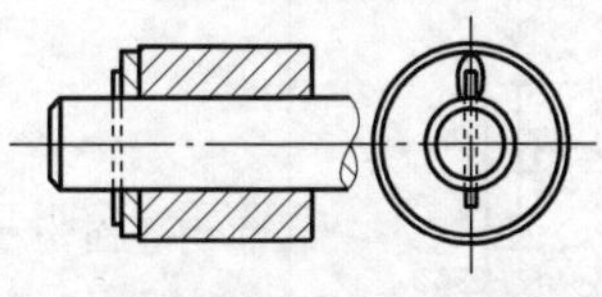	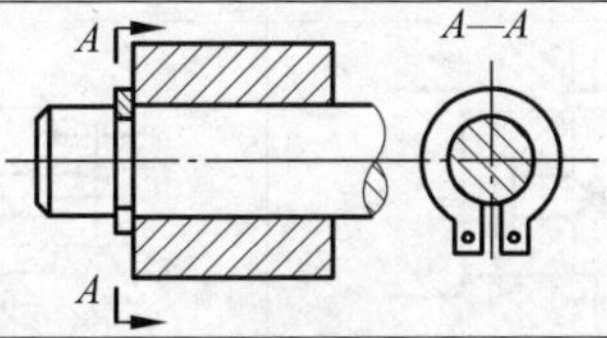 A A—A A	用弹性挡圈代替开口销和垫圈，以简化结构
	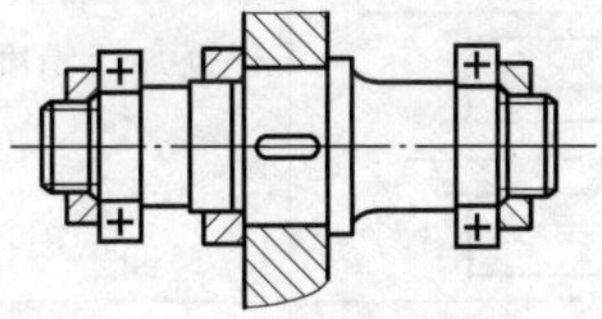	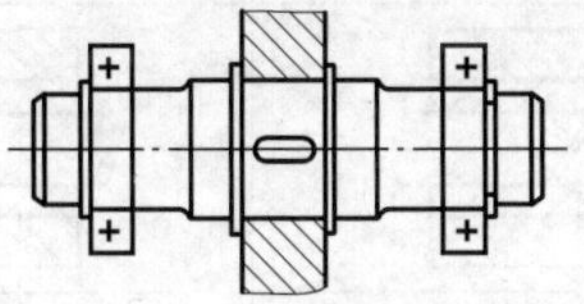	用弹性挡圈代替轴肩，以减小毛坯直径和加工余量
	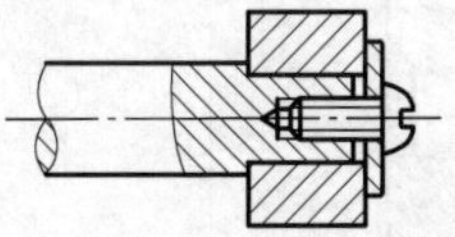	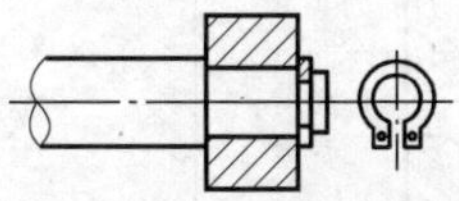	用弹性挡圈代替螺钉和垫圈，以简化结构

8. 应避免不通孔、凹窝和非贯穿槽（见表6-8）

表6-8 结构设计应避免不通孔、凹窝和不穿透的槽

设计准则	图例：不合理的结构	图例：合理的结构	说明
孔和槽尽可能贯通	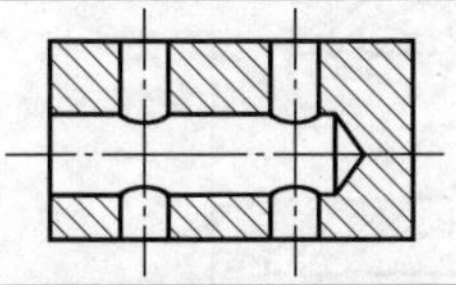	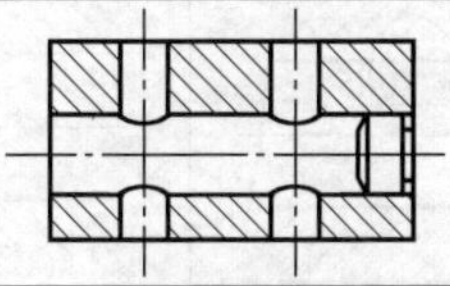	研磨孔宜贯通
	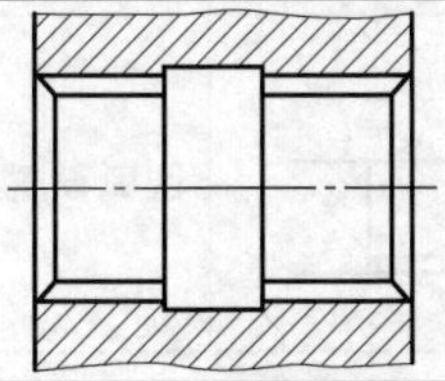	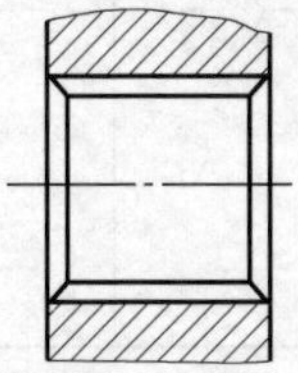	花键孔宜连续
	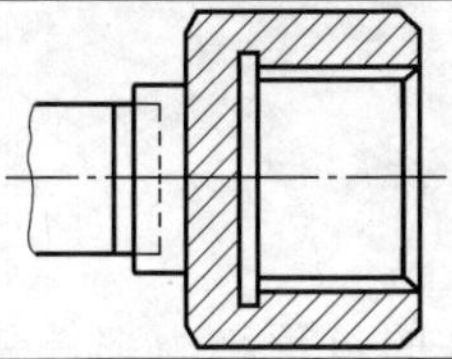	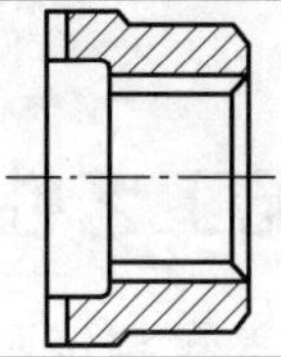	花键孔宜贯通
	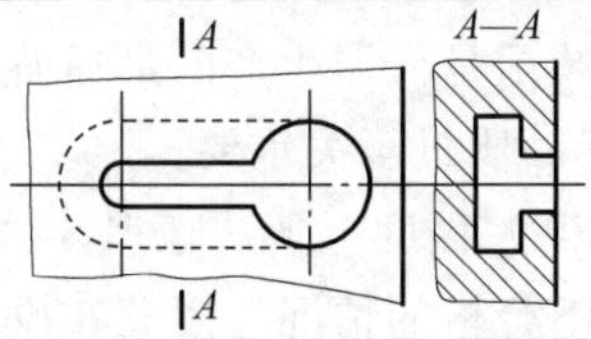 A A—A A	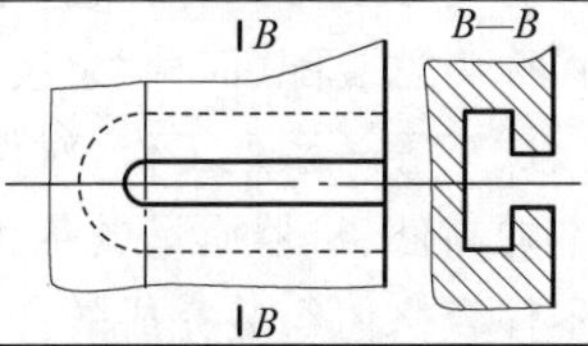 B B—B B	避免封闭凹窝和不贯通槽

9. 合理设计结构,降低加工技术要求(见表 6-9)

表 6-9 合理设计结构,降低技术要求

设计准则	图例		说明
	不合理的结构	合理的结构	
应尽量避免内沟槽设计	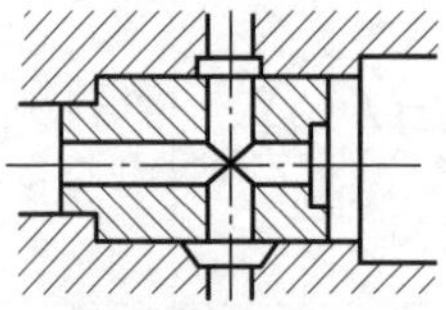	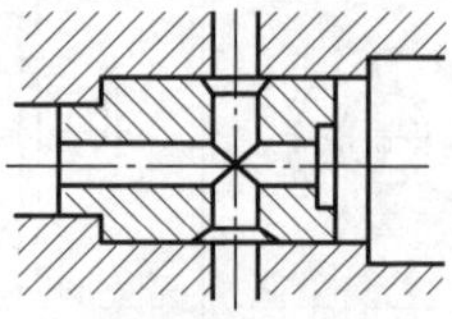	将内表面沟槽改为外表面沟槽,加工方便,容易保证加工精度
	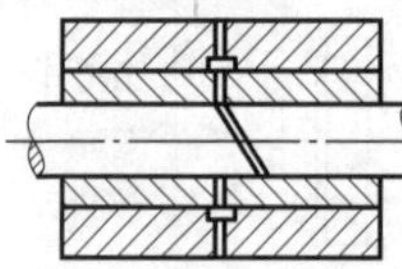	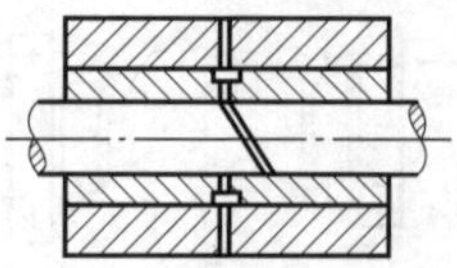	
合理设计结构	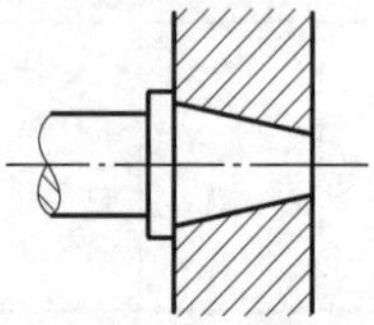	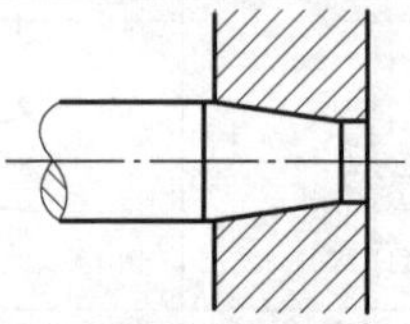	克服过定位
	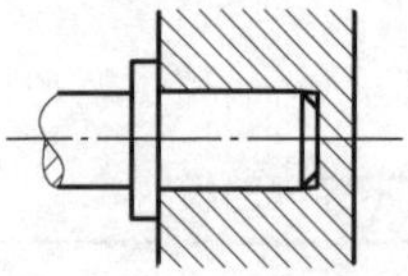	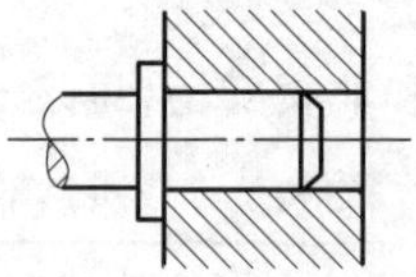	
	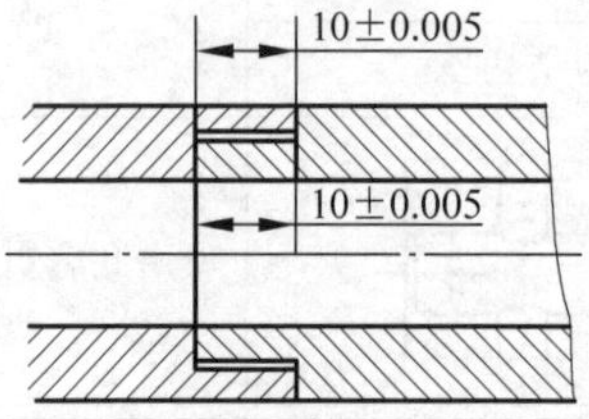 10±0.005 10±0.005	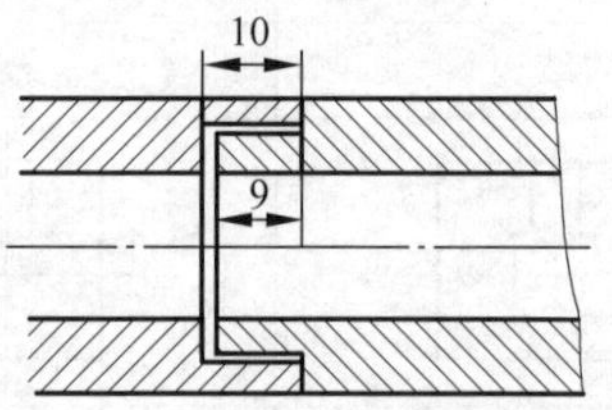 10 9	
	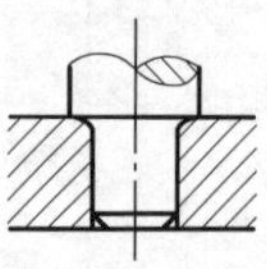	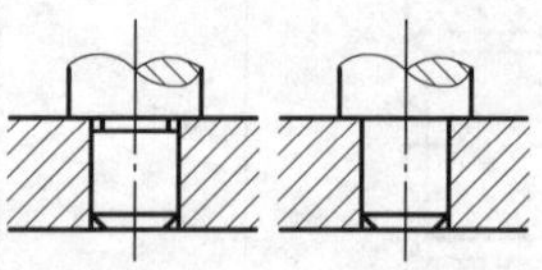	圆弧设置要便于安装

6.3 零件结构的装配工艺性

所有机器均由零件、部件等装配调试而成。组成部件的过程称为部件装配(简称"部装"),组成整台机器的过程称为总装配(简称"总装")。装配是机器生产的最后阶段,包括装配、调试、精度及性能检验、试车等一系列工作,对保证产品质量至关重要。

装配过程的难易、成本的高低、机器质量的优劣,在很大程度上取决于其本身结构。实际操作中,往往存在一组零件合格但组装完成的产品却不合格的情况。因此在设计过程中,应考虑产品装配的步骤、环节和每一道工序的工艺性，以及必要的调试环节。

装配工艺性是指零件组装成部件或机器时，相互连接的零件不需要再加工或只需要少量加工便能顺利安装或拆卸，并达到技术要求。装配工艺性好坏，对于机器的制造成本、装配质量和装配生产均有很大影响。

本节将通过表 6-10～表 6-12，举例说明考虑零件结构装配工艺性应注意的问题。

装配工艺性

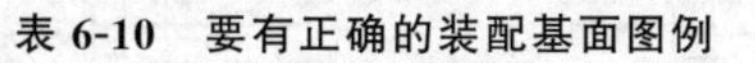

表 6-10　要有正确的装配基面图例

设计准则	图例		说　明
	不合理的结构	合理的结构	
正确的装配基面	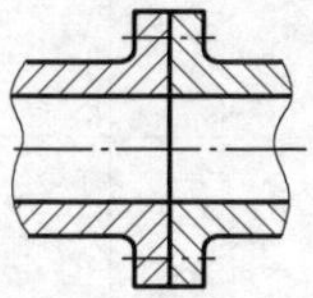	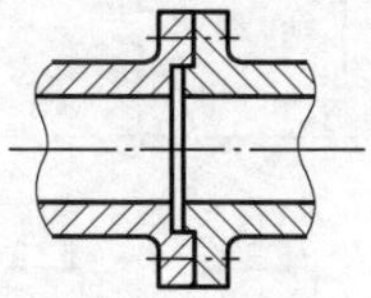	有同轴度要求的两个零件相连接时，应有装配定位基面
	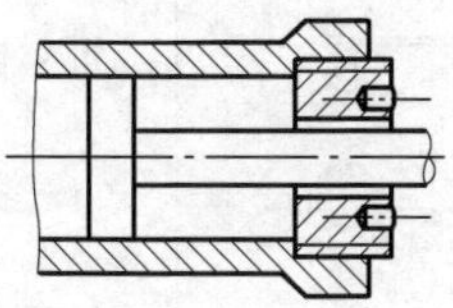	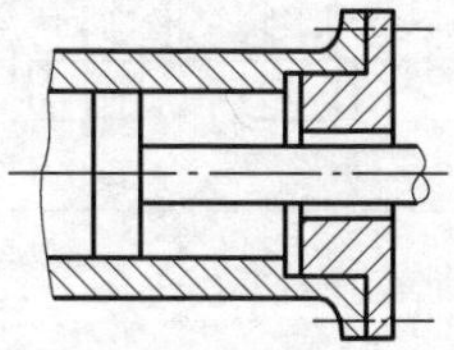	用螺纹连接时难以保证气缸盖内孔与缸体内孔的同轴度，活塞运动时活塞杆易偏移。可用圆柱体作为定位面，以保证端盖与油缸的同轴度

表 6-11　便于装配图例

设计准则	图例		说　明
	不合理的结构	合理的结构	
便于装配	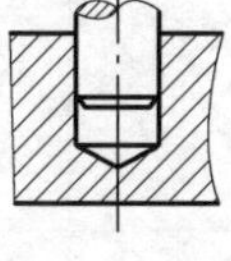	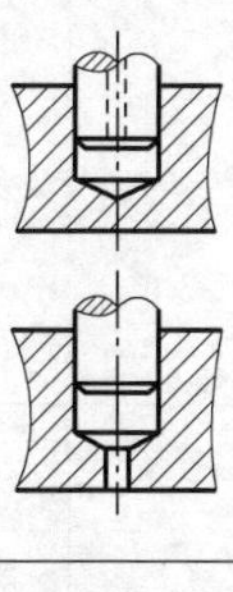	改进前，无透气孔，销钉孔内的空气不易排出，使销钉难以装入
	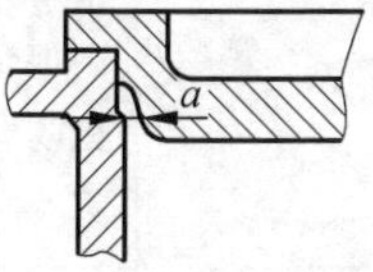	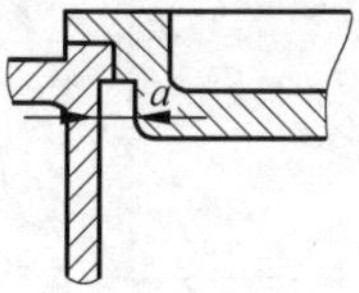	防止铸造误差引起装配时两零件之间相互干涉
	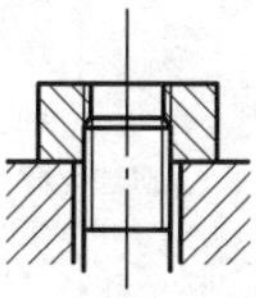	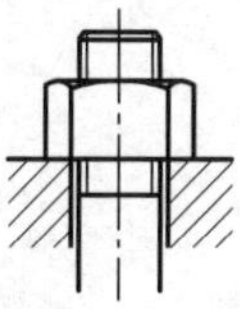	紧固螺栓长度应与被紧固件相适应，过短会因承受载荷的螺纹牙数不足而使其强度不足

续表

设计准则	图例		说明
	不合理的结构	合理的结构	
便于装配	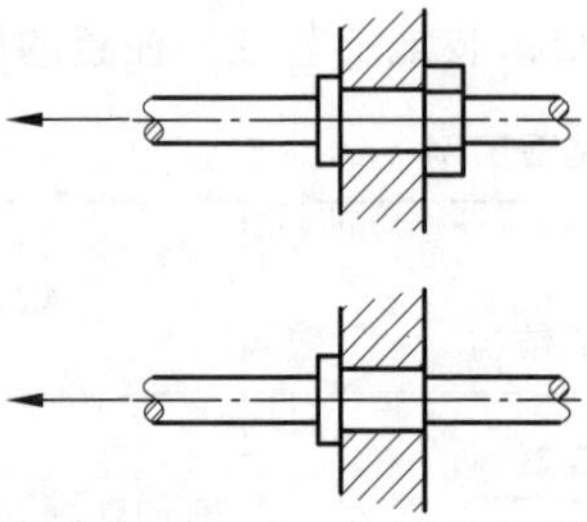	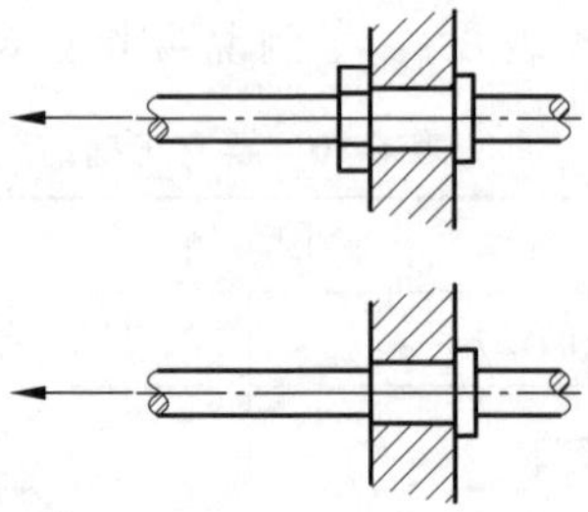	使用轴肩和螺母固定时,安装侧应以轴肩部位(而非螺母)承受较大推力
	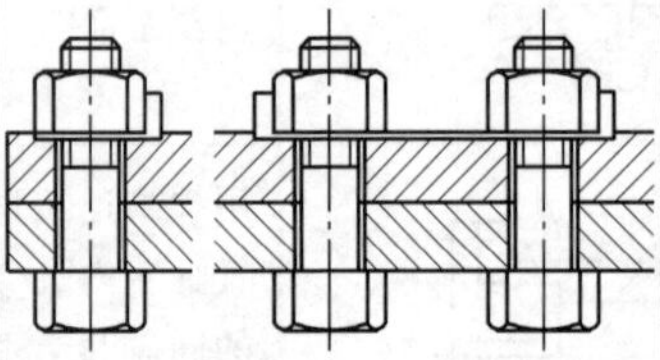	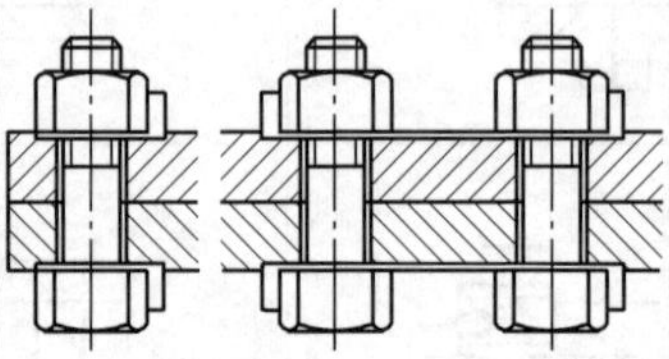	改进前只是对螺母止动,改进后同时对螺母和螺栓止动,提高了止动可靠性
	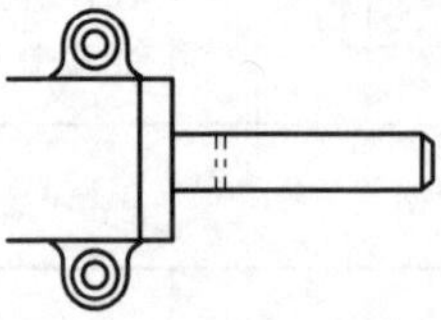	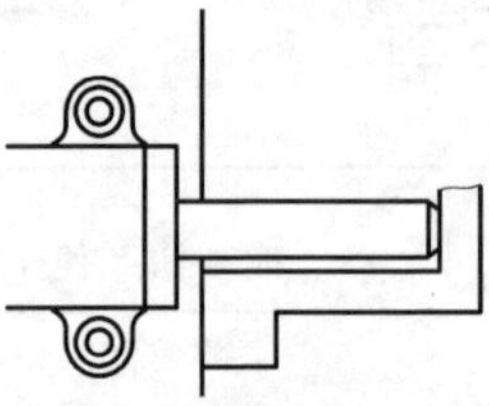	气缸最大伸出长度要求准确时,需制作准确长度的夹具,用夹具使气缸固定定位
	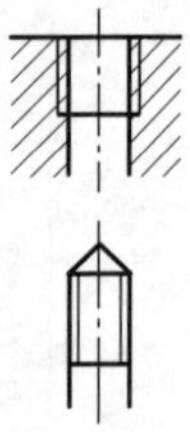	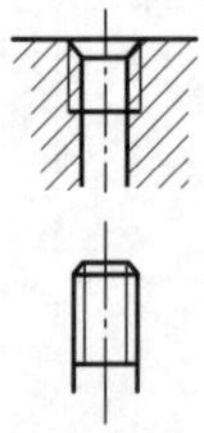	避免装配时将螺纹损坏
	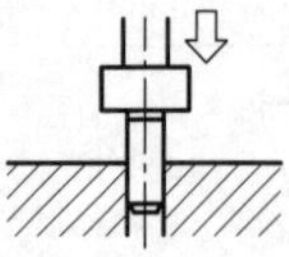	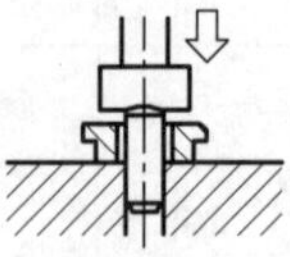	销钉压入孔时,为避免销钉倾斜,可采用导套来保证销钉与孔的位置相吻合
	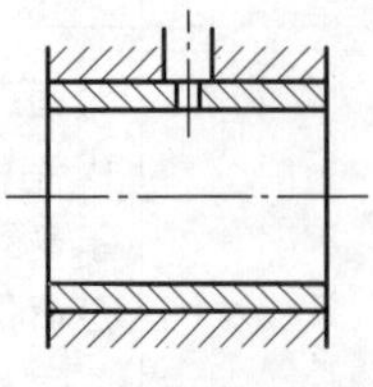	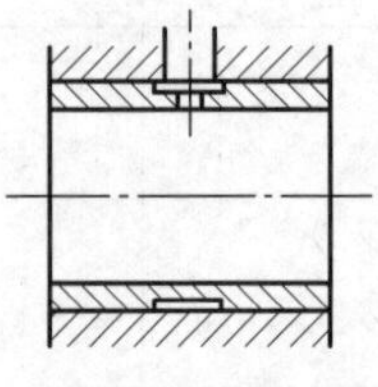	左图装配时不易找正油孔位置,改进后在轴上加工出一个圆环沟槽,便于装配时方便找正油孔位置

续表

设计准则	图例		说明
	不合理的结构	合理的结构	
便于装配	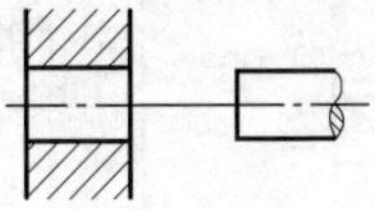	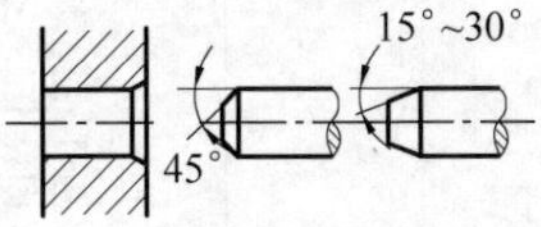 15°~30° 45°	配合件应有倒角，便于装配
	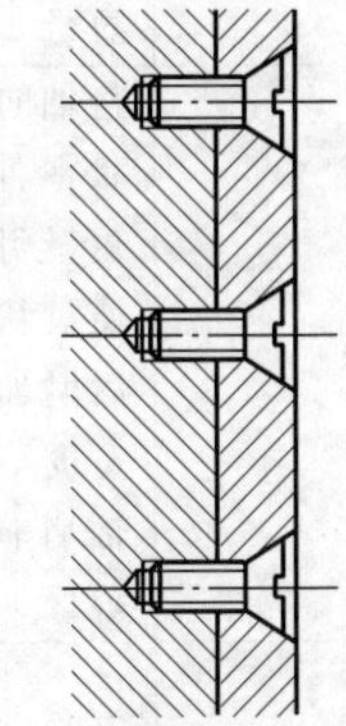	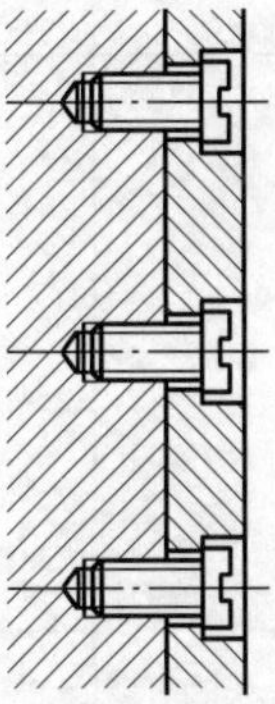	装配时避免使用多个锥面沉头螺钉，因无法使所有螺钉头的锥面保持良好接合，装配困难，且连接件间的位移会造成螺钉松动，应改用圆柱螺钉和平面沉孔
	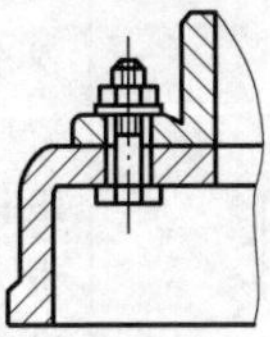	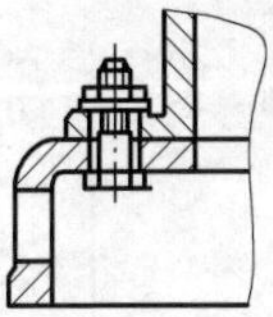	改进前装配困难，改进后采用开工艺孔结构
	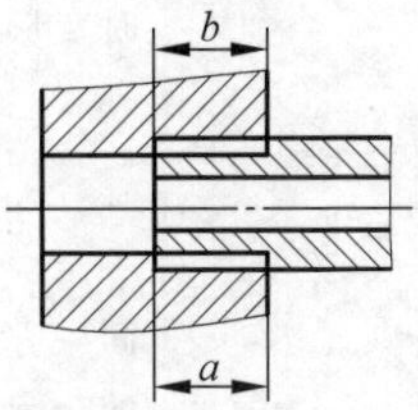 b a	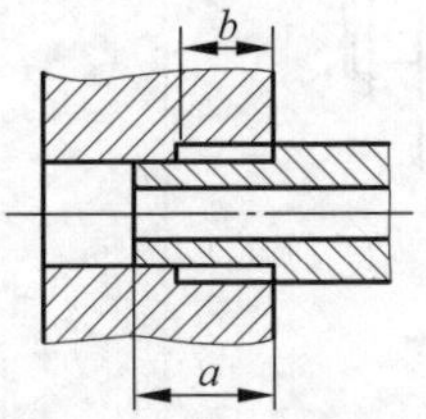 b a	若两配合面的长度相等 ($a=b$)，不易装配。应使 $b<a$，以避免两段同时进入
	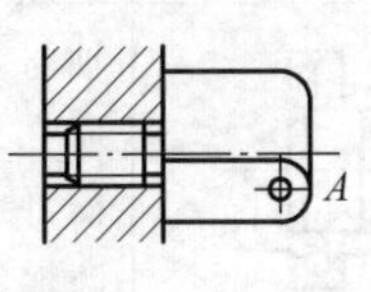 A	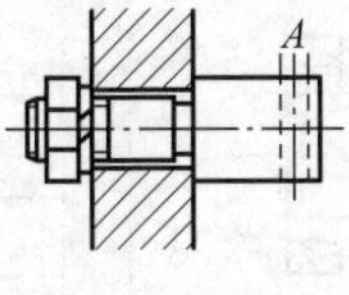 A	有方向性的零件要采用适应方向要求的结构。改进后可调整孔的方位
	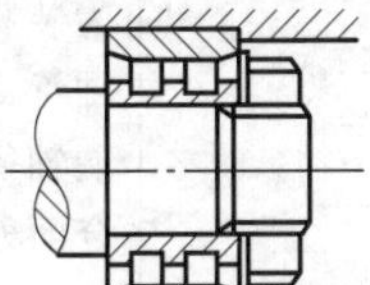 不能折弯垫圈的爪	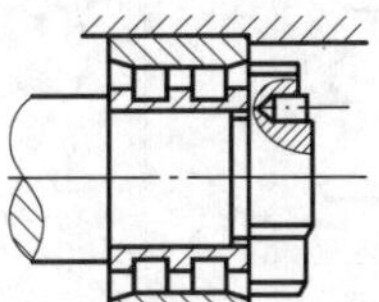	改进前因安装位置周围无足够的空间弯曲止动垫圈的爪，不能止动。改进后配作骑缝螺钉，保证止动可靠

续表

设计准则	图例		说明
	不合理的结构	合理的结构	
便于装配	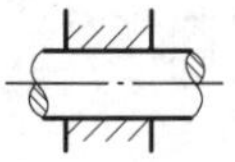	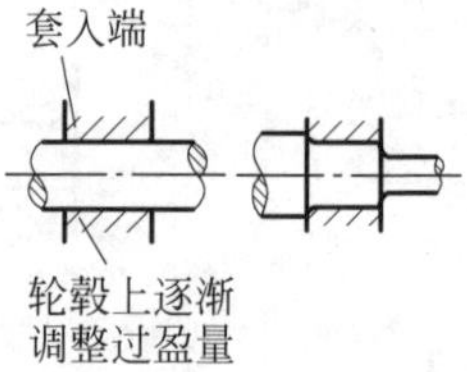 套入端 轮毂上逐渐调整过盈量	过盈大的热装时，轴相对于轮毂端部处为紧固力剧变处，易产生应力集中；改进后，从轮毂端部向套入端逐渐减小过盈量
	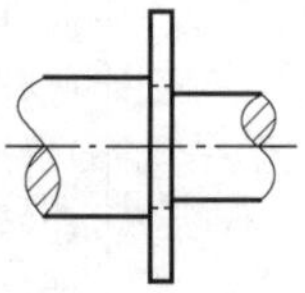	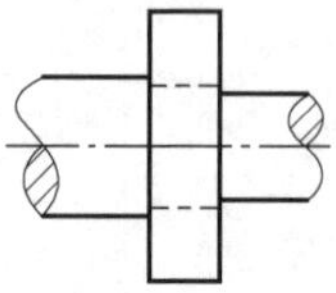	将轴向宽度比较薄的盘状零件热装到轴上，过盈量引起的反力有可能使盘状零件变形。改进后增加盘状零件的轴向宽度，不能增加时要从轴肩向套入端调整过盈量
	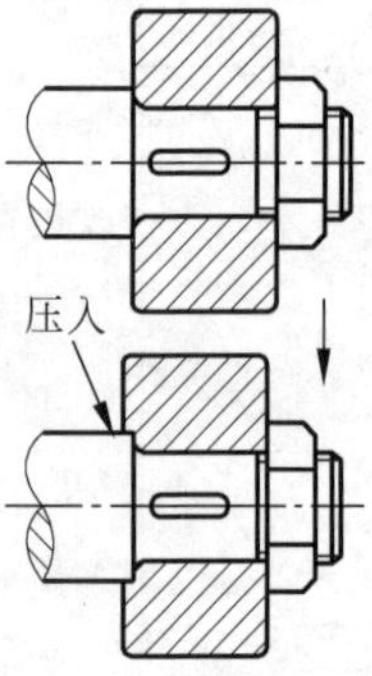 压入	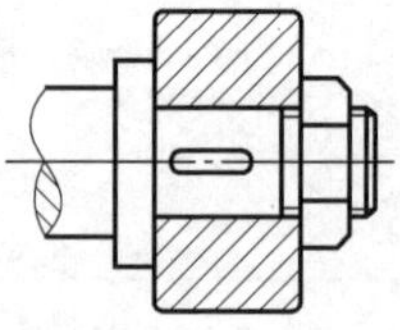	保证装配时不至于将轴肩压入轴毂以内，若轴毂材料较软或轴肩不能很大时，需套上足够厚度的轴环，以防止装配时变形
	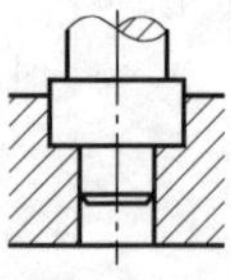	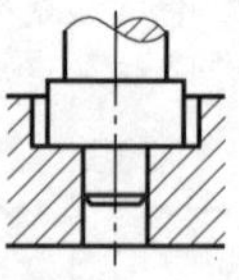	同一方向上应只有一对配合表面
减小配合面长度	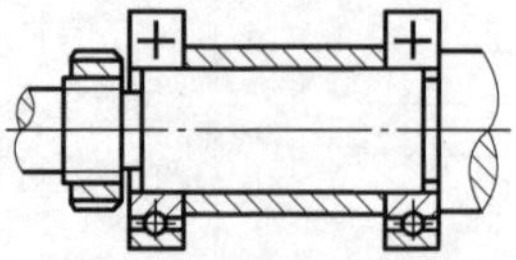	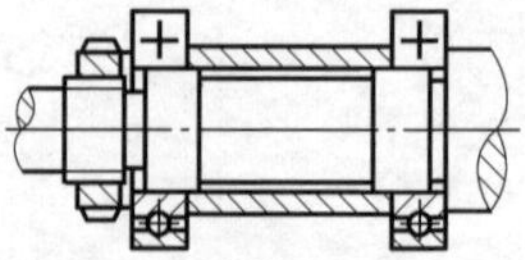	轴与套相配部分较长时应在轴或套上作空刀槽，便于装配，有利于提高配合精度
应避免其他表面与配合表面接触	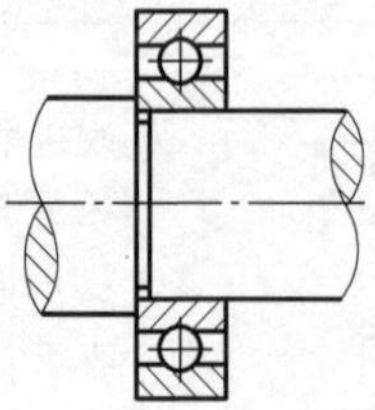	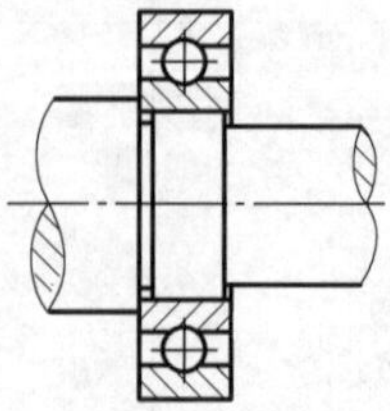	为装拆方便，避免装拆轴承时擦伤轴表面，右端轴径应稍小于轴承配合面处尺寸

续表

设计准则	图例		说明
	不合理的结构	合理的结构	
自动装配的零件设计应有利于装配	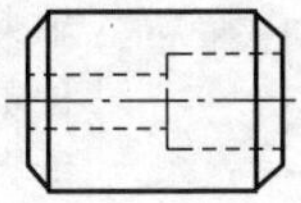	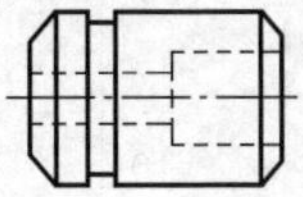	两端孔径不同，外表无法识别，改进后零件易于识别，有利于自动装配
	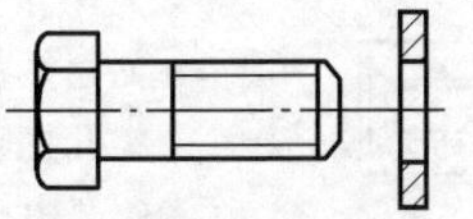	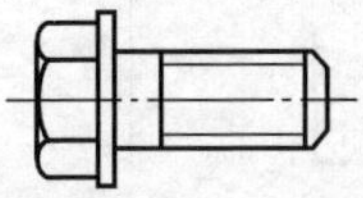	能做成一体的零件要尽可能做成一体，螺钉与垫圈为一体时可节省送料机构
	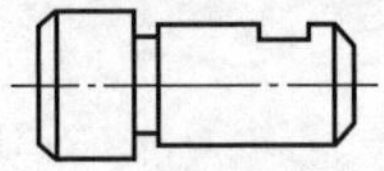	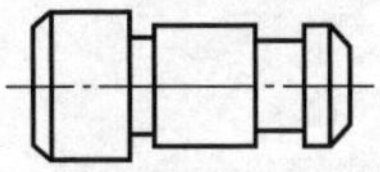	将轴一端的定位平面改为环形槽，可省去装配时的按径向调整机构
	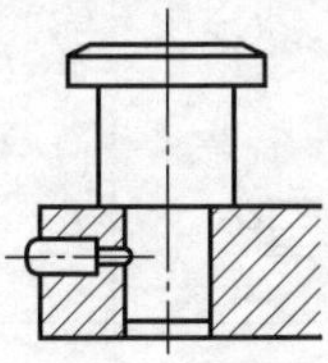	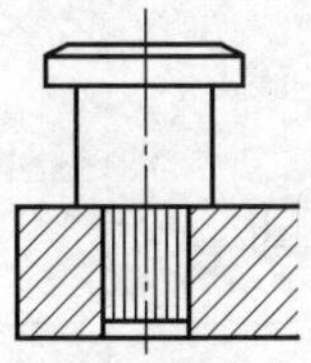	轴的一端滚花，与其配合件为过盈配合效果好，便于简化装配
自动装配的零件设计应使定位简便可靠	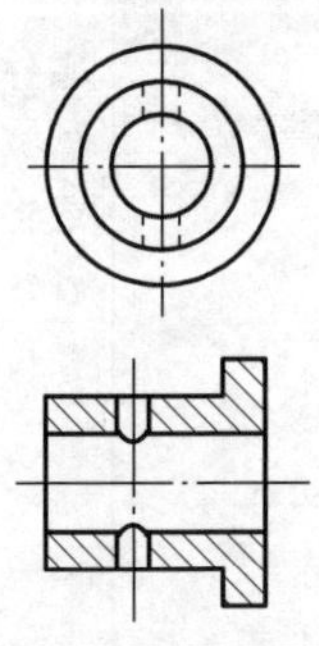	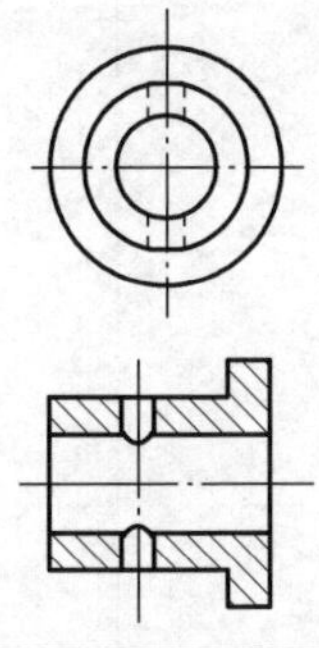	孔的方向要求一定，如不影响零件性能，可铣一小平面，其位置与孔呈一定关系，平面较孔易于定位
	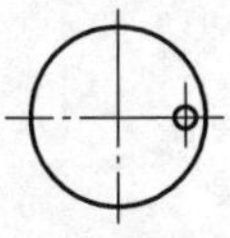	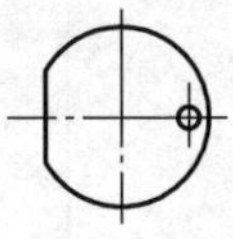	为保证偏心孔的正确位置，可再加工一小平面，使定位简便可靠
结构设计应便于零部件正确安装	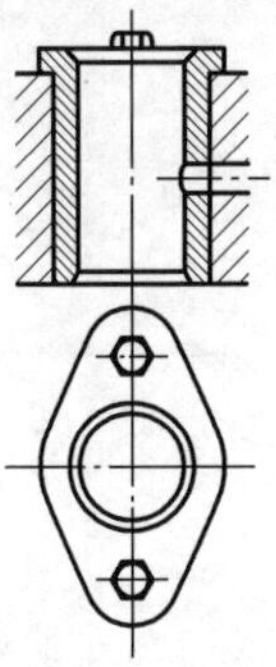	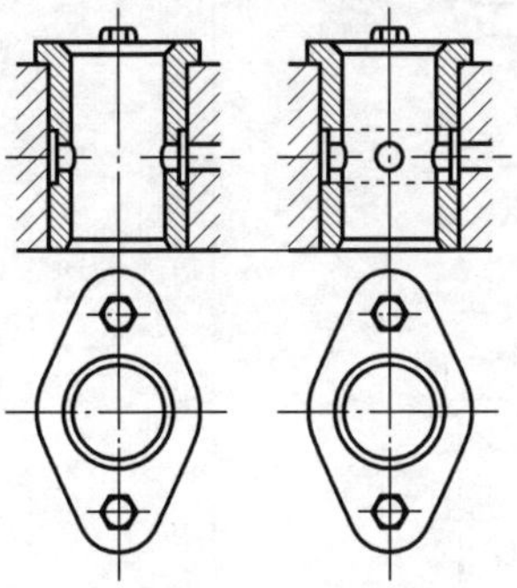	改进前，轴瓦上的油孔安装时如反转180°装上轴瓦，则油孔不通。改进后，在对称位置上加工油孔或油槽，可便于安装

续表

设计准则	图例		说明
	不合理的结构	合理的结构	
尽量保留修复加工的定位基准	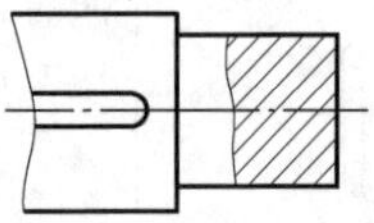	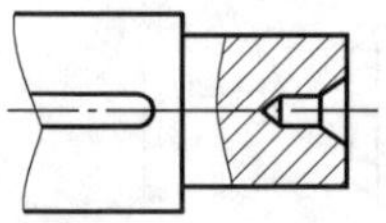	轴类零件应有适当的定位基准（中心孔），便于维修时的机械加工
	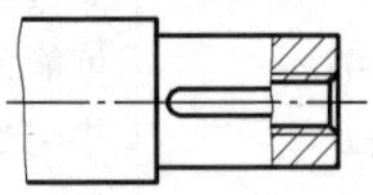	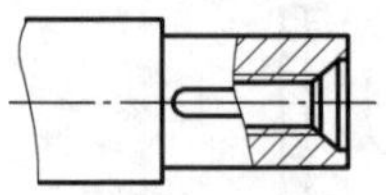	为保留轴上的中心孔，如遇轴端中心有紧固用螺孔则应设计有螺孔的C型中心孔
自动装配的零件设计应有利于自动给料	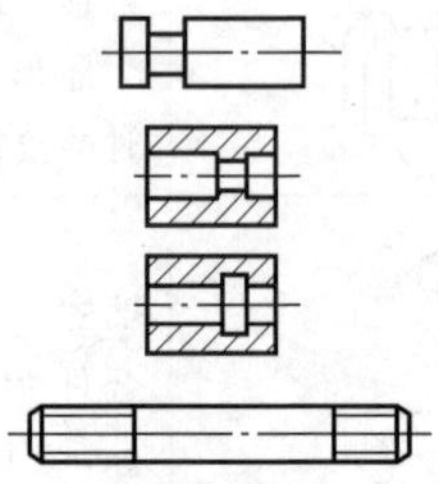	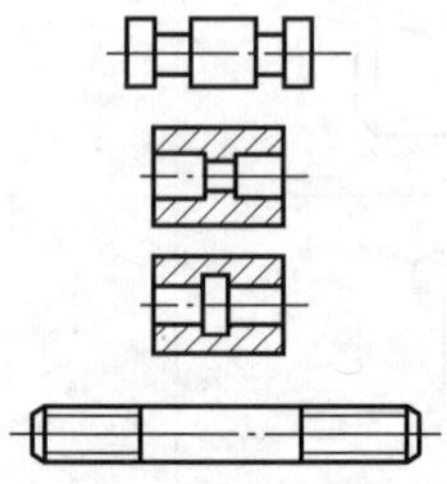	在保证性能要求的前提下，应尽量设计对称形状，以便于确定正确位置，避免错装
	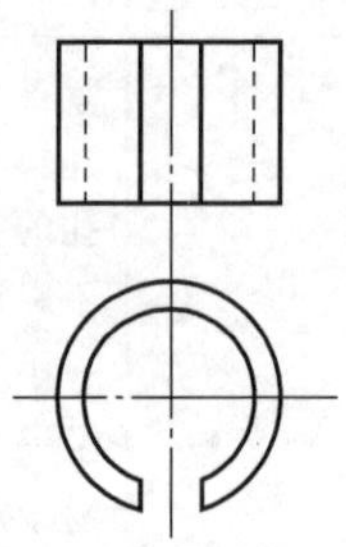	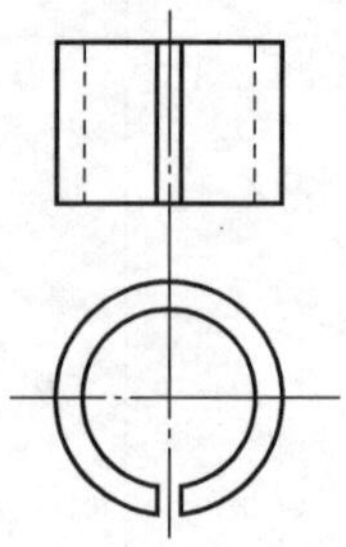	零件有通槽的情况下，槽宽应小于工件壁厚，或将零件上通槽改为位置错开的槽，防止零件在传送时缠在一起
	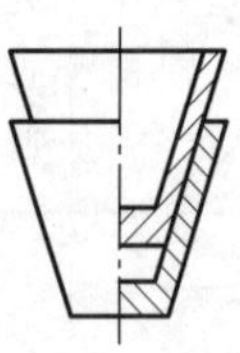	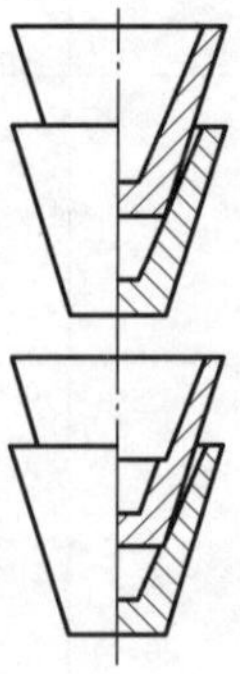	零件具有相同的内外锥度表面时，容易互相卡死，可将内外锥度改为不等，或增加一内圆柱面
	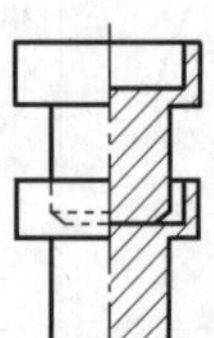	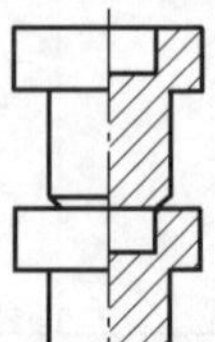	零件的凸出部分容易进入另外同类零件的孔中，造成装配困难。应使凸出部分直径明显大于孔径

续表

设计准则	图例		说明
	不合理的结构	合理的结构	
应避免装配时的切削加工	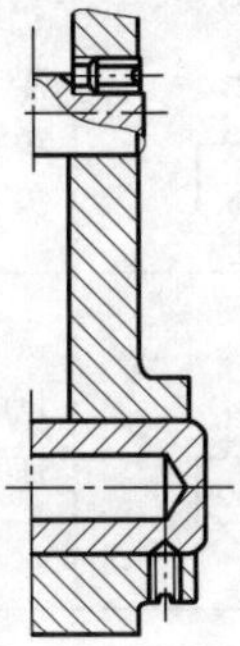	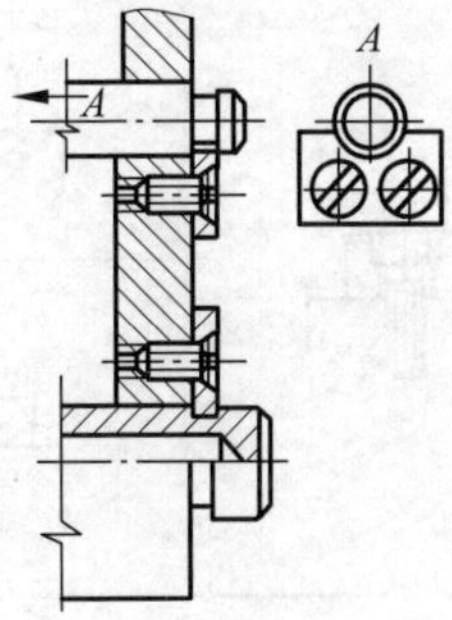 A A	避免装配时进行切削加工。改进前，轴套装入机体后需要钻孔、攻螺纹，改进后轴或轴套用卡在轴或轴套环形槽里的压板固连在机体上，压板可用冲压方法制造，机体上的螺纹孔可在切削加工车间加工
自动装配的零件设计应有利于自动传送	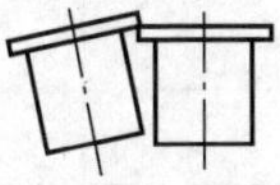 (a) 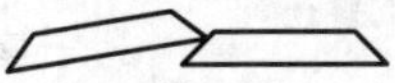 (c)	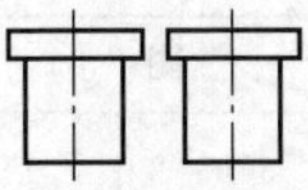 (b)  (d) 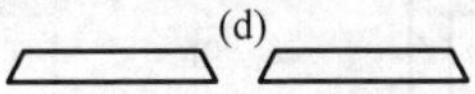 (e)	对输送时容易相互错位的零件(见图(a)、(c))，可加大接触面积(见图(b)、(d))或增加接触处角度(见图(e))
	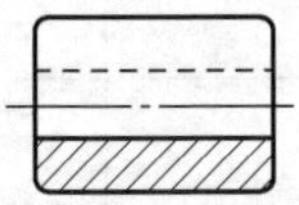	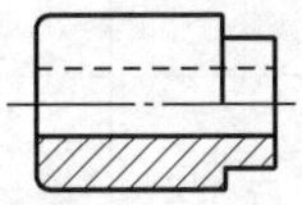	自动装配时，宜将夹紧处车削为圆柱面，使与内孔同心
	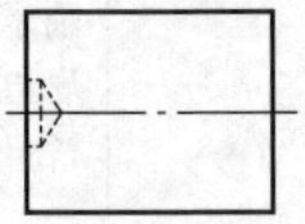	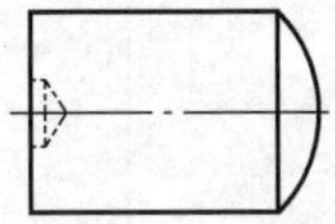	工件端面改为球面，便于导向
自动装配的零件尽可能设计简单	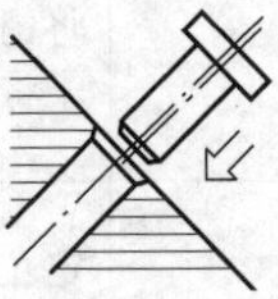 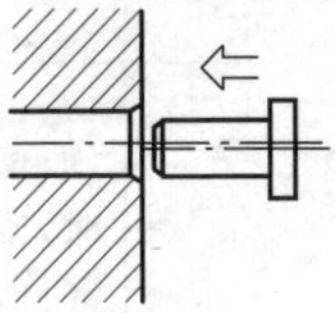	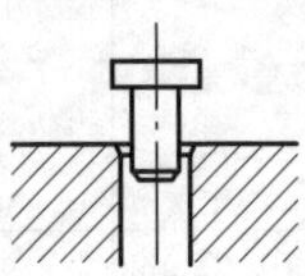	零件安装从上面进行时，定位机构简单。倾斜或横向安装时，安装动作的控制及零件的装夹固定变得复杂

续表

设计准则	图例		说明
	不合理的结构	合理的结构	
相配零部件间应使定位迅速	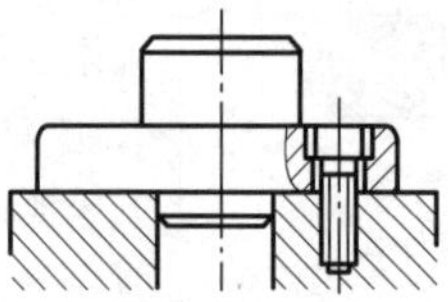	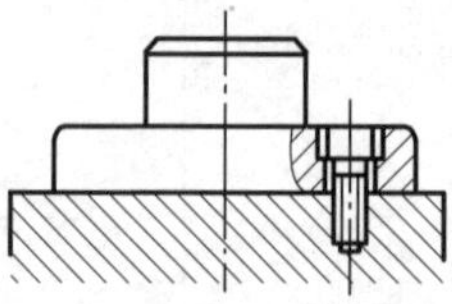	相配零部件间应使定位迅速。改进后的结构能迅速确定相互间位置关系
		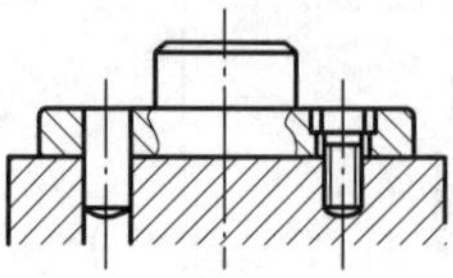	增加定位销，可方便迅速定位

表 6-12 便于拆卸图例

设计准则	图例		说明
	不合理结构	合理结构	
便于拆卸维修	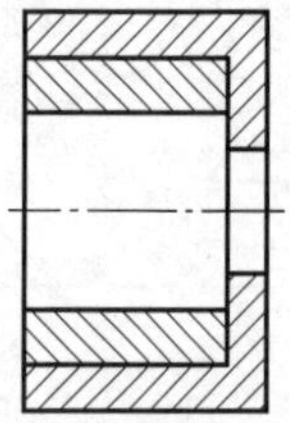	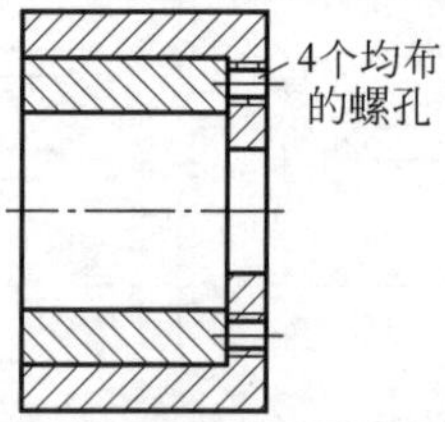 4个均布的螺孔	对于压入式衬套，外壳端面设计几个螺孔，则可用螺钉将衬套顶出
	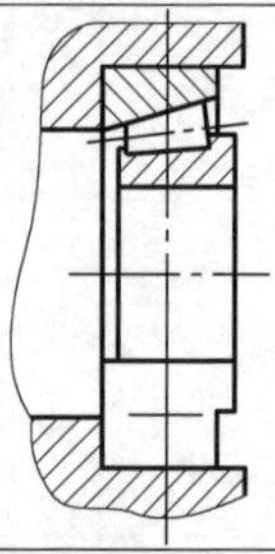	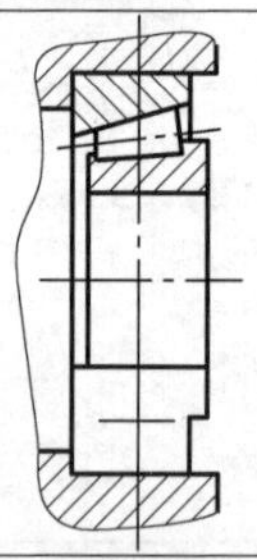	改进前轴承难以拆卸，改进后使轴肩直径小于轴承内圈外径、内孔台肩直径大于轴承外圈直径，便于拆卸
	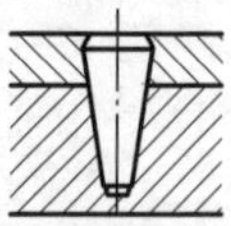	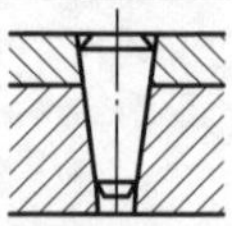	将销孔做成通孔，有利于将销顶出，便于拆卸
	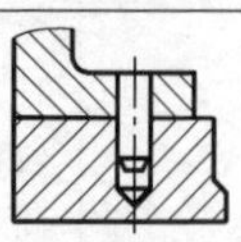	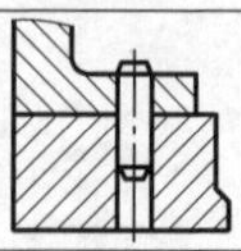	定位销孔应尽可能钻通，便于取出
	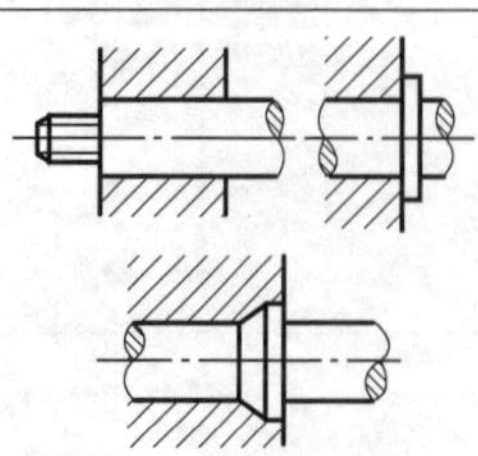	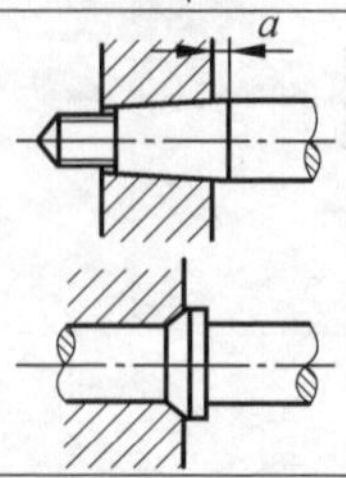 a	轴和毂采用锥度配合时，锥形轴头应有伸出部分，不允许在锥度部分以外增加轴向定位的轴肩

续表

设计准则	图例		说明
	不合理结构	合理结构	
便于拆卸维修	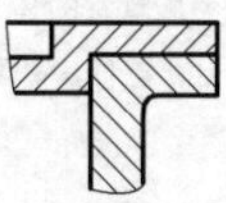		两个过盈配合的零件拆卸，应在零件上设计拆卸螺孔
安全联轴器设计的维修合理性	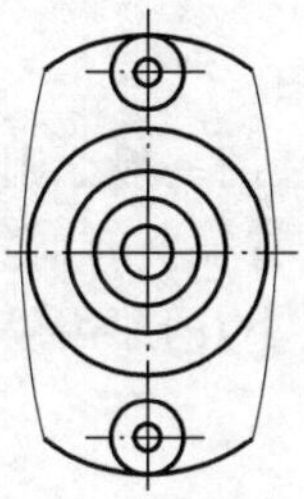	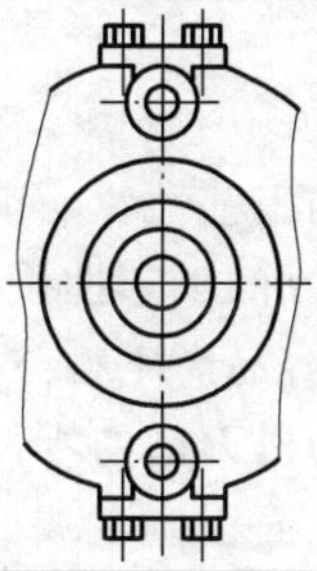	因安全销的拆装空间相对较窄小，操作不便，改进后，将原4个固定销套的圆孔改为U形孔，安全销与销套组装好后，从径向一同装入U形孔内，用压板固定，这样维修工艺大为改善
留有一定的装拆空间	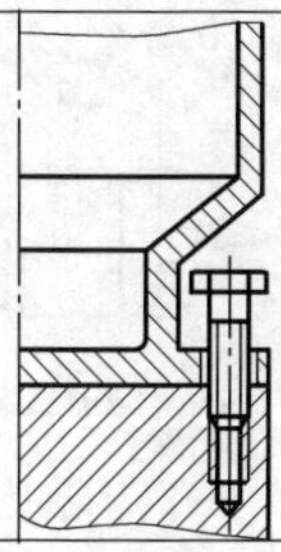	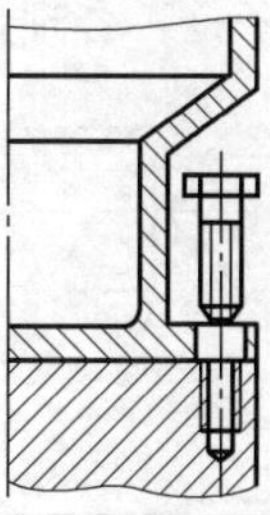	在螺钉连接处，应给安放螺钉以及扳手活动留有一定空间
	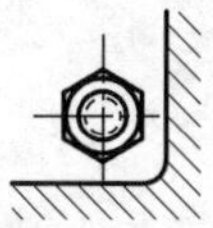	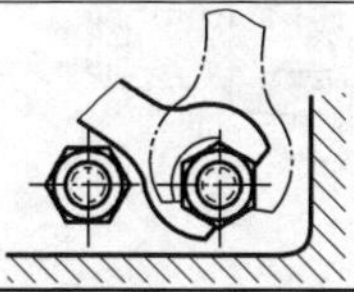	

1. 零件设计时要有正确的装配基面

待装配的零件、组件和部件需要先放置到正确位置，然后才能紧固，其过程很像加工时的定位与夹紧。因此，装配时零件、组件和部件间必须要有正确的装配基面，才能保证它们之间的正确位置。

2. 零件设计时要便于装配

为了便于装配，凡有配合要求的零件其端部应有倒角，且零件上的配合表面不宜过长，轴头要有用于导向的倒角。

(1) 应考虑装配时方便找准定位；

(2) 轴与套相配部分较长时应在轴或套上设计空刀槽；

(3) 应避免其他表面与配合表面接触；

(4) 自动装配零件设计应有利于装配，使定位简便可靠，并利于自动给料、传送；

(5) 尽量保留修复加工的定位基准；

(6) 防止用螺母紧固长轴中间的安装件时轴发生弯曲；

(7) 应避免装配时的切削加工；

（8）相互配合的零部件间应使定位迅速。

3. 便于拆卸

拆卸方便可有效缩短维修时间，特别是对易磨损零件的更换，可考虑设置用于拆卸的工艺螺孔，有拆卸工具的着力点和可拆卸的空间等。设计机器结构时，必须考虑装配工作简单方便。

习题 6

6-1 何谓机械零件的结构工艺性？切削加工结构工艺性的一般原则有哪些？

6-2 从发展的角度看，良好的工艺性设计一般包含哪些特征？有何要求？

6-3 简述加工细长轴时，容易产生腰鼓形（中间大、两头小）的原因以及应采取的措施。

6-4 试举例说明需要设置退刀槽的零件结构。

6-5 试举例说明零件加工面积应该减少的结构。

6-6 试分析习题 6-6 图所示是否合理，如不合理请给出解决方案，并绘图说明。

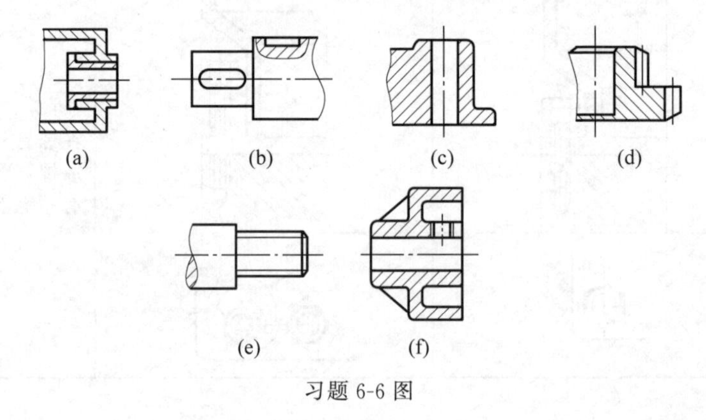

习题 6-6 图

6-7 从习题 6-7 图所示的结构工艺性上考虑哪个方案更好，并说明理由。

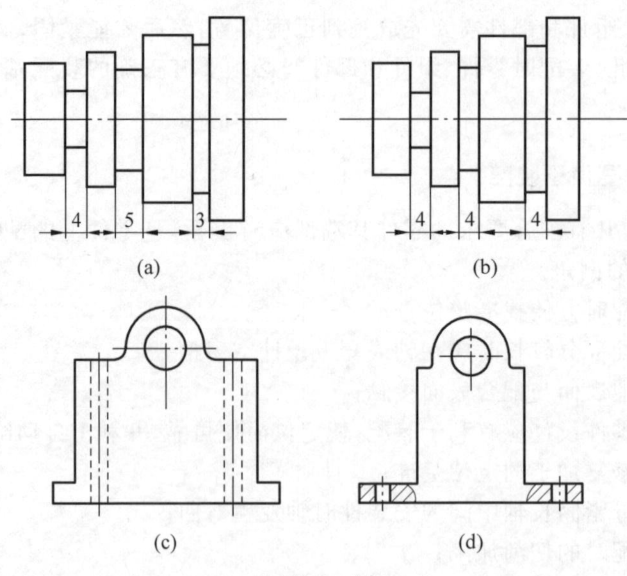

习题 6-7 图

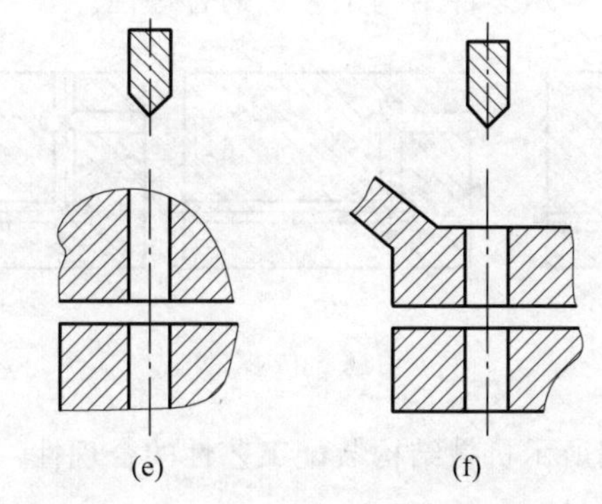

习题 6-7 图　（续）

6-8　分析习题 6-8 图所示零件结构工艺性的好坏。

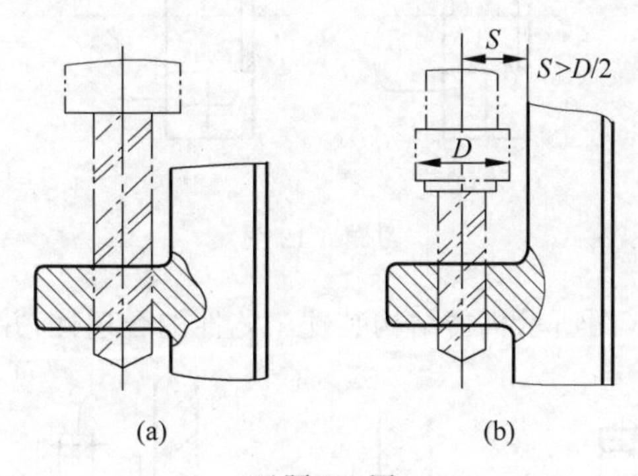

习题 6-8 图

6-9　从结构工艺性上考虑，习题 6-9 图所示哪个方案更好，并说明理由。

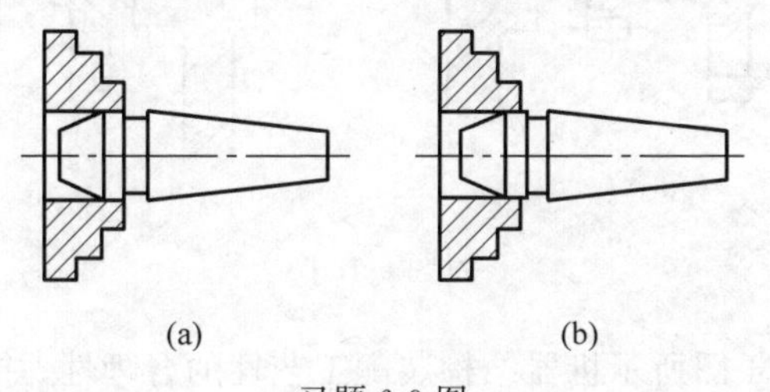

习题 6-9 图

6-10　从结构工艺性上考虑，习题 6-10 图所示哪个方案更好，并说明理由。

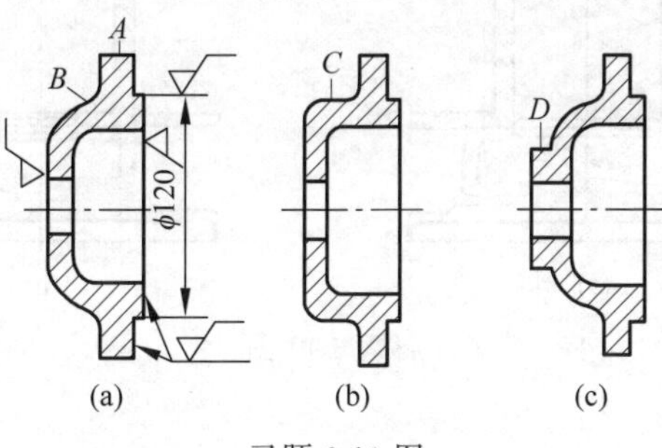

习题 6-10 图

6-11 分析习题 6-11 图所示零件结构工艺性的合理性。

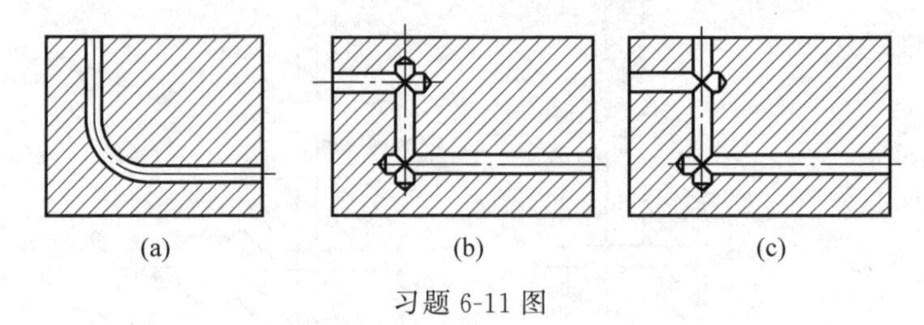

习题 6-11 图

6-12 判断习题 6-12 图所示机械结构装配工艺性的合理性,并简要说明理由。

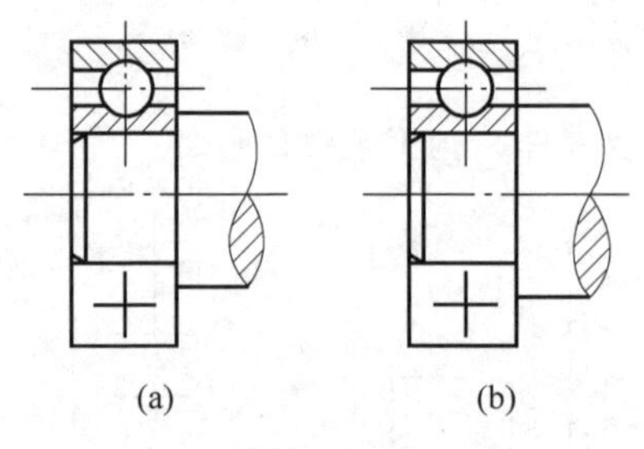

习题 6-12 图

6-13 判断习题 6-13 图所示机器结构装配工艺性的合理性,并简要说明理由。

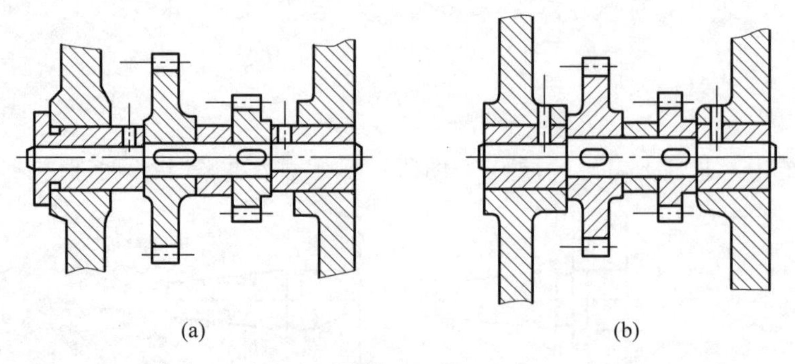

习题 6-13 图

6-14 判断习题 6-14 图所示机器结构装配工艺性的合理性,并简要说明理由。

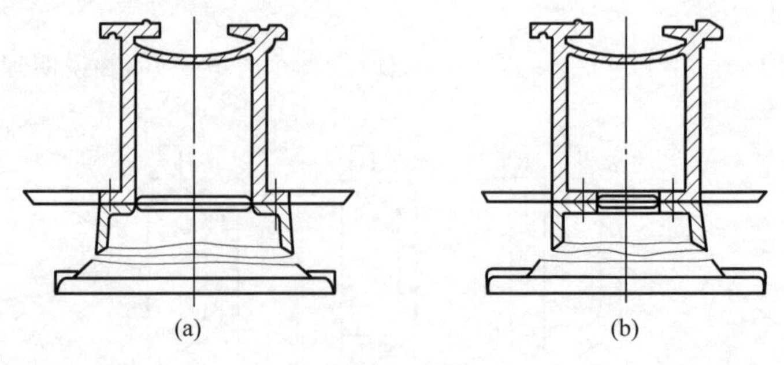

习题 6-14 图

6-15　试分析习题 6-15 图所示零件的结构工艺性有哪些不足,应如何改进?

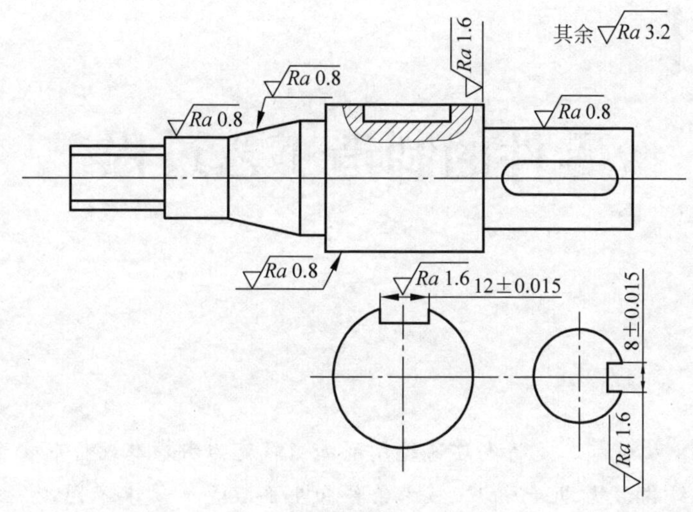

习题 6-15 图

自测题

第7章

零件的制造工艺过程

【本章导读】 机械加工是将毛坯通过切削加工转变为由基本或特形表面构成的各种零件。由于零件的结构形状、几何精度、技术条件和生产数量等要求不同，往往要经过一定的加工工艺过程才能将图样变成成品零件。要制定出合理的零件制造工艺过程，不仅需要工艺理论知识，更需要生产实践经验。本章着重讲述零件制造工艺过程的基本知识、零件加工工艺过程的制定、典型零件的制造工艺过程、工艺创新和创新设计之间的关系以及机械制造经济性分析。在学习完本章知识点之后，应能掌握定位基准的选择原则以及典型零件的制造工艺过程，理解零件制造工艺过程的基本概念，熟悉零件制造工艺过程的基本要求以及机械制造经济性分析的方法，了解工艺创新和创新设计之间的关系，具备独立制定零件加工工艺路线以及解决实际工艺问题的能力。

通常，一个零件的生产，并非只在某一台机床上，用某一种加工方法就能实现，而是需要经过一定的加工工艺过程才能完成。根据零件的具体要求和设备等情况，选择合适的毛坯和加工方法，合理地安排加工顺序，这就需要制定零件加工工艺。正确地制定零件加工工艺，将直接影响产品的质量、成本和生产率。

7.1 零件制造工艺过程的基本知识

7.1.1 基本概念

1. 生产纲领

产品(或零件)的生产纲领，是指包括备品和废品在内的该产品(或零件)的年产量。生产纲领的大小，对工艺过程的制定有很大影响。

零件的生产纲领可按下式计算：

$$N = Qn(1 + a\% + b\%) \tag{7-1}$$

式中，N 为零件的生产纲领，件/年；Q 为产品的生产纲领，台/年；n 为每台产品中该零件的数量，件/台；$a\%$为备品的百分率；$b\%$为废品的百分率。

2. 生产类型

根据生产纲领的大小和产品品种的多少,机械制造业的生产可分为三种类型：单件生产、成批生产和大量生产。

1) 单件生产

生产的产品品种繁多,每种产品仅制造一个或少数几个,在一个工作地很少重复,甚至完全不重复。例如：各种机械新产品的研制、重型机器、大型船舶的制造和新产品的试制等均属于这种生产类型。

2) 成批生产

生产的产品品种较多,每种产品均有一定的数量,工作地分期分批地轮流进行生产。例如通用机床和液压传动装置的制造属于这种生产类型。

同一产品(或零件)每批投入生产的数量称为批量。根据产品的特征和批量的大小,成批生产可分为小批生产、中批生产和大批生产。小批生产工艺过程的特点和单件生产相似,两者经常相提并论。中批生产的工艺特点介于单件生产和大量生产之间。大批生产工艺过程的特点和大量生产相似。

3) 大量生产

产品的产量大、品种少,大多数工作地长期重复地进行某一零件的某一工序的加工。例如汽车、拖拉机和轴承等的制造属于这种生产类型。

生产类型的划分,主要取决于生产纲领的大小和产品复杂程度及大小。表 7-1 所列生产类型与生产纲领的关系,可供确定生产类型时参考。

生产类型不同,产品制造的工艺方法、所用的设备和工艺装备以及生产的组织均不相同。大批量生产采用高生产率的工艺及设备,经济效益好；单件小批生产常采用通用设备及工装,生产率低,经济效果较差。各种生产类型的工艺特征见表 7-2。

表 7-1　生产类型与生产纲领的关系

	同类零件的年产量(件)		
生产类型	重型(零件重大于 200kg)	中型(零件重 100/200kg)	轻型(零件重小于 100kg)
单件生产	<5	<20	<100
小批生产	5～100	20～200	100～500
中批生产	100～300	200～500	500～5000
大批生产	300～1000	500～5000	5000～50000
大量生产	>1000	>5000	>50000

表 7-2　各种生产类型的工艺特征

特　点	类　型		
	单件生产	成批生产	大量生产
毛坯的制造方法及加工余量	铸件用木模手工造型,锻件用自由锻。毛坯精度低,加工余量大	部分铸件用金属模,部分锻件用模锻。毛坯精度中等,加工余量中等	铸件广泛用金属模机器造型,锻件广泛采用模段,以及其他高生产率的毛坯制造方法,毛坯精度高,加工余量小

续表

特　点	类　型		
	单件生产	成批生产	大量生产
机床设备及其布置形式	采用通用机床,机床按类别和规格大小采用"机群式"排列布置	采用部分通用机床和部分高生产率机床。机床按加工零件类别分工段排列布置	广泛采用高生产率的专用机床及自动机床。机床设备按流水线形式排列布置
夹 具	多用标准(通用)附件,很少采用专用夹具,靠划线后试切法达到尺寸精度	广泛采用夹具,部分靠划线达到加工精度	广泛采用高生产率夹具,靠模夹具及调整法达到加工精度
刀具与量具	采用通用刀具与万能量具	较多采用专用刀具及专用量具	广泛采用高生产率的刀具和量具
对工人的要求	需要技术熟练的工人	需要一定程度技术熟练的工人	对机床操作工人的技术要求较低,对机床调整工人的技术要求高
零件的互换性	配对制造,互换性低,多采用钳工修配	多数互换,部分试配或修配	具有广泛的互换性,高精度偶件采用分组装配
工艺文件	有简单的工艺路线卡	有工艺规程,对关键零件有详细的工艺规程	有详细的工艺文件
生产率	低	中	高
成本	高	中	低

3. 生产过程

生产过程是指由原材料到成品之间的各个相互联系的劳动过程的总和。它包括:原材料的运输和保管,生产的准备,毛坯的制造,零件的各种加工过程(如机械加工、焊接、热处理和其他表面处理等),部件的装配和机器的总装,产品的检验和调试,成品的油漆和包装等。

4. 毛坯类型

机械加工中常见的毛坯有铸件、锻件、型材和组合毛坯等类型。

1) 铸件

形状复杂的毛坯,宜采用铸造制造。目前生产中的铸件大多数是用砂型铸造的,少数尺寸较小的优质铸件可采用特种铸造(如金属型铸造、熔模铸造、离心铸造和压力铸造等)。

当对砂型铸造的铸件采用手工造型时,因铸型误差大,铸件的精度低,加工表面的加工余量相应比较大,所以生产率较低,适用于单件、小批量生产。当大批量生产时,广泛采用金属模机器造型,不但设备费用较高,而且铸件的重量受到限制,一般多用于中、小尺寸的铸件。砂型铸造铸件的材料不受限制,铸铁应用最广,铸钢和有色金属铸件也有一定的应用。

金属型铸造的铸件比砂型铸造的铸件精度高,表面质量和力学性能好,生产率较高,但需要一套专用的金属型,适用于大批量生产尺寸不大,结构不太复杂的有色金属铸件(如发动机中的铝活塞等)。

离心铸造的铸件,因金属组织致密,力学性能较好,外圆精度及表面质量均好,但内孔的材质差,需留出较大的加工余量,适用于黑色金属及铜合金的旋转体铸件(如套筒、管子和法兰盘等)。由于铸造时需要特殊设备,故产量大时才比较经济。

压力铸造的铸件质量高,尺寸公差等级为 IT11～IT12,表面粗糙度 Ra 值可达 0.4～2.2μm,机械加工时,只需进行精加工,因而可节省很多金属。同时,铸件的结构可以较复杂,铸件上的各种孔、螺纹、文字及花纹图案均可铸出。但压力铸造需要昂贵的设备和铸型(模具),故目前主要用于量大、形状复杂、尺寸较小、重量不大的有色金属铸件的生产中。

2) 锻件

锻件有自由锻件和模锻件两种。自由锻件的精度低,加工余量大,生产率不高,且结构简单。但锻造时不需要专用模具,适用于单件、小批量生产,以及大型、超大型锻件。模锻件的精度、表面质量比自由锻件好,锻件形状也可复杂一些,加工余量较小,适用于产量较大的中、小型锻件。

3) 型材

机械制造中的型材按截面形状可分为:圆钢、方钢、六角钢、扁钢、角钢、槽钢和其他特殊截形的型材。型材有热轧和冷拉两类:热轧型材尺寸较大,精度较低,多用于一般零件的毛坯;冷拉型材尺寸较小,精度较高,多用于毛坯精度要求较高的中、小型零件,且易实现自动送料,适合自动机械加工。冷拉型材价格较贵,多用于批量较大的生产。

4) 组合毛坯

将铸件、锻件、型材或经局部机械加工的半成品组合在一起,也可作为机械加工的毛坯,组合的方法一般是焊接。例如,有些形状复杂的中、小件,可用板材经冲压后焊成毛坯;一些大型机座,先将板材或型材切下后焊成毛坯;有些工件先粗加工后再焊接成毛坯,如大型曲轴,先分段锻出各曲拐,并将各曲拐粗加工,然后将各曲拐按规定的分布角度连接成整体毛坯,再进行精加工。

5. 工艺分析

首先要熟悉整个产品(如整台机器)的用途、性能和工作条件,结合装配图了解零件在产品中的位置、作用、装配关系,以及其精度等技术要求对产品质量和使用性能的影响。然后从加工的角度,对零件进行工艺分析,主要内容如下。

(1) 检查零件的图纸是否完整和正确。例如视图是否足够、正确,所标注的尺寸、公差、表面粗糙度和技术要求等是否齐全、合理。

(2) 审查零件材料的选择是否恰当。零件材料的选择应立足于国内,尽量采用我国资源丰富的材料,不要轻易地选用贵重材料。另外还要分析所选的材料会不会使工艺变得困难和复杂。

(3) 审查零件的结构工艺性。零件的结构是否符合工艺性一般原则的要求,现有生产条件能否经济地、高效地、合格地加工出来。

(4) 分析零件的技术要求。分析零件主要表面的精度、表面质量和技术要求等,在现有的生产条件下能否达到,以便采取适当的措施。如果发现有问题,则应及时提出,并与有关设计人员共同研究,按规定程序对原图纸进行必要的修改与补充。

6. 工艺过程

工艺过程是生产过程中最主要的一部分过程。它是与改变材料(毛坯)或零件的尺寸、形状、相互位置和材料性质直接有关的那部分生产过程。因此,工艺过程又可具体地分为铸造、锻造、冲压、焊接、机械加工、热处理、表面处理、装配等工艺过程。

7. 工序和工步

它是工艺过程的基本单元，又是生产管理和经济核算的基本依据。工序是指一个(一组)工人，在一台机床(或其他设备及工作地)上，对一个(或同时对几个)工件所连续完成的那部分工艺过程。区分工序的主要依据，是工作地(或设备)是否变动。零件加工的工作地变动后，即构成另一工序。例如图 7-1 所示的阶梯轴，其大批量生产加工工艺及工序划分见表 7-3。当加工数量较少时，其加工工艺及工序划分见表 7-4。工步是工序的组成单位，是指在被加工的表面，切削用量和切削用具均保持不变的情况下，所完成的那部分工序。例如一个装配工序中，把装配零件配合在一起，紧接着拧紧螺丝；完成整个装配工序，其中，把装配零件配合在一起是装配工序中的一个工步，拧紧螺丝是另一个工步，两个工步完成了整个装配工序的工作。

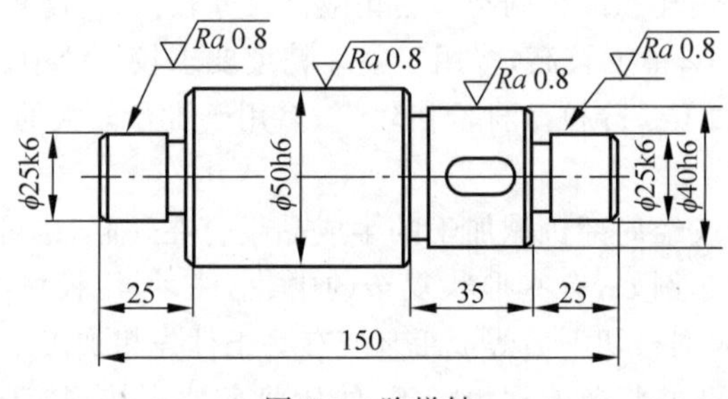

图 7-1　阶梯轴

表 7-3　阶梯轴加工工艺过程(大批量生产)

工序号	工序内容	设　备
1	铣端面，钻中心孔	专用机床
2	车外圆，切槽与倒角	车床
3	铣键槽	铣床
4	去毛刺	
5	磨外圆	外圆磨床

表 7-4　阶梯轴加工工艺过程(单件、小批量生产)

工序号	工序内容	设　备
1	车端面、钻中心孔、车全部外圆、切槽与倒角	车床
2	铣键槽，去毛刺	铣床
3	磨外圆	外圆磨床

8. 加工余量

在机械加工过程中，为改变工件的尺寸和形状而切除的金属厚度称为加工余量。它有总余量和工序余量之分。总余量等于毛坯尺寸与零件设计尺寸之差。工序余量等于相邻两道工序的工序尺寸之差。

确定加工余量的方法：

(1) 估算法。仅适用于单件、小批量生产。

(2) 查表法。适用于一般的加工生产。应用最广泛。

(3) 计算法。适用于大批量生产和自动机床及数控机床加工。

9. 工艺成本

工艺成本是指直接与工艺过程有关的各种费用的总和。它是产品成本的组成部分。

工艺成本由两部分构成。

(1) 可变费用。它在单位时间内与产量成正比例变化，如生产工人工资、主要原材料费用、动力费用、部分工具的消耗与折旧等。可变费用的单位是“元/件”。

(2) 不变费用。它在单位时间内与产量不成正比例变化，如厂房和设备的折旧费、维护费、车间经费、企业管理费等。当产量不足、负荷不满时，就只能闲置不用；而专用机床和专用工装(夹具)的折旧年限是确定的。因此，专用机床和专用工装(夹具)的费用不随年产量的增减而变化。因此，不变费用也称为“固定工艺成本”，单位是“元/年”。

当年产量未定时，可利用年度工艺成本与年产量的线性关系，用图解法求出临界产量，并与实际产量相比，来判断与评价方案的优劣。如果对几个技术上等效的工艺方案进行选择，一般需用各方案的工艺成本来比较，工艺成本最低者便是最佳方案。

10. 工艺管理

工艺管理是科学地计划、组织和控制各项工艺工作的全过程。它的基本任务是在一定生产条件下，应用现代管理科学理论，对各项工艺工作进行计划、组织和控制，使之按一定的原则、程序和方法协调有效地进行。工艺管理包括：管理体系、工艺文件、工艺纪律、现场管理、职工素质及工艺人员积极性、加强工艺管理后的成效等。

工艺管理是技术管理的组成部分，是技术管理的核心，是体现企业的生产方针，是实现优质、高产、低耗、高效益的保证，是衡量企业管理水平的标准之一。

7.1.2 工件的安装

在同一道工序中，工件在加工之前，在机床或夹具上首先对刀具应占有某一正确位置(定位)，然后再予以固定(夹紧)，所完成的那部分工艺过程称为安装。

1. 定位

在进行机械加工时，必须把工件放在机床工作台上或夹具中，使它在夹紧之前就占有一个正确的位置，这称为定位。

2. 夹紧

在加工过程中，为了使工件能承受切削力，并保持其正确的位置，还必须把它压紧或夹牢，这称为“夹紧”。

3. 安装

从定位到夹紧的整个过程称为安装。在一个工序内，工件的加工可能只需要一次安装，也可能需要几次安装。例如表7-4中的工序1，仅对车端面和打顶尖孔而言，工件需调头进行两次安装才能完成，而在表7-3中的工序1，仅需一次安装即可。工件在加工中应尽量减少安装次数，因为多一次安装就多一次误差，而且还增加了安装工件的辅助时间。

7.1.3 基准

在零件或部件的设计、制造和装配过程中，必须根据一些指定的点、线或面来确定另一些点、线或面的位置，这些作为根据的点、线或面称为基准。

依据零件或部件在设计、制造和装配过程中，使用的基准性质不同，基准可分为以下几种。

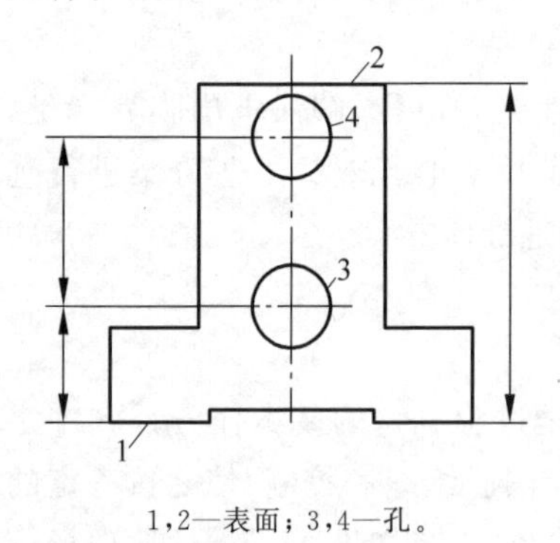

1，2—表面；3，4—孔。

图7-2 双孔机架

1. 设计基准

在零件图样上用于标注尺寸和表面相互位置关系的基准，称为设计基准。例如图7-2中表面2和孔3的设计基准是表面1；孔4的设计基准是孔3的中心线。

2. 定位基准

工件在加工过程中，用于确定工件在机床或夹具上的正确位置的基准称为定位基准。例如，精车图7-3齿轮的大外圆C和大端面B时，为了保证它们对孔轴线A的圆跳动要求，工件以精加工后的孔定位安装在锥度心轴上，孔的轴线A即为定位基准。在零件制造过程中，定位基准尤为重要。

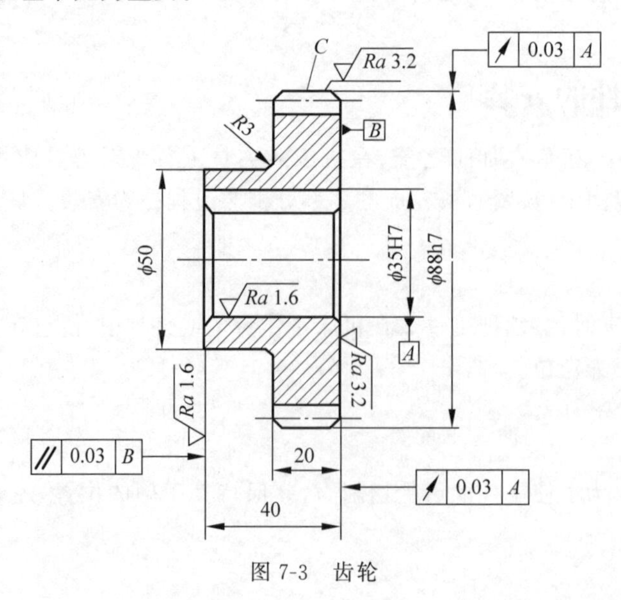

图7-3 齿轮

3. 测量基准

用于测量已加工表面的尺寸及各表面之间位置精度的基准称为测量基准。如图 7-4 所示，在偏摆仪上利用锥度心轴检验齿轮坯外圆和两个端面相对孔轴线的圆跳动时，孔的轴线即为测量基准。如图 7-5 所示为各种基准之间的关系。

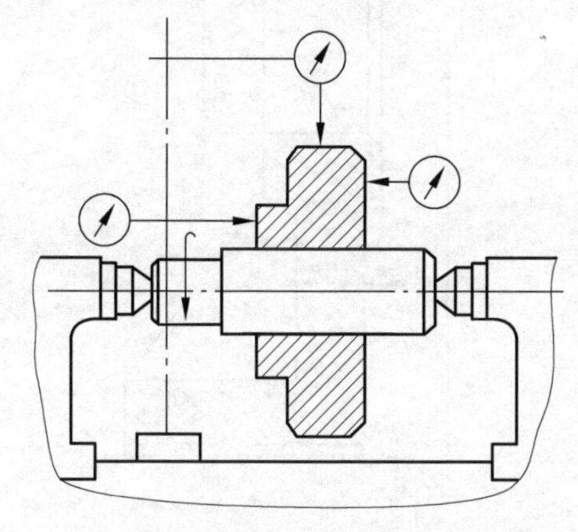

图 7-4　齿轮坯圆跳动检验

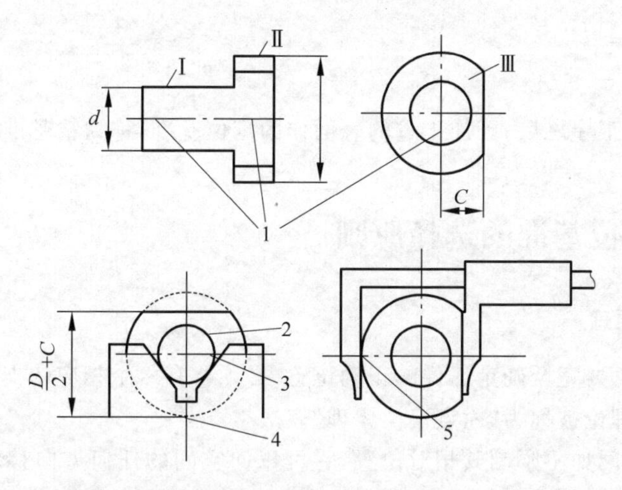

1—表面Ⅰ、Ⅱ、Ⅲ的设计基准；2—定位基面；3—定位基准；4—工序基准；5—测量基准。

图 7-5　各种基准之间的关系

4. 装配基准

在机器装配中，用于确定零件或部件在机器中正确位置的基准称为装配基准。例如，图 7-6 所示支架，基准平面 B 安装在基座上，用以确定孔 C 的轴心线的位置，则平面 B 为装配基准。

5. 粗基准

在第一道加工工序所采用的毛坯表面作为定位基准，称为粗基准。

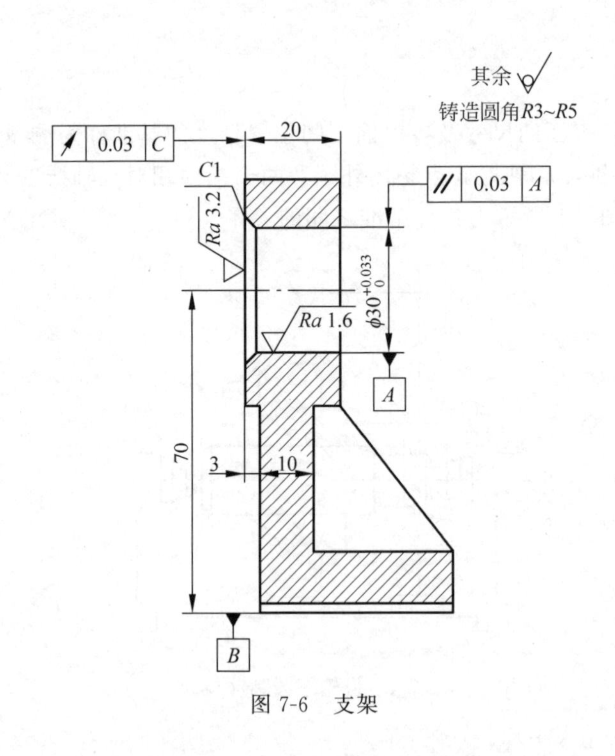

图 7-6　支架

6. 精基准

在第一道加工工序之后，已加工过的表面作为定位基准，称为精基准。

7.1.4　定位基准的选择原则

1. 六点定位原理

在机械加工中，要完全确定工件的正确位置，必须要有六个相应的支撑点来限制工件的六个自由度，这个理论被称为“六点定位原理”。

一个物体在空间如不限制其相对位置，它可以向空间的任何方向移动和转动。为了便于研究物体在空间的运动规律，把物体放在三个互相垂直的坐标轴中来讨论。物体在空间对于三个互相垂直的坐标轴（x、y、z）来说，有六个可能运动的情况，即六个自由度。

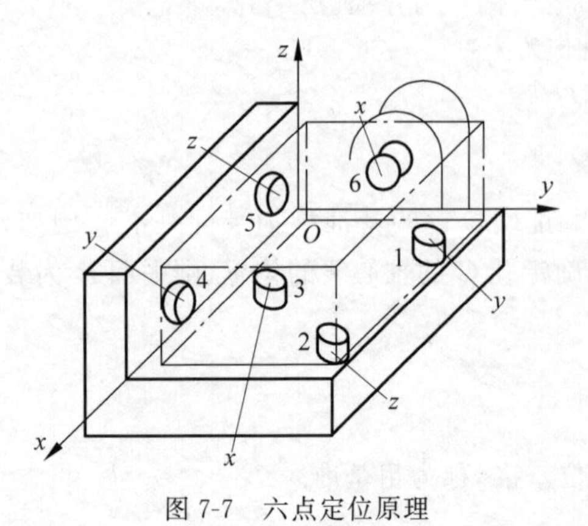

图 7-7　六点定位原理

工件在定位以前，也像一个物体在空间的情况一样，具有六个自由度，即沿 x、y、z 三个轴方向的移动（用 $\vec{X}$、$\vec{Y}$、$\vec{Z}$ 来表示），以及绕 x、y、z 三个轴的转动（用 $\widehat{X}$、$\widehat{Y}$、$\widehat{Z}$ 来表示）。

要使工件在空间处于相对固定不变的位置，就必须限制其六个自由度，限制的方法如图 7-7 所示。用相当于六个支承点的定位元件与工件

的定位基准面“接触”限制工件的六个自由度,即:

xOy 面(底面,即主要定位面): 它限制了 $\widehat{X}$、$\widehat{Y}$、$\vec{Z}$ 三个自由度(相当于有三个支承点)。

xOz 面(侧面,即导向定位面): 它限制了 $\widehat{Z}$、$\vec{Y}$ 两个自由度(相当于两个支承点)。

yOz 面(端面,即防转定位面): 它限制了 $\vec{X}$ 一个自由度(相当于一个支承点)。

把定位元件抽象地转化成为相应的定位支承点,来分析其限制工件在空间的自由度时,要注意下面两点。

(1) 定位支承点限制工件自由度的作用,可以这样来理解: 定位支承点与工件的定位基准始终保持紧贴接触,若二者脱离,就表示定位支承点失去了限制工件自由度的作用,也即失去定位作用。

(2) 在分析定位支承点起定位作用时,不考虑力的影响。因此,在分析六点定位时,就不能认为它还有相反六个方向运动的可能性。这里一定要分清“定位”和“夹紧”这两个概念。

“定位”只是使工件在夹具中得到相对确定位置,而不是指工件在受到使工件脱离支承点的外力时不能运动,而要使工件相对于刀具的位置不变,则还须“夹紧”。但也不能认为工件夹紧后不动,就等于它的六点定位了。因此“定位”和“夹紧”是两回事,不能混淆。

在生产中,工件的定位是否都要限制六个自由度呢? 不一定。这要根据工件的具体加工要求而定,一般只要相应地限制那些对加工精度有影响的自由度就行了,这样可以简化夹具结构。

现以图 7-8 所示的例子来说明这个问题。在平面磨床磨一板状工件的上平面,要求保证厚度 A,工件安装在平面磨床的磁性工作台上被吸住,从定位观点来看,相当于用三个定位支承点,限制了工件三个自由度,即: $\widehat{X}$、$\widehat{Y}$、$\vec{Z}$,剩下三个自由度 $\vec{X}$、$\vec{Y}$、$\widehat{Z}$ 未加以限制。因为这对保证厚度尺寸 A 毫无影响。工件一旦被磁性工作台牢牢吸住(被夹紧)后,便在 $\widehat{X}$、$\widehat{Y}$、$\vec{Z}$ 的任何方向都不能运动了,但工件的 $\vec{X}$、$\vec{Y}$、$\widehat{Z}$ 三个自由度仍未被限制。

六点定位原理及注意事项

因此,工件的定位原理,就是根据工件的加工要求,用定位元件来限制影响加工精度的自由度,从而使工件对于刀具获得正确的位置。

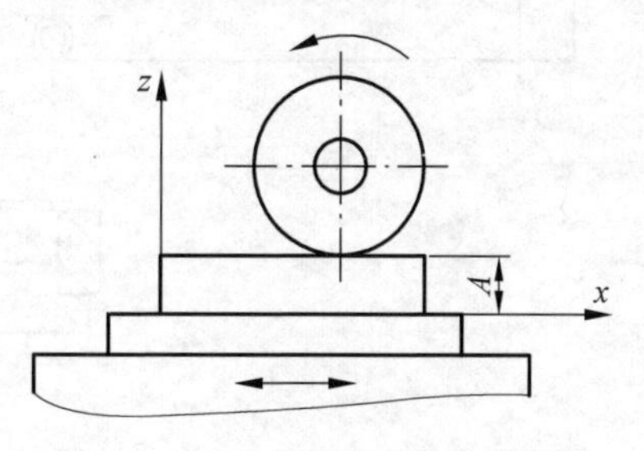

图 7-8　用一个基准面定位磨平面

工件定位的四种情况如下。

(1) 不完全定位。如图 7-9 所示,影响尺寸 A 的自由度为 $\widehat{X}$、$\widehat{Y}$、$\vec{Z}$,影响尺寸 B 的自由度为 $\vec{Y}$、$\widehat{Z}$,而沿 X 轴移动的自由度 $\vec{X}$ 就不必限制了,因此该零件加工限制了五个自由度($\widehat{X}$、$\widehat{Y}$、$\vec{Y}$、$\widehat{Z}$、$\vec{Z}$)。这种少于限制六个自由度而使工件正确定位的方法称为不完全定位。

工件不完全定位

(2) 完全定位。如图 7-10 所示,工件除了有尺寸 A 和 B 的要求外,还有尺寸 C 的要求。因此必须限制工件六个自由度才能满足加工要求。这种限制六个自由度的方法称为完全定位。

工件完全定位

(3) 欠定位。根据加工要求,工件在夹具中应该限制的某个自由度而没有得到限制,这种情况称为欠定位。欠定位是不允许的,因为欠定位不能保证加工要求。

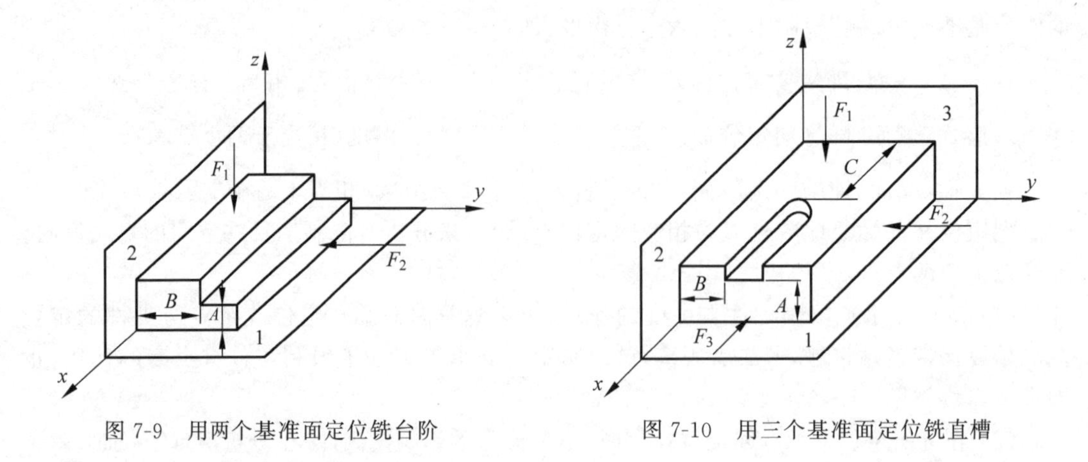

图 7-9　用两个基准面定位铣台阶　　　　图 7-10　用三个基准面定位铣直槽

图 7-11 所示为加工连杆大头孔的情况，其大孔轴心线应与小头孔轴心线相互平行，并与端面垂直且通过连杆杆身对称中心线上。大、小头孔的中心距也有严格要求。根据这些技术要求，如果把图 7-11 中的挡销和短(长)销取消，则连杆在夹具中得不到正确的定位，不能保证所要求的加工精度，这是不允许的。

工件欠定位

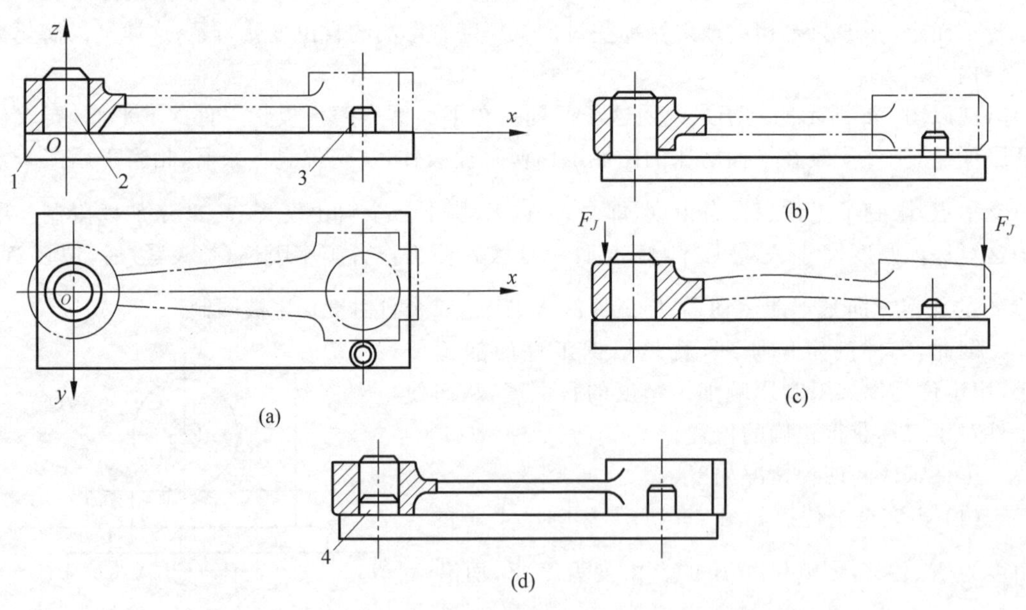

1—支撑板；2—长销；3—挡销；4—短销。

图 7-11　连杆定位方案

(a) 零件图；(b) 过定位方案；(c) 零件过定位加工变形示意图；(d) 正确定位方案

(4) 过定位。一个自由度同时由两个或两个以上的定位元件来限制，这称为过定位。如图 7-11 所示的连杆定位方案，长销 2 限制了 $\vec{X}$、$\vec{Y}$、$\widehat{X}$、$\widehat{Y}$ 四个自由度，支承板 1 限制了 $\widehat{X}$、$\widehat{Y}$、$\vec{Z}$ 三个自由度，其中 $\widehat{X}$、$\widehat{Y}$ 被两个定位元件重复限制，这就产生过定位。当工件小头孔与端面有较大垂直度误差时，夹紧力将使连杆变形，或长销弯曲，如图 7-11(c)所示，造成连杆加工误差。若采用图 7-11(d)方案，即将长销改为短销，就不会产生过定位。过定位是否采用,需要具体分析。当过定位导致工件或定位元件变形影响加工精度时,应严禁采用;当过定位不影响工件的正确位置,对提高加工精度有利时,也可采用。

工件过定位

2. 定位基准的选择原则

如果定位基准选择得不合理,会增加安装次数,增加必要的毛坯余量,也会使加工不方便,降低加工精度,甚至会因装夹不正确造成废品。因此,在设计工艺过程时,必须对定位基准的选择进行分析和比较。在长期的生产实践中,对于定位基准的选择已总结出一些基本原则。

1）粗基准的选择原则

(1) 粗基准只能使用一次,以后就应该用经过加工的表面作为定位基准。因为粗基准本身是未经过加工的毛坯表面,其尺寸精度低以及表面粗糙。如果第二次安装再以粗基准定位,就不能保证工件与刀具的相对位置在两次安装中前后一致。

(2) 若工件上要求保证加工表面与某一不加工表面之间的相互位置精度,则应选此不加工面作为粗基准。如果零件上有很多不加工的表面,则应以其中与加工表面相互位置精度较高的表面作为粗基准,以保证这些不加工表面与加工表面之间的相互位置变动最小。如图 7-12 所示,以不需加工的外圆面作为粗基准,可以在一次安装中把绝大部分表面加工出来,并保证外圆与内孔同轴以及端面与孔轴线垂直。

(3) 选择加工余量最小的表面作为粗基准。如图 7-13 所示,自由锻件毛坯大外圆 A 余量小,小外圆 B 余量大,且 A,B 的轴线偏差较大。若以 A 为粗基准车削外圆 B,则在调头车削外圆 A 时,可使 A 得到足够而均匀的余量。反之若以 B 为粗基准,则外圆 A 可能因余量过小而车不圆,有可能因余量不足而使工件报废。

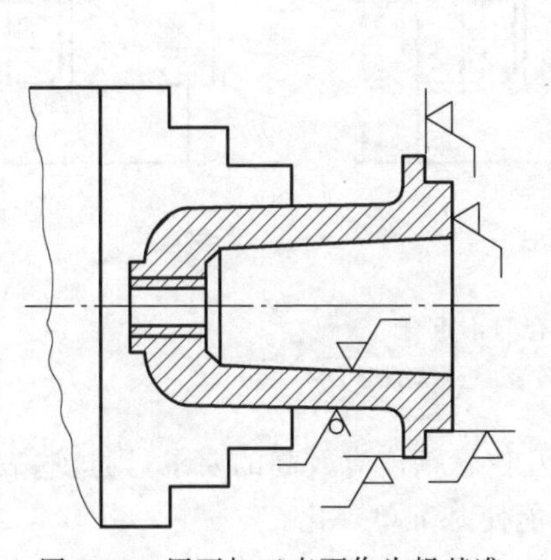
图 7-12　用不加工表面作为粗基准

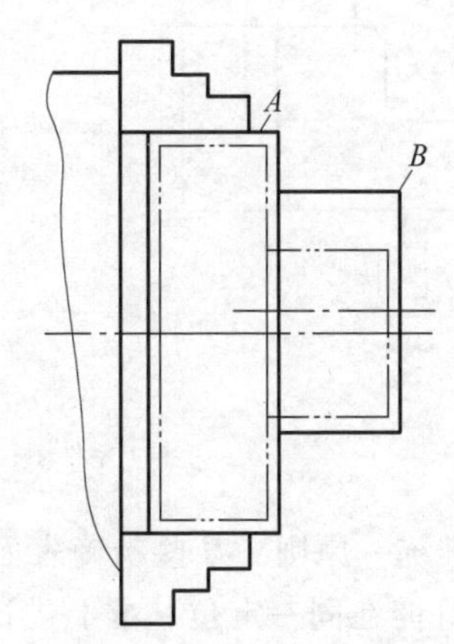

图 7-13　用余量最小的表面作为粗基准

(4) 若需首先保证工件某重要表面的加工余量均匀,则应选该表面作为粗基准。图 7-14 所示为机床床身的加工。由于床身的导轨面的耐磨性要好,而且金相组织要均匀,是一个重要的工作面,所以必须选择导轨面 A 作为粗基准来加工床脚底面 B,然后翻身再以床脚底面作为精基准加工导轨面 A,这样才能保证技术要求和加工余量均匀。

(5) 应该尽可能选平整、光洁、无飞边、浇口、冒口或其他缺陷的表面作为粗基准,以便定位准确、夹紧可靠。这样不但可以减少定位误差,而且还可以保证零件的装夹可靠。如果

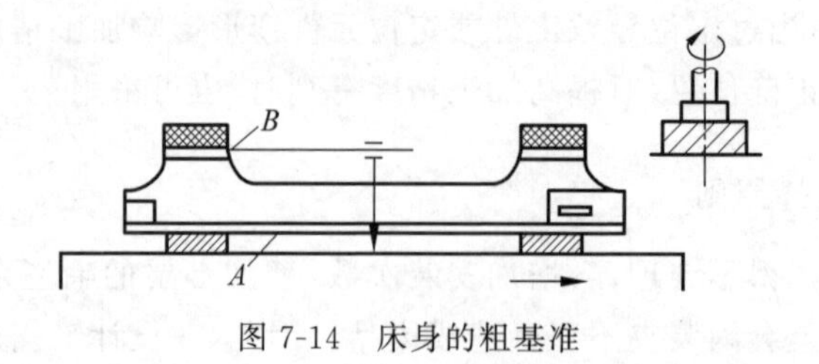

图 7-14　床身的粗基准

非选用有缺陷的表面不可，那就需要把这些表面加以修整后再使用。

2）精基准的选择原则

选择精基准的目的是使装夹方便、正确可靠，从而保证加工精度。为此一般遵循如下原则：

(1) 基准重合原则。尽可能选择设计基准作为定位基准，这样可以避免因定位基准不与设计基准重合而引起的基准不重合误差。

例如成批生产如图 7-15(a)所示零件，A、B 两面已加工，现需铣平面 C。如图 7-15(b)所示，选用 A 为定位基准，则定位基准与设计基准不重合，尺寸(20±0.15)mm 的尺寸只能间接地通过控制尺寸 A 来掌握，故该尺寸的精度决定于尺寸 A 和尺寸(50±0.14)mm；若选用 B 面为定位基准，如图 7-15(c)所示，即基准重合，尺寸(20±0.15)mm 是直接得到的，与尺寸 A 及尺寸 50mm 的上下偏差无关。故采用基准重合的原则，有利于保证加工精度。

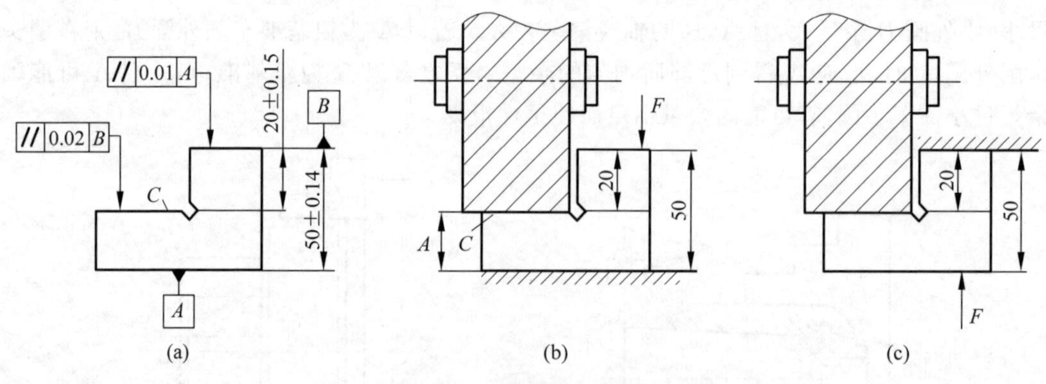

图 7-15　基准重合与不重合
(a) 零件图；(b) 基准不重合；(c) 基准重合

(2) 基准统一原则。某些精确表面，对其相互位置精度有较高的要求，则这些表面的精加工工序最好能在同一定位基准上进行，即尽可能使基准单一化。

如在加工较精密的阶梯轴时，往往以中心孔为定位基准车削各个表面，而在精加工之前再将中心孔加以修研，仍以中心孔定位磨削各表面。这样有利于保证各表面的位置精度，如同轴度、垂直度等。

又如，齿轮加工时，它的内外圆表面和齿轮的设计基准都是孔的轴线，它的轴向尺寸的设计基准是某一端面。因此我们选用此端面和孔作为单一基准，来加工其他各表面，这样能很好地保证各端面平行度要求和内外同轴度要求。

(3) 互为基准原则。齿轮的加工，当用高频淬火把齿面淬硬后需再进行磨齿。因其硬化层较薄，磨削余量应小而且均匀，因此往往先以齿面为基准磨内孔，然后再以内孔为定位基准磨齿面,以保证齿面余量的均匀。

(4) 自为基准原则。对于某些精加工或光整加工,要求加工余量小而且均匀,可用被加工面本身作为定位基准。如手工铰孔、拉孔、无心磨外圆、珩磨,以及在四爪卡盘上用"校正法"加工内孔或外圆等。

7.2 零件制造工艺过程的制定

工艺过程包括铸造工艺、锻造工艺、焊接工艺、冲压工艺、热处理工艺、机械加工工艺、特种加工工艺和装配工艺等。其相关过程涵盖产品的开发与设计,专用工装及设备的设计与制造,原材料购置,毛坯制造,零件的制造及热处理,机器装配及调试等工作。合理制定零件制造工艺过程对于保证产品质量具有重要意义。

7.2.1 制定零件工艺过程的内容和基本要求

将毛坯加工成符合产品要求的零件,往往需要在多台机床上经过若干道工序完成,而同一种零件又可以采用几种不同的工艺过程制造而成,所以,需要制定零件的工艺过程。

1. 制定零件工艺过程的内容

工艺过程是进行生产准备和生产管理的依据。在制定工艺过程时,首先要确定其内容,将这些内容划分成工序,进而为各工序选择适当的设备,并根据零件图和规定的生产纲领决定取得毛坯的方法。当某些材料或零件不便于采用切削加工方式完成加工时,就需要转变思维方式,看是否需要采用特种加工或增材制造技术。

工艺过程是在具体的生产条件下,以最合理或较合理的工艺过程和操作方法,并按规定的形式书写成工艺文件,经审批后用来指导生产。工艺过程包括各个工序的排列顺序,加工尺寸、公差及技术要求,工艺设备及工艺措施,切削用量及工时定额等内容。

2. 制定零件工艺过程的要求

制定工艺过程的原则是优质、高产和低成本。即要以保证零件加工质量,达到设计图纸规定的各项技术要求为前提;工艺过程要有较高的生产效率和较低的成本;要充分考虑和利用现有生产条件,尽可能做到平衡生产;要尽量减轻工人劳动强度,保证安全生产,创造良好、文明劳动条件;要积极采用先进技术和工艺,减少材料和能源消耗,并符合环保要求。

制定工艺过程应具备以下主要技术资料。

(1) 产品零件图及有关部件图或总装图。在制定工艺过程研究产品零件图时,要认真领会零件图的各项技术要求,并采取相应的对策以确保产品质量。

(2) 生产纲领(在一定时间内应当出产的产品数量)。据此确定采用何种方式组织生产,确定毛坯制造方法,并在拟订工艺过程时确定工序集中或工序分散的程度。此外,机床和工艺装备的选择也都要与生产纲领相适应。

(3) 毛坯材料。毛坯类型对零件的工艺过程和工序内容以及基准选择均有重要影响,因此,在开始拟订工艺过程时,必须首先确定所用毛坯的形式(铸造、锻造等)和规格。

(4) 可能使用的设备及各类设备手册。在编制工艺规程时,需根据产品要求选择设备。如为新设计的车间或工厂选择设备或在现有设备条件下选择设备等。

(5) 外协条件。并非每个企业都有条件完成产品全部零件的加工。有的零件,本企业加工不了,就需要依靠有相关资质的其他企业进行技术协作。

7.2.2 制定零件工艺规程的基本步骤

1. 分析产品零件图及与之相关的技术资料

零件图是制定工艺规程的最基本技术依据,相关技术资料则有助于更深刻了解零件图中的各项技术。制定工艺规程时,必须认真分析零件图,找出零件的结构特征和主要技术要求,为选择表面加工方法及其加工设备奠定基础;根据零件的生产纲领确定生产类型,对零件进行工艺分析;通过分析产品零件图和装配图,了解零件在产品结构中的作用和装配关系,确定技术是否恰当,工艺上能否实现,找出技术要求的关键问题,以便采取适当措施;进行零件结构的工艺分析,考虑所设计的零件在满足使用要求的前提下制造的可行性和经济性。

2. 选择毛坯种类及制造方法

在选择毛坯的种类和制造方法时,应考虑零件设计和加工要求以及毛坯的制造成本,以便达到既能保证质量又能提高经济效益的目的。常用的毛坯种类有锻件、铸件、焊接件、各种型材、棒料、板料及工程塑料等,需要根据工件材料、力学性能形状结构要求来确定。其特点及应用见表7-5。确定毛坯形状和尺寸是否需要工艺凸台,是否一坯多件,是否使用组合毛坯等。

表7-5 各类毛坯的特点及适用范围

毛坯种类	制造尺寸公差等级(IT)	加工余量	原材料	工件尺寸	工件形状	机械性能	适用生产类型
型材		大	各种材料	小型	简单	较好	各种类型
型材焊接件		一般	钢材	大、中型	较复杂	有内应力	单件
砂型铸造	<13	大	铸铁,铸钢,青铜	各种尺寸	复杂	差	单件、小批量
自由锻造	<13	大	钢材为主	各种尺寸	较简单	好	单件、小批量
普通模锻	11~15	一般	钢,锻铝,铜等	中、小型	一般	好	中、大批量
钢模铸造	10~12	较小	铸铝为主	中、小型	较复杂	较好	中、大批量
精密锻造	8~11	较小	钢材,锻铝等	小型	较复杂	较好	大批量

续表

毛坯种类	制造尺寸公差等级(IT)	加工余量	原材料	工件尺寸	工件形状	机械性能	适用生产类型
压力铸造	8～11	小	铸铁，铸钢，青铜	中、小型	复杂	较好	中、大批量
熔模铸造	7～10	很小	铸铁，铸钢，青铜	小型为主	复杂	较好	中、大批量
冲压件	8～10	小	钢	各种尺寸	复杂	好	大批量
粉末冶金件	7～9	很小	铁，铜，铝基材料	中、小尺寸	较复杂	一般	中、大批量
工程塑料件	9～11	较小	工程塑料	中、小尺寸	复杂	一般	中、大批量

3. 加工余量确定

加工余量过大时，会浪费材料，同时还增加切削工作量；加工余量过小时，会影响零件的成形质量。加工余量的确定可采用7.1.1节中所述方法，即利用估算法、查表法或计算法来确定零件的加工余量。

4. 定位基准选择

在对零件进行机械加工时，不仅要保证加工面自身的精度，还要保证各个加工表面之间的位置精度，因此，定位基准的选择是否合理，对零件加工质量和生产效率以及工序安排等均有重要影响。

在制定工艺规程和拟定工艺路线之前，需要先选择零件的粗基准与主要精基准，具体选择原则可参照7.1.4节中的相关阐述。几种常见零件的定位基准选择将在7.3节中举例说明。

5. 工艺路线制定

制定工艺路线就是将加工零件所需要的各个工序按照顺序排列起来，主要包括以下内容。

1）加工方法的选择

机械加工中常用加工方法(如车、铣、刨、钻、镗、磨等)所能加工的精度和表面粗糙度各不相同。即使同一种加工方法，在不同加工条件下也会得到不同的精度和表面粗糙度。所以应根据加工零件的技术要求、被加工材料的性质和现有工艺条件等来选取合理的加工方法。例如，淬火钢用磨削的方法加工；而有色金属则磨削困难，可采用金刚镗或高速精密车削的方法进行精加工。选择加工方法还要考虑生产类型，即要考虑生产率和经济性的问题。在大批量生产中可采用专用高效率设备和专用工艺装备；在单件、小批量生产中，需采用通用机床设备、通用工艺装备及一般加工方法。

2）加工阶段的划分

为了保证零件的加工质量及节省人力、物力，通常将工艺过程划分为以下几个阶段

(见图 7-16)。

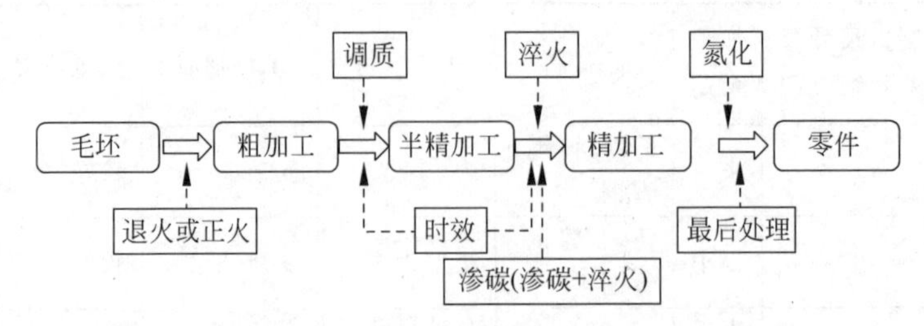

图 7-16 热处理工序安排示意图

(1) 粗加工阶段：主要目的是切除加工表面大部分余量，提高生产率。

(2) 半精加工阶段：使次要加工表面达到图纸要求，并为主要表面加工提供精基准。

(3) 精加工阶段：保证各主要表面的加工精度达到图纸要求。

(4) 精密加工、光整加工阶段：主要目的是提高重要加工表面的尺寸精度和降低表面粗糙度，达到零件的最终加工要求。

3) 工序的划分

对于同一个工件，相同的加工内容，可有两种不同形式的工艺规程，即工序集中和工序分散。

(1) 工序集中：是将零件加工集中在少数几道工序中完成，每道工序加工内容多，工艺路线短。其主要特点是可以采用高效机床和工艺装备，生产率高；减少工件安装次数，有利于保证各表面间的位置精度。但工装设备结构复杂，调整维修较困难，生产准备工作量大。

(2) 工序分散：是将零件加工分散到多道工序中完成，每道工序加工内容少，工艺路线长。其主要特点是设备和工艺装备较简单，便于调整，容易适应产品的变换；对工人技术要求较低。但所需设备和工艺装备数量较多，操作工人多，占地面积大。

通常根据生产类型、工件尺寸和重量、工艺设备等条件进行选择。单件、小批量生产时，采用工序集中原则；大批量生产时，采用工序分散原则，有利于组织流水线生产；对于大尺寸和重量大的工件，考虑安装和运输等问题，一般采用工序集中原则；如具备优越设备条件(如加工中心、柔性制造系统等)，一般采用工序集中原则。

4) 工序安排

工序安排一般遵循以下原则。

(1) 基面领先原则：先加工基准面，以便用它作为定位基准加工其他表面。

(2) 先主后次原则：先加工主要表面(精度要求较高的表面，如基准面和主要工作面)，后加工次要表面。

(3) 先粗后精原则：先进行粗加工，后进行精加工，粗加工和精加工分开进行，有利于保证加工精度和提高生产效率。

(4) 先面后孔原则：在加工箱体零件时，应先加工平面，然后以平面定位加工各个孔，这样有利于保证孔和平面之间的位置精度。

5) 热处理和表面处理工序的安排

(1) 目的是改善切削加工性能，如退火、正火，应安排在粗加工之前。

(2) 目的是消除工件内部的残余应力,防止工件变形、开裂。如时效处理、退火、正火,应安排在粗加工之后。对于精度要求不高的零件,也可以将去应力退火安排在粗加工之前。

(3) 目的是提高零件表面层的硬度和强度,如调质、淬火、渗碳、氮化等,应安排在半精加工之后,精加工之前。

(4) 目的是提高表面耐磨性和耐腐蚀性,如镀铬、镀锌、阳极氧化、发蓝处理等,应安排在最后进行。

6) 其他工序安排

检验、去毛刺、去磁、清洗、防锈、涂漆等工序也是工艺规程的重要组成部分,可根据加工过程安排在适当位置。如检验工序,是为了保证产品质量,除了每道工序由操作人员自检外,还应该在粗加工之后、工件在转换车间之前、关键工序前后、特种检验之前、全部加工结束之后安排相应的检验工序。

6. 工艺文件编制

工艺过程拟定之后,将工序号、工序内容、工艺简图、所用机床等项目内容用图表的方式填写成技术文样。工艺文件的繁简程度主要取决于生产类型和加工质量,目前尚无统一格式,常用的工艺文件有两种:机械加工工艺过程卡片(主要用于单件、小批量生产)和机械加工工序卡片(主要用于大批、大量生产)。前者是以工序为单位,一般只编制零件的机械加工工艺路线(见表7-6);后者是针对每道工序编写,一般比较详细和完整,主要包括加工简图、机床、刀具、夹具、定位基准、夹紧方案、加工要求等内容(见表7-7)。

表7-6　机械加工工艺过程卡

<table>
<tr><td colspan="2" rowspan="2">厂名全称</td><td colspan="3" rowspan="2">机械加工工艺过程卡</td><td colspan="2">产品型号</td><td colspan="2"></td><td>零(部)件图号</td><td></td><td colspan="2">共　页</td></tr>
<tr><td colspan="2">产品名称</td><td colspan="2"></td><td>零(部)件名称</td><td></td><td colspan="2">第　页</td></tr>
<tr><td>材料牌号</td><td></td><td>毛坯种类</td><td colspan="2"></td><td colspan="2">毛坯外形尺寸</td><td>每批件数</td><td></td><td>每件台数</td><td></td><td>备注</td><td></td></tr>
<tr><td rowspan="2">工序号</td><td rowspan="2">工序名称</td><td rowspan="2">工序内容</td><td colspan="4" rowspan="2">车间</td><td rowspan="2">工段</td><td rowspan="2">设备</td><td colspan="2" rowspan="2">工艺装备</td><td colspan="2">工序时间</td></tr>
<tr><td>准终</td><td>单件</td></tr>
<tr><td></td><td></td><td></td><td colspan="4"></td><td></td><td></td><td colspan="2"></td><td></td><td></td></tr>
<tr><td></td><td></td><td></td><td colspan="4"></td><td></td><td></td><td colspan="2"></td><td></td><td></td></tr>
<tr><td></td><td></td><td></td><td colspan="4"></td><td></td><td></td><td colspan="2"></td><td></td><td></td></tr>
<tr><td></td><td></td><td></td><td colspan="4"></td><td></td><td></td><td colspan="2"></td><td></td><td></td></tr>
<tr><td>a</td><td>①</td><td></td><td></td><td></td><td></td><td></td><td>编制(日期)</td><td>审核(日期)</td><td colspan="2">会签(日期)</td><td></td><td></td></tr>
<tr><td>标记</td><td>处数</td><td>更改文件号</td><td>签字</td><td>日期</td><td>标记</td><td>处数</td><td>更改文件号</td><td>签字</td><td>日期</td><td></td><td></td><td></td></tr>
</table>

表 7-7　机械加工工序卡

厂名全称	机械加工工序卡	产品型号		零(部)件图号		共　页
		产品名称		零(部)件名称		第　页

车间	工序号	工序名称	材料牌号	
毛坯种类	毛坯外形	每批件数	每台件数	
设备名称	设备型号	设备编号	同时加工工件数	
夹具编号	夹具名称		冷却液	
			工序时间	
			准终	单件

工步号	工步内容	工艺装备		主轴转速/(r/min)	切削速度/(m/min)	进给量/(mm/r)	背吃刀量/mm	走刀次数	工时定额	
									基本	辅助

	①									编制(日期)	审核(日期)	会签(日期)			
标记	处数	更改文件号	签字	日期	标记	处数	更改文件号	签字	日期						

7.3 典型零件的制造工艺过程

7.3.1 轴类零件的制造工艺过程

轴类零件是一种常见的典型零件，也是五金配件中的典型零件之一。它主要用来支承传动零部件，传递扭矩和承受载荷。按其结构形状特点，轴类零件一般可分为简单轴（如光轴）、阶梯轴、空心轴（如车床主轴）和异形轴（如曲轴、凸轮轴、偏心轴）等。

1. 概述

轴类零件为回转体零件，其长度大于直径，加工表面通常有内外圆柱面、圆锥面，以及螺纹、花键、横向孔、沟槽等。轴的长径比（长度与直径之比）小于5的称为短轴，大于20的称为细长轴，大多数轴介于两者之间。

1）轴类零件技术要求

（1）表面粗糙度

一般与传动件相配合的轴径表面粗糙度 Ra 值为0.63～2.5μm，与轴承相配合的支承轴径的表面粗糙度 Ra 值为0.16～0.63μm。

（2）位置精度

轴类零件的位置精度要求主要由轴在机械中的位置和功用所决定。通常应保证装配传动件的轴颈（又称“配合轴颈”）对支承轴颈的同轴度要求，否则会影响传动件（如齿轮等）的传动精度，并产生噪声。普通精度的轴，其配合轴段对支承轴颈的径向圆跳动一般为0.01～0.03mm，高精度轴（如主轴）通常为0.001～0.005mm。

（3）几何形状精度

轴类零件的几何形状精度主要是指轴颈、外锥面、莫氏锥孔等的圆度、圆柱度等，一般应将其公差限制在尺寸公差范围内。对精度要求较高时，应在图纸上标注允许偏差。

2）轴类零件的毛坯和材料

（1）轴类零件的毛坯

轴类零件可根据使用要求、生产类型、设备条件及结构，选用棒料、锻件等毛坯形式。对于外圆直径相差不大的轴，一般以棒料为主；对于外圆直径相差大的阶梯轴或重要轴，常选用锻件，因其可以减少机械加工工作量和改善力学性能。

（2）轴类零件的材料

轴类零件应根据其工作条件和使用要求选用不同的材料和相应的热处理规范（如调质、正火、淬火等），从而获得一定的强度、韧性和耐磨性。45钢是轴类零件的常用材料，其价格便宜，经过调质（或正火）后，可得到较好的切削性能和强度、韧性等综合力学性能，淬火后表面硬度可达45～52HRC。40Cr等合金结构钢适用于中等精度且转速较高的轴类零件，经调质和淬火后，具有较好的综合力学性能。轴承钢GCr15和弹簧钢65Mn，经调质和表面高频淬火后，表面硬度可达50～58HRC，并具有较高的耐疲劳性能和较好的耐磨性能，可制造较高精度的轴。对高速、重载的轴，应选用20CrMnTi、$20Mn_2B$、20Cr等低碳合金钢或

38CrMoAl氮化钢，常用圆棒料和锻件。大型轴或结构复杂的轴采用铸件，毛坯经过加热锻造后，可使金属内部纤维组织沿表面均匀分布，获得较高的抗拉、抗弯及抗扭强度。

3）轴类零件一般加工工艺路线

对于7级精度、表面粗糙度 Ra 值为 0.4～0.8μm 的一般传动轴，其典型工艺路线是：正火→车端面、钻中心孔→粗车各表面→精车各表面→铣花键、键槽→热处理→修研中心孔→粗磨外圆→精磨外圆→检验。

轴类零件一般采用中心孔作为定位基准（单件、小批量生产在普通车床上钻中心孔；大批量生产在铣端面、钻中心孔专用机床上进行），而且贯穿整个加工过程，其质量对加工精度有重大影响，所以必须安排修研中心孔工序。修研中心孔一般在车床上用金刚石或硬质合金顶尖加压进行。对于空心轴（如机床主轴），为了能使用顶尖孔定位，一般采用带顶尖孔的锥套心轴或锥堵。若外圆和锥孔需反复多次、互为基准进行加工，则在重装锥堵或心轴时按外圆找正或重新修磨中心孔。

轴上的花键、键槽等次要表面的加工，一般安排在外圆精车之后，磨削之前进行。因为如果在精车之前就铣出键槽，在精车时由于断续切削而易产生振动，影响加工质量，又容易损坏刀具，也难以控制键槽的尺寸。但不能安排在外圆精磨之后进行，以免破坏外圆表面的加工精度和表面质量。

在轴类零件的加工过程中，应当安排必要的热处理工序，用来保证其力学性能和加工精度，并改善工件的切削加工性。一般毛坯锻造后安排正火工序，而调质则安排在粗加工后进行，以便消除粗加工后产生的应力及获得良好的综合力学性能。淬火工序则安排在磨削工序之前。

对于细长轴（刚性差，在加工过程中极易变形，从而影响加工精度和加工质量）加工，常采用下列措施。

（1）改进工件装夹方法。粗加工时，由于切削余量大，切削力也大，一般采用卡顶法，尾座顶尖采用弹性顶尖，可以使工件在轴向自由伸长，但顶紧力不是很大。在高速、大用量切削时，有使工件脱离顶尖的危险，采用卡拉法可避免这种现象的发生。精车时，采用双顶尖法（此时尾座应采用弹性顶尖）有利于提高精度，其关键是提高中心孔精度。

（2）采用跟刀架。跟刀架是车削细长轴极其重要的附件。采用跟刀架能抵消加工时径向切削分力的影响，减少切削振动和工件变形，但必须注意仔细调整，使跟刀架的中心与机床顶尖中心保持一致。

（3）采用反向进给。车削细长轴时，常使车刀向尾座方向做进给运动（此时应安装卡拉工具），这样刀具施加于工件上的进给力方向朝向尾座，从而有使工件产生轴向伸长的趋势，而卡拉工具大大减少了由于工件伸长造成的弯曲变形。

（4）采用细长轴车刀。车削细长轴的车刀一般前角和主偏角较大，从而使切削轻快，减小径向振动和弯曲变形。粗加工用车刀在前刀面上开有断屑槽，容易断屑。精车用刀常取正刃倾角（或0°），使切屑流向待加工表面，防止切屑划伤加工面。

4）轴类零件安装方式

（1）采用两中心孔定位装夹：一般以重要的外圆面作为粗基准定位，加工出中心孔，再以轴两端的中心孔为定位精基准；尽可能做到基准统一、基准重合、互为基准，并实现一次安装加工多个表面。中心孔是工件加工统一的定位基准和检验基准，其自身锥度、圆度和表面粗糙度的质量非常重要，常以支承轴颈定位，车(钻)中心锥孔；再以中心孔定位，精车外圆；以外圆定位，粗磨锥孔；以中心孔定位，精磨外圆；最后以支承轴颈外圆定位，精磨(刮研或研磨)锥孔，使锥孔的各项精度达到要求。

(2) 用外圆表面定位装夹：对于空心轴或短小轴等无法用中心孔定位的情况，可使用轴的外圆面定位、夹紧并传递扭矩。一般采用三爪卡盘、四爪卡盘等通用夹具，或各种高精度的自动定心专用夹具。

(3) 用各种堵头或拉杆心轴定位装夹：加工空心轴的外圆表面时，常采用带中心孔的各种堵头或拉杆心轴来安装工件。小锥孔时采用堵头；大锥孔时采用带堵头的拉杆心轴。

5) 轴类零件检验

(1) 主动检验法：将自动测量装置安装在机床上，可在不影响加工的情况下，根据测量结果控制机床的工作过程(如改变进给量，自动补偿刀具磨损，自动退刀、停车等)，以防止产生废品。该方法属在线检测，即在设备运行、生产不停顿的情况下，根据信号处理的基本原理，掌握设备运行状况，对生产过程进行预测预报及必要调整。在线检测在机械制造中的应用越来越广。

(2) 常规检验法：单件、小批量生产中，尺寸精度一般用游标卡尺和外径千分尺检验；大批量生产时，常采用光滑极限量规检验，长度大而精度高的工件可用比较仪检验。表面粗糙度可用粗糙度样板进行检验；要求较高时则用光学显微镜或轮廓仪检验。圆度误差可用千分尺测出的同一工件截面内直径的最大差值之半来确定，也可用千分表借助 V 形铁来测量，若条件许可，可用圆度仪检验。圆柱度误差通常用千分尺测出同轴向剖面内最大与最小值之差的方法来确定。主轴上重要表面之间的相互位置精度检验，一般以轴两端顶尖孔或工艺锥堵上的顶尖孔为定位基准，在两支承轴颈上方分别用千分表测量。

2. 轴类件制造工艺过程举例

1) 传动轴

以图 7-17 所示的传动轴为例，制定单件、小批量生产的机械加工工艺过程。

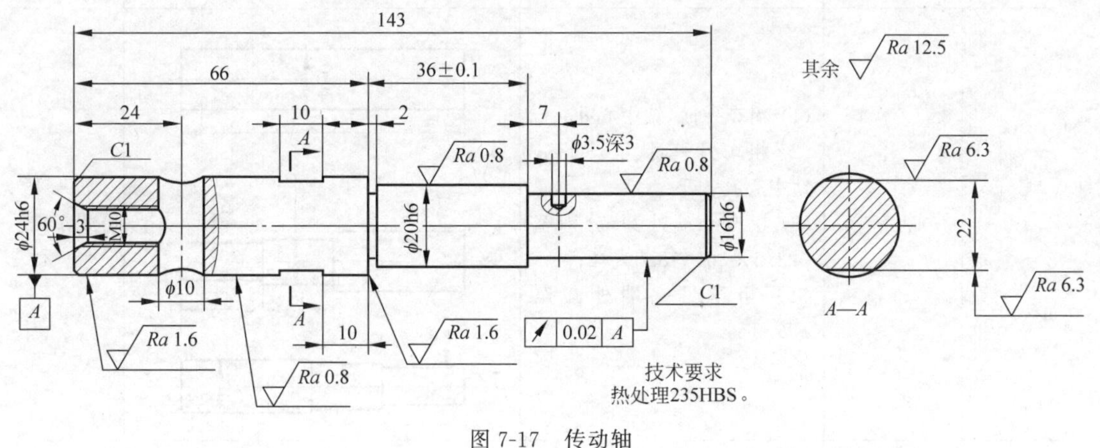

图 7-17　传动轴

(1) 技术要求分析

① 轴颈 ϕ24h6 和 ϕ16h6 分别装在箱体的两个孔中，是孔的装配对象，精度要求较高，

ϕ16h6 相对于 ϕ24h6 有 0.02mm 的圆跳动公差要求。

② 轴通过螺纹 M10 和孔 ϕ10 紧固在箱体上。

③ 轴上 ϕ20h6 处是用来安装滚动轴承的，轴承上装有齿轮，轴是支承齿轮的，必须保证较高的精度要求。

④ 轴中间对称加工出相距 22mm 的两个平行平面，这是为了将轴安装在箱体上时，为采用扳手调整而设计的工艺结构。

⑤ 轴的材料为 45 钢，调质处理 235HBS。

(2) 工艺分析

如前所述，轴颈 ϕ24h6 和 ϕ16h6 处用来装在箱体中，ϕ20h6 处用来装滚动轴承，所以这三个外圆面都是配合表面，其精度要求较高，*Ra* 值要求较小，且两端轴颈对轴线有径向圆跳动要求。因此，这三个表面是该轴的重要加工面。此外，虽然螺纹 M10 未标注精度要求，但根据径向圆跳动的要求，说明螺孔的轴线与 ϕ16h6 的轴线有同轴度要求，而且螺纹精度(如螺纹中径等各项指标)必须在规定的公差范围内。这两个表面在轴的两端，一般情况下难以在一次安装中全部完成。所以，加工螺纹孔时应特别注意选用精基准定位。

(3) 基准选择

① 以圆钢外圆面为粗基准，粗车两端面并钻中心孔。

② 为保证各外圆面的位置精度，以轴两端的中心孔为定位精基准，可满足基准重合和基准同一原则。

③ 调质处理后，以外圆面定位，精车两端面并修整中心孔。

④ 以修整的两中心孔作为半精车和磨削的定位精基准，可满足互为基准原则。

(4) 工艺过程制定

单件、小批量生产传动轴的机械加工工艺过程见表 7-8。

表 7-8 传动轴加工工艺过程

工序号	工序名称	工序内容	加工简图	设 备
05	准备	45 圆钢下料 ϕ30×150		锯床
10	粗车	(1) 粗车一面，钻中心孔； (2) 粗车另一面，至长 145，钻中心孔； (3) 粗车一端外圆，分别至 ϕ22.5×36，ϕ18.5×42； (4) 粗车另一端外圆至 ϕ26.5		卧式车床
15	热处理	调质至 235HBS		

续表

工序号	工序名称	工序内容	加工简图	设　备
20	半精车	(1) 精车 $\phi18.5$ 端面，修整中心孔，精车另一端面，至长143，钻M10螺纹底孔 $\phi8.5\times25$，孔口车锥面60°； (2) 半精车一端外圆至 $\phi24.4_{-0.1}^{\ 0}$； (3) 半精车另一端外圆至 $\phi16.4_{-0.1}^{\ 0}$，$\phi20.4_{-0.1}^{\ 0}\times(36\pm1)$ 并保证 $\phi24.4_{-0.1}^{\ 0}\times66$，切槽至 2×0.5	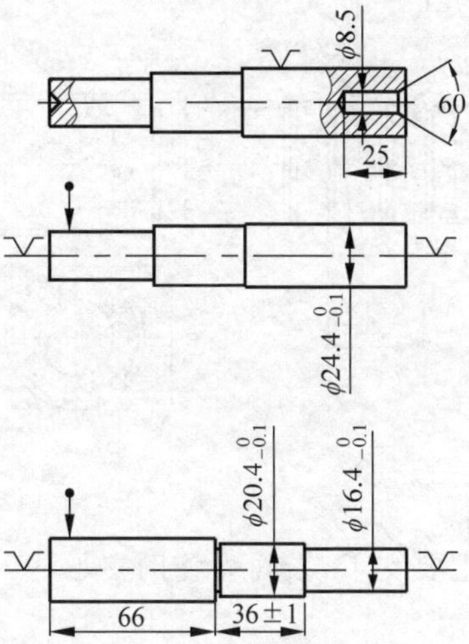 $\phi8.5$ 60° 25 $\phi24.4_{-0.1}^{\ 0}$ $\phi20.4_{-0.1}^{\ 0}$ $\phi16.4_{-0.1}^{\ 0}$ 66 36±1	卧式车床
25	铣削	按加工简图所注尺寸铣扁，保证尺寸22，并去毛刺	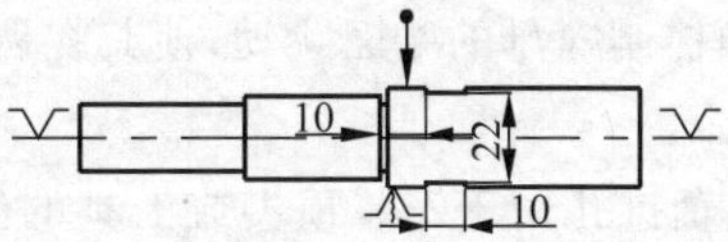 10 22 10	立式铣床
30	钻孔	钳工划线后，按加工简图所注尺寸钻 $\phi10$、$\phi3.5$ 深3，两孔成形	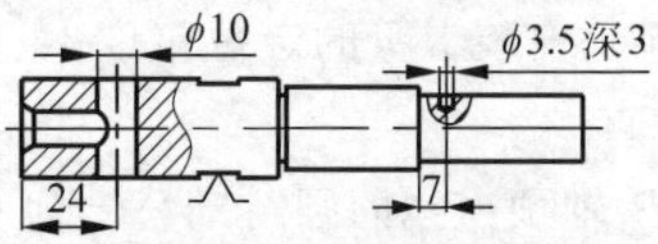 $\phi10$ $\phi3.5$深3 24 7	立式钻床
35	钳工	攻M10螺纹，去毛刺(切勿伤及表面)	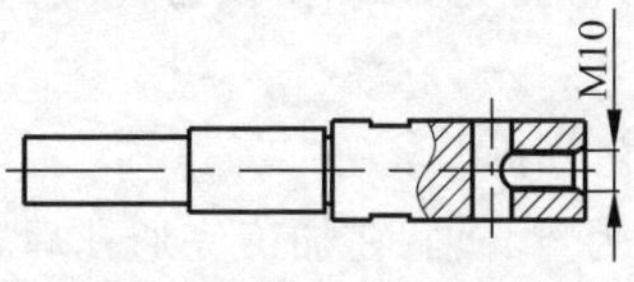 M10	
40	磨削	磨各外圆面，靠磨端面表面粗糙度 Ra 值为3.2μm	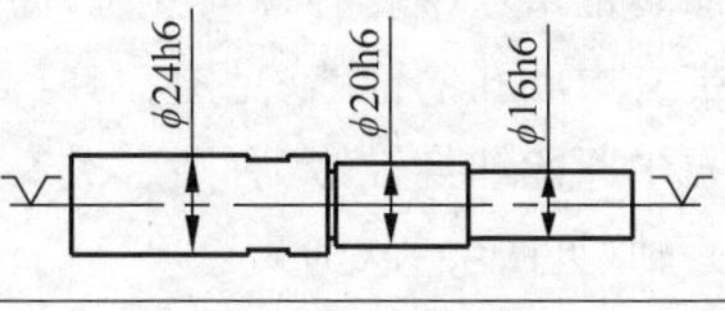 $\phi24h6$ $\phi20h6$ $\phi16h6$	外圆磨床
45	检验	按图纸检验		

2) 车床主轴

车床主轴既可以传递转矩，又可以承受弯矩，还可以保证装在轴上的零件具有确定的工作位置和一定的回转精度。现以图7-18所示的车床主轴为例，制定单件、小批量生产的机械加工工艺过程。

(1) 技术要求分析

① 零件的装配基准为支承轴颈，图7-18有三处支承轴颈表面，其中前后带锥度的

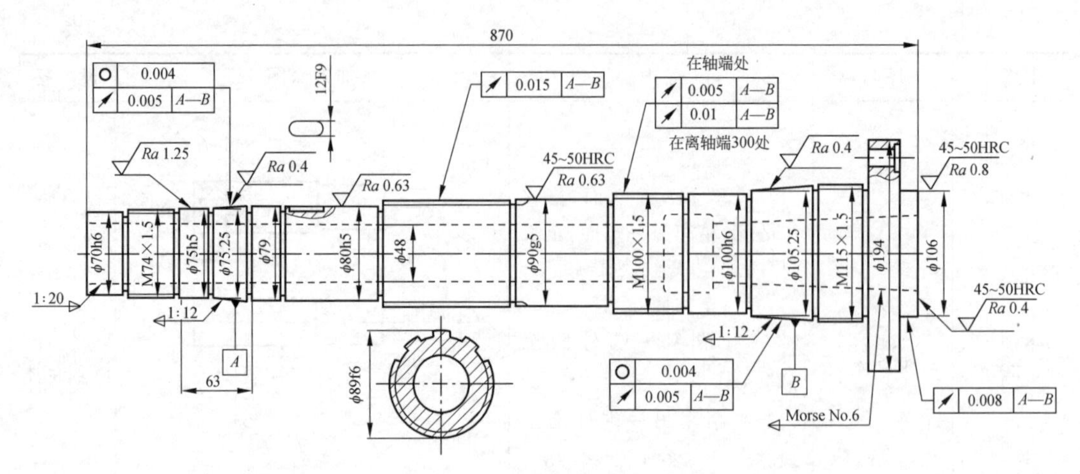

图 7-18 车床主轴

A、B 面为主要支承，中间为辅助支承，其圆度和同轴度均用跳动指标限制，并有较高的精度要求。

② 主轴螺纹用于装配滚动轴承间隙调节螺母，因此螺纹的牙形要正，与螺母的间隙要小，且必须控制螺母的端面跳动，使其在调整轴承间隙的微量移动中，对轴承内圈的压力方向要正。

③ 主轴锥孔用于安装顶尖或工具的锥柄，因此，锥孔的轴线必须与支承轴颈的轴线同轴，否则会影响顶尖或工具锥柄的安装精度，加工时将使工件产生定位误差。

④ 为保证安装卡盘的定位精度，主轴前端圆锥面必须与轴颈同轴、端面必须与主轴的回转轴线垂直。

⑤ A、B 轴颈连线的圆跳动公差为 0.015mm。

⑥ 轴的材料为 45 钢，预备热处理采用正火和调质处理，最终热处理采用局部高频淬火。

(2) 工艺分析

该主轴为空心轴，在加工完通孔后，原中心孔便不存在，为了后续加工采用中心孔定位，可以采用加装锥堵或锥套心轴的方法，即在主轴后端加工一个 1∶20 锥度的工艺锥孔，并在两头配装带有中心孔的锥堵(见图 7-19(a))，这样可用锥堵的中心孔代替原零件的中心孔。在使用过程中不能卸换锥堵，否则二次安装会引起定位误差。当主轴锥孔的锥度较大时，可采用锥套心轴(见图 7-19(b))。

由于调质处理后径向变形大，为避免热处理变形对孔形状的影响，深孔加工应安排在调质后进行；为避免精车外圆时产生断续切削，影响精度，铣花键和键槽等次要加工表面应安排在精车外圆之后。

主轴加工工艺过程为：粗加工(调质前)→半精加工(调质后表面淬火前)→精加工(表面淬火后)。

(3) 基准选择

① 以轴两端的中心孔为基准，加工轴外圆。

② 以外圆定位加工主轴中心通孔，即将轴的一端用卡盘夹外圆，另一端用中心架架外

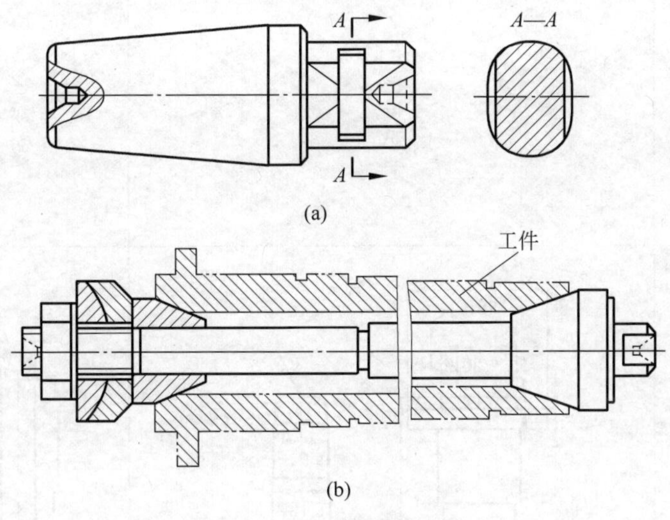

图 7-19　锥堵与锥套心轴

(a) 锥堵；(b) 锥套心轴

圆进行安装。

③ 采用互为基准的原则选择精基准，即在车两端锥孔时以外圆为基准，并配装锥堵，在粗磨 ϕ90.4h8 和 ϕ75.25h8 两外圆面时以中心孔(通过锥堵)为基准，之后，再次以支承轴颈附近的外圆面为基准定位粗磨前端莫氏锥孔，并在精磨 ϕ100h6、ϕ90g5、ϕ89f56 等外圆及轴上圆锥面时，再次以中心孔(通过锥堵)为基准定位。这样在前锥孔与支承轴颈之间反复转换基准，加工对方表面，提高同轴度。

(4) 工艺过程制定

单件、小批量生产车床主轴的机械加工工艺过程见表 7-9。

7.3.2　盘套类零件的制造工艺过程

盘套类零件是在机械产品中较为常见的回转体零件，起支承、定位、导向、传递运动和动力等作用。它们主要由外圆面、内圆面、端面和沟槽所组成。其特征是径向尺寸大于轴向尺寸，如联轴节、法兰盘、齿轮、带轮、端盖、模具、套环、轴承环、螺母、垫圈等。一般在法兰盘的底板上设计出具有均匀分布的、用于连接的孔、螺纹或销孔等结构。

1. 概述

1) 盘类零件

(1) 功用及结构特点

盘类零件在机器中主要起支承、连接作用，一般用于传递动力、改变速度、转换方向或起支承、轴向定位、密封等作用。零件上常有轴孔、凸缘、凸台或凹坑等结构；还常有较多的螺孔、光孔、沉孔、销孔或键槽等结构；有些还具有轮辐、辐板、肋板，以及用于防漏的油沟和毡圈槽等密封结构。

表 7-9 车床主轴加工工艺过程

序 号	工序名称	工序内容	工序简图	加工设备
05	准备	锻造		
10	粗车	车各外圆面		卧式车床
15	热处理	调质 220～240HBS		
20	半精车	(1) 车大端部； (2) 车小端各部		卧式车床
25	钻孔	钳工划线后，钻轴中心深孔		深孔钻床

续表

序　号	工序名称	工序内容	工序简图	加工设备
30	半精车	(1) 车小端内锥孔(配 1∶20 锥堵),车圆锥面; (2) 车大端锥孔(配 6 号莫氏锥堵),车端面	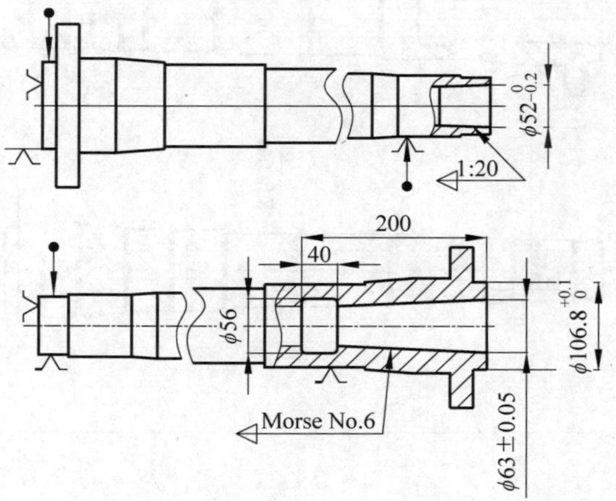 $\phi 52_{-0.2}^{\ 0}$　1:20　200　40　$\phi 56$　$\phi 106.8_{\ 0}^{+0.1}$　Morse No.6　$\phi 63 \pm 0.05$	卧式车床
35	钻孔	钳工划线后,钻大端锥面各孔	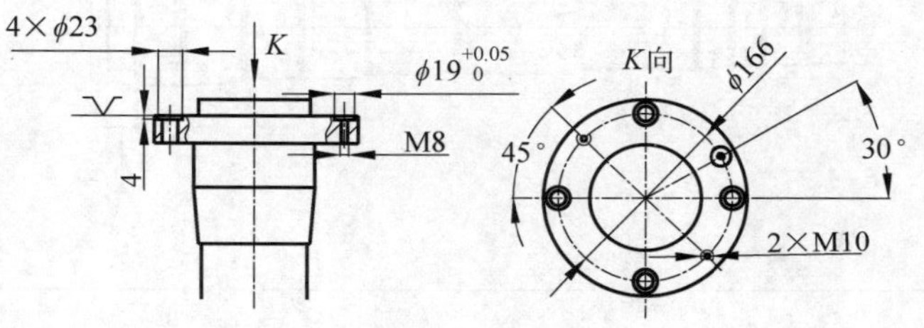 $4 \times \phi 23$　K　$\phi 19_{\ 0}^{+0.05}$　M8　4　K向　$\phi 166$　45°　30°　$2 \times$M10	立式钻床

续表

序　号	工序名称	工序内容	工序简图	加工设备
40	热处理	高频感应加热淬火 ϕ91.5、短锥及莫氏6号锥孔		
45	精车	精车各外圆并车槽	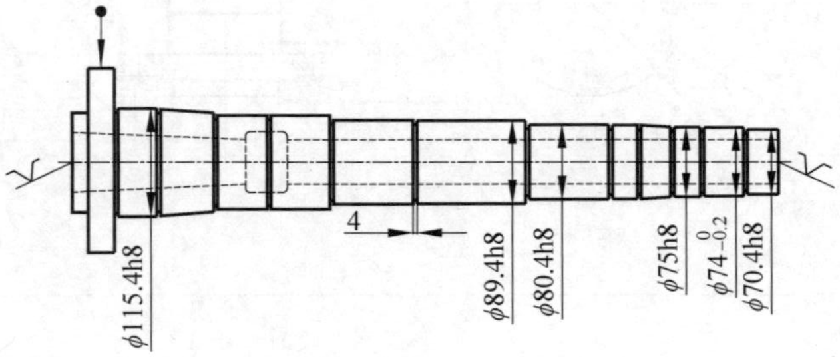 ϕ115.4h8　4　ϕ89.4h8　ϕ80.4h8　ϕ75h8　$\phi74^{0}_{-0.2}$　ϕ70.4h8	数控车床
50	粗磨	(1) 粗磨外圆两段； (2) 粗磨莫氏锥孔	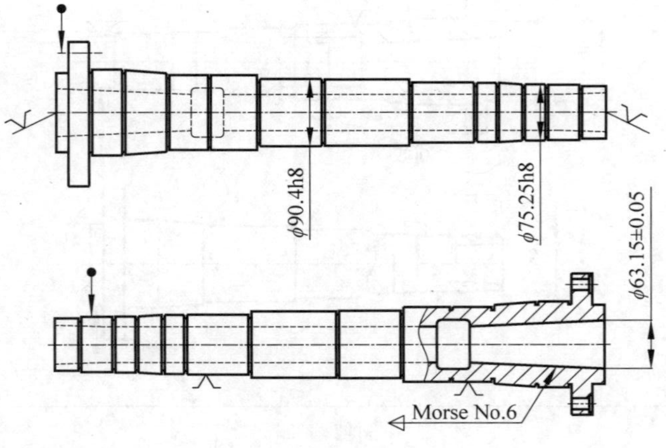 ϕ90.4h8　ϕ75.25h8　ϕ63.15±0.05　Morse No.6	内/外圆磨床

续表

序 号	工序名称	工序内容	工序简图	加工设备
55	粗、精铣	铣花键	滚刀中心 ϕ89.4h8 $14_{-0.11}^{-0.06}$ ϕ81 36°	立式铣床
60	粗、精铣	铣键槽	3 A 30 R6 A A—A 74.8h11 12F9	立式铣床
65	精车	车大端内侧面、外圆及三段螺纹(配螺母)	ϕ195 M115×1.5 M100×1.5 M74×1.5	卧式车床

续表

序　号	工序名称	工序内容	工序简图	加工设备
70	精磨	精磨各外圆及 E、F 两端面	ϕ194　ϕ100h6　E　ϕ90g5　ϕ89f6　F　ϕ80h5　ϕ75h5　ϕ70h6	专用磨床
75	精磨	精磨圆锥面	ϕ105.25　ϕ75.25	专用磨床
80	精磨	精磨 6 号莫化前锥面	Morse No.6　ϕ63.348	专用磨床
85	检验	按图样检验		

(2) 技术要求

盘类零件往往对支承用端面有较高平面度、轴向尺寸精度和两端面平行度要求；对转接作用中的内孔等有与平面的垂直度要求；外圆、内孔间的同轴度要求等。

(3) 材料与毛坯

盘类零件常采用钢、铸铁、青铜或黄铜制成。孔径小的盘一般选择热轧或冷拔棒料，根据不同材料，亦可选择实心铸件；孔径较大时，可做预孔。若生产批量较大，可选择冷挤压等先进毛坯制造工艺，既可提高生产率，又可节约材料。

(4) 基准选择

一是以端面为主(如支承块)，其零件加工中的主要定位基准为平面；二是以内孔为主，同时辅以端面的配合；三是以外圆为主(较少)，往往也需要有端面的辅助配合。

(5) 安装方式

用三爪卡盘装夹外圆时，为了定位稳定可靠，常采用反爪装夹；用专用夹具安装时，以外圆做径向定位基准时，可以定位环做定位件；以内孔做径向定位基准时，可采用定位销(轴)做定位件。根据零件构形特征及加工部位和要求，选择径向夹紧或端面夹紧。生产批量小或单件生产时，可采用虎钳装夹。

(6) 加工要求及工艺性

盘类零件上回转面的粗、半精加工以车为主，精加工则根据零件材料、加工要求、生产批量等因素选择磨削、精车、拉削或其他。零件上非回转面加工，根据表面形状选择适当的加工方法，一般安排于零件的半精加工阶段。

2) 套类零件

(1) 功用及结构特点

套类零件在机器中主要起支承和导向作用，例如，支承回转轴的各种形式的滑动轴承、夹具体中的导向套、液压系统中的液压缸以及内燃机上的气缸套等。套筒零件的结构和尺寸虽有较大差别，但零件结构不太复杂，主要由同轴度要求较高的内外圆表面所组成，零件的壁厚较小，易产生变形，轴向尺寸一般大于外圆直径，长径比大于5的深孔比较多。

(2) 主要技术要求

孔与外圆一般具有较高的同轴度要求，同时有尺寸精度、形状精度及表面粗糙度要求；端面与孔轴线(外圆)有垂直度要求。内孔是套类零件起支承作用或导向作用的最主要表面，通常与运动的轴、刀具或活塞相配合。内孔的尺寸公差等级一般为IT7，精密轴套有时取IT6，油缸由于与其相配合的活塞上有密封圈，要求较低，一般为IT9。外圆表面一般是套类零件的支承面，常以过盈配合或过渡配合同箱体或机架上的孔连接。外径尺寸公差等级通常为IT6～IT7。内孔的形状精度应控制在孔径公差以内，对于长套件除圆度要求外，还应注意孔的圆柱度。外圆表面的形状精度控制在外径公差以内。当内孔的最终加工是在装配后进行时，套类零件本身的内外圆之间的同轴度要求较低，如最终加工是在装配前完成则要求很高，一般为0.01～0.05mm。当套类零件的外圆表面不需加工时，内外圆之间的同轴度要求较低。当套件端面在工作中承受载荷，或作为加工定位基准面和装配基准时，端面与套孔轴线的垂直度要求较高，一般为0.01～0.05mm。为保证套类零件的功用和提高其耐磨性，内孔表面粗糙度 Ra 值为 0.16～2.5μm，有的要求 Ra 值高达 0.04μm，外径的表面粗糙度 Ra 值达 0.63～5μm。

(3) 材料与毛坯

套筒零件常用材料是钢、铸铁、青铜或黄铜等。有些要求较高的滑动轴承，常采用双金属结构，如用离心铸造法在钢或铸铁套筒内壁浇注一层巴氏合金等材料，用来提高轴承寿命。套类零件的毛坯主要根据零件材料、形状结构、尺寸大小及生产批量等因素来确定。孔径较小(d<20mm)时可选用热轧或冷拉棒料，也可采用实心铸件；孔径较大时，可选用带预孔铸件或锻件，壁厚较小且较均匀时，还可选用管料。

(4) 安装方式

对于尺寸较小的套类件，尽量在一次安装下加工较多表面，既减小装夹次数及装夹误差，又容易获得较高的位置精度。当零件尺寸较小时，常用长棒料作毛坯，将棒料穿入机床主轴通孔，用三爪卡盘装夹棒料外圆，一次装夹下完成工件所有表面的加工，这样既装夹方便，又因为消除了装夹误差而容易获得较高的位置精度。若工件外径较大，毛坯无法进入主轴通孔时，也可以增加毛坯尺寸长度供装夹用，但会浪费一些材料，当工件较长时装夹不方便。

(5) 加工要求及工艺性

套类零件的主要表面为内孔，内孔加工方法很多。当孔的精度、表面粗糙度要求不高时，可采用扩孔、车孔、镗孔等；精度要求较高时，尺寸较小的可采用铰孔；尺寸较大时，可采用磨孔、滚压孔；生产批量较大时，可采用拉孔(无台阶阻挡)；有较高表面贴合要求时，采用研磨孔；加工有色金属等软材料时，采用精镗(金刚镗)。

套类零件加工中的关键工艺问题：粗、精加工应分开进行；尽量采用轴向压紧，如采用径向夹紧应使径向夹紧力均匀；热处理工序应放在粗、精加工之间；中、小型套类零件的内外圆表面及端面，应尽量在一次安装中加工出来；在安排孔和外圆加工顺序时，应尽量采用先加工内孔，然后以内孔定位加工外圆。

2. 盘套类零件制造工艺过程举例

1) 法兰端盖零件加工工艺

现以图 7-20 所示的常用法兰端盖为例，制定单件、小批量生产的机械加工工艺过程。

(1) 技术要求分析

零件底板为 $80_{-1}^{\ 0}\times80_{-1}^{\ 0}$ 的正方形，它的周边不需要加工，其精度直接由铸造保证。底板上有四个均匀分布的通孔 ϕ9，其作用是将法兰盘与其他零件相连接，外圆面 ϕ60d11 是与其他零件相配合的基孔制的轴，内圆面 ϕ47J8 是与其他零件相配合的基轴制的孔。它们的 Ra 值均为 3.2μm。该零件精度要求较低，可以采用一般加工工艺完成。零件材料为 HT100。

(2) 工艺分析

外圆面与正方形底板的相对位置可由铸造时采用整模造型保证，不会产生大的偏差。由于零件精度要求较低，所以只要选择好定位基准，采用粗车→半精车即可完成车削加工。因此，可以采用铸造→车削→划线钻孔→检验的工艺路线。

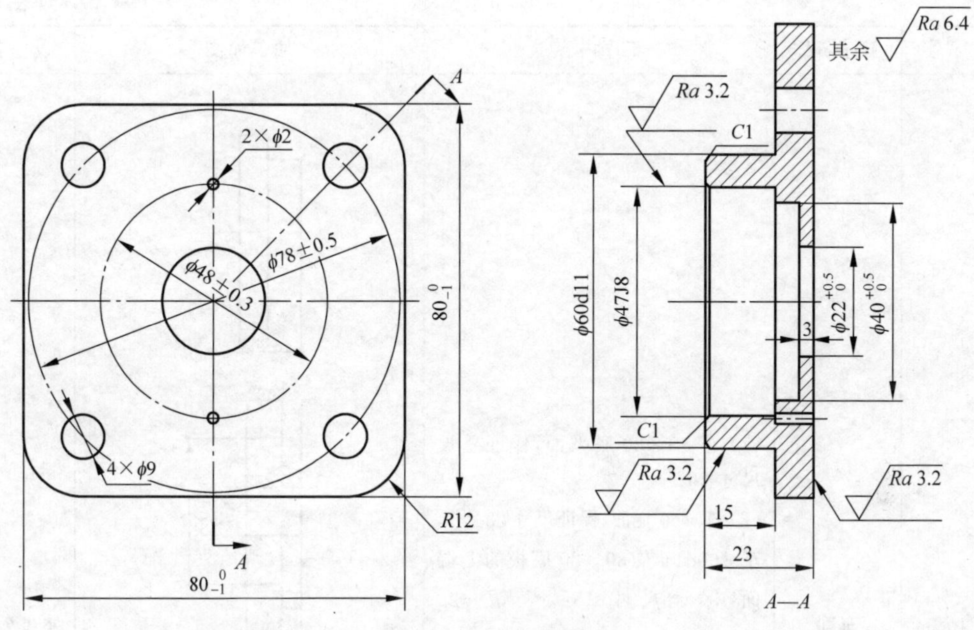

图7-20 法兰端盖简图

(3) 基准选择

① 以 ϕ60d11 的外圆面为粗基准,加工底板的底平面。

② 以底板加工好的底平面和不需加工的侧面为精基准(实质上是 ϕ60d11 的轴线为精基准),即以底平面定位,四爪卡盘夹紧的方式,将工序集中,在一次安装中把所有需要车削加工的表面加工出来,符合基准同一原则。

③ 以 ϕ60d11 的外圆面轴线为基准划线,找出孔 4×ϕ9、2×ϕ2 的中心位置,即可钻出上述各小孔。

(4) 工艺过程制定

单件、小批量生产法兰端盖的机械加工工艺过程详见表 7-10。

表 7-10 单件、小批量生产法兰端盖的机械加工工艺过程

工序号	工序名称	工序内容	加工简图	设备
05	铸造	铸造毛坯,尺寸如右图所示,清理铸件	ϕ60 80×80 14 30	

续表

工序号	工序名称	工序内容	加工简图	设　备
10	车削	(1) 车 80×80 底平面，保证总长尺寸 26； (2) 车 $\phi60$ 端面，保证尺寸 $23_{-0.5}^{\ 0}$，车 $\phi60d11$ 及 80×80 底板的上端面，保证尺寸 $15_{\ 0}^{+0.3}$，钻 $\phi20$ 通孔； (3) 镗 $\phi20$ 孔至 $\phi22_{\ 0}^{+0.5}$； (4) 镗 $\phi22_{\ 0}^{+0.5}$ 至 $\phi40_{\ 0}^{+0.5}$，保证尺寸 3，镗 $\phi47J8$，保证孔长 $15.5_{\ 0}^{+0.21}$，倒角 1×45°	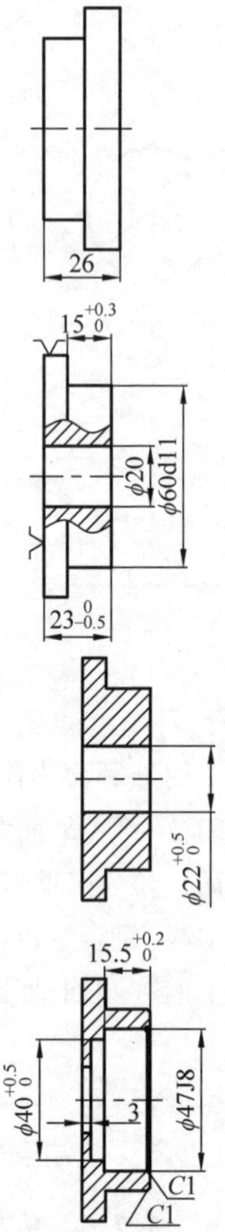 26 $15_{\ 0}^{+0.3}$ $\phi20$ $\phi60d11$ $23_{-0.5}^{\ 0}$ $\phi22_{\ 0}^{+0.5}$ $15.5_{\ 0}^{+0.2}$ $\phi40_{\ 0}^{+0.5}$ 3 $\phi47J8$ C1 C1	卧式车床
15	钳工	按图样要求划 4×$\phi9$ 及 2×$\phi2$ 孔的加工线		平台
20	钻孔	根据划线找正，钻 4×$\phi9$ 及 2×$\phi2$	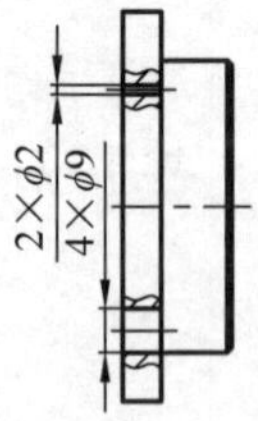 2×$\phi2$ 4×$\phi9$	立式钻床
25	检验	按图样要求，检测零件		

2）锥齿轮盘零件加工工艺

锥齿轮盘零件主要由外圆面、内圆面、锥面、端面和沟槽组成，其特征是径向尺寸大于轴向尺寸。现以图 7-21 所示的从动锥齿轮盘零件为例，制定该零件的机械加工工艺过程。

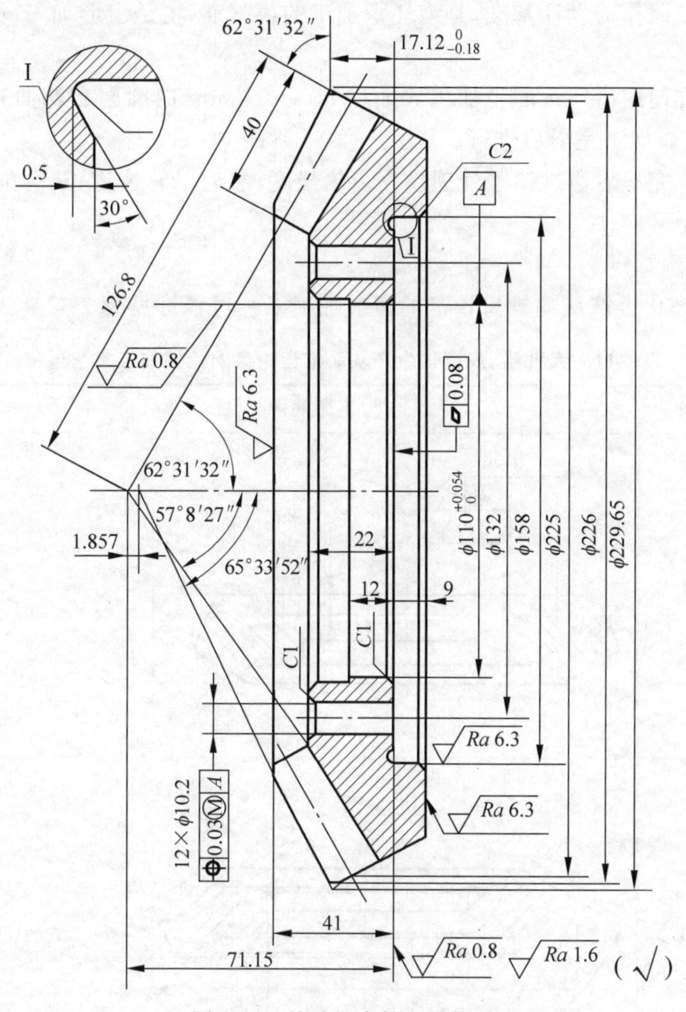

图 7-21　从动锥齿轮盘零件图

(1) 技术要求分析

由从动锥齿轮盘零件图可知，该零件上尺寸为$\phi 110^{+0.054}_{0}$ mm 内圆面及其端面的尺寸精度要求高，表面粗糙度要求也高。相对于$\phi 110^{+0.054}_{0}$ mm 的内孔轴线基准，均匀分布了 12 个有位置度要求的$\phi 10.2$mm 通孔，其主要用于齿轮盘向轮毂传递驱动转矩，为使螺栓均匀分配载荷，提出了位置度要求。除个别要求外，其余面的表面粗糙度 Ra 值均为 1.6μm。零件材料为 20CrMnTi。

(2) 工艺分析

从动锥齿轮盘零件的加工类型是大批量生产，采用精密锻造毛坯，机械加工余量小。非淬硬回转表面的加工采用粗车→半精车→精车的工艺路线，而淬硬回转表面的加工则采用粗车→半精车→磨削的工艺路线。齿坯盘的车削和磨削加工均可采用内孔与端面安装工件。

（3）基准选择

① 精基准加工采用多轴立式车床，以毛坯的外锥面和背锥面作为工件定位的粗基准。

② 内孔和端面作为设计基准，是齿坯盘加工的精基准，也是齿形加工的基准，符合基准重合原则。

③ 定位基准使用齿坯盘的精加工表面（$\phi 110^{+0.054}_{0}$ mm 内圆面和端面），故齿形表面加工需在齿坯盘表面加工完毕后进行。

④ 齿轮加工完毕后通过渗碳处理提高齿轮强度，然后以轮齿定位，磨削 $\phi 110^{+0.054}_{0}$ mm 内圆面。

（4）工艺过程制定

大批量、规模化生产从动锥齿轮盘的机械加工工艺过程详见表 7-11。

表 7-11　大批量、规模化生产从动锥齿轮盘的机械加工工艺过程

序号	工序名称	工序简图	设　备
10	车两端面及内孔	$\phi 158$；$\phi 111^{+0.07}_{0}$；$\phi 109.3^{+0.04}_{0}$；12.25；9 ± 0.05；22.30；43.60；$\sqrt{Ra\ 3.2}$ (√)	多轴立式车床
15	车外锥、背锥、内锥端面及倒角	$40^{\ 0}_{-0.2}$；$17.37^{+0.05}_{0}$；3；$\phi 226^{\ 0}_{-0.85}$；2；65°32′52″；$\sqrt{Ra\ 3.2}$ (√)	双轴立式车床
20	划线		
25	钻孔	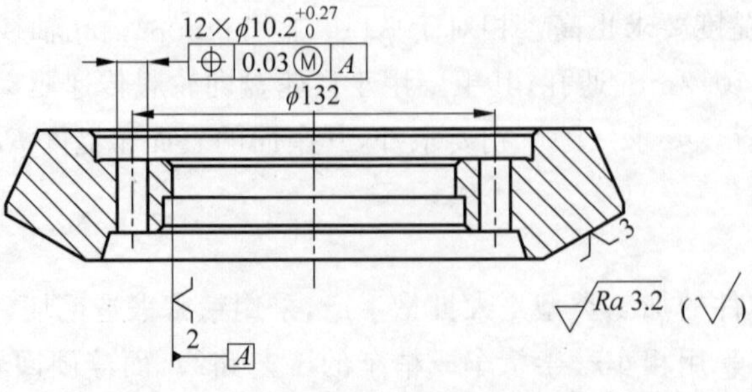 $12\times\phi 10.2^{+0.27}_{0}$；⌖ 0.03 Ⓜ A；$\phi 132$；3；2；A；$\sqrt{Ra\ 3.2}$ (√)	特种钻床

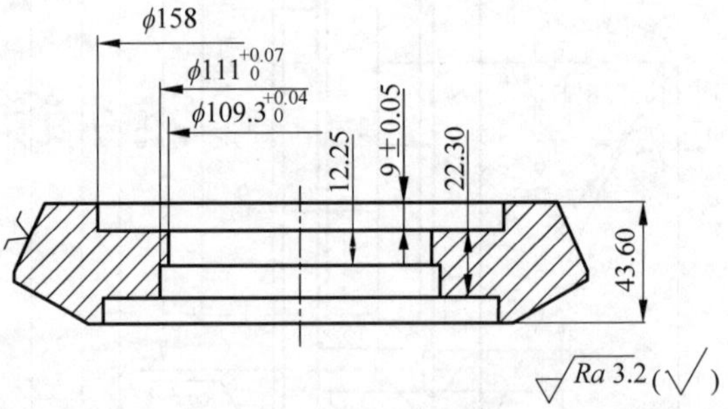

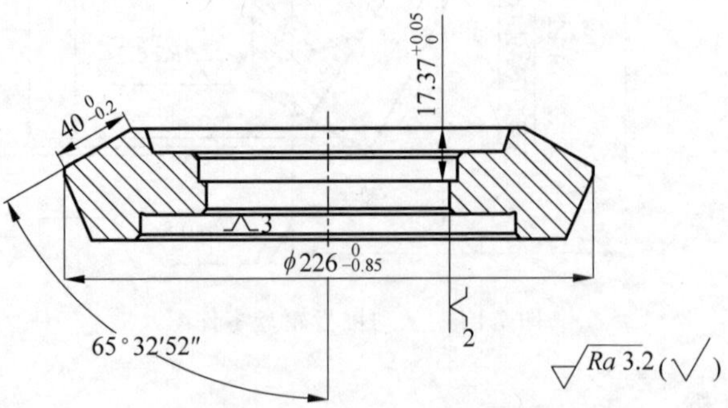

续表

序号	工序名称	工序简图	设　备
30	磨平面	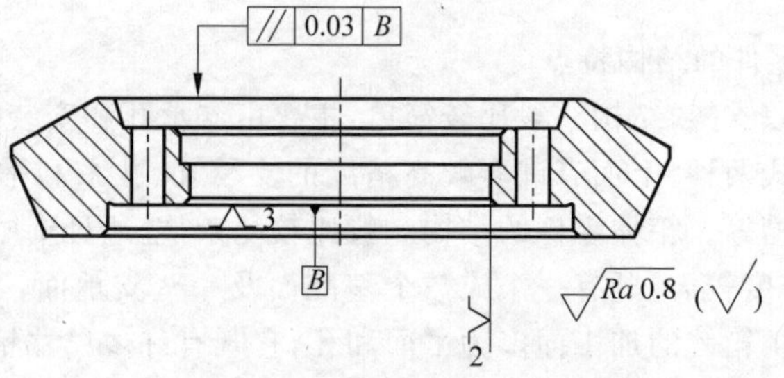	内圆磨床
35	磨内孔及端面	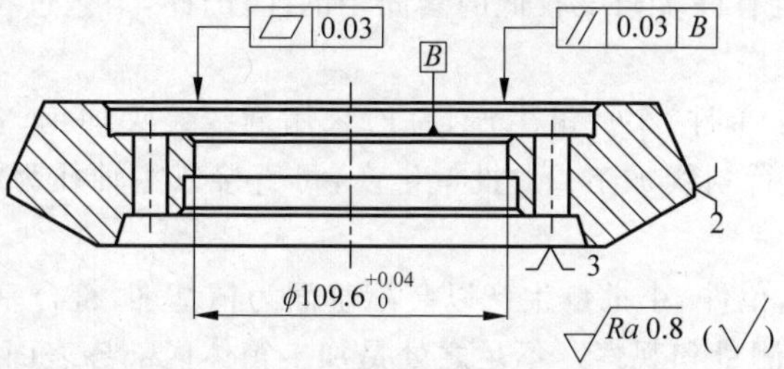	内孔端面磨床
40	粗铣轮齿	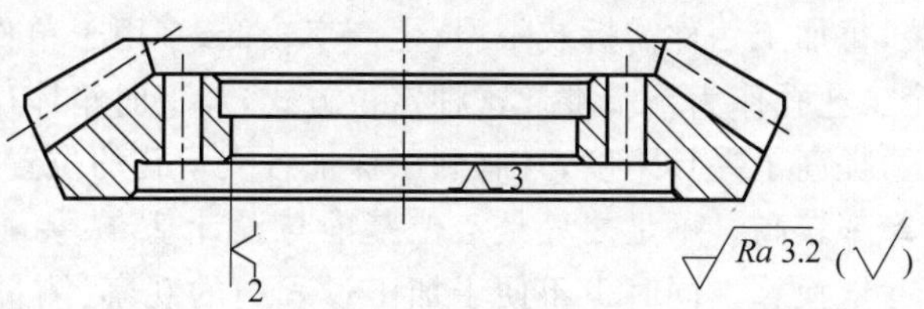	铣齿机床
45	热处理	渗碳层 1.2～1.6mm,淬火：表面硬度 58～63HRC,心部硬度 33～48HRC	
50	磨内孔	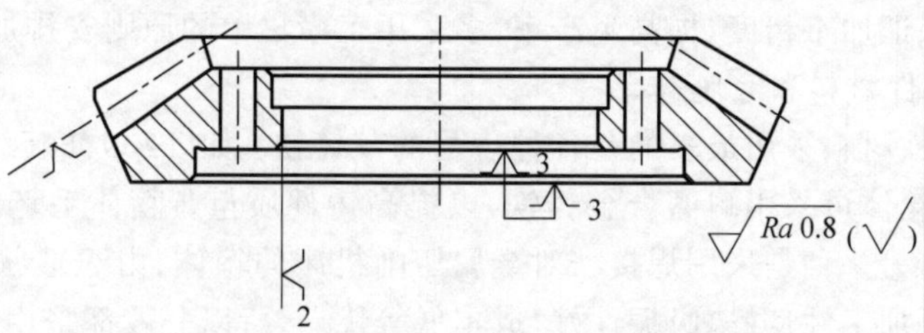	内圆磨床
55	精铣轮齿	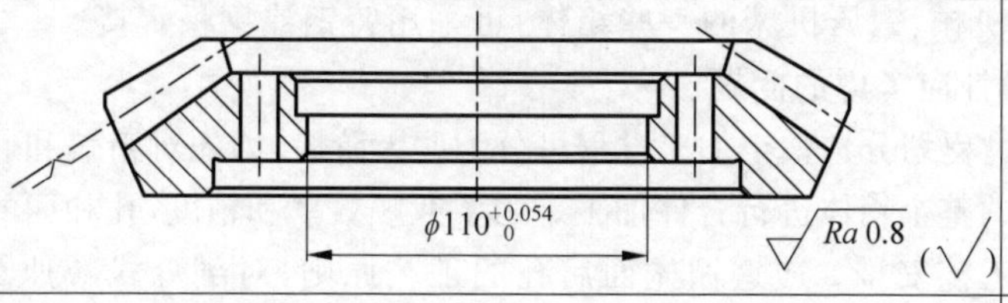	铣齿机床
60	按图样要求,检测零件		

7.3.3　支架、箱体类零件的制造工艺过程

支架、箱体类零件是机器重要的基础件,它将轴、套、传动轮等许多零件连接组合成一体,

并确定它们之间的相互位置及相对运动关系，以传递转矩或改变转速来完成规定的运动。

1. 概述

1）支架、箱体类零件的结构特点

支架有单支架和双支架，结构一般比较简单，主要由支承孔和安装基面组成。箱体结构一般有剖分式和整体式两种，上面有许多较高精度的支承孔、孔系和平面，还有精度较低的紧固孔、油孔、油（水）槽等。箱体零件的结构一般比较复杂，壁薄且壁厚不均匀，中空壁薄加工表面多，而且加工难度较大，既有一个或数个基准面及一些支承面，又有一对或数对加工难度大的轴承支承孔。箱体的加工面多为平面和孔，它既有许多尺寸精度、位置精度和表面粗糙度要求较高的孔，也有许多精度较低的紧固用的孔，因此，工艺过程比较复杂。

箱体加工概述

2）箱体零件基准选择

（1）粗基准的选择：单件、小批量生产，一般采用划线装夹加工，各加工表面的加工线均以主轴孔为粗基准进行划线加工；大批量生产，可直接以主轴孔为粗基准在夹具上安装进行加工。

（2）精基准的选择，单件、小批量生产以装配基面为精基准，符合基准重合原则，并且定位稳定可靠，便于加工、测量和观察。不足之处是加工箱体内部各表面，有时需要导向支承，并通过顶部吊架安装，每加工一件需拆装一次，生产率较低，多用于单件、小批量生产；大批量生产以顶面及两个工艺孔作为精基准。这种定位方式，加工时箱体口朝下，中间导向支承架可紧固在夹具体上，提高了夹具刚度，且有利于保证各支承孔的位置精度，工件装卸方便，减少了辅助时间，生产率较高。不足之处是定位基准与设计基准、装配基准不重合，增加了定位误差，需进行尺寸链换算。同时也不便于加工过程中的观察、测量和调刀，因此需采用定径刀具加工。

（3）加工顺序的安排：先面后孔，先基准后其他，主次分开，划分加工阶段。为减少运输安装困难，保证加工精度，提高生产率，多采用工序集中的原则安排加工顺序。

3）箱体零件材料和毛坯选择

箱体类铸铁材料采用最多的是各种牌号的灰铸铁：如 T200、HT250、HT300 等。对一些要求较高的箱体可采用耐磨合金铸铁，以提高铸件质量。箱体毛坯制造方法有两种：一种是采用铸造，另一种是采用焊接。对金属切削机床的箱体，由于形状较为复杂，且铸铁具有成形容易、可加工性良好、吸振性好、成本低等优点，所以一般都采用铸铁；对于承受重载和冲击的工程机械、锻压机床的一些箱体，可采用铸钢或钢板焊接。

4）工艺设计应考虑的问题

（1）加工过程划分。整个加工过程可分为两大阶段，即先对箱盖和底座分别进行加工，然后再对装合好的整个箱体进行合件加工。为了兼顾效率和精度，孔和面的加工还需粗精分开。

（2）加工工艺安排。应遵循先面后孔的工艺原则，对剖分式减速箱体还应遵循组装后镗孔的原则。因为只有先加工好箱体的对合面，才能对轴承孔进行加工。另外，镗轴承孔时，必须以底座的底面为定位基准，所以底座的底面也必须先加工。由于轴承孔及各主要平面，都要求与对合面保持较高的位置精度，所以在平面加工方面，应先加工对合面，然后再加工其他平面，体现先主后次原则。

（3）尽量减少工件运输和装夹次数。箱体加工中的运输和被装夹箱体的体积、重量较大，故应合理安排。为了便于保证各加工表面的位置精度，应在一次装夹中尽量多加工一些表面。工序安排应相对集中。箱体零件上相互位置要求较高的孔系和平面，一般尽量集中在同一工序中加工，以减少装夹次数和安装误差，从而保证零件相互位置的精度要求。

(4) 合理安排时效工序。一般在毛坯铸造之后安排一次人工时效即可，对一些高精度或形状特别复杂的箱体，应在粗加工之后再安排一次人工时效，以消除粗加工产生的内应力，保证箱体加工精度的稳定性。

2. 箱体类零件制造工艺过程举例

箱体零件的制造工艺

箱体类零件是机器或部件的基础零件。它将机器或部件中的轴、轴承、套和齿轮等零件按一定的相互位置关系连在一起，按一定传动关系协调地运动。因此，箱体类零件的加工质量不但直接影响着箱体的装配精度和运动精度，而且还会影响机器的工作精度、使用性能和寿命。

1) 车床主轴箱

典型箱体零件加工工艺

现以图 7-22 所示的箱体加工过程为例，介绍单件、小批量生产卧式车床主轴箱箱体的工艺过程。

(1) 技术要求分析

① 作为箱体部件装配基准的底面和导向面，其平面度要求允许误差为 0.02mm，表面粗糙度 Ra 值为 0.8μm。

② 主轴轴承孔孔径尺寸公差等级为 IT6，表面粗糙度 Ra 值为 0.8μm；其余轴承孔的尺寸公差等级为 IT6～IT7，表面粗糙度 Ra 值为 1.6μm；其他非配合紧固用的孔精度较低，表面粗糙度 Ra 值为 6.3～12.5μm。

③ 孔的圆度和圆柱度公差为 0.05mm。

④ 各相关孔轴线间平行度允许误差为 0.03mm。各相关孔轴线对基准孔的跳动公差为 0.01～0.03mm。

⑤ 工件材料为 HT200，毛坯为铸件。

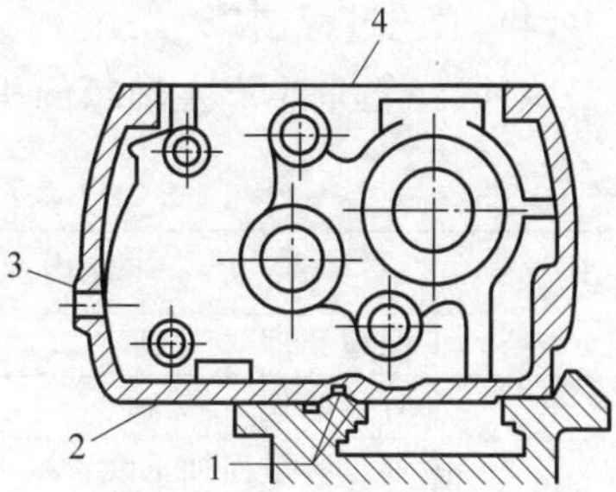

1—导向面；2—底面；3—侧面；4—顶面。

图 7-22　主轴箱箱体剖面图

(2) 工艺分析

箱体在铸造后需进行清理，在机械加工之前还需经人工时效处理，以消除铸件中的内应力。加工余量一般为：底面 8mm，顶面 9mm，侧面和端面 7mm，孔径 7mm。粗加工后，会引起工件内应力的重新分布，为了防止变形，还需经适当的时效处理。在单件、小批量生产条件下，该床头箱箱体的主要工艺过程应考虑以下几个方面。

① 底面、顶面、侧面和两端面可采用粗刨—精刨工艺。由于底面和导向面是作为箱体件的定位基准和装配基准，精度和表面粗糙度要求较高，所以精刨后，还应进行刮研处理。

② 直径小于 40～50mm 的孔，一般不易铸出，可采用钻—扩(或半精镗)—铰(或精镗)的工艺。对于已铸出的孔，可采用粗镗—半精镗—精镗的工艺；由于箱体的轴承孔，尤其主轴轴承孔精度和表面粗糙度要求较高，故在精镗后，还要用浮动镗刀进行精细镗。

③ 为保证其相互位置精度要求和减少装夹次数，紧固螺纹孔、油孔等次要工序一般在平面和支承孔等主要表面精加工之后再进行加工。

④ 整个工艺过程分为粗加工和精加工两个阶段，来保证箱体主要表面精度和表面粗糙度的要求，避免粗加工时由于切削量较大引起工件变形、走动、装夹变形或可能划伤已加工表面等问题。

⑤ 为了保证各主要表面位置精度的要求，不管粗加工还是精加工时，都应采用同一个定位基准。一个平面上所有主要孔应在一次安装中加工完成，并可采用镗模夹具在普通镗床上加工，以保证各孔位置精度。

⑥ 遵循“先面后孔”的原则，即先加工平面，后以平面定位，再加工孔，这样有利于提高定位精度和加工精度。

(3) 基准选择

① 粗基准的选择：在单件、小批量生产中，为了保证主轴轴承孔的加工余量分布均匀，并保证装入箱体中的齿轮、轴等零件与不加工的箱体的内壁间有足够的空隙，以免互相干涉，常常首先以主轴轴承孔和与之相距最远的一个孔为基准，兼顾导向面和底面的余量，对箱体毛坯进行划线和检查。之后，按划线找正粗加工顶面。

② 精基准的选择：以该箱体的底面和导向面为精基准，加工各纵向孔、侧面和端面，符合基准统一和基准重合的原则，有利于保证加工精度。在粗加工和时效处理后，以精加工后的顶面为基准，对底面和导向面进行精刨和精细加工(刮研)，从而进一步提高精加工的定位精度。

(4) 工艺过程制定

单件、小批量生产主轴箱的机械加工工艺过程见表 7-12。

表 7-12　主轴箱的机械加工工艺过程

工序号	工序内容	工序简图	设　备
05	清理处理		
10	时效处理		
15	划出各平面加工线		
20	粗刨顶面，留精刨余量 2mm	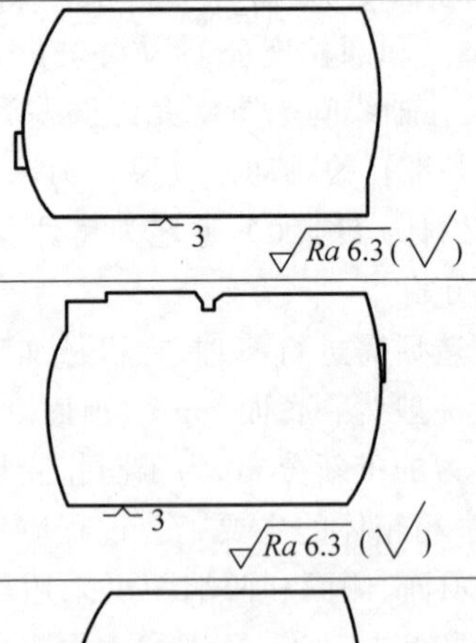 3 $\sqrt{Ra\,6.3}$ ($\sqrt{}$)	龙门刨床
25	粗刨底面和导向面，留精刨余量 2～2.5mm	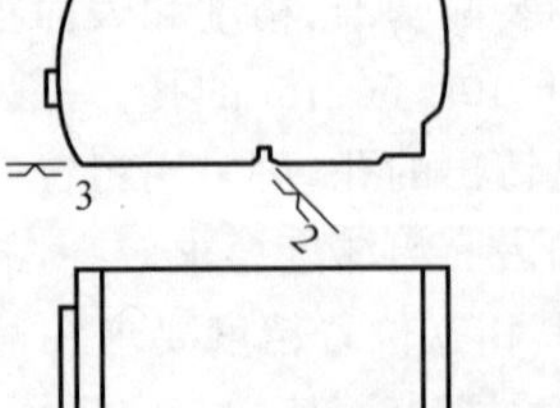 3 $\sqrt{Ra\,6.3}$ ($\sqrt{}$)	龙门刨床
30	粗刨侧面和两端面，留精刨余量 2mm	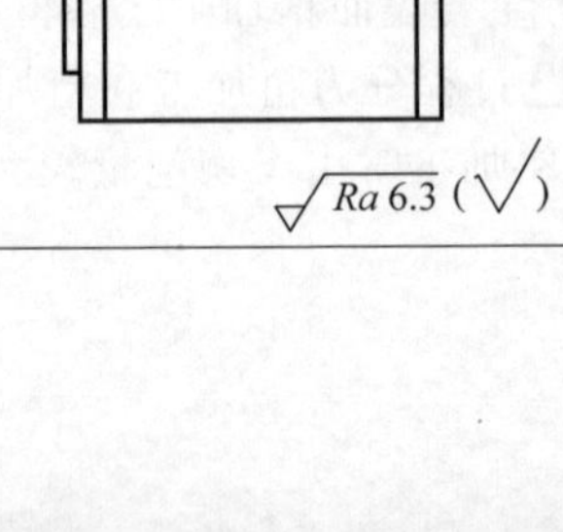 3 2 $\sqrt{Ra\,6.3}$ ($\sqrt{}$)	龙门刨床

续表

工序号	工序内容	工序简图	设　备
35	粗镗纵向各孔，主轴承孔留半精镗、精镗余量 2～2.5mm，其余各孔留半精镗、精镗余量 1.5～2mm	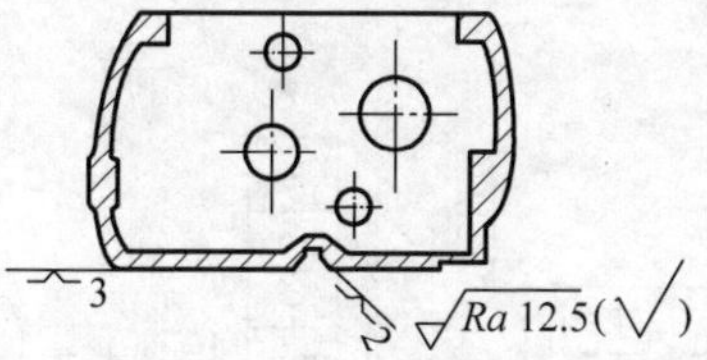 3　Ra 12.5(√)	卧式镗床
40	时效处理		
45	精刨顶面至尺寸	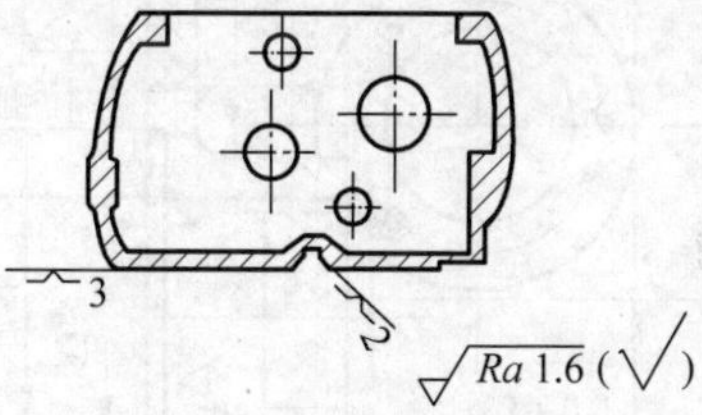 3　Ra 1.6 (√)	龙门刨床
50	精刨底面和导向面，留刮研余量 0.1mm	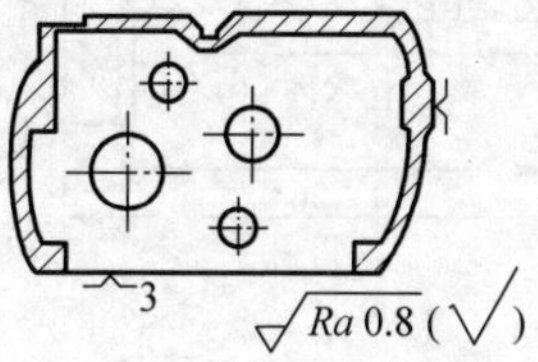 3　Ra 0.8 (√)	龙门刨床
55	刮研底面和导向面至尺寸		
60	精刨侧面和两端面至尺寸		龙门刨床
65	(1) 半精镗各纵向孔，主轴轴承孔和其他轴承孔，留精镗余量 0.8～1.2mm，其余各孔留精镗余量 0.1～0.2mm (2) 精镗各纵向孔至尺寸，各轴承孔留精镗余量 0.1～0.2mm (3) 精细镗主轴轴承孔和其他轴承孔	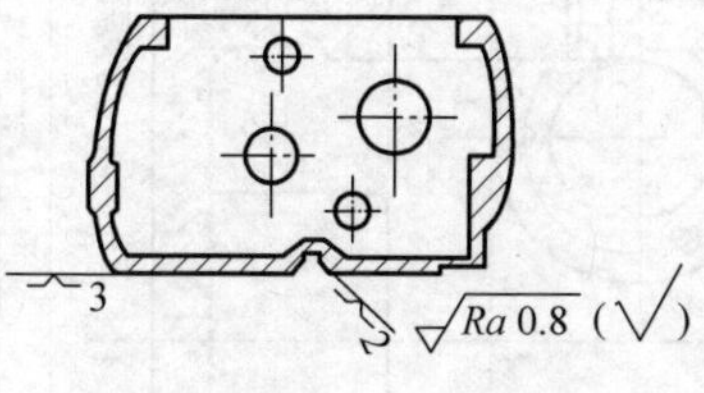 3　Ra 0.8 (√)	卧式镗床
70	(1) 划线并钻螺纹底径孔，紧固孔及放油孔等至尺寸 (2) 攻螺纹，去毛刺		钻床
75	按图纸要求检验		

2）减速器箱体

现以图 7-23 所示零件的加工过程为例，介绍单件、小批量生产减速器箱体零件的工艺过程。

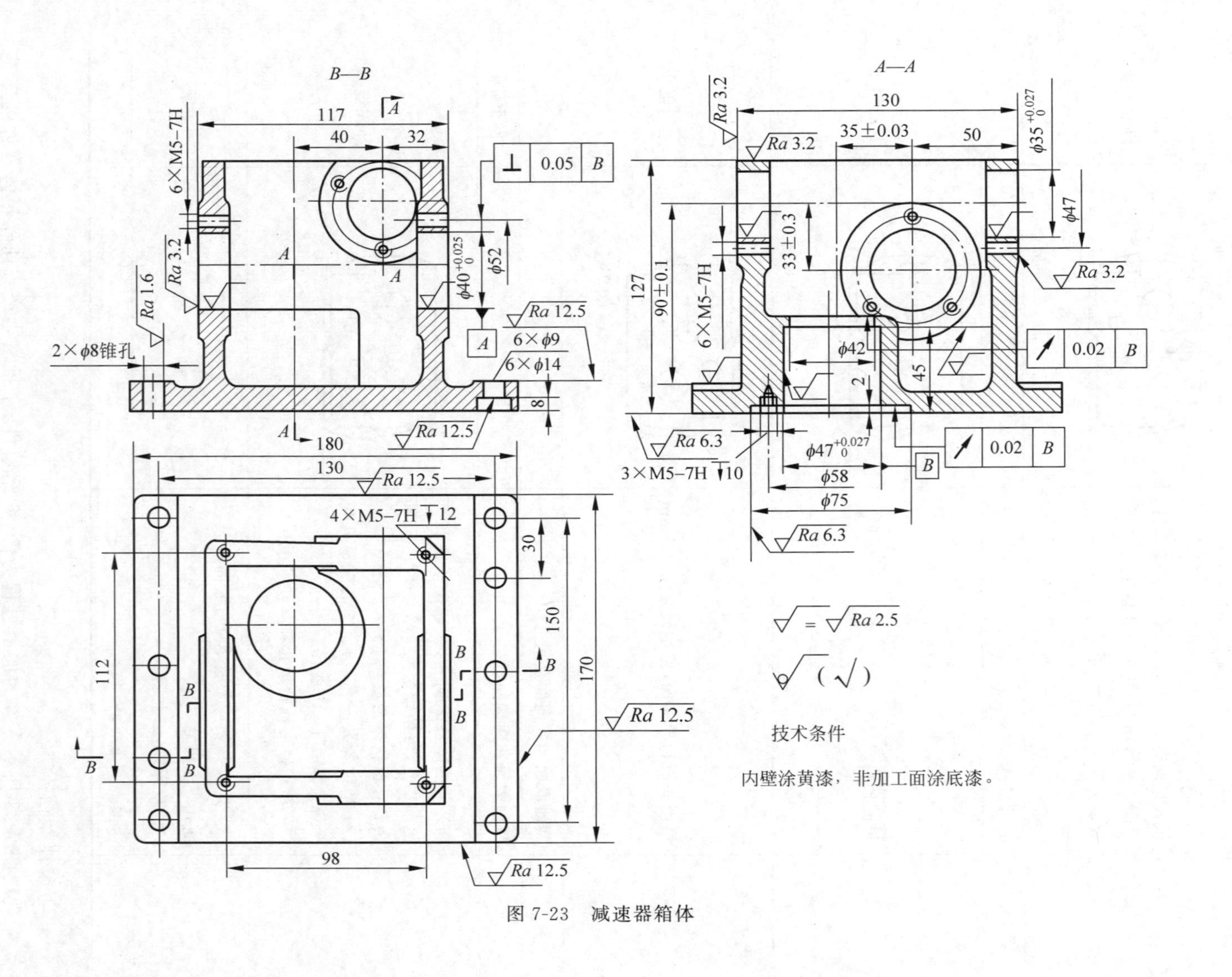
B—B
A—A
6×M5-7H
2×ϕ8锥孔
6×ϕ9
6×ϕ14
3×M5-7H ↧10
4×M5-7H ↧12
117
40
32
180
130
170
150
30
112
98
35±0.03
50
33±0.3
90±0.1
127
45
ϕ42
ϕ58
ϕ75
ϕ47
ϕ52
0.05 B
0.02 B
Ra 3.2
Ra 1.6
Ra 12.5
Ra 6.3
Ra 2.5
技术条件
内壁涂黄漆，非加工面涂底漆。

图 7-23 减速器箱体

(1) 技术要求分析

内壁涂黄漆，非加工面涂底漆；主要孔(轴承孔)的径向圆跳动公差为0.02mm；螺纹孔M5轴线对端面B的垂直度公差为0.05mm；主要孔的尺寸公差等级为IT6，其圆度与圆柱度误差不超过其孔径公差的1/2；加工后，箱体内部需要清理；工件材料为HT200，毛坯为铸件时效处理。

(2) 工艺分析

减速器箱体的主要加工表面有：座的底平面、侧面和两台阶面、顶面及凸缘端面，可采用立式铣床或龙门刨床加工；5个轴承孔及孔内环槽，可采用坐标镗床镗孔。

(3) 基准选择

① 粗基准的选择：为保证各加工面都有加工余量，且主要孔的加工余量均匀，选择箱体上的主要孔($\phi 47$mm轴承孔)为粗基准。

② 精基准的选择：箱体底面和顶面互为基准；箱体底面、$\phi 47$mm轴承孔及一侧面为基准精加工其余孔。

(4) 工艺过程

单件、小批量生产减速器箱体的机械加工工艺过程见表7-13。

表7-13 减速器箱体机械加工工艺过程

工序号	工序内容	工序简图	设备
05	备料		
10	时效		
15	(1) 粗、精铣底面及底座侧面； (2) 粗、精铣顶面	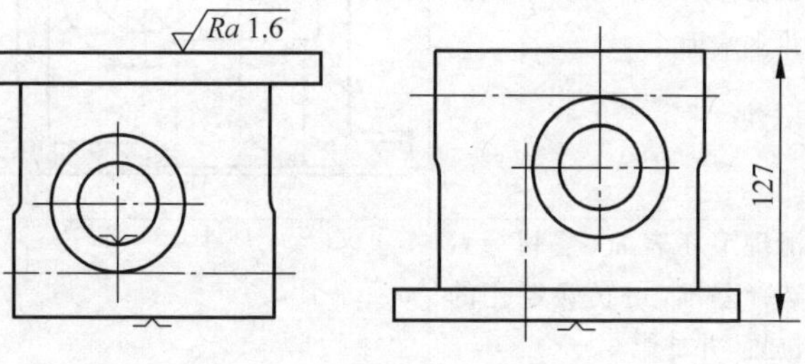 Ra 1.6 127	立式铣床
20	(1) 粗铣四侧凸缘端面； (2) 铣底座上的两台阶面	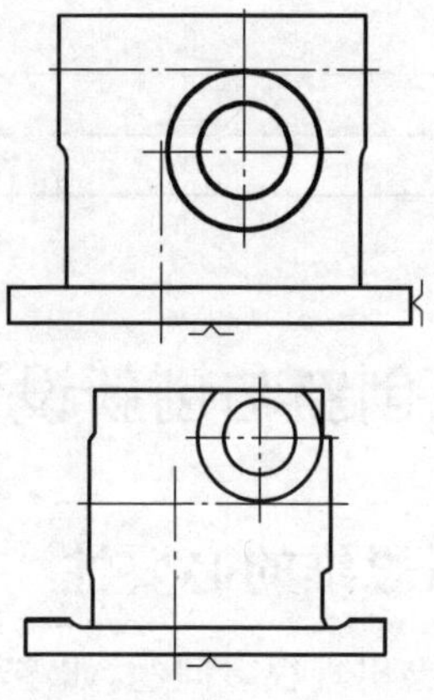	立式铣床

续表

工序号	工 序 内 容	工 序 简 图	设备
25	粗、精镗 $\phi 47^{+0.027}_{0}$ mm、ϕ42mm、ϕ75mm 孔，并刮端面	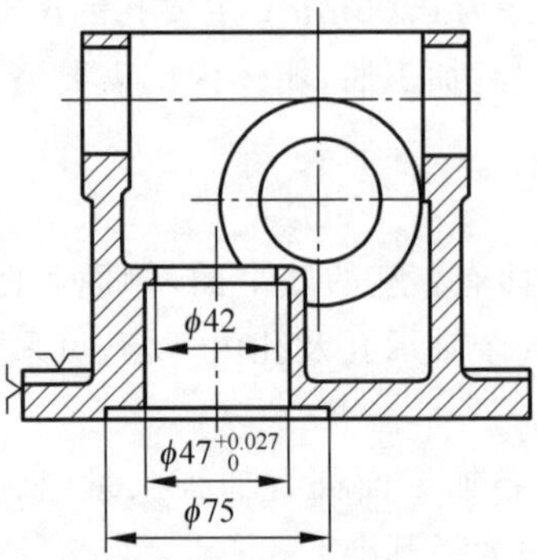 $\phi 42$ $\phi 47^{+0.027}_{0}$ $\phi 75$	镗床
30	粗、精镗 $\phi 40^{+0.025}_{0}$ mm 两孔，并刮端面	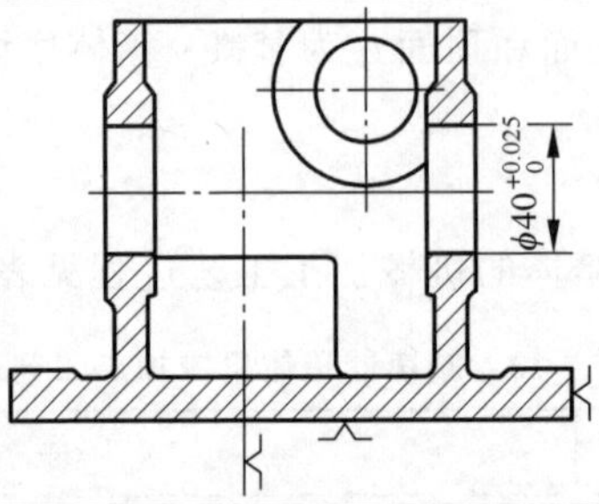 $\phi 40^{+0.025}_{0}$	镗床
35	钻、镗 $\phi 35^{+0.027}_{0}$ mm 两孔，并刮端面	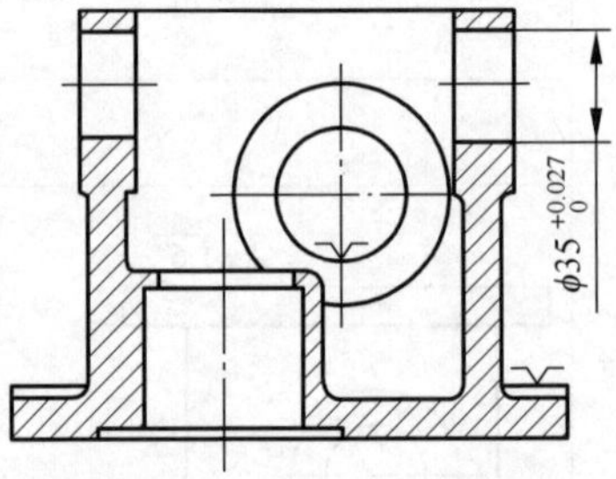 $\phi 35^{+0.027}_{0}$	镗床
40	清理毛坯表面(毛刺等)，选择基准，划线确定孔的位置，并冲眼		
45	1. 钻连接孔 2. 钻螺纹底孔		钻床
50	攻螺纹		
55	按图纸检验		

7.4 零件制造中的工艺创新与创新设计

7.4.1 零件制造中创新思维的必要性

传统的机械零部件设计中，常常会出现很多问题，如零部件比较容易腐蚀损坏；零部件比较容易断裂、剥落和疲劳损坏；零部件比较容易摩擦损坏，等等。这些问题的出现，虽然有一定的必然性,但也与机械零部件的传统设计观念和方法的局限性密切相关。面对这些问题,需要纳入新的思维和方法,来帮助我们克服在实践运用中遇到的困难,以延长机械零部件的使用寿命。

传统机械零部件设计的特点是以长期经验积累为基础,通过力学、数学建模及试验等所形成的经验公式、图表、标准及规范作为依据,运用计算或类比分析等方法进行设计。传统设计在长期运用中得到不断完善和提高,目前在大多数情况下仍然是十分有效的设计方法。然而,传统设计方法尚存在一些局限性:如在方案设计时,凭借设计者有限的直接经验或间接经验,通过计算、类比分析等,以收敛思维方式过早地确定方案。这种方案设计不够充分和系统,不强调创新,很难达到最优;在机械零部件设计中,仅对重要的零部件根据简化力学模型或经验公式进行静态或近似设计计算,其他零部件只作类比设计,与实际工况有时相差较远,难免造成失误;传统设计偏重于考虑产品自身功能的实现,忽略人、机、环境之间关系的重要性等等。所以在现代机械零部件设计中,采用创新的思维方法十分必要。

7.4.2　工艺创新和创新设计的关系

1. 工艺创新简介

一般情况下,工艺设计对于机械结构自身使用性能有着直接影响。为了更好地满足当前机械零件的实用性以及设计过程中的实际需求,必须对当前工艺最终效果的影响进行全面考虑,需要将材料选择、方法设计、工艺设计、工艺流程等综合起来统筹考虑,才能合理确定各道工序的具体方案。所以工艺创新大部分是在原有工艺基础上的革新改进、完善和提升,也包括从无到有的新技术创造。例如,18 世纪 70 年代瓦特发明了蒸汽机,但是由于蒸汽机汽缸等精密零件的加工精度达不到要求,无法推广应用,所以一直到汽缸镗床出现(见图 7-24),才解决了精密汽缸的加工工艺,使蒸汽机的大批量生产成为可能,才使这个新产品进入了实用阶段,从而引发了第一次产业革命。无独有偶,20 世纪现代工业的发展导致各种高强度、高硬度、高韧性材料不断涌现,航空航天的产品结构日益向整体、薄型、微细方向发展,难加工材料和复杂零件对传统机械加工提出挑战,于是电火花加工、电解加工、激光加工、离子束、电子束等非传统加工应运而生,形成了制造技术中独特的加工方式。因此,工艺创新使结构设计阶段发生变化,拓宽了结构设计范围,使设计更加容易和便捷。特别是增材制造(3D 打印)技术的出现,无须刀具、夹具或模具,更是彻底改变了传统切削加工("减材"制造)方式的设计理念,可以自动、快速、直接和精确地实现计算机设计的模型或零件,同时具有生产复杂封闭内腔零件的能力,且效率高,组装成本低。

2. 创新设计简介

机械零部件设计的本质是创造和革新。现代机械零部件设计强调创新设计,要求在设计中更充分地发挥设计者的创造力,利用最新科技成果,在现代设计理论和方法的指导下设计出更具有生命力的产品。运用创造思维,设计者的创造力是多种能力、个性和心理特征的综合

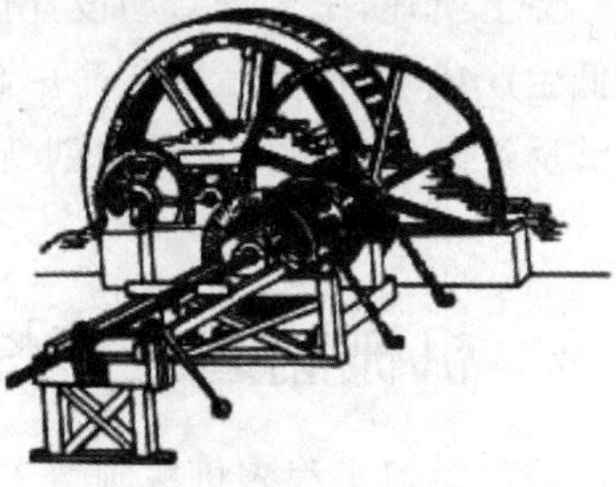

图 7-24　汽缸镗床

体现。它包括观察能力、记忆能力、想象能力、思维能力、表达能力、自控能力、文化修养、理想信念、意志品格、兴趣爱好等因素。其中想象能力和思维能力是创造力的核心,它是将观察、记忆所得信息有控制地进行加工变换,创造力的开发可以从培养创新意识、提高创新能力和素质、加强创新实践等方面着手。设计者不是将设计工作当成例行公事,而是时刻保持强烈的创新欲望和冲动,掌握必要创新方法,加强学习和锻炼,自觉开发创造力,成为一个符合现代设计需要的创新人才。创造力的核心是创新思维,创新思维是一种最高层次的思维活动,它是建立在各类常规思维基础上的。人脑在外界信息激励下,将各种信息重新综合集成,产生新的结果的思维活动过程就是创新思维,机械零部件设计的过程也是一个创新的过程。目前,计算机辅助工艺过程设计(CAD、CAM、CAPP)和交互式计算机设计系统(UG)等引入设计过程,使机械零部件设计发生了巨大变化,利用计算机完成选型、计算、绘图及其他作业的现代化设计,整个设计过程具有成本低、效率高等特点,降低了产品创新设计周期,拓宽了机械零部件设计的范围,提高了机械行业整体创新能力。

3. 工艺创新和创新设计的区别与联系

完整的机械零件生产过程应包括设计和工艺两部分内容,特别是那些结构复杂、新颖的零件,设计创新和工艺创新相互依赖、相互促进,贯穿整个零件的生产过程。设计是零件加工生产的前期工作,创新设计能够节省工艺生产时间,加快零件加工进程。例如,在加工圆柱齿形模具零件时,在车床和铣床上很难装夹零件,首先需要考虑如何保证零件的齿形和被加工内孔的同轴度,其次需要考虑采用夹具优化零件的加工方式。考虑到上述问题,需要设计一个内孔四边带有齿形键槽的夹具(见图 7-25),以使齿形零件达到稳定定位贴合的目的,不会发生倒角与铣削错位,夹具键槽的内孔与齿形零件微量间隙配合也可达到重复快速拆装的加工目的,由此可以大大提高齿形零件的加工效率。

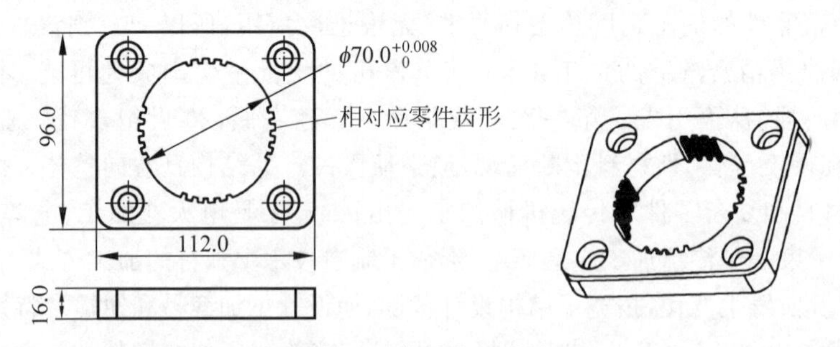

图 7-25　专用夹具设计

综上所述,工艺创新和设计创新是零件生产不可分割的重要部分。创新设计不仅可以降低生产成本,使加工工艺简单高效,也能够缩短加工周期,提高产品质量,同时,工艺创新能够反过来促进结构设计的创新。

7.5　机械制造经济性分析与管理

前面学习了很多机械制造工艺知识,这些工艺技术通常是在企业中实现或完成的。那么对企业的相关知识以及制造工艺经济性和管理进行了解和综合性的分析与评价,为企业实现经营目标和社会发展进步发挥极为重要的作用,就需要进一步了解和掌握企业经营管理的基础知识。

7.5.1　机械制造经济性与管理的概念

1. 现代企业的基本知识

企业是按投资者、国家和社会所赋予的受托责任,从事生产、流通、运输及服务等经济活动,以其产品或劳务满足社会需要,并获取盈利,进行自主经营、自负盈亏、实行独立经济核算的社会经济的基本组织(见图7-26)。它是拥有一定数量的固定资产和流动资金,依法进行登记,并经批准建立的经济组织,具有独立的享有民事权利和承担民事责任的法人资格。

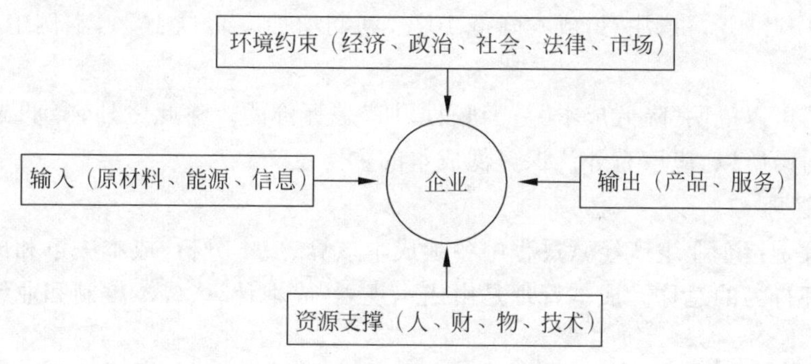

图7-26　企业与外部的关系

现代企业是现代市场经济社会中,代表企业组织的最先进形式和未来主流发展趋势的企业组织形式。所有者与经营者相分离、拥有现代技术、实施现代化的管理和企业规模呈扩张化趋势是现代化企业的四个最显著的特点。

所谓现代企业制度是指适应社会化大生产和市场经济要求的产权明晰、权责明确、政企分开、管理科学的一种新型企业制度。

现代企业管理是指为达到企业最大效益,对具有现代企业制度、采用现代化大生产方式和从事大规模产销活动的企业进行的现代化管理。

2. 成本管理工作及方法

产品成本是企业在生产过程中所支出的各种费用的总和,它是一个反映企业生产经营活动各项工作质量的综合指标。成本管理及控制就是在企业生产经营活动中,以预订的控制目标,对产品成本形成的整个过程进行监督,并采取措施及时纠正和调节偏差,使实际成本的各项费用支出限制在规定的标准范围内。成本管理及控制还有促使成本不断降低的任务,做好企业成本管理和控制工作,不断降低经营成本,是提高企业经济效益的最直接最有效的手段。

一般来说,价格是由市场决定的,企业要获得利润只有靠降低成本,成本降低多少,利润就增加多少。举一个简单的定量分析来说明这个问题,表7-14给出了计算结果。

表 7-14　成本对利润的影响分析

名　称	占收入比重/%	按比重排序	降 10%成本	新的比重/%
材料费用	42	1	4.2	37.8
直接人工成本	12	3	1.2	10.8
制造成本	21	2	2.1	18.9
销售成本	11	4	1.1	9.9
企业管理费	9	5	0.9	8.1
税前利润	5			14.5

为了使问题简化，假定价格和销售量不变，则收入也不变；再假设每个成本科目一律降低 10%，这时原料的降低额占收入的 4.2%，见表 7-14 第四列，其他的降低额比例也在该列给出，第五列给出降低成本后的成本与利润的分布比重，最有意义的是毛利润的比重由原来的 5%上升到 14.5%。请注意，成本降低 10%，利润增加会超过 10%，本例中，毛利润几乎增加了 200%。

这个例子可以说明"降低成本"与"利润增加"是等价的。除此之外，降低成本有利于提高产品竞争力。所以，应该充分认识降低成本的重要意义。

1）成本管理

成本管理是指企业生产经营过程中各项成本核算、成本分析、成本决策和成本控制等一系列科学管理行为的总称。成本管理是由成本规划、成本计算、成本控制和业绩评价四项内容组成。

2）成本预测

成本预测是指运用一定的预测技术，综合考虑各种因素，来推断和估计某一成本对象（一个项目、一件产品或一种劳务）未来的成本目标和水平。

成本预测是指运用一定的科学方法，对未来成本水平及其变化趋势作出科学的估计。通过成本预测，掌握未来的成本水平及其变动趋势，有助于减少决策的盲目性，使经营管理者易于选择最优方案，作出正确决策。

成本预测程序分为 6 个步骤：确定预测目标；收集、分析、筛选所需的信息资料；提出预测模型；计算预测误差；分析各因素的影响；提出最优方案。只有经过多次单个成本预测过程，进行比较及对初步成本目标的不断修改、完善，才能最终确定正式成本目标，并按此目标进行成本管理。

成本降低的目标预测方法是分别计算材料、工装、费用等成本项目的节约额，然后相加得出单位成本的总降低额，再与预定降低目标相比，决定是否可行。例如：某厂甲产品上半年预计单位成本为 862.48 元，计划每台成本降低目标为 43 元，计划产量 1000 台，其预测方法如下：第一，材料方面预测，由于某些零件毛坯的改变，设计的改进等，预计可使甲产品的每台材料定额降低 33.27 元。第二，工资方面预测，由产品中的某些零件以铸代锻，加工工艺改进，采用自控设备等，预计甲产品的每台工时降低 1.94h，假若 1 元/h，那么工资降低额为 1.94 元/台。第三，费用方面预测，企业计划年度压缩费用开支 11700 元，那么每台产品降低费用平均为 11.7 元（11700 元÷1000）。第四，每台的单位成本预测降低额为 46.91 元（33.27＋1.94＋11.7）。第五，预测结果因 46.91＞43，故可以实施。

3）成本控制

成本控制是保证成本在预算估计范围内的工作。根据估算对实际成本进行检测，标记实际或潜在偏差，进行预测准备并给出保持成本与目标相符的措施。企业分级成本控制结构如图7-27所示。

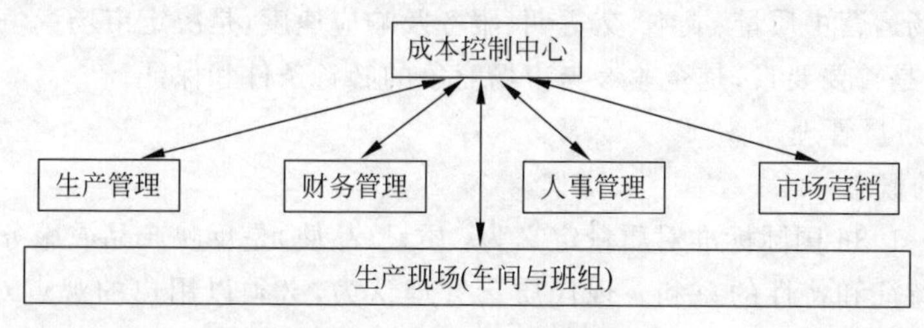

图7-27　分级成本控制结构

4）标准成本

标准成本是对产品或作业未来成本的理性预期。标准成本产生于预算过程。发现并分析实际成本对标准成本的偏离是构成成本控制的一项重要内容。除了业绩考核，标准成本还具有其他的功效，包括产品定价、项目投标、业务外包、生产技术的选择等。

5）成本差异

成本差异是在标准成本控制系统中，成本实际发生额与标准成本之间的差额。通过实际发生额与标准成本相比较，找出差异和发生差异的原因，作为考核降低成本的基础和改善企业今后经营活动的基础。标准成本包括直接材料标准成本、直接人工标准成本和制造标准费用，同标准成本的种类相对应，成本差异也分为直接材料成本差异、直接人工成本差异和制造费用差异。

6）降低成本的主要方法

(1) 简化组织结构，减少管理费用。组织结构随着业务发展会有复杂化倾向，组织内每一层次上都会有人员增多的现象，这样就会造成工作效率降低、工资成本上升，因此需要经常性地对组织机构进行分析。

(2) 提高人力和设备利用率。对员工或设备的实际工作情况进行抽样是提高资源利用率最有效的方法，通过了解员工作业时间百分比、员工的工作速度和设备的利用率，可以做出可靠的判断，进一步改善资源的使用效率。

(3) 降低成本的主要方向。以上两种方法可以作为短期的降低成本的应急措施，降低成本作为一项长期任务，应该寻找主要方向。方法很简单，只要列出成本核算表，计算每项成本占销售收入的百分比就可以确定。

(4) 加强采购管理。降低采购成本对提高利润的重要性不可低估。主要原则有：一是科学采购，及时调整制定适应市场环境的采购要求；二是重点关注花费最大的材料及外购件的选择、交货和周转上；三是不急于采购，要与销售和生产计划配套进行。具体方法主要有：ABC管理法(以成本高低占比排序法)、竞争性采购、设计时尽可能采用标准材料以及建立严格的采购制度与监督体系等。

(5) 重新设计产品。通过对产品恰当的重新设计，有利于降低材料成本、人工成本和制造费用，还可提高质量，使产品更具竞争力。需要对产品重新设计的原因有很多，如产品结构不合理、零件材料价格上涨、有更好更经济的加工工艺替代等。

通过企业全员参与，降低成本活动一定会为企业创造更大的财富。

3. 质量管理及方法

企业在市场运营中质量、成本、交货期、服务及响应速度，是决定市场竞争成败的几个关键要素，而质量是首要要素，是企业参与市场竞争的必备条件和保证。

1）质量与质量管理

(1) 质量的概念

ISO 8402—1986 国际标准对质量定义为：质量（品质）是反映产品或服务满足明确或隐含需要能力的特征和特性的总和。现代质量管理认为，必须以用户的观点对质量下定义。通常概括地说：质量就是产品和服务满足顾客需要的程度。对制造企业和其产品来说，它包括性能、附加功能、环保、安全性、可靠性、一致性、耐久性、维护性、美学性和感觉性。对服务企业来说，还应该包括价值、响应速度、人性、安全性和资格等。

从整个质量形成过程来看，它包括：设计过程质量、制造过程质量、使用过程质量和服务过程质量这四个方面。而对产品、服务质量保证最为重要的是工作质量。工作质量涉及企业各个部门、各个岗位，它取决于人的素质，包括工作人员的质量意识、责任心、业务水平。工作质量能反映企业的组织工作、管理工作和技术工作的水平，它体现在一切技术、生产和经营活动中，最终通过企业的效率和效益反映出来。产品质量指标可以用质量特征值来表示，而工作质量指标一般是通过产品合格率、返修率等指标表示。然而，工作质量在许多场合是不能用上述指标来直接定量的，通常是采取综合评分的方法来定量评价。

对于生产作业来说，工作质量通常表现为工序质量。所谓工序质量是指操作者（men）、机械设备（machine）、原材料（material）、操作及检测方法（method）和环境（environment）五大要素（即 4M1E）综合作用的加工过程质量。在生产现场抓工作质量，就是要控制这五大要素，保证工序质量，最终保证产品质量。

(2) 质量管理

① 质量管理的概念

ISO 8402—1994 把质量管理（quality management）定义为：确定质量方针、目标和职责，并通过质量体系中的质量策划、质量控制、质量保证和质量改进来使其实现的所有管理职能的全部活动。

质量管理是一门能够发现质量问题、定义质量问题、寻找问题原因和制定解决方案的方法论。它强调思考、控制和预防，从实践入手，每一位员工都主动参与的永无止境的改进活动。

② 提高产品质量的意义

产品质量是任何一个企业赖以生存的基础，提高产品质量对提高企业在市场中的竞争力、促进企业的发展有着直接而重要的意义。

产品质量问题始终是企业的重大战略问题。优则胜、劣则败，不仅如此，质量问题还会给社会造成各种不良影响，阻碍社会进步乃至造成国家衰败。因此，把优质的产品和服务呈现给社会，成为人们现代生活和工作的保障，是每一企业必须孜孜不停地追求。

2）全面质量管理

所谓全面质量管理，是指在全社会的推动下，企业的所有组织、部门和全体成员都以产品质量为核心，把专业技术、管理技术和数理统计方法结合起来，建立起一套科学、严密、高效的质量保证体系，控制生产全过程中影响质量的因素，以优质的工作、最经济的方法，提供满足用户需要的产品(服务)的全部活动。简要地说，就是在全社会推动下，企业全体人员参加的、用全面质量管理去保证生产全过程的质量活动。

全面质量管理其特点或核心在“全面”二字，即全面的质量管理、全过程的质量管理、全员参加的质量管理和全社会推动的质量管理。全面质量管理就是要将影响产品质量的一切因素都控制起来，其主要工作内容为：市场调查、产品设计、采购、制造、检验、销售和服务这几个环节。

3) 全面质量管理的基本工作方法(PDCA 循环)

在质量管理活动中，要求把各项工作按照做出计划、实施、检查和处理这四个步骤，把成功的纳入标准，不成功的留待下一个循环去解决的工作方法就是质量管理的基本工作方法。其中计划(plan)阶段、执行(do)阶段、检查(check)阶段和处理(action)阶段构成了一个循环，即 PDCA 循环。这一方法最早由美国质量管理专家戴明博士总结出来，所以也称“戴明环”。

PDCA 工作方法的四个阶段，在工作中进一步分解为八个步骤。

P(计划)阶段有四个步骤：

(1) 分析现状，找出所存在的质量问题。对找到的问题要问三个问题：①这个问题可不可以解决？②这个问题可不可以与其他工作结合起来解决？③这个问题能不能用最简单的方法解决并达到预期的效果？

(2) 找出产生问题的原因或影响因素。

(3) 找出原因(或影响因素)中的主要原因(影响因素)。

(4) 针对主要原因制订解决问题的措施计划。措施计划要明确采取该措施的原因(why)，执行措施预期达到的目的(what)，在哪里执行措施(where)，由谁来执行(who)，何时开始执行和何时完成(when)，以及如何执行(how)，即 5W1H。

D(执行)阶段有一个步骤：按制订的计划认真执行。

C(检查)阶段有一个步骤：检查措施执行的效果。

A(处理)阶段有两个步骤：①巩固提高，就是把措施计划执行成功的经验进行总结并整理成标准，以巩固提高；②把本工作循环没有解决的问题或出现的新问题，提交下一个工作循环去解决。

PDCA 循环有如下特点。

(1) PDCA 循环一定要顺序形成一个大圈，接着四个阶段不停地转，如图 7-28 所示。

(2) 大环套小环，互相促进。如果把整个企业的工作作为一个大的 PDCA 循环，那么各个部门、小组形成各自小的 PDCA 循环，就像一个行星轮系一样，大环带动小环，一级带一级，大环指导和推动小环，小环又促进着大环，有机地构成一个运转的体系，如图 7-29 所示。

(3) 循环上升。PDCA 循环不是到 A 阶段便结束完结，而是又要回到 P 阶段开始新的循环，就这样不断旋转。PDCA 循环转动不是在原地转动，而是每转一圈都有新的计划和目标。犹如爬楼梯一样逐步上升，使质量水平不断提高，如图 7-30 所示。

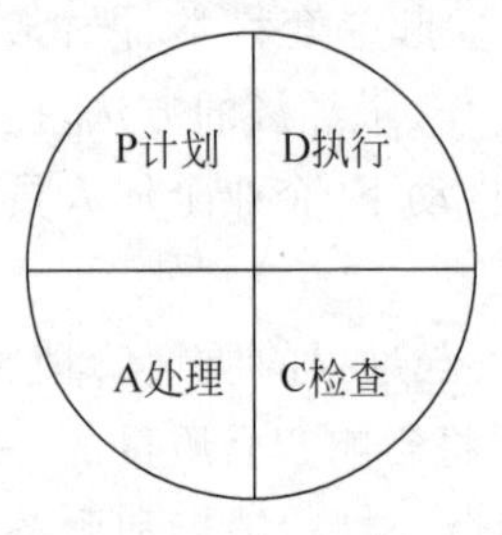

图 7-28 PDCA 循环

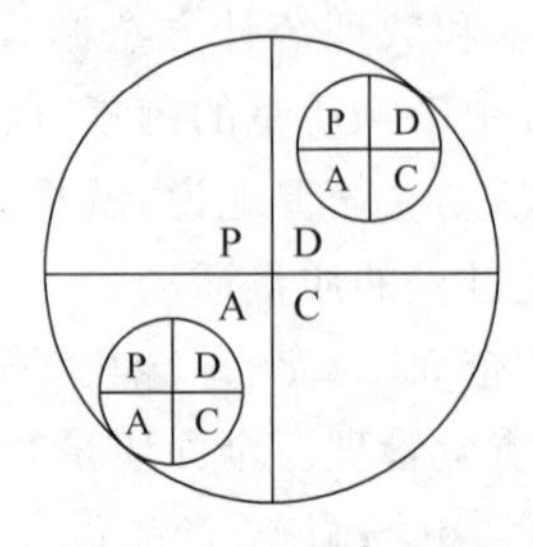

图 7-29 大环套小环

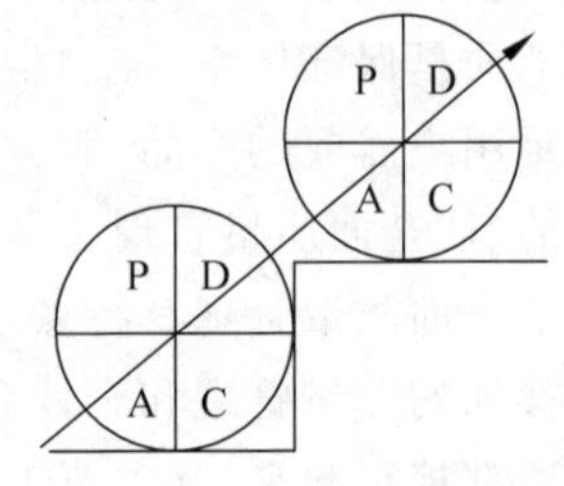

图 7-30 PDCA 循环上升

在质量管理中，PDCA 循环已得到广泛应用，并取得了很好的效果，因此 PDCA 循环被称为质量管理的基本方法。在解决问题过程中，常常不是一次 PDCA 循环就能够完成的，需要将 PDCA 循环持续下去，直到彻底解决问题。每经过一次循环，质量管理就达到一个更高的水平，不断坚持就会使质量管理不断取得新的成果。

4）质量成本（COPQ）

ISO 9000 系列国际标准中质量成本的定义是：将产品质量保持在规定的质量水平上所需的有关费用，是企业生产总成本的一个组成部分。它将企业中质量预防和鉴定成本费与产品质量不符合企业自身和顾客要求所造成的损失一并考虑，形成质量成本报告，为企业高层管理者了解质量问题对企业经济效益的影响，进行质量管理决策提供重要依据。

（1）质量成本的组成

质量成本就是企业为了保证和提高产品或服务质量而支出的一切费用，以及因未达到产品质量标准，不能满足用户和消费者需要而产生的一切损失。质量成本一般由运行质量成本和外部质量保证成本两部分组成（见图 7-31）。

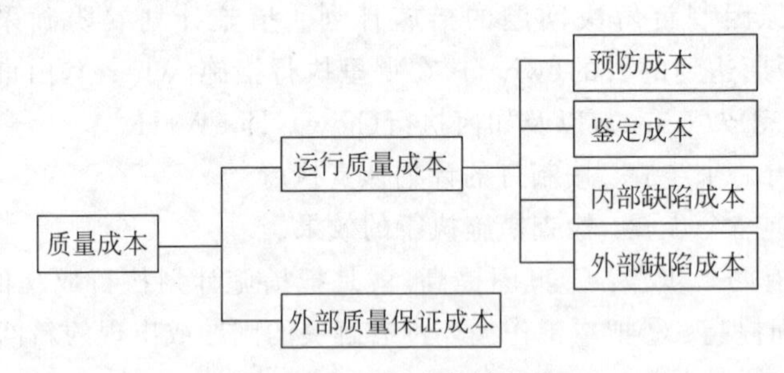

图 7-31 质量成本的组成

① 运行质量成本是指企业为保证和提高产品质量而支付的一切费用，以及因质量故障所造成的损失费用之和。它又分为四类，即企业内部损失成本、鉴定成本、预防成本和外部损失成本。

② 外部质量保证成本是指为用户提供所要求的客观证据时支付的费用。主要包括：为提供特殊附加的质量保证措施、程序、数据所支付的费用，产品的验证试验和评定的费用，进行质量体系认证所发生的费用。

（2）质量成本的特点

质量成本属于企业生产总成本的范畴，但它又不同于其他的生产成本，诸如材料成本、运输成本、设计成本、车间成本等的生产成本。概括起来质量成本具有以下特点。

① 质量成本只是针对产品制造过程的符合性质量而言的。即是在设计已经完成、标准和规范已经确定的条件下，才开始进入质量成本计算。因此，它不包括重新设计和改进设计及用于提高质量等级或质量水平而支付的费用。

② 质量成本是那些与制造过程中出现不合格品密切相关的费用。例如，预防成本就是预防出现不合格品的开销。

③ 质量成本并不包括制造过程中与质量有关的全部费用，而只是其中的一部分。这部分费用是制造过程中同质量水平（合格品率或不合格品率）最直接、最密切的那一部分费用。

(3) 质量成本的管理

质量成本的管理一般包括四个方面：产品开发系统的质量成本管理、生产过程的质量成本管理、销售过程的质量成本管理、质量成本的日常控制等。

通常质量成本诸要素之间客观上存在着内在的逻辑关系（见图 7-32）。比如，随着产品质量的提高，预防鉴定成本随着增加，而内外部损失成本则减少。如果预防鉴定成本过少，将导致内外部损失成本剧增，利润急剧下降。

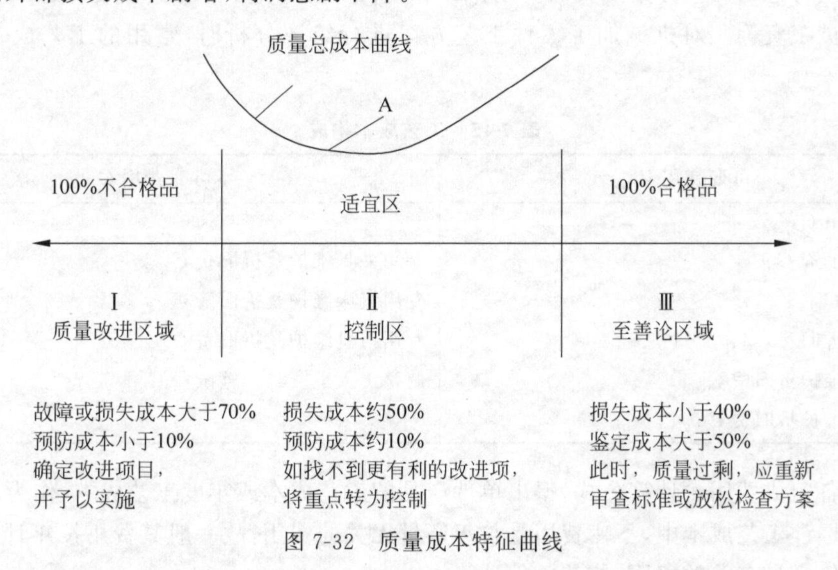

图 7-32 质量成本特征曲线

7.5.2 机械零件制造的工艺成本

在机械零件制造加工过程中，制造工艺是实现产品设计、保证产品质量、节约能源和降低各类消耗等重要的技术手段。

1. 工艺成本的概念

工艺成本是指直接与工艺过程有关的各种费用的总和。按照与年产量的关系，分为可变费用和不变费用两部分。

1) 可变费用

它是与年产量直接有关，即随年产量的增减而成比例变动的费用。它包括材料或毛坯费、操作工人的工资、机床电费、通用机床的折旧费和维修费以及通用工装（夹具、刀具和辅具等)的折旧费和维修费等。可变费用的单位是“元/件”。

2) 不可变费用

它是与年产量无直接关系,不随年产量的增减而变化的费用。它包括调整工人的工资、专用机床的折旧费和专用工装(夹具)专为某工件的某加工工序所用,它不能被其他工序所用。当产量不足、负荷不满时,就只能闲置不用;而专用机床和专用工装(夹具)的折旧年限是确定的。因此,专用机床和专用工装(夹具)的费用不随年产量的增减而变化。

当年产量未定时,可利用年度工艺成本与年产量的线性关系,用图解法求出临界产量,并与实际产量相比,来判断与评价方案的优劣。如果对几个技术上等效的工艺方案进行选择,一般需用各方案的工艺成本来比较,工艺成本最低者便是最佳方案。

2. 工艺成本的组成

工艺成本是指与工艺方案有关的费用总额,但不是零件的全部成本。在进行工艺方案分析时无须考虑与工艺方案无关的费用,如厂房折旧及维修费、照明、取暖和通风等费用以及行政人员工资等。对机械加工零件工艺方案进行经济分析时,常用的工艺成本项目见表 7-15。

表 7-15 工艺成本构成

可变费用 V	不可变费用 C
原材料费用 $C_{材}$ 机床工人工资 $C_{工}$ 机床电费 $C_{电}$ 通用机床折旧费 $C_{通机}$ 通用夹具维护折旧费 $C_{通夹}$ 通用刀具维护折旧费 $C_{通刀}$	专用夹具维护及折旧费 $C_{专夹}$ 专用机床维护及折旧费 $C_{专机}$ 专用刀具维护及折旧费 $C_{专刀}$ 调整工人工资与调整杂费 $C_{调}$

根据各组成费用的计算公式,得出单件产品的工艺成本或年度工艺成本,作为工艺方案的评价指标。工艺成本中,不变费用是与年产量无关的费用,故一般其费用按年计算;可变费用是与年产量有关的费用,按其单件计算。

一种零件的全年工艺成本 E 和单件工艺成本 E_{d},可用下式表示:

$$E_{\mathrm{d}}=V+C/N \tag{7-2}$$

$$E=NV+C \tag{7-3}$$

式中,V 为每个零件的可变费用,元/件;N 为工件的年产量,元/件;C 为全年的不变费用,元/件。

工艺成本计算公式见表 7-16。

表 7-16 工艺成本计算公式

项 目	计 算 公 式
单件材料费 $C_{材}$	$C_{材}=C_{\mathrm{c}}W_{\mathrm{c}}-C_{\mathrm{n}}W_{\mathrm{n}}$元/件 式中,$C_{\mathrm{c}}$ 为材料每千克价格,元/kg;W_{c} 为毛坯重量,kg;C_{n} 为切屑每千克价格,元/kg;W_{n} 为切屑重量,kg

续表

项　目	计算公式
单件工人工资 $C_{工}$	$C_{工}=t_{m}z(1+a/100)/60$ 元/件 式中，t_{m} 为单位时间，min；z 为机床工人每小时工资，元/小时；A 为机床工人允许的缺勤、劳保、休假和福利等的附加工资费用，常取 $a=12\sim14$
单件机床电费 $C_{电}$	$C_{电}=t_{j}N_{c}\eta_{c}Z_{c}/60$ 元/件 式中，t_{j} 为基本时间，min；N_{c} 为机床电动机额定功率，kW；η_{c} 为机床电动机平均负荷率，一般为 50%～60%；Z_{c} 为每千瓦小时的电费，元/(kW・h)
通用机床单件折旧费 $C_{通机}$	$C_{通机}=C_{m}P_{m}t_{m}/F*60\eta_{m}$ 元/件 式中，C_{m} 为机床价格(包括运输、安装费，约占机床价格的 15%)元；P_{m} 为机床折旧率，$P_{m}=P_{m1}+P_{m2}$；P_{m1} 为机床本身折旧率，每年约 10%；P_{m2} 为机床修理费所占百分数，每年 10%～15%；F 为机床每年工作总时数，h；η_{m} 为机床利用率，一般为 80%～95%
通用夹具单件维护折旧费 $C_{通夹}$	$C_{通夹}=C_{j}(P_{j1}+P_{j2})t_{m}/S\times60\times\eta_{j}$，元/件； 式中，$C_{j}$ 为夹具成本，元；P_{j1} 为夹具折旧率，每年 33%；P_{j2} 为维护费折合百分数，25%～27%；S 为夹具每年工作总时数，h；η_{j} 为夹具利用率%
通用刀具单件维护折旧费 $C_{通刀}$	$C_{通刀}=(C_{d}+kC_{w})t_{j}/T(k+1)$，元/件； 式中，$C_{d}$ 为刀具价格，元；T 为刀具耐用度，min；k 为可重磨次数；C_{w} 为每磨一次刀所花费用，元
专用夹具年维护及折旧费 $C_{专夹}$	$C_{专夹}=C_{j}(P_{j1}+P_{j2})$元/年 上式中符号同上
专用刀具年维护及折旧费 $C_{专刀}$	$C_{专刀}=C_{d}P_{d}$ 元/年 式中，P_{d} 为刀具折旧率%，其他符号同上
专用机床年维护折旧费 $C_{专机}$	$C_{专机}=C_{m}P_{m}$ 元/年 式中符号同上
年调整工人工资与调整杂费 $C_{调}$	$C_{调}=t_{a}z_{a}(1+\gamma/100)/60$ 元/年 式中，t_{a} 为每调整一次所需时间，min；Z_{a} 为调整工人每小时工资，元/h；γ 为调整工人允许的缺勤、劳保、休假和福利的附加工资费用，常取 $\gamma=12\sim14$

当然，对单件分摊的费用也可以逐项计算，在此不再赘述。

3. 降低工艺成本的原则

工艺通常涉及原理、流程、条件、效益，也就是要解决能不能加工？怎样加工？用什么方法加工？花多大代价加工等一系列问题。

在工艺活动中，既创造财富又消耗费用。所谓创造财富是生产了具有使用价值的产品，消耗费用是指在生产过程中同时消耗了原材料、设备、工具、劳动工时、能源等。由于不同工艺消耗的社会劳动结构不同，工艺技术的任务就是要从中找出降低工艺成本的主攻方向。工艺又与生产批量发生直接关系，在单件、小批量生产中采用自动化程度高且价格昂贵的设备、复杂的工装，会导致工艺成本的提高，但在大批量生产中采用自动化程度高的高值设备，则对保证产品质量和效益以及最终降低工艺成本更为有益。

工艺的最高原则是以最少的社会劳动创造出最大的物质财富(即单位劳动费用的最大增值)，在保证产品质量与数量的前提下，工艺制定应该对所使用或消耗的材料、设备、工具、能源、劳动力消耗总和最少。

一个产品的工艺方案有多种,那么达到设计目标的路径是多种多样的,一般来说,哪个方案加工最可靠、最快、最经济,则哪个方案最好。

7.5.3 机械零件制造的工艺管理

工艺管理是机械制造企业技术管理工作中极为重要的部分,是企业生产技术的活动中心,是应用技术的具体体现,是群众长期生产实践的经验总结。安全、质量、成本、生产率是支撑起制造工艺的四大支柱,先进的工艺技术管理是在严格保证工人安全生产的条件下,用最低的成本,高效率地生产出质量优良且具有竞争能力的产品。科学编制的制造加工工艺是指导加工操作、质量检验、编制生产作业计划、材料消耗工艺定额、工时定额、生产组织、物资供应、生产设备及工装准备、经济核算等生产活动的重要技术依据,是提高产品竞争能力的重要基础,是实现优质、高产、低消耗、安全生产、提高劳动生产率的重要手段。

发达国家对工艺工作是非常重视的。企业之间产品的图纸可以交换,产品的样机可以引进,但是关键制造技术是不轻易传授的。我国对外购机床设备可以进行测绘,但没有吃透工艺过程之前,却不能按其技术水平制造出来,即使制造出来,有时在精度、寿命上也达不到原水平。所以,从某种意义上讲,工艺工作甚至比设计工作更为重要。尤其中、小型企业就更加突出,由于工艺管理薄弱,很多企业的工艺技术水平与我国目前制造大国的需要还不相适应,核心制造技术受制于人的局面需要尽快改变,实现中华民族伟大复兴需要每一位工程技术人员的执着奋斗和扎实工作。

从产品的设计开始就涉及工艺技术和管理,工艺部门就要对新产品的设计、材料选用、结构工艺性、零件工艺性、标准化、通用设备加工的可能性等进行审查会签。生产计划部门进行技术准备工作,并依照工艺文件编制生产作业计划;物资供应部门依照工艺部门编制的材料工艺技术定额编制物资供应计划;工具部门按工艺文件和工装设计进行工具、量具及工装的购入和制造;设备部门按照工艺流程,购入必需设备并保证设备的维护与保养,保持设备的完好率;劳动定额(或工艺)部门依照工艺文件制定工时定额;财务部门按照工艺成本进行财务活动分析和成本预算;生产车间根据工艺文件、产品图纸+标准进行生产;质量保障部门根据工艺文件、图纸及标准进行检查和监督。

1. 工艺管理的宗旨

(1) 为不断提高产品质量做保证;

(2) 为不断提高劳动生产率创造必要的条件;

(3) 为确保企业不断提高经济效益提供可能。

2. 工艺管理的主要工作

从工艺学的定义出发,企业的生产活动每个环节都伴随着工艺活动。产品零件由原材料到制成品是通过对原材料的成形、变性、表面工艺、加工装配调试进而构成产品。工艺管理就是把零件加工工艺文件中所规定的内容用科学的方法管理起来。其主要工作如下:

(1) 编制工艺发展规划;

(2) 制定工艺技术改造方案;

(3) 审查产品的设计工艺性;

(4) 制定新产品的工艺方案;

(5) 制定工艺管理制度和工艺纪律的内容和考核细则;

(6) 管理和贯彻工艺文件;

(7) 设计工艺装备和高效专机;

(8) 制定和管理材料消耗定额;

(9) 参与新产品试制工作中的工艺管理部分的工作;

(10) 验证工艺技术和工艺装备;

(11) 贯彻和制定工艺标准;

(12) 组织开展工艺方面的技术革新和合理化建议工作、新技术推广、经验交流、工艺情报及信息管理等。

3. 工艺标准化

标准化是组织现代化生产的重要手段,是科学管理的重要组成部分。工艺标准化是标准化工作中的重要部分,它是提高企业工艺水平,保证产品质量,缩短生产周期,提高劳动生产率,取得最佳工艺技术管理和技术经济效果的重要手段之一。

尽管工艺工作的内容较多,从标准化的角度大致可分为五个大方面:

(1) 工艺文件的标准化(含工艺规程的典型化);

(2) 工艺要素的标准化(工艺余量与公差标准化、工艺参数、工艺尺寸等);

(3) 工艺装备的标准化;

(4) 工艺术语的标准化;

(5) 工艺符号的标准化。

对产品质量来讲,工艺文件是保证产品质量的基础,它规定了达到产品质量所要求的技术手段和检测工具。没有工艺技术文件和工艺管理的保证,产品质量就不能经济合理地达到要求。当然,先进的工艺技术文件要靠严肃的工艺纪律来保证,没有良好的工艺纪律,再好的工艺手段也体现不了好的工艺效果。因此工艺管理是企业的纽带,可谓牵一发而动全身。

7.5.4 机械制造业的环境保护

随着人类社会工业化生产的不断发展,自然生态环境也面临严峻的破坏,资源的萎缩、环境污染、生态的恶化这三大全球性的危机,反过来对人类的生存造成了长远的影响。

环境污染是指向环境中添加某种物质使之超过环境的自净能力从而产生了危害的行为。由于人为因素使环境的构成或状态发生变化,环境素质下降,从而扰乱和破坏了生态系统和人类的正常生产和生活条件的现象。按照环境污染要素可分为:大气污染、水体污染、土壤污染、噪声污染、农药污染、辐射污染、热污染等。

环境保护一般是指人类为解决现实正在发生(含隐性发生)或即将发生(含潜在因素)的环境问题,协调人类与环境的关系,保护人类的生存环境、保障经济社会的可持续发展而采取的各种行动的总称。其方法和手段有工程技术的、行政管理的,也有经济的、宣传教育的等。

机械工业环境污染与环境保护概述

这里主要就机械制造业所面对的生产过程中，诸如大气污染物排放、水污染物排放和固体废物排放等进行分析，并探讨防治的技术手段。

1. 机械制造业的环境污染

机械制造生产过程中离不开水、电、燃料、原材料、化工原料、加工设备以及专用的加工设施(厂房、设备)等。生产过程中不可避免地会产生一定量的废气、废液、废物、振动和噪声等，这些废弃物或蒸发排弃物不仅对工作现场造成污染，更有可能对周边环境产生影响(见图 7-33)。

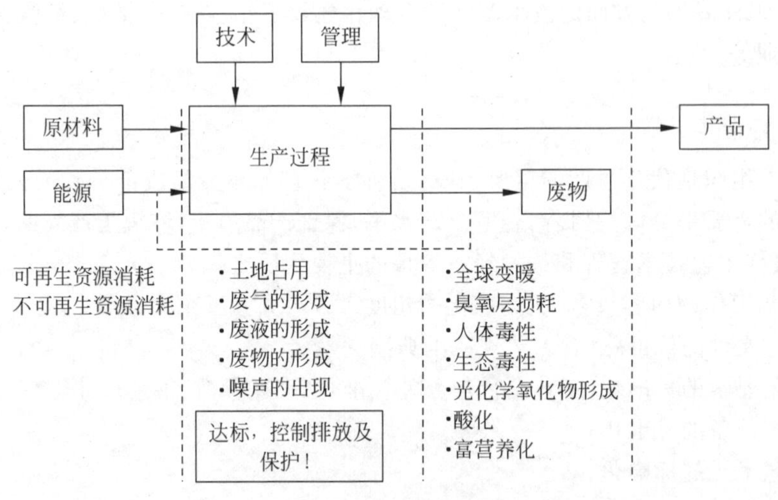

图 7-33 生产过程的环境影响示意图

工业废气是指企业厂区内燃料燃烧和生产工艺过程中产生的各种排入空气的含有污染物气体的总称。这些废气有：二氧化碳、二硫化碳、硫化氢、氟化物、氮氧化物、氯、氯化氢、一氧化碳、硫酸(雾)铅汞、铍化物、烟尘及生产性粉尘，排入大气，会污染空气。

工业废液指工艺生产过程中排出的废水、废油和废乳化液等，其中含有随水流失的工业生产用料、中间产物、副产品以及生产过程中产生的污染物，如无机废液、有机废液、重金属废液等。

工业废物即工业固体废弃物，它是指工矿企业在生产活动过程中排放出来的各种废渣、粉尘及其他废物等。工业废物污染土地、污染水体和污染大气(扬尘、挥发毒气等)。

工业噪声是指工厂在生产过程中由于机械振动、摩擦撞击及气流扰动产生的噪声。

图 7-34 显示了机械制造中汽车制造的一般生产过程。它是将原材料(钢材、铸铁、铝、辅料等)、外购件及外协件、标准件，用特定的加工工艺和设备加工成零部件并将这些零部件按装配工艺组装而成。

在整个汽车制造以及其他机械制造生产过程中，铸、锻、热处理、焊接、机械加工、油漆等工序都会产生污染物(三废)，甚至振动和噪声。机械制造中不同的生产过程所产生的环境污染物不同。仅就金属的加工与零件成形过程就出现了如下的污染物质。

(1) 熔炼金属时会产生相应的冶炼炉渣和含有重金属的蒸气和粉尘。

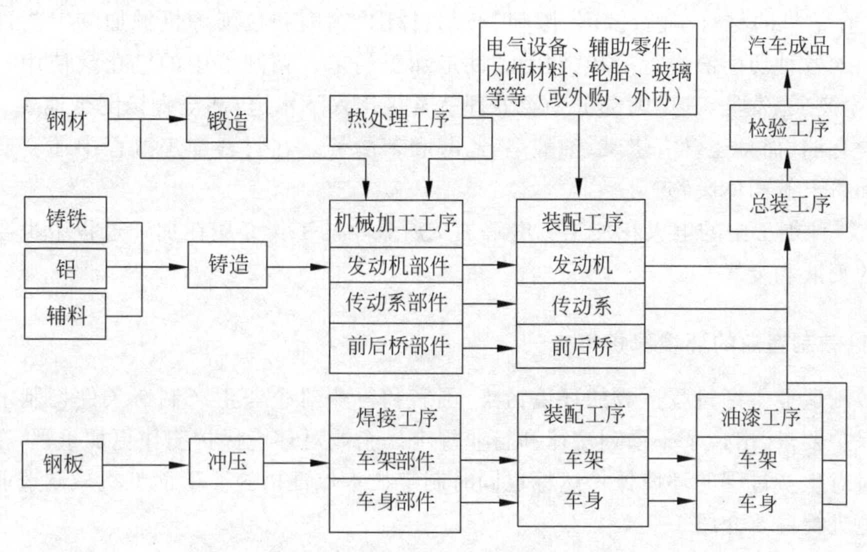

图 7-34 汽车制造的一般生产过程

(2) 在金属热处理中，高温炉与高温工件会产生热辐射、烟尘和炉渣、油烟，还会因为防止金属氧化而在盐浴炉中加入二氧化钛、硅胶和硅钙铁等脱氧剂从而产生废渣盐，在盐浴炉及化学热处理中产生各种酸、碱、盐等及有害气体和高频电场辐射等；表面渗氮时，用电炉加热，并通入氨气，存在少量氨气的外泄；表面氰化时，将金属放入加热的含有氰化钠的渗氰槽中，氰化钠有剧毒，产生含氰气体和废水；表面(氧化)发黑处理时，碱洗在氢氧化钠、碳酸和磷酸三钠的混合溶液中进行，酸洗在浓盐酸、水、尿素混合溶液中进行，这些都将排出废酸液、废碱液和氯化钠结晶。

为了改善金属制品的使用性能和外观，以及在使用过程中不受腐蚀，有的工件表面需要镀上一层金属保护膜。而电镀液中除含有铬、镍、锌、铜和银等各种金属外，还要加入硫酸、氟化钠(钾)等化学药品。某些工件镀好后，还需要在铬液中钝化，再用清水漂洗。因此电镀排出的废液中含有大量的铬、镉、锌、铜、银和硫酸根等离子。镀铬时，镀槽会产生大量铬蒸气，有氰电镀还会产生氰化钠这种有毒气体。在金属表面喷漆、喷塑料、涂沥青时，有部分油漆颗粒、苯、甲苯、二甲苯、甲酚等未熔塑料残渣及沥青等被排入大气。也就是说，在电镀、涂漆中会产生酸雾及“三苯”溶剂和油漆的废气等，会产生含有氰化物、铬离子、酸、碱的水溶液和含铬、苯等的污泥。

为了去除金属材料表面的氧化物(锈蚀)，常用硫酸、硝酸、盐酸等强酸进行清洗，由此产生的废液中均含有酸类和其他杂质。

(3) 在材料的铸造成形加工过程中会出现粉尘、烟尘、噪声、多种有害气体和各类辐射；在材料的塑性加工过程中锻锤和冲床在工作中会产生噪声和振动，加热炉烟尘，清理锻件时会产生粉尘、高温锻件还会带来热辐射；在材料的焊接加工中会产生电弧辐射、高频电磁波、光辐射、噪声等，电焊时焊条的外部药皮和焊剂在高温下分解而产生的污染物主要有臭氧、氮氧化物、一氧化碳以及磷化物和铝、铬、镉、铅、锰、锡等，这些气体和有害粉尘主要是由电弧产生的紫外线与空气中的氧气、氮气发生化学反应以及焊接燃烧生成的；气焊时会因用电石制取乙炔气体而产生大量电渣。

(4) 在常见的材料车削、铣削、刨削、磨削、镗削、钻削和拉削等机械加工工艺过程中往往需要加入各种切削液进行冷却、润滑和冲走加工屑末。切削液中的乳化液使用一段时间后，会产生变质、发臭，其中大部分未经处理就直接排入下水道，甚至直接倒至地表。乳化液中不仅含有油，而且还含有烧碱、油酸皂、乙醇和苯酚等。在材料加工过程中还会产生大量金属屑和粉末等固体废物。

(5) 特种加工中的电火花加工和电解加工所采用的工作介质在加工过程中也会产生污染环境的废液和废气。

2. 机械制造业的环境保护措施

机械制造业生产过程造成的环境污染，国家和行业对企业生产制造条件均制定有严格的环境保护要求，出台了一系列法律和行业规定。企业对环境保护工作更加重视，在产品设计方案时对生产过程的环境保护达标也同时制定技术保证措施。下面就机械制造业的环境保护措施进行简要介绍。

1) 工业废气的防治

一般工业废气处理包括有机废气处理、粉尘废气处理、酸碱废气处理、异味废气处理和空气杀菌消毒净化等方面。

机械工业的废气主要产生于燃料的燃烧过程和生产加工过程。机械工业排入大气中的污染物有固态、液态和气态三种形态。固态污染物则有各种大小不一、性质各异的粉尘粒子，有的粒子粒径仅 1μm，人体吸入后可直达肺泡并长期储留，对人体造成损害；有的粒子却是很贵重的工业原料，如有色金属氧化物原料。液态污染物主要是各种酸雾、各种有机溶剂液滴等。气态污染物则有硫氧化物、氮氧化物、碳氧化物、重金属、碳氢化物等，也包括各类有机气体恶臭等。污染物质的形态不同，治理方法也不同。可以用机械、电等物理方法把污染物分离开来，也可以用化合、分解等化学方法使有害污染物转为无害物，乃至转变为有用物质。

控制工业有害气体的污染，应该重视减少污染物产生和对已产生的污染物进行净化两方面的技术措施。

(1) 工业废气的除尘技术

采用除尘器除尘已成为机械工业防治工业性大气污染的一项重要技术措施，其作用不仅是除去废气中的有害粉尘，而且往往还可以回收废气中的有用物质，用于工业生产，从而达到综合利用资源的目的。

从废气中分离捕集颗粒物的设备称为除尘器。按照除尘机制，可将除尘器分成如下四类：机械式除尘器、电除尘器、洗涤除尘器和过滤式除尘器。近年来，为提高对微粒的捕集效率，陆续出现了综合几种除尘机制的多种新型除尘装置，如荷电液滴湿式洗涤除尘器、荷电袋式除尘器等，目前，这些新型除尘器仍处于试验研究阶段。下面仅对几种常用除尘器的原理、结构和性能做简要介绍。

① 机械式除尘器一般是指靠作用在颗粒上的重力或惯性力，或者两者结合起来捕集粉尘的装置，主要包括重力沉降室、惯性除尘器和旋风除尘器。机械式除尘器造价比较低，维护管理较简单，结构装置简单且耐高温，但对 5μm 以下的微粒去除率不高。

重力沉降室是靠重力使尘粒沉降并将其捕集起来的除尘装置。重力沉降室可分为水平气流沉降室和垂直气流沉降室，如图 7-35(a)、(b)所示。含尘气体流过横断面比管道大得多的沉降室时，流速大大降低，使大而重的尘粒得以缓慢落至沉降室底部。重力沉降室可有效地捕集 50μm 以上的粒子，除尘效率为 40%～60%。气体的水平流速通常采用 0.2～2m/s。在处理锅炉烟气时，气体流速不宜大于 0.7m/s。

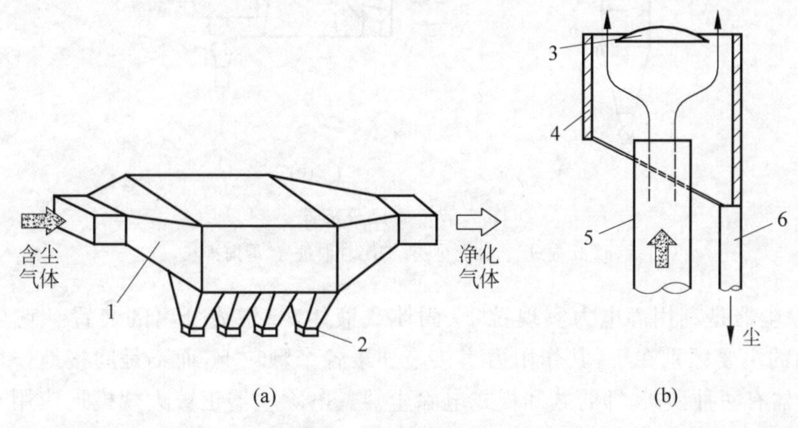

1—沉降室；2—灰斗；3—反射板；4—耐火涂料；5—烟道；6—下灰管。

图 7-35　重力沉降室

(a) 水平气流沉降室；(b) 垂直气流沉降室

占地面积大、除尘效率低是重力沉降室的主要缺点，但因其具有结构简单、投资少、维修管理容易及压力损失小(一般 50～150Pa)等优点，工程上可因地制宜地用它作为二级除尘的第一级。

惯性除尘器是使含尘气体冲击挡板后急剧改变流动方向，从而借助尘粒的惯性将其从气流中分离出来的装置。它们按结构可分为反转式和冲击式两类，如图 7-36(a)、(b)所示。冲击式慢性除尘器可分为单级型和多级型，在这种设备中，沿气流方向设置一级或多级挡板，使气流中的尘粒冲撞挡板而被分离。反转式惯性除尘器可分为弯管型、百叶窗型和多隔板塔型。惯性除尘器一般用于多级除尘中的第一级，捕集密度和粒径较大的尘粒，但对黏结性或纤维性粉尘，因易堵塞，不宜采用。

旋风除尘器，又称“离心式除尘器”，是使含尘气体做旋转运动，借助离心力作用将尘粒从气流中分离捕集的装置，如图 7-37(a)、(b)所示。旋转气流作用于尘粒上的离心力比重力大 5～2500 倍，因此，它能从含尘气体中除去更小的粒子(对于 5μm 以上的尘粒除尘率可达 95%以上)，而且在气体处理量相同的情况下，装置所占厂房空间亦较小。旋风除尘器主要由进气口、筒体、锥体排气管等部分组成。按气流进入方式，旋风除尘器常分为切向进入式和轴向进入式两种，切向又可分为直入式和蜗壳式。轴向进入式是靠导流叶片促使气流旋转的，与切向进入式相比在同一压力损失下，能处理三倍左右的气体量，而且气流分布容易均匀，所以主要用其组合成多管旋风除尘器，用在处理气体量大的场合。

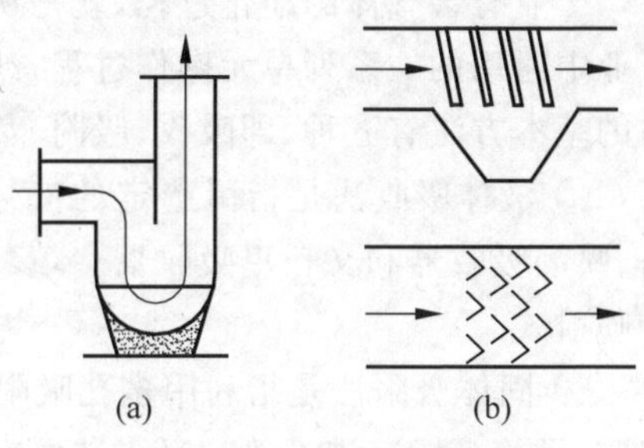

图 7-36　惯性除尘器结构

(a) 反转式；(b) 冲击式

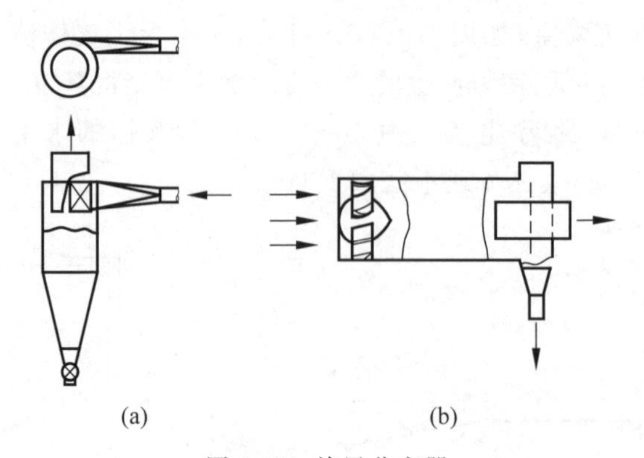

图 7-37　旋风分离器

(a) 切向进气,轴向排灰；(b) 轴向进气,周向排灰

② 电除尘器是利用静电力实现粒子(固体或液体)与气流分离的装置。它与机械方法分离颗粒物的主要区别在于,其作用力直接施加于各个颗粒上,而不是间接地作用于整个气流。电除尘器有两种型式,即管式和板式电除尘器。电除尘器正被大规模地应用于解决燃煤电站、石油化工工业和钢铁工业等的大气污染问题,在回收有价值物质中也起着重要的作用。电除尘器的主要缺点是设备庞大,耗电多,投资高,制造、安装和管理所要求的技术水平较高。

③ 袋式除尘器是利用天然或人造纤维织成的滤袋净化含尘气体的装置,其除尘效率一般可达 99%以上。其作用机理按尘粒的力学特性,具有惯性碰撞、截留、扩散、静电和筛滤等效应。虽然袋式除尘器是最古老的除尘方法之一,但由于它效率高、性能稳定可靠、操作简单,因此获得了越来越广泛的应用,同时在结构型式、滤料、清灰和运行方式等方面都得到了发展。

④ 洗涤除尘器又称"湿式除尘器",它是用液体所形成的液滴、液膜、雾沫等洗涤含尘烟气,使尘粒从烟气中分离出来的装置。此类装置具有结构简单、造价低、占地面积小和净化效率高等优点,能够处理高湿、高温气体；在去除颗粒物的同时亦可去除二氧化硫等气态污染物,但应注意其管道和设备的腐蚀、污水和污泥的处理、烟气抬升高度减小等问题。

(2) 工业有害气体的净化技术

工业有害气体的净化过程,就是从废气中清除气态污染物的过程。它包括化工及有关行业中通用的一系列单元操作过程,涉及流体输送,热量传递和质量传递。净化工业有害气体的基本方法有五种,即吸收、吸附、焚烧、冷凝和化学反应。

① 液体吸收法是指用选定的液体高效吸收有害气体。吸收设备主要有填料塔、板式塔、喷洒吸收器和文丘里吸收器。填料为陶瓷、金属或塑料制成的环、网；板式塔有鼓泡式和喷射式。

② 固体吸附法是指利用多孔吸附材料净化有毒气体。常用吸附剂有活性炭、活性氧化铝、分子筛、硅胶、沸石等。吸附装置有固定床、流动床和流化床。吸附方式可为间歇式或连续式。

③ 燃烧法。直接燃烧法以可燃性废气本身为燃料,实现燃烧无害化。使用通用型炉、窑、火炬等设备。热力燃烧法借助添加燃料来净化可燃性废气,使用炉、窑等设备。催化燃烧法利用催化剂改善燃烧条件,实现可燃性废气的高效净化。催化剂有铂、钯、稀土及其他金属或氧化物。

④ 冷凝回收法。利用制冷剂将废气冷却液化或溶于其中。常用制冷剂有水、冷水、盐水混合物、干冰等。冷凝装置有直接接触冷凝器、间壁式换热器、空气冷却器等。

气体净化方法的选择主要取决于气体流量及污染物浓度，应尽可能地减少气体流量和提高污染物浓度，降低处理费用。对于浓度较高的气体，可考虑先进行预处理，但要与不设预处理的大型净化系统进行经济比较，除非有其他的考虑，如回收贵重物质，或需要预先冷却热废气，一般一个净化系统的一次投资总比两个或几个净化系统来得便宜。因此，在选择处理方法和工艺流程之前，要充分考虑待处理工业有害废气的种类、浓度、流量及废气中是否含有贵重物质等因素，进行综合比较来决定。

2）工业废水的防治

机械工业废水主要包括两大类：一类是相对洁净的废水，如空调机组、高频炉的冷却水等，这种工业废水可直接排入水道。但最好采用冷却或稳定化措施处理后供循环使用。另一类是含有毒、有害物质的废水，如电镀、电解、发蓝、清洗排出的废水，这种工业废水必须经过处理，达到国家规定的允许排放标准以后才能排入水道，更不得采用稀释方法达到国家标准。

（1）工业废水的防治基本原则

① 改革工艺和设备，严格操作，实行回收和综合利用，从而尽可能减少污染源和流失量。

② 实行清污分流。量大而污染轻的废水如冷却废水等，不宜排入下水道，以减轻处理负荷和便于实现废水回用。

③ 剧毒废水和一般废水分流，便于回收和处理。

此外，应打破厂际和地域界线，尽可能实行同类废水的联合处理，或实行以废治废。同时还应按目标要求对必须排放的废水进行净化处理。一般情况要求将排水中污染物控制在"工业排放标准"的范围之内。

（2）工业废水处理的主要措施

① 对废水源的处理方法

工业废水的性质随行业和规模的不同有很大差别。工厂生产不稳定，每天或每月变动较大，废水量与水质也随之变动。处理工业废水，必须努力降低废水排放前的污浊物的数量，所用方法有以下几种：

减少废水量，具体措施是：一是废水分类。根据污浊程度和污浊物的种类，在废水源就对废水分类，把废水划分为需要处理的废水和不需要处理的废水。二是节约用水。废水的循环使用是节约用水的有力手段。三是改变生产工序。有时改变生产工序可以大幅度减少废水量和降低废水浓度。

其次降低废水浓度。废水中所含的污浊物，在不少情况下有一部分是原料、产品、副产品。这些物质应尽量回收，不要弃于废水中。具体措施是：一是改变原料。使用产生污浊物少的原料。二是改变制造过程。例如，在粉碎工序中改为不用水的方法。三是改良设备。由改良设备，提高产品的原材料利用率来减少污浊物数量。四是回收副产品。过去，从经济观点出发，把没有价值的东西丢到废水中；但从防止污浊的观点来看，应把它们作为副产品回收利用，转化为有用的东西。

② 对废水的处理方法

废水处理大体可分为除去悬浮固体物质的、除去胶态物质的和除去溶解物质的三种。

在方法上有物理方法、化学方法、物理化学方法和生物学方法，见表7-17。

表7-17 工业废水处理方法的分类

基本方法	基本原理	单元技术
物理方法	物理或机械的分离过程	过滤、沉淀、离心分离、上浮等
化学方法	加入化学物质与废水中有害物发生化学反应的转化过程	中和、氧化、还原、分解、混凝及化学沉淀等
物理化学方法	物理化学的分离过程	吸附、离子交换、萃取电渗析、反渗透、汽提及吹脱等
生物化学方法	微生物在废水中对有机物进行氧化、分解的新陈代谢过程	活性污泥、生物滤池、氧化池、生物转盘、厌气消化等

在工厂废水处理上用得较多的是沉淀法，它是利用水中悬浮颗粒在重力场作用下下沉，达到固液分离的一种方法。

3）工业固体废物污染的防治

机械工业固体废物主要包括灰渣、污泥、废油及废酸沉淀物、废碱、废金属、灰尘等，含有七类有害物质，即汞、砷、镉、铅、6价铬、有机磷和氰。由于工业固体废物往往包含多种污染成分，而且长期存在于环境中，在一定条件下，还会发生化学的、物理的或者生物的转化，如果管理不当，不但会侵占土地，还会污染土壤、水体、大气，因此需要实行从产生到处置的全过程管理，包括污染源控制、运输管理、处理和利用、储存和处置。

（1）工业固体废物污染源的控制

机械工业固体废物污染源的控制是对机械工业固体废物实行从产生到处置全过程管理的第一步。其主要措施是尽量采用低废或无废工艺，以最大限度地减少固体废物的产生量，对于已产生的工业固体废物，则必须先搞清其来源和数量，然后对废物进行鉴别、分类、收集、标志和建档。

（2）工业固体废物的运输

在对工业固体废物进行鉴别、分类、收集、标志和建档后，需从不同的产生地把废物运送到处理厂、综合利用设施或处置场。对于废物处置设施太小、废物产生地点距处置设施较远或本身没有处置设施的地区，为便于收集管理，可设立中间储存转运站。运输方式分公路、铁路、水运或航空运输等多种，可根据当地条件进行选择。对于非有害性固体废物，可用各种容器盛装，用卡车或铁路货车运输；对于有害废物，最好是采用专用的公路槽车或铁路槽车运输。

（3）工业固体废物的处理

① 工业固体废物的预处理

为了进行处理、利用或处置，常需对工业固体废物进行预处理。预处理的方法很多，例如，处理或处置前的浓缩及脱水、处置前的压实、综合利用前的破碎及分选等。适当的预加工处理还有利于工业固体废物的收集和运输，所以预处理是重要的且具有普遍意义的处理工序。

② 工业固体废物的无害化处理

对有害的工业固体废物必须进行无害化处理，使其转化为适于运输、储存和处置的形式，不致危害环境和人类健康。无害化处理的方法有化学处理、焚烧、固化等。

（4）工业固体废物的利用

工业固体废物具有二重性，弃之为害，用则为宝。尤其是对那些具有较高资源价值的废物，更应尽量加以综合利用。综合利用是指通过回收、复用、循环、交换以及其他方式对工业固体废物加以利用，它是防治工业性污染、保护资源、谋求社会经济持续稳定发展的有力手段。工业固体废物综合利用的途径很多，主要有生产建筑材料、提取有用金属、制备化工产品、用作工业原料、生产农用肥料和回收能源等。

(5) 工业固体废物的处置

工业固体废物的处置，是为了使工业固体废物最大限度地与生物圈隔离而采取的措施，是控制工业固体废物污染的最后步骤。常用的处置方法有海洋处置和陆地处置两大类。海洋处置可在海上焚烧。陆地处置分为土地耕作、工程库或储存池储存、土地填埋和深井灌注等。

对于放射性固体废物，一般应根据其比放射性、半衰期、物理及化学性质选择相应的处置方法。常用的处置方法有海洋处置、深地层处置、工程库储存和浅地埋藏处置等。

4) 工业噪声的防治

(1) 噪声及其危害

在机械工业，噪声是一种十分严重的环境污染问题。长期在噪声超标的环境中工作，会使人耳聋、消化不良、食欲不振、血压增高，会影响语言交谈、思考和睡眠，降低工作效率，影响安全生产。

(2) 噪声防止技术

为了采取必要而充分的噪声防止对策，并有效地加以实施，必须根据正确的噪声防止计划进行。其顺序如下：

① 确认发生噪声污染的地点，完成该地区的听觉试验、测定噪声级，以及频谱分析等噪声实态调查。

② 探查噪声发生源，并调查和确认是哪台机器的什么部位。

③ 确定降噪目标。

④ 研究降低噪声的方法，实施最有效的措施。

传播噪声的三要素是：声源、传播途径和接受者。噪声的防治也应从这三方面入手。

(3) 对声源采取的措施

噪声控制最积极、最有效的方法自然是从声源上进行控制。从声源上控制噪声，通常有两种途径：一是采用彻底改进工艺的办法，将产生高噪声的工艺改为低噪声的工艺，如用气焊、电焊替代高噪声的铆接，用液压替代冲压等；二是在保证机器设备各项技术性能基本不变的情况下，采用低噪声部件替代高噪声部件，使整机噪声大幅度降低，实现设备的低噪声化。

常见的噪声源有以下三个类型，可对它们采取相应措施，按各自的发生机理除去根源或加以降低。

① 对一次固体噪声的措施

由于强制力在机械和装置内部周期地反复使用，就成为激振源产生波动传播开去，在多数情况下机械的一部分以固有频率共振发出很大的噪声，这叫一次固体噪声。对这类噪声应采取的降噪步骤和措施为：确认产生激振力的根源；研究降低激振力的方法；进行绝缘，使波动不能传播；改变噪声发射面的固有频率；使噪声发射面减振；盖上隔离振动的覆盖物。

② 对二次固体噪声的措施

机械内部发生的噪声声波使壁面发生振动，发射出透射音，这叫二次固体噪声。对这类噪声需采取以下措施：除去在机械内部产生空气压力变动的根源；加强壁面隔音和内部吸音；壁面加上隔音绝缘层(盖上吸声物或隔音材料)；设置隔音盖。

③ 对空气声的措施

像由开口部(吸气口、放气口等)发射出来的噪声那样,没有固体振动的噪声叫空气声。对此,应采取以下措施：降低压力和流速等；装置消声器或吸音道等；缩小开口部,降低发射功率,或利用指向性改变方向。

(4) 噪声传播途径的处理

噪声传播途径的处理应根据具体情况,采取不同措施。通常有以下几种方法。

① 吸声处理,也称吸声降噪处理。它是指在噪声控制工程中,利用吸声材料或吸声结构对噪声比较强的房间进行内部处理,以达到降低噪声的目的。但这种降噪效果有限,其降噪量通常不超过 10dB。

② 隔声处理是用隔声材料或隔声结构将声源与接受者相互隔绝起来,降低声能的传播,使噪声源引起的吵闹环境限制在局部范围内,或在吵闹的环境中隔离出一个安静的场所。这是一种比较有效的噪声防治技术措施。例如把噪声较大的机器放在隔声罩内,在噪声车间内设立隔声间、隔声屏、隔声门、隔声窗等。

③ 隔振,即在机器设备基础上安装隔振器或隔振材料,使机器设备与基础之间的刚性连接变成弹性连接,可明显起到降低噪声的效果。

④ 阻尼。在板件上喷涂或粘贴一层高内阻的弹性材料,或者把板料设计成夹层结构。当板件振动时,由于阻尼作用,使部分振动能量转变为热能,从而降低其噪声和振动。

⑤ 消声器。消声器是降低气流噪声的装置,一般接在噪声设备的气流管道中或进排气口上。

(5) 噪声的个人防护措施

当在声源上和传播途径上难以达到标准要求时,或在某些难以进行控制但对接受者来说必须加以保护的场合,往往采取个人防护措施,其中最常用的方法是佩戴护耳器——耳塞、耳罩、头盔等。一副好的护耳器应满足下列要求：具有较高隔音值(又称“声衰减量”)、佩带舒适、方便,对皮肤无刺激作用、经济耐用。

综上所述,机械工业环境污染量大、面广、种类繁多、性质复杂、对人危害大,一般表现在工业废水对水环境的污染,工业废气对大气环境的污染,工业固体废物对环境的污染及噪声的污染四个方面。事实证明,采取“先污染,再治理”或是“只治理,不预防”的方针都是有害的,即会使污染的危害加重和扩大,还会使污染的治理更加困难。因此,防治工业性环境污染的有效途径是“防”和“治”结合起来,并强调以“防”为主,采取综合性的防治措施。从事本行业的每一个人都应意识到问题的严重性,尽可能将污染消灭在工业生产过程中,大力推广无废少废生产技术,大力开展废物的综合利用,使工业发展与防治污染、环境保护互相促进。

习题 7

7-1 何谓生产过程、工艺过程、工序、工步？

7-2 生产类型有哪几种？不同生产类型对零件的工艺过程有哪些主要影响？

7-3 确定加工余量的原则是什么？目前确定加工余量的方法有哪几种？

7-4 何谓工件的六点定位原理？加工时，工件是否都要完全定位？

7-5 何谓基准？根据作用的不同，基准分为哪几种？

7-6 何谓粗基准？其选择原则是什么？

7-7 何谓精基准？其选择原则是什么？

7-8 拟定零件的工艺过程时，应考虑哪些主要因素？

7-9 在零件生产过程中，工艺分析包含哪些内容？

7-10 何谓工艺成本？它包括哪些内容？

7-11 在现代企业生产中，为什么要开展工艺管理工作？

7-12 制定零件工艺过程的基本步骤是什么？

7-13 轴类零件常用的毛坯有哪些类型？如何选择？

7-14 在轴类零件的加工过程中，零件各外圆表面、锥孔、螺纹表面的加工基准如何选择？

7-15 一般轴类零件加工的典型工艺路线是什么？为什么这样安排？

7-16 影响轴类零件加工质量的因素有哪些？请简要分析。

7-17 试制定习题 7-17 图阶梯轴的加工工艺。

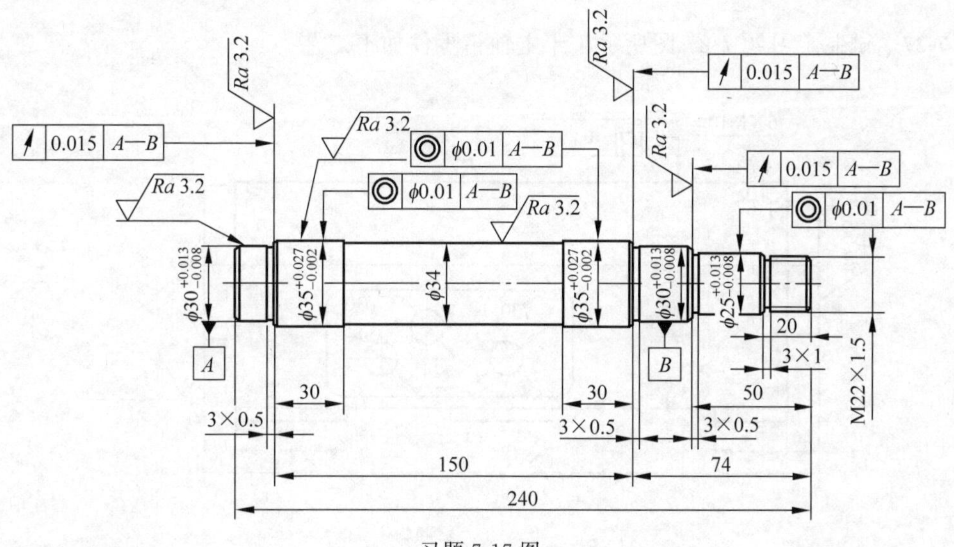

习题 7-17 图

7-18 加工中如何保证盘类零件内孔与外圆的同轴度、孔轴线与其端面垂直度要求？

7-19 加工薄壁套筒零件时，采取哪些工艺措施可以防止受力变形？

7-20 盘类零件各表面间相互位置精度如何检测？

7-21 简述套类零件的功用及主要加工表面。

7-22 试制定习题 7-22 图所示零件的加工工艺。

7-23 箱体类零件常用的材料包括哪些？为什么？

7-24 箱体类零件加工时粗、精基准的选择原则是什么？

7-25 保证箱体平行孔系孔距精度的方法有哪些？各适合哪些场合？

7-26 试分析加工箱体类零件先面后孔的原因。

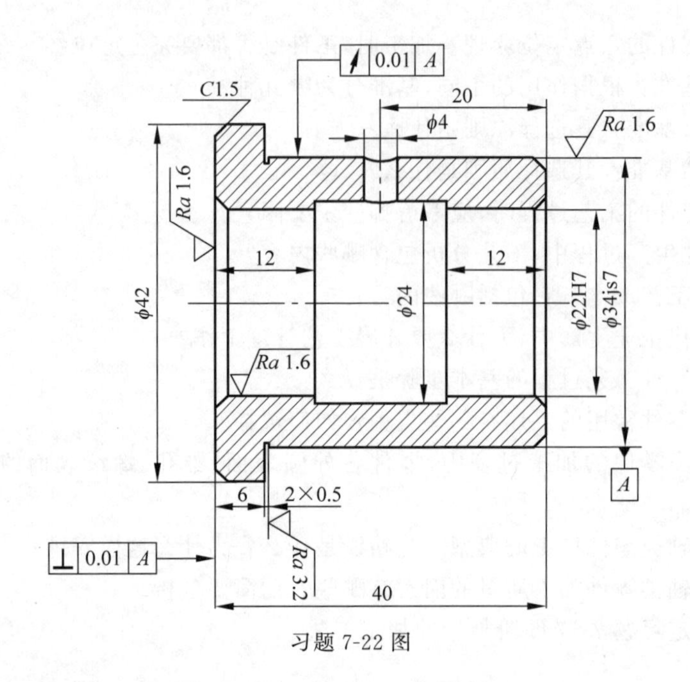

习题 7-22 图

7-27 试制定习题 7-27 图所示车床主轴箱零件加工工艺。

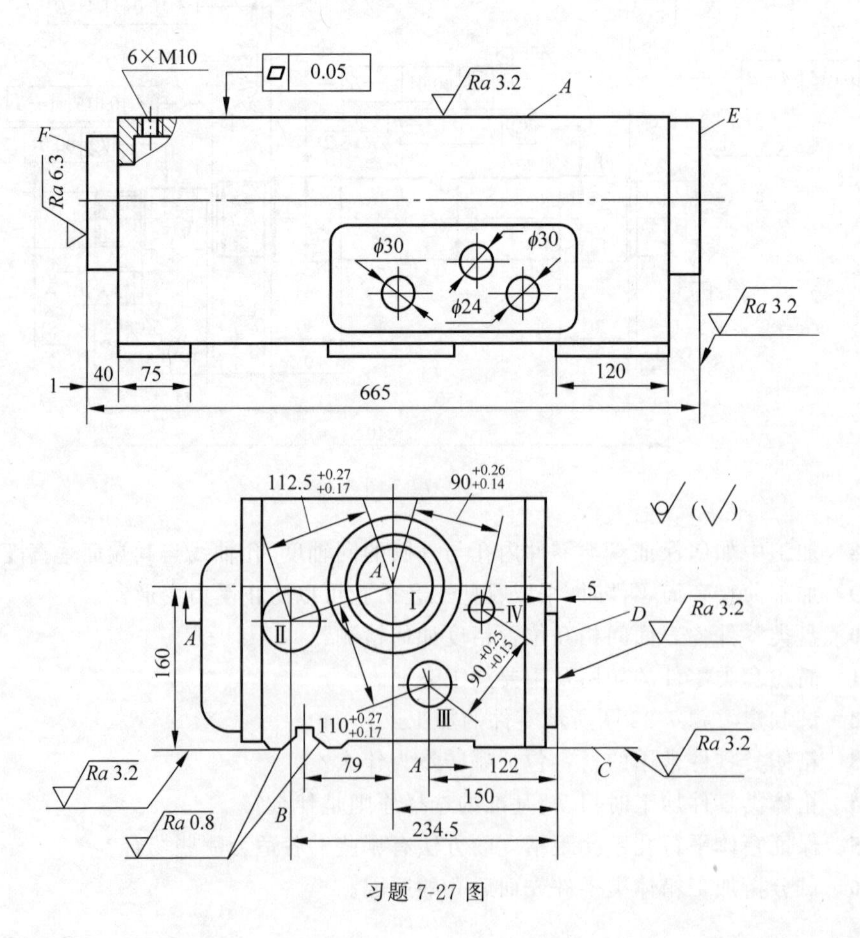

习题 7-27 图

7-28 企业是从事生产、流通等经济活动，为满足社会需要并获取盈利，进行自主经营、实行独立经济核算，有________的基本经济组织。

(A) 法人资格　　(B) 民事权力　　(C) 计划制订

7-29 ________是现代化企业的最显著的特点。

(A) 所有者与经营者相分离　　(B) 拥有现代技术

(C) 实施现代化的管理　　(D) 企业规模呈扩张化趋势

7-30 全面质量管理是指________参与的管理。

(A) 全过程　　(B) 全员　　(C) 全社会

7-31 机械工业的废气主要产生于燃料的燃烧过程和________过程。

(A) 生产加工　　(B) 运输　　(C) 仓储

7-32 抑制噪声传播途径的处理通常有________办法。

(A) 吸声处理　　(B) 隔声处理　　(C) 隔振

(D) 阻尼　　(E) 消声器

7-33 成本管理是由成本规划、成本计算、________和________四项内容组成。

7-34 现代企业制度是指适应社会化大生产和市场经济要求的________、________、________、________的一种新型企业制度。

7-35 工艺成本是指直接与工艺过程有关的各种费用的总和，它分为________、________所组成。

7-36 工艺管理的宗旨是________、________、________。

7-37 工业废水处理的主要措施是________、________。

7-38 全面质量管理活动中，要求把各项工作按照________、________、________和________这四个步骤作为一个循环持续下去，直到彻底解决问题。

7-39 企业管理基础工作有哪些？

7-40 降低成本的主要方法有哪些？

7-41 净化工业有害气体的基本方法有哪几种？

7-42 机械工业废物主要包括哪些？如何控制污染源？

7-43 简述机械制造工艺的内涵及其在企业管理中的重要作用。

自测题

第8章

其他先进制造技术

【本章导读】 先进制造技术是相对传统制造技术而言的，其涉及学科门类繁多，包含的技术内容十分广泛。随着新一代信息技术与制造业的快速融合，推动先进制造技术朝着数字化、集成化、精密化、极端化、柔性化、网络化、全球化、虚拟化、绿色化、智能化和管理技术现代化的方向快速发展。本章内容主要包括智能制造技术的基本概念、系统构成，工业机器人定义、性能参数、系统构成、控制方式及在制造业的应用，大数据和工业互联网基本概念、性能特点以及在先进制造业中的应用，机械微加工概念、基本方法等内容。通过本章知识点的学习，应了解与先进制造技术相关的基本概念、关键技术以及在制造业中的应用，尤其对技术成熟的工业机器人基本知识要有充分的认识与掌握，为创新能力培养和后续深入学习先进制造技术打下良好基础。

所谓先进制造技术(advanced manufacturing technology，AMT)，是指制造业不断吸收电子信息、计算机、机械、材料，以及现代管理技术等方面的高新技术成果，并将这些技术成果综合应用于制造业产品的研发设计、生产制造、在线检测、营销服务和管理的全过程，实现优质、高效、低耗、清洁、灵活生产，即实现信息化、自动化、智能化、柔性化、生态化生产，取得良好经济效益和市场效果的制造业总称。

先进制造业是制造业的发展方向，先进制造业的发展将使我国有可能在第三次工业革命中发挥重要作用，将引领我国制造业走出一条发展新路，将极大地支撑起我国国民经济发展和国防建设，对加快发展制造业影响深远。

8.1 智能制造技术

智能制造技术(intelligent manufacturing technology，IMT)是利用计算机模拟制造业领域专家的分析、判断、推理、构思和决策等智能活动，并将这些智能活动和智能机器融合起来，贯穿应用于整个制造企业的子系统(经营决策、采购、产品设计、生产计划、制造装配、质量保证和市场销售等)，以实现整个制造企业经营运作的高度柔性化和高度集成化，从而取代或延伸制造环境领域专家的部分脑力劳动，并对制造业领域专家的智能信息进行收集、存储、完善、共享、继承和发展，是一种极大提高生产效率的先进制造技术。

8.1.1　智能制造技术基本概念

1. 全生命周期产品制造

全生命周期产品制造是指从原材料生产、零件加工和产品装配、产品分配、产品使用和维护、产品报废处理等整个生命循环周期中各个阶段的总和。

2. 智能制造

智能制造是一种由智能机器和人类专家共同组成的人机一体化智能系统，它在制造过程中能进行智能活动，诸如分析、推理、判断、构思和决策等。通过人与智能机器的合作共事，去扩大、延伸和部分地取代人类专家在制造过程中的脑力劳动，并对人类专家的制造智能进行收集、存储、完善、共享、继承和发展。

3. 数字化制造

数字化制造是在数字化技术和制造技术融合的背景下，并在虚拟现实、计算机网络、快速原型、数据库和多媒体等支撑技术的支持下，根据用户的需求，迅速收集资源信息，对产品信息、工艺信息和资源信息进行分析、规划和重组，实现对产品设计和功能的仿真以及原型制造，进而快速生产出达到用户要求性能的产品的整个制造全过程。

4. 网络制造

网络制造是指通过采用先进的网络技术、制造技术及其他相关技术，构建面向企业特定需求的基于网络的制造系统，并在系统的支持下，突破空间对企业生产经营范围和方式的约束，开展覆盖产品整个生命周期全部或部分环节的企业业务活动（如产品设计、制造、销售、采购、管理等），实现企业间的协同和各种社会资源的共享与集成，高速度、高质量、低成本地为市场提供所需的产品和服务。

5. 虚拟制造

虚拟制造是以计算机仿真技术为前提，对设计、制造等生产过程进行统一建模，在产品设计阶段，实时、并行地模拟出产品未来制造全过程及其对产品设计的影响，预测产品性能、产品制造成本、产品的制造性，从而更有效、更经济、更灵活地组织制造生产，使工厂和车间的资源得到合理配置，以达到产品的开发周期和成本的最小化、产品设计质量的最优化、生产效率的最高化之目的。

6. 增材制造

增材制造是以数字模型文件为基础，通过软件与数控系统将专用的金属材料、非金属材料以及医用生物材料，按照挤压、烧结、熔融、光固化、喷射等方式逐层堆积，制造出实体物品（或模型）的制造技术。

7. 再制造

再制造是让旧的机器设备重新焕发生命活力的过程。它以旧的机器设备为毛坯,采用专门的工艺和技术,在原有制造的基础上进行一次新的制造,而且重新制造出来的产品无论是性能还是质量都不亚于原先的新品。

8. 物联网

物联网是利用局部网络或互联网等通信技术把传感器、控制器、机器、人员和物等通过新的方式联在一起,形成人与物、物与物相联,实现信息化、远程管理控制和智能化的网络。

9. 云制造

云制造是先进的信息技术、制造技术以及新兴物联网技术等交叉融合的产物,是制造及服务理念的体现。采取包括云计算在内的当代信息技术前沿理念,支持制造业在广泛的网络资源环境下,为产品提供高附加值、低成本和全球化制造的服务。

10. 制造供应链

制造供应链是一个非常复杂的网链模式,覆盖了从原材料供应链、零部件供应链、产品制造商、分销商、零售商,甚至最终客户的整个过程。

11. 柔性制造

柔性制造系统是由统一的信息控制系统、物料储运系统和一组数字控制加工设备组成,能适应加工对象变换的自动化机械制造系统(flexible manufacturing system,FMS)。

12. 可重组制造系统

可重组制造系统是指能适应市场需求的产品变化,按系统规划要求,以重排、重复利用、革新组元或子系统的方式,快速调整制造过程、制造功能和制造生产能力的一类新型可变制造系统(reconfigurable manufacturing system,RMS)。

8.1.2 智能制造系统与关键技术

1. 智能制造系统构成

智能制造系统是一种由智能机器和人类专家共同组成的人机一体化智能系统,它在制造过程中能以一种高度柔性化、集成化的方式,借助计算机模拟人类专家的智能活动进行分析、推理、判断、构思和决策等,从而取代或者延伸制造环境中人的部分脑力劳动。同时,收集、存储、完善、共享、集成和发展人类专家的智能。智能制造系统中人类专家、物理系统、信息系统三部分的相互关系如图 8-1 所示。

2. 智能制造关键技术

要实现一个生产系统的智能制造,必须在信息实时自动化识别处理、无线传感网络、信

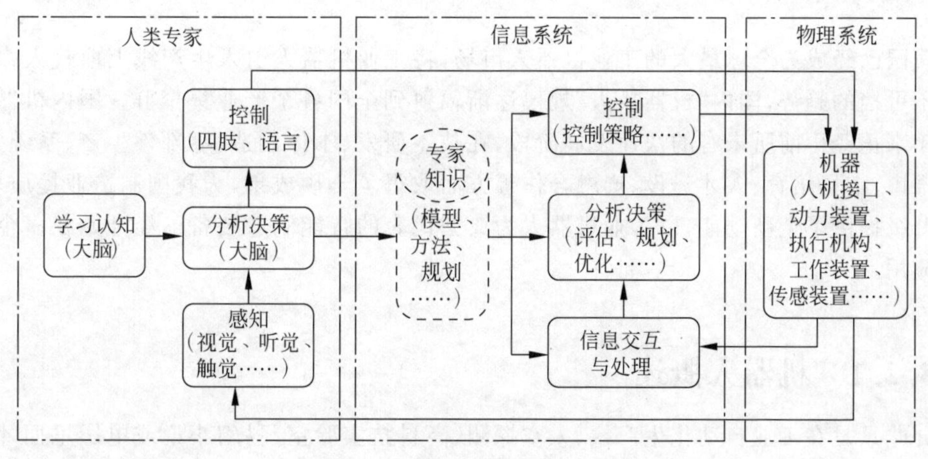

图 8-1　智能制造系统的构成原理

息物理融合系统、网络安全等方面得到突破，涉及如下智能制造的关键技术。

（1）识别技术。识别功能是智能制造服务环节关键的一环，需要的识别技术主要有射频识别技术，基于深度三维图像识别技术，以及物体缺陷自动识别技术。基于三维图像物体识别的任务是识别出图像中有什么类型的物体，并给出物体在图像中的位置和方向，是对三维世界的感知理解。结合了人工智能科学、计算机科学和信息科学的三维物体识别，是智能制造服务系统中识别物体几何情况的关键技术。

（2）实时定位系统。实时定位系统可以对多种材料、零件、工具、设备等资产进行实时跟踪管理，生产过程中，需要监视在制品的位置行踪，以及材料、零件、工具的存放位置等。这样，在智能制造服务系统中需要建立一个实时定位网络系统，以完成生产全程中各角色的实时位置跟踪。

（3）信息物理融合系统。信息物理融合系统也称为“虚拟网络-实体物理”生产系统，它将彻底改变传统制造业逻辑。在这样的系统中，一个工件就能算出自己需要哪些服务。通过数字化逐步升级现有生产设施，这样生产系统可以实现全新的体系结构。

（4）网络安全技术。数字化推动了制造业的发展，在很大程度上得益于计算机网络技术的发展，与此同时也给工厂的网络安全构成了威胁。以前习惯于纸质文档的熟练工人，现在越来越依赖于计算机网络、自动化机器和无处不在的传感器，而技术人员的工作就是把数字数据转换成物理部件和组件。制造过程的数字化技术资料支撑了产品设计、制造和服务的全过程，所以必须得到保护。

（5）系统协同技术。这需要大型制造工程项目复杂自动化系统整体方案设计技术、安装调试技术、统一操作界面和工程工具的设计技术、统一事件序列和报警处理技术、一体化资产管理技术等相互协同来完成。

8.2　工业机器人技术

机器人技术集中了机械工程、电子技术、计算机技术、自动控制理论及人工智能等多学科的最新研究成果，代表了机电一体化的最高成就，是当代科学技术发展最活跃的领域之一。

我国已经成为全球最大的工业机器人市场，将工业机器人引入生产线上取代人力已成为势不可挡的趋势，国内“机器换人”规模逐渐辐射到全国各个产业集聚群。国内机器人产业近年来正经历前所未有的快速发展阶段，在技术研发、本体制造、零部件生产、系统集成、应用推广、市场培育、人才建设、产融合作等方面取得了丰硕成果，为我国制造业提质增效、换挡升级提供了全新动能，以工业机器人为典型代表的智能制造装备已经开始在多个领域得到应用。

8.2.1 机器人概述

并非只是在工业自动化生产线、太空探测、高科技实验室、科幻小说或电影里面才有机器人，现实生活中机器人无处不在，它在人们的生活中起着重要的作用，并已经完全融入了人们的生活。例如，能够双足行走的仿人型机器人 ASIMO，可以逼真地表达喜怒哀乐情感的机器小狗 AIBO，打扫房间的吸尘器机器人，为残疾人服务的就餐辅助机器人，应用于医院的看护助力机器人等，都已成为生活中不可分割的一部分。

虽然在我们身边活跃着各种类型的机器人，但并非每一个机电产品都属于机器人，不能将所看到的每一个自动化装置都叫作机器人，机器人有其特征和定义。

1. 机器人定义

虽然机器人问世已有几十年，但目前关于机器人仍然没有一个统一、严格、准确的定义。其原因之一是机器人还在发展，新的机型不断涌现，机器人可实现的功能不断增多，而其根本原因则是机器人涉及了人的概念，其内涵、功能仍在快速发展和不断创新之中，成为一个暂时难以回答的哲学问题。

目前大多数国家倾向于美国机器人工业协会(RIA)给出的定义：机器人是一种可编程的多功能操作机，用于移动材料、零件、工具等，或者是一种通过各种编程动作来完成各种任务的专用装置。这个定义实际上针对的是工业机器人。

一般来说，机器人应该具有以下三大特征：

(1) 拟人功能。机器人是模仿人或动物肢体动作的机器，能像人那样使用工具。因此，数控机床和汽车不是机器人。

(2) 可编程。机器人具有智力或具有感觉与识别能力，可随工作环境变化的需要而再编程。一般的电动玩具没有感觉和识别能力，不能再编程，因此不能称为真正的机器人。

(3) 通用性。一般机器人在执行不同作业任务时，具有较好的通用性。比如，通过更换机器人末端操作器(end effector，也称“手部”，如手爪、工具等)便可执行不同的任务。

2. 机器人发展历史

机器人技术一词虽出现较晚，但其概念在人类的想象中却早已出现。制造机器人是机器人技术研究者的梦想，它体现了人类重塑自身、了解自身的一种强烈愿望。自古以来，有不少科学家和杰出工匠都曾制造出具有人类特点或具有模拟动物特征的机器人雏形。

在我国，西周时期的能工巧匠偃师就研制出能歌善舞的伶人，这是我国最早涉及机器人概念的文字记录；春秋后期，著名的木匠鲁班曾制造过一只木鸟，能在空中飞行"三日而不下"，体现了我国劳动人民的聪明才智。

机器人(robot)一词是1920年由捷克作家卡雷尔·恰佩克(Karel Capek)在他的讽刺剧《罗莎姆的万能机器人》中首先提出的。剧中描述了一个与人类相似，但能不知疲倦工作的机器奴仆 robot。从那时起，Robot(中文译为机器人)一词便被沿用下来。

1942年，美国科幻作家埃萨克·阿西莫夫(Isaac Asimov)在其科幻小说《我，机器人》中提出了机器人三定律：第一，机器人不得伤害人类个体，或者目睹人类个体将遭受危险而袖手不管；第二，机器人必须服从人给予它的命令，当该命令与第一定律冲突时例外；第三，机器人在不违反第一、第二定律的情况下要尽可能保护自己的生存。这三个定律后来成为学术界默认的研发原则。

现代机器人出现于20世纪中期，当时数字计算机已经出现，电子技术也有了长足的发展，在产业领域出现了受计算机控制的可编程的数控机床，与机器人技术相关的控制技术和零部件加工也已有了扎实的基础。另外，人类需要开发自动机械，替代人去从事一些恶劣环境下的作业。正是在这一背景下，机器人技术的研究与应用得到了快速发展。

以下列举现代机器人工业史上的几个标志性事件。

1954年，美国人戴沃尔(G. C. Devol)制造出世界上第一台可编程机械手，并注册了专利。这种机械手能按照不同程序从事不同工作，因此具有通用性和灵活性。

1959年，戴沃尔与美国发明家英格伯格(Ingerborg)联手制造出第一台工业机器人。随后，成立了世界上第一家机器人制造工厂——Unimation公司。

1962年，美国AMF公司生产出万能搬运(Versatran)机器人，与Unimation公司生产的万能伙伴(Unimate)机器人一样成为真正商业化的工业机器人，并出口到世界各国，掀起了全世界对机器人和机器人研究的热潮。

1967年，日本川崎重工公司和丰田公司分别从美国购买了工业机器人 unimate 和 verstran 生产许可证，日本从此开始了对机器人的研究和制造。20世纪60年代后期，喷漆弧焊机器人问世并逐步应用于工业生产。

1968年，美国斯坦福研究所公布他们研发成功的机器人 Shakey。它带有视觉传感器，能根据人的指令发现并抓取积木，不过控制它的计算机有一个房间那么大。Shakey 可以被称为是世界上第一台智能机器人，由此拉开了第三代机器人研发的序幕。

1969年，日本早稻田大学加藤一郎实验室研发出第一台以双脚走路的机器人。日本专家一向以研发仿人机器人和娱乐机器人的技术见长，后来更进一步催生出本田公司的ASIMO机器人和索尼公司的QRIO机器人。

1979年，美国Unimation公司推出通用工业机器人PUMA(programmable universal machine for assembly)，如图8-2所示。这标志着工业机器人技术已经完全成熟。PUMA至今仍然工作在生产第一线，许多机器人技术研究都以该机器人为模型和对象。同年，日本山梨大学牧野洋发明了平面关节型SCARA(selective compliance assembly robot arm)机器人，该型机器人在此后的装配作业中得到了广泛应用。此后，工业机器人在日本开始普及，并得到迅速发展，日本也因此而赢得"机器人王国"的美称。

1984年，英格伯格再次推出机器人 Helpmate，这种机器人能在医院里为病人送饭、送药、送邮件等。同年，英格伯格还预言，要让机器人擦地板、做饭、洗车、检查安全等。

1996年，本田公司推出仿人型机器人P2，使双足行走机器人研究达到新水平。随后许多国际著名企业争相研制代表自己公司形象的仿人型机器人，以展示公司的科研实力。

1998年，丹麦乐高公司推出机器人 MindStorms 套件，让机器人制造变得像搭积木一样，相对简单又能任意拼装，使机器人开始走入个人世界。

1999年，日本索尼公司推出机器人狗爱宝(AIBO)，当即销售一空，从此娱乐机器人迈进普通家庭。随后(2002年)，美国 iRobot 公司又推出吸尘器机器人 Roomba，成为目前世界上销量最大、商业化最成功的家用机器人。

2006年，微软公司推出 Microsoft Robotics Studio 机器人，从此机器人模块化、平台统一化的趋势越来越明显。比尔·盖茨预言，家用机器人很快将席卷全球。

2009年，丹麦优傲机器人(Universal Robot)公司推出第一台轻量型 UR5 系列工业机器人(见图8-3)，它是一款6轴串联的革命性机器人产品，自重18kg，负载高达5kg，工作半径为85cm，适合中、小企业选用。UR5型机器人拥有轻便灵活、易于编程、高效节能、低成本和投资回报快等特点。UR5的另一显著优势是无须安全围栏即可直接与人协同工作。一旦人与机器人接触并产生150N的力，机器人就自动停止工作。

自2012年以来，多家机器人著名厂商开发出双臂协作机器人，在未来工业生产中双臂机器人将会发挥越来越重要的作用。

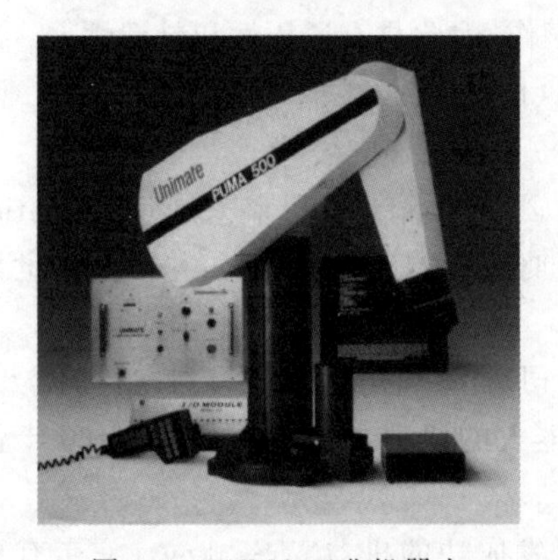

图8-2 PUMA工业机器人

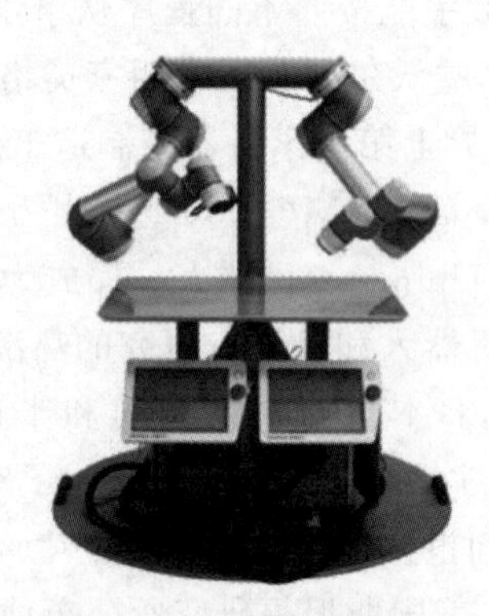
图8-3 UR5优傲机器人

近些年来，我国工业机器人迎来了战略发展期。早在2012年，工信部《高端装备制造业"十二五"发展规划》中就提出要自主研发工业机器人工程化产品，实现工业机器人及其核心部件的技术突破和产业化；2014年年初又出台《关于推进工业机器人产业发展的指导意见》；2016年12月发布《工业机器人行业规范条件》，从综合条件、企业规模、质量要求等多方面对工业机器人企业进行了规定；近日，工信部又专门组织了2021年度特种机器人产业链"揭榜"推进活动。可以预见，我国未来工业机器人和特种机器人产业将步入新征程。

8.2.2 机器人分类

关于机器人如何分类，国际上没有制定统一标准。下面介绍几种具有代表性的分类方法。

1. 按机器人发展的程度分类

按从低级到高级的发展程度，机器人可分为以下几类。

(1) 第一代机器人：指只能以示教、再现方式工作的工业机器人。

(2) 第二代机器人：带有一些可感知环境的装置，可通过反馈控制使其在一定程度上适应变化的环境。

(3) 第三代机器人：指智能机器人，它具有多种感知功能，可进行复杂的逻辑推理、判断及决策，可在作业环境中独立行动，具有发现问题并自主地解决问题的能力。这类机器人具有高度的适应性和自治能力。

(4) 第四代机器人：指情感型机器人，它具有人类式的情感。具有情感是机器人发展的最高层次，也是机器人科学家的梦想。

2. 按机器人的应用领域分类

按机器人的应用领域，机器人可分为三大类：产业用机器人、特种用途机器人和服务型机器人。

(1) 产业用机器人：按照服务产业种类的不同，机器人又可分为工业机器人、农业机器人、林业机器人和医疗机器人等，本书所涉及的主要是工业机器人，即面向工业领域的多关节机械手或多自由度机器人。按照用途的不同，可分为搬运、焊接、装配、喷漆、检测等机器人。

(2) 特种用途机器人：指代替人类从事高危环境和特殊工况下工作的机器人，主要包括军事应用机器人、极限作业机器人和应急救援机器人。其中极限作业机器人是指在人们难以进入的极限环境，如核电站、宇宙空间、海底等完成作业任务的机器人。

(3) 服务型机器人：指用于非制造业并服务于人类的各种先进机器人，包括娱乐机器人、福利机器人、保安机器人等。目前服务型机器人发展速度很快，代表着机器人未来的研究和发展方向。

3. 按机器人的坐标形式

通常将机身、臂部、手腕和末端操作器(如手爪)称为机器人的操作臂，它由一系列的连杆通过关节顺序相串联而成。关节决定两相邻连杆副之间的连接关系，也称为“运动副”。机器人最常用的两种关节是移动关节(prismatic joint)和转动关节(revolute joint)，通常用P表示移动关节，用R表示转动关节。

刚体在三维空间中有6个自由度，显然，机器人要完成任一空间作业，也需要6个自由度。机器人的运动由臂部和手腕的运动组合而成。通常臂部有3个关节，用于改变手腕参考点的位置，称为定位机构；手腕部分也有3个关节，通常这3个关节的轴线相互垂直相交，用来改变末端操作器的姿态，称为定向机构。整个操作臂可以看作由定位机构连接定向机构而构成的。

机器人手臂3个关节的种类决定了操作臂工作空间的形式。按照手臂关节沿坐标轴运动形的不同，即按P和R的不同组合，可将工业机器人分为直角坐标型、圆柱坐标型、极(球)坐标型、关节坐标型和SCARA型五种类型。

(1) 直角坐标型机器人(cartesian coordinates robot)：其外形与数控镗铣床和三坐标测量机相似，如图 8-4(a)所示，其 3 个关节都是移动关节(3P)，关节轴线相互垂直，相当于笛卡儿坐标系的 x 轴、y 轴和 z 轴，作业范围为立方体。其优点是刚度好，多做成大型龙门式或框架式结构，位置精度高、运动学求解简单、控制无耦合；但其结构较庞大、动作范围小、灵活性差且占地面积较大。因其稳定性好，所以适用于大负载搬送。

(2) 圆柱坐标型机器人(cylindrical coordinates robot)：具有 2 个移动关节(2P)和 1 个转动关节(1R)，作业范围为空心圆柱体，如图 8-4(b)所示。其特点是：位置精度高、运动直观、控制简单；结构简单、占地面积小、价廉，因此应用广泛；但其不能抓取靠近立柱或地面上的物体。Versatran 机器人是该类机器人的典型代表。

(3) 极(球)坐标型机器人(polar coordinates robot)：具有 1 个移动关节(1P)和 2 个转动关节(2R)，作业范围为空心球体，如图 8-4(c)所示。其优点是结构紧凑、动作灵活、占地面积小，但其结构复杂、定位精度低、运动直观性差。Unimate 机器人是该类机器人的典型代表。

(4) 关节坐标型机器人(articulated robot)：由立柱、大臂和小臂组成。其具有拟人的机械结构，即大臂与立柱构成肩关节，大臂与小臂构成肘关节。具有 3 个转动关节(3R)，可进一步分为 1 个转动关节和 2 个俯仰关节，作业范围为空心球体，如图 8-4(d)所示。该类机器人的特点是作业范围大、动作灵活、能抓取靠近机身的物体；运动直观性差，要得到高定位精度困难。由于该类机器人灵活性高，其应用最广泛。PUMA 机器人是该类机器人的典型代表。

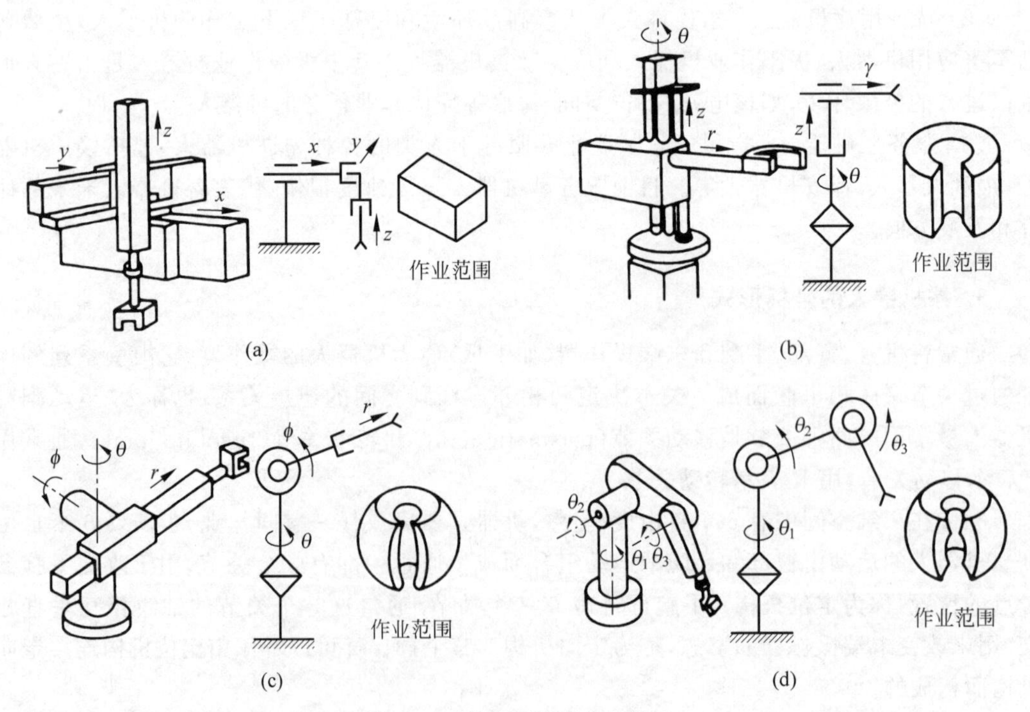

图 8-4 四种坐标形式的机器人

(a) 直角坐标型机器人；(b) 圆柱坐标型机器人；(c) 球(极)坐标型机器人；(d) 关节坐标型机器人

(5) SCARA 型机器人：有 3 个转动关节，其轴线相互平行，可在平面内进行定位和定向。其还有 1 个移动关节，用于完成手爪在垂直于平面的运动，如图 8-5 所示。手腕中心的位置由 2 个转动关节的角度 θ_1 和 θ_2 及移动关节的位移 z 来决定，手爪的方向由转动关节的角度 θ_3 来决定。该类机器人的特点是在垂直平面内具有很好的刚度，在水平面内具有较好的柔顺性；动作灵活、速度快、定位精度高。例如，Adept 1 型 SCARA 型机器人运动速度可达 10m/s，比一般关节型机器人快数倍。SCARA 型机器人最适宜于平面定位、在垂直方向进行装配，所以又被称为“装配机器人”。

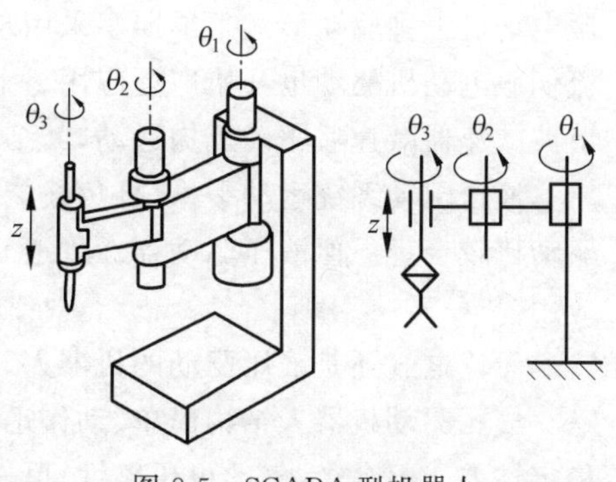

图 8-5 SCARA 型机器人

工业机器人简介

8.2.3 工业机器人组成与技术参数

1. 工业机器人系统组成

机器人系统是由机器人和作业对象及环境共同构成的，其中包括机器人机械系统、驱动系统、控制系统和感知系统四大部分，它们之间的关系如图 8-6 所示。

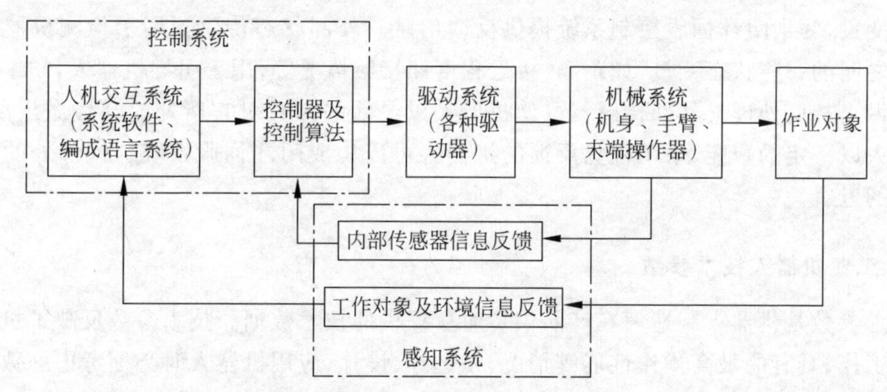

图 8-6 机器人系统组成及各部分之间的关系

(1) 机械系统：工业机器人的机械系统包括机身、臂部、手腕、末端操作器和行走机构等部分，每一部分都有若干自由度，构成一个多自由度的机械系统。此外，有的机器人还具备行走机构(mobile mechanism)。若机器人具备行走机构，则构成行走机器人；若机器人不具备行走及腰转机构，则构成单机器人臂(single robot arm)。末端操作器是直接装在手腕上的一个重要部件，它可以是两手指或多手指的手爪，也可以是喷漆枪、焊枪等作业工具。工业机器人的机械系统的作用相当于人的身体(骨骼、手、臂、腿等)。

(2) 驱动系统：驱动系统主要指驱动机械系统动作的驱动装置。根据驱动源的不同，驱动系统可分为电气、液压、气压三种以及把它们结合起来应用的综合系统。该部分的作用相当于人的肌肉。

电气驱动系统在工业机器人中应用最普遍，分为步进电动机、直流伺服电动机和交流伺服电动机三种驱动形式。早期多采用步进电动机驱动,后来发展了直流伺服电动机,现在交流伺服电动机驱动也开始广泛应用。上述驱动单元有的用于直接驱动机构运动;有的通过谐波减速器减速后驱动机构运动,其结构简单紧凑。

液压驱动系统运动平稳,且负载能力大,对于重载的搬运和零件加工机器人,采用液压驱动比较合理。但液压驱动存在管道复杂、清洁困难等缺点,因此限制了它在装配作业中的应用。

无论电气还是液压驱动的机器人,其手爪的开合多数采用气动形式。

气压驱动机器人结构简单、动作迅速、价格低廉,但由于空气具有可压缩性,其工作速度稳定性差。但是,空气的可压缩性,可使手爪在抓取或卡紧物体时的顺应性提高,防止受力过大而造成被抓物体或手爪本身的破坏。气压系统压力一般为0.7MPa,因而抓取力小,只有几十牛到几百牛大小。

(3) 控制系统:控制系统的任务是根据机器人的作业指令程序及从传感器反馈回来的信号,控制机器人的执行机构,使其完成规定的运动和功能。如果机器人不具备信息反馈特征,则该控制系统称为开环控制系统;如果机器人具备信息反馈特征,则该控制系统称为全闭环或半闭环控制系统。该部分主要由计算机硬件和控制软件组成。软件主要由人与机器人进行联系的人机交互系统和控制算法等组成。该部分的作用相当于人的大脑。

(4) 感知系统:感知系统由内部传感器和外部传感器组成,其作用是获取机器人内部和外部环境信息,并把这些信息反馈给控制系统。内部状态传感器用于检测各关节的位置、速度等变量,为半闭环伺服控制系统提供反馈信息。外部状态传感器用于检测机器人与周围环境之间的一些状态变量,如距离、接近程度和接触情况等,用于引导机器人,便于其识别物体并做出相应处理。外部传感器可使机器人以灵活的方式对它所处的环境做出反应,赋予机器人以一定的智能,采用视觉反馈的机器人可以构成闭环伺服系统。该部分的作用相当于人的五官。

2. 工业机器人技术参数

技术参数是机器人制造商在产品供货时所提供的技术数据。技术参数反映了机器人可胜任的工作、具有的最高操作性能等情况,是选择、设计、应用机器人时必须考虑的数据。机器人的主要技术参数一般有自由度、精度、重复定位精度、工作范围、承载能力及最大速度等。

(1) 自由度:它是指机器人所具有的独立坐标轴运动的数目,不包括末端操作器的开合自由度。机器人的一个自由度对应一个关节或一个轴,所以自由度与关节或轴的概念是相等的。自由度是表示机器人动作灵活程度的参数,自由度越多越灵活,但结构也越复杂,控制难度也越大,所以机器人的自由度要根据其用途设计,一般为3~6个。

机器人关节自由度大于末端操作器自由度的机器人称为有冗余自由度的机器人。冗余自由度增加了机器人的灵活性,可方便机器人躲避障碍物和改善机器人的动力性能,如图8-7所示。冗余自由度会降低系统位置精度,增加系统成本和系统控制难度。

7自由度轻量型机械臂广泛用于人机协同作业,是下一代机械臂研发的一个方向。通常,在6自由度机械臂的大臂上增加一个绕轴线旋转的关节,构成7自由度机械臂,如图8-8所示。7自由度机械臂的特点是:相邻两关节的轴线相互垂直;1~3关节和5~7关节的作业范围均为球体；两个球体通过第 4 关节连接。

人类的手臂(大臂、小臂、手腕)通常简化认为有 7 个自由度,所以工作起来很灵巧,可回避障碍物,并可从不同方向到达同一个目的点。

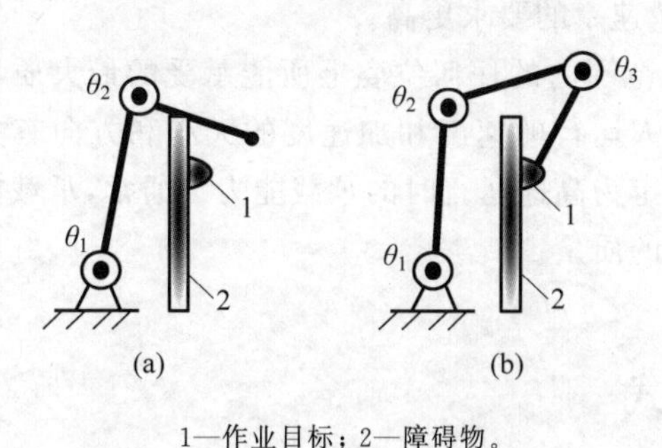

1—作业目标；2—障碍物。

图 8-7　冗余自由度躲避障碍物示意图

(a) 无冗余自由度；(b) 有冗余自由度

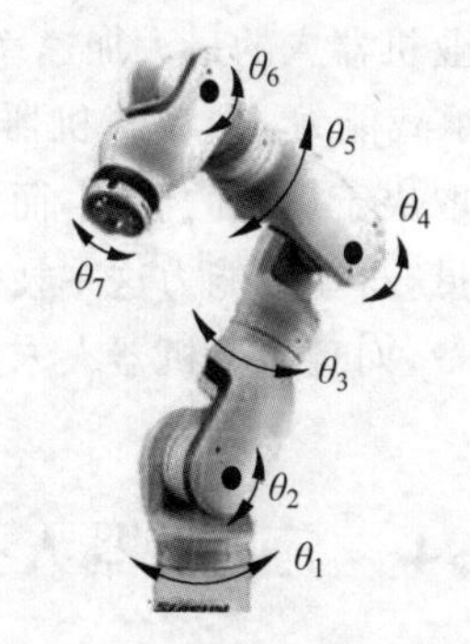

图 8-8　7 自由度机械臂的关节配置

(2) 定位精度和重复定位精度：它们是机器人的两个精度指标。定位精度是指机器人末端操作器的实际位置与目标位置之间的偏差,由机械误差、控制算法误差与系统分辨率等部分组成。重复定位精度是指在同一环境、同一条件、同一目标动作、同一命令之下,机器人连续重复运动若干次时,其位置的分散情况,是关于精度的统计数据。因重复定位精度不受工作载荷变化的影响,故通常用重复定位精度这一指标作为衡量示教—再现方式工业机器人水平的重要指标。图 8-9 表示了定位精度与重复定位精度的好与差。

	定位精度好	定位精度差
重复定位精度好		
重复定位精度差	N/A	

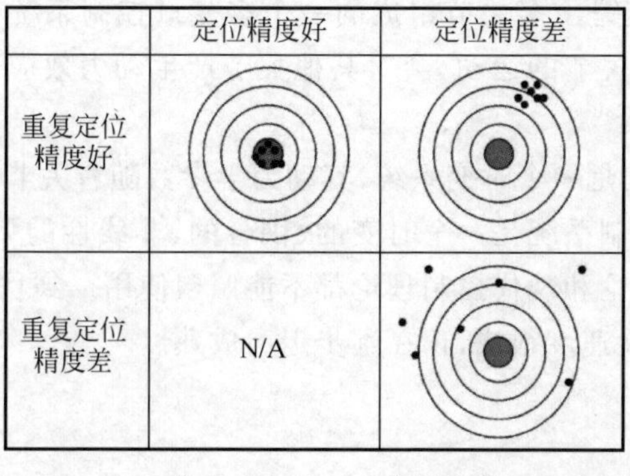

图 8-9　定位精度与重复定位精度的好与差

工业机器人具有定位精度低,重复精度高的特点,例如：MOTOMAN SV3 机器人的定位精度为±0.2mm,而重复精度为±0.03mm。

(3) 作业范围：它是机器人运动时手臂末端或手腕中心所能到达的所有点的集合,也被称为“工作区域”。由于末端操作器的形状和尺寸是多种多样的,为真实反映机器人的特征参数,故作业范围是指不安装末端操作器时的工作区域。作业范围的大小不仅与机器人各连杆的尺寸有关,而且与机器人的总体结构形式有关。

作业范围的形状和大小是十分重要的,机器人在执行某作业时可能会因存在手部不能到达的作业死区(dead zone)而不能完成任务。

(4) 最大工作速度：它是指机器人工作过程中所允许的最大工作速度。生产机器人的厂家不同,其所指的最大工作速度也有所不同。有的厂家是指工业机器人主要自由度上最大的稳定速度,有的厂家是指手臂末端最大的合成速度,通常都会在技术参数中加以说明。最大工作速度越高,工作效率越高。但是,工作速度越高就要花费更多的时间加速或减速,或者对工业机器人的最大加速率或最大减速率的要求更高。

(5) 承载能力:它是指机器人在作业范围内的任何位姿上所能承受的最大质量。承载能力不仅取决于负载的质量,而且与机器人运行的速度和加速度的大小和方向有关。为保证安全起见,将承载能力这一技术指标确定为高速运行时的承载能力。通常,承载能力不仅指负载质量,而且包括机器人末端操作器的质量。

8.2.4 工业机器人控制方式

1. 机器人控制系统特点

机器人控制技术是在传统机械系统的控制技术的基础上发展起来的,两者之间并无根本不同。但由于机器人的结构是由连杆通过关节串联组成的空间开链机构,其各个关节的运动是独立的,为了实现末端点的运动轨迹,需要多关节的运动协调。因此,机器人的控制虽然与机构运动学和动力学密切相关,但是比普通自动化设备的控制系统复杂得多。机器人控制系统具有以下特点。

(1) 机器人控制系统本质上是一个非线性系统。引起机器人非线性的因素很多,机器人的结构、传动件、驱动元件等都会引起系统的非线性。

(2) 机器人控制系统是由多关节组成的一个多变量控制系统,且各关节间具有耦合作用,具体表现为:某一个关节的运动,会对其他关节产生动力效应,每个关节都要受到其他关节运动所产生的扰动。

(3) 机器人控制系统是一个时变系统,其动力学参数随着关节运动位置的变化而变化。

总而言之,机器人控制系统是一个时变的、耦合的、非线性的多变量控制系统。由于它的特殊性,对经典控制理论和现代控制理论都不能照搬使用。到目前为止,机器人控制理论还不完整、不系统,但发展速度很快,正在逐步走向成熟。

2. 机器人控制方式

根据不同的分类方法,机器人控制方式可以划分为不同类别。从总体上看,机器人控制方式可以分为动作控制方式和示教控制方式。此外,机器人控制方式按运动坐标控制的方式,可分为关节空间运动控制、直角坐标空间运动控制;按轨迹控制的方式,可分为点位控制和连续轨迹控制;按控制系统对工作环境变化的适用程度,可分为程序控制、适应性控制、人工智能控制;按运动控制的方式,可分为位置控制、速度控制、力(力矩)控制(包含位置/力混合控制)。下面对几种常用的工业机器人的控制方式进行具体分析。

(1) 点位控制与连续轨迹控制:机器人的位置控制可分为点位(point to point,PTP)控制和连续轨迹(continuous path,CP)控制两种方式,如图 8-10 所示。

PTP 控制要求机器人末端以一定的姿态尽快而无超调地实现相邻点之间的运动,但对相邻点之间的运动轨迹不做具体要求。PTP 控制的主要技术指标是定位精度和运动速度,

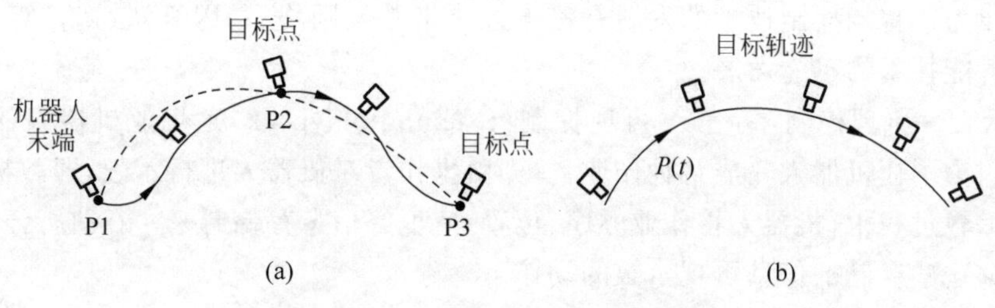

图 8-10 点位控制与连续轨迹控制

(a) PTP 控制；(b) CP 控制

从事在印制电路板上安插元件、点焊、搬运及上/下料等作业的工业机器人，采用的都是PTP控制方式。通常当机器人未规定采取何种轨迹运动时，使用PTP控制方式，对应机器人的MOVJ关节插补控制指令，系统以最高速度的百分比来表示再现速度，关节插补的效率最高。

CP控制要求机器人末端沿预定的轨迹运动，即在运动轨迹上任意特定数量的点处停留。将运动轨迹分解成插补点序列，在这些点之间依次进行位置控制，点与点之间的轨迹通常采用直线、圆弧或其他曲线进行插补。因为要在各个插补点上进行连续的位置控制，所以可能会发生运动中的抖动。实际上，由于控制器的控制周期为几毫秒到三十毫秒之间，时间很短，可以近似认为运动轨迹是平滑连续的。在机器人的实际控制中，通常利用插补点之间的增量求出各关节的分增量，各电动机按照分增量进行位置控制。

CP控制的主要技术指标是轨迹精度和运动的平稳性，从事弧焊、喷漆、切割等作业的工业机器人，采用的都是CP控制方式，对应机器人的MOVL、MOVC、MOVS直角坐标系插补控制指令，机器人以指定的速度按照规定的轨迹运动。

(2) 力(力矩)控制：在喷漆、点焊、搬运时所使用的工业机器人，一般只要求其末端操作器(喷枪、焊枪、手爪等)沿某一预定轨迹运动，运动过程中末端操作器始终不与外界任何物体相接触，这时只需对机器人进行位置控制即可完成作业任务。而对于另一类机器人来说，除要准确定位之外，还要控制手部的作用力或力矩，如对应用于装配、加工、抛光等作业的机器人，工作过程中要求机器人手爪与作业对象接触，并保持一定的压力。此时，如果只对其实施位置控制，有可能由于机器人的位姿误差及作业对象放置不准，或者手爪与作业对象脱离接触，或者两者相碰撞而引起过大的接触力。其结果不是使机器人手爪在空中晃动，就是造成机器人或作业对象的损伤。所以对于进行这类作业的机器人，一种比较好的控制方案是控制手爪与作业对象之间的接触力。这样，即使是作业对象位置不准确，也能保持手爪与作业对象的正确接触。在力控制伺服系统中，反馈量是力信号，所以系统中必须有力传感器。

(3) 视觉控制：视觉控制是指利用视觉传感器得到的图像作为反馈信息，构造机器人的位置闭环反馈系统。利用直接得到的图像反馈信息快速进行图像处理，并在尽量短的时间内给出反馈信息，以便于控制决策的产生，从而构成机器人位姿闭环伺服控制系统。随着视觉技术和AI技术的快速发展，机器人视觉控制技术将在工程实际中得到快速应用。

(4) 智能控制：实现智能控制的机器人可通过传感器获得周围环境的知识，并根据自身内部的知识库作出相应的决策。采用智能控制技术，可使机器人具有较强的环境适应性及自学习能力。智能控制技术的发展有赖于近年来神经网络、基因算法、遗传算法、专家系统等人工智能技术的迅速发展。

(5) 示教—再现控制：示教—再现控制(teaching-playback)是工业机器人的一种主流控制方式。为了让机器人完成某种作业，首先由操作者对机器人进行示教，即教机器人如何去做。在示教过程中，机器人将作业顺序、位置、速度等信息存储起来。在执行任务时，机器人可以根据这些存储的信息再现示教的动作。

示教有直接示教和间接示教两种方法。直接示教是操作者使用安装在机器人手臂末端的操作杆(joystick)，按给定运动顺序示教动作内容，机器人自动把运动顺序、位置和时间等数值记录在存储器中，再现时依次读出存储的信息，重复示教的动作过程。采用这种方法通常只能对位置和作业指令进行示教，而运动速度需要通过其他方法来确定。间接示教是采用示教盒进行示教。操作者通过示教盒上的按键操纵完成空间作业轨迹点及有关速度等信息的示教，然后通过操作盘用机器人语言进行用户工作程序的编辑，并存储在示教数据区。再现时，控制系统自动逐条取出示教命令与位置数据，进行解读、运算并作出判断，将各种控制信号送到相应的驱动系统或端口，使机器人忠实地再现示教动作。

采用示教—再现控制方式时不需要进行矩阵的逆变换，也不存在绝对位置控制精度问题。该方式是一种适用性很强的控制方式，但是需由操作者进行手工示教，要花费大量的精力和时间。特别是在产品变更导致生产线变化时，要进行的示教工作繁重。现在通常采用离线示教法(off-line teaching)，不对实际作业的机器人直接进行示教，而是脱离实际作业环境生成示教数据，间接地对机器人进行示教。

示教编程的优点是：只需要简单的设备和控制装置即可进行、操作简单，易于掌握；示教—再现过程很快，示教之后马上即可应用。然而，其缺点也很明显，主要有：编程占用机器人的作业时间；很难规划复杂的运动轨迹以及准确的直线运动；难以与传感信息相配合；难以与其他操作同步等。

(6) 离线编程控制：离线编程是在专门的软件环境支持下用专用或通用程序在离线情况下进行机器人轨迹规划编程的一种方法。离线编程程序通过支持软件的解释或编译产生目标程序代码，最后生成机器人路径规划数据。一些离线编程系统带有仿真功能，这使在编程时就解决了障碍干涉和路径优化问题。这种编程方法与数控机床中编制数控加工程序非常类似。

8.2.5 工业机器人应用

机器人可代替或协助人类完成各种工作，凡是枯燥、危险、有毒、有害的工作，都可由机器人大显身手。机器人除了广泛应用于制造业领域外，还应用于资源勘探开发、救灾排险、医疗服务、家庭娱乐、军事和航天等其他领域。机器人是工业及非产业界的重要生产和服务性设备，也是先进制造技术领域不可缺少的自动化设备。

机器人已广泛应用于汽车及汽车零部件制造业、机械加工行业、电子电气行业、橡胶及塑料工业、食品工业、木材与家具制造业等领域。在工业生产中，弧焊机器人、点焊机器人、喷涂机器人及装配机器人等都已被大量采用。机器人的应用状况是衡量一个国家工业自动化水平的重要标志。以下主要讨论工业机器人在汽车工业生产领域中的应用。

1. 焊接工业机器人

焊接机器人是从事焊接作业的工业机器人，主要分为弧焊机器人和点焊机器人两大类，广泛应用于汽车及其零部件制造、摩托车、工程机械等行业。尤其是汽车行业是焊接机器人的最大用户，也是最早的用户。在汽车生产的冲压、焊装、涂装和总装四大生产工艺过程中都有广泛的应用。据统计，汽车制造和汽车零部件生产企业中的焊接机器人占全部焊接机器人的76%，其中点焊机器人与弧焊机器人的比例为3∶2。

焊接机器人主要包括机器人和焊接设备两部分。机器人由机器人本体和控制柜组成。而焊接装备，以弧焊和点焊为例，则由焊接电源、送丝机(弧焊)、焊枪(钳)等部分组成。智能焊接机器人还有传感系统，如激光或摄像传感器及其控制装置等。

(1) 弧焊机器人系统：弧焊机器人系统包括机器人和焊接设备两大部分。机器人由机器人本体和控制系统组成。焊接设备主要是由焊接电源(包括其控制系统)、送丝机、焊枪和防碰撞传感器等组成。以上各部分以机器人控制系统为基础，通过软硬件之间的连接，有机结合为一个完整的焊接系统。在实际的工程应用中，通常会辅以弧焊机器人各种形式的周边设施，如机器人底座、变位机、工件夹具、清枪剪丝装置、围栏、安全保护设施等，用来完善弧焊机器人的应用功能，也就是工业生产中俗称的弧焊机器人焊接工作站。图8-11为典型弧焊机器人本体外观。

(2) 点焊机器人系统：点焊是通过焊钳电极对两层板件施加并保持一定的压力，使板件可靠接触并输出合适的焊接电流，因板间电阻的存在，电流使接触点产生热量、局部融化，从而使两层板件牢牢地焊接在一起。点焊的过程可以分为预加压、通电加热和冷却结晶三个阶段。

典型的点焊机器人系统一般由机器人本体、焊钳、点焊控制箱、气/水管路、焊钳修磨器夹具、循环水冷箱及相关电缆等组成。通过点焊控制箱，可以根据不同材料、不同厚度确定和调整焊接压力、焊接电流和焊接时间等参数。点焊机器人可以焊接低碳钢板、不锈钢板、镀锌或多功能铅钢板、铝板、铜板等薄板类部件，具有焊接效率高、变形小、不需添加焊接材料等优点，广泛应用于汽车覆盖件、驾驶室、车体等部件的高质量焊接中。图8-12为典型点焊机器人本体外观。

焊接机器人

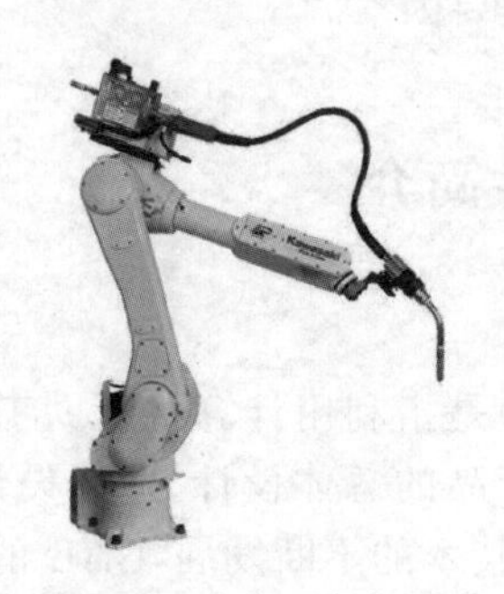

图8-11　典型弧焊机器人

图8-12　典型点焊机器人

喷涂机器人

2. 喷涂工业机器人

喷涂工业机器人又称“喷漆工业机器人”(spray painting robot)，是可进行自动喷漆或喷涂其他涂料的工业机器人。由于喷涂工序中雾状涂料对人体的危害很大，并且喷涂环境

搬运机器人

中照明、通风等条件很差,因此在喷涂作业领域中大量使用了机器人。使用喷涂机器人,不仅可以改善劳动条件,而且还可以提高产品的产量和质量、降低成本。目前喷涂机器人在汽车及其零部件、3C信息家电、家具等行业得到了广泛的应用。

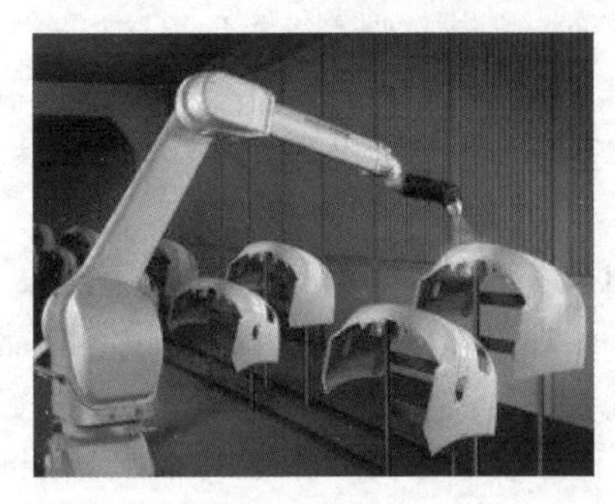

图 8-13 典型喷涂机器人

码垛机器人

典型的喷涂机器人系统一般是由喷涂机器人、喷涂工作台、喷房、过滤送风系统、安全保护系统等组成。喷涂机器人是利用静电喷涂原理,工作时静电喷枪部分接负极,工件接正极并接地,在高压静电发生器的高电压作用下,喷枪的端部与工件之间形成一静电场。涂料微粒通过枪口的极针时因接触带电,经过电离区时再一次增加其表面电荷密度,向异极性的工件表面运动,并被沉积在工件表面上形成均匀的涂膜。图 8-13 为典型喷涂机器人本体外观。

除了上述介绍的两种机器人外,还有码垛机器人、装配机器人和搬运机器人,等等,这里不再一一列举。随着客户产品的不断升级换代,以及对产品加工工艺和精度的不断提升,工业机器人会不断从自身硬件、系统软件、行业工艺包、集成外部新技术等方面来满足客户生产之需。在当今工业时代,工业机器人的应用范围越来越广泛,各个企业对工业机器人的需求也逐日增加。显而易见,工业机器人技术也须随之迅速发展,这将提高社会生产率和产品的质量,为社会创造巨大的财富。

8.3 大数据在先进制造业中的应用

大数据(big data)作为新一代信息技术的关键,逐渐成为新一轮产业革命的核心。迈入了大数据时代的制造业,产品的全生命周期从市场规划、设计、制造、销售、维护等过程都会产生大量的结构化和非结构化数据,形成了制造业大数据,而这些数据符合大数据的规模性(volume)、多样性(variety)、高速性(velocity)、价值性(value)和真实性(veracity)五"V"特征。大数据作为新一代信息技术的代表,已开始在工业设计、研发、制造、销售、服务等环节取得应用,并已成为推动互联网与工业融合创新的重要因素。

8.3.1 先进制造相关常规主流软件简介

1. 计算机辅助设计

计算机辅助设计(computer aided design, CAD)是指利用计算机帮助工程设计人员进行设计,主要应用于机械、电子、宇航、建筑、纺织等产品的总体设计、造型设计、结构设计等环节。最早的CAD的含义是计算机辅助绘图,随着技术的不断发展,CAD的含义发展为现在的计算机辅助设计。一个完善的CAD系统,应包括交互式图形程序库、工程数据库和应用程序库。对于产品或工程的设计,借助CAD技术,可以大大缩短设计周期,提高设计效率。AUTO CAD是工程技术人员最常用的制图软件,常被简称为CAD。

2. 计算机辅助制造

计算机辅助制造(computer aided manufacturing,CAM)是利用计算机进行生产设备管理控制和操作的过程。输入信息是零件的工艺路线和工序内容，输出信息是刀具加工时的运动轨迹（刀位文件）和数控程序。

3. 计算机辅助工艺过程设计

计算机辅助工艺过程设计（computer aided process planning，CAPP）是指借助于计算机软硬件技术和支撑环境，利用计算机进行数值计算、逻辑判断和推理等功能来制定零件机械加工工艺过程。借助于 CAPP 系统，可以解决手工工艺设计效率低、一致性差、质量不稳定、不易达到优化等问题，也可以利用计算机技术辅助工艺师完成零件从毛坯到成品的设计和制造过程。

4. 计算机辅助工程

计算机辅助工程（computer aided engineering，CAE）是用计算机辅助求解复杂工程和产品结构强度、刚度、屈曲稳定性、动力响应、热传导、三维多体接触、弹塑性等力学性能的分析计算以及结构性能的优化设计等问题的一种近似数值分析方法。

5. 产品数据管理

产品数据管理（Product data management，PDM）是一门管理所有与产品相关的信息（包括电子文档、数字化文件、数据库记录等）和所有与产品相关的过程（包括工作流程和更改流程）的技术。它提供产品全生命周期的信息管理，并可在企业范围内为产品设计和制造建立一个并行化的协作环境。

6. 企业资源计划

企业资源计划（enterprise resource planning，ERP）是指建立在信息技术基础上，集信息技术与先进管理思想于一身，以系统化的管理思想，为企业员工及决策层提供决策手段的管理平台，其核心思想是供应链管理。跳出传统企业边界，从供应链范围去优化企业的资源，优化现代企业的运行模式，反映市场对企业合理调配资源的要求。

计算机辅助设计（CAD）、制造（CAM）、工艺设计（CAPP）、工程分析（CAE）、产品数据管理（PDM）、企业资源计划（ERP）等主流工程软件是数字化设计与制造的关键技术，其内涵是支持企业的产品开发全过程、支持企业的产品创新设计、支持产品相关数据管理、支持企业产品开发流程的控制与优化等。归纳起来就是产品建模是基础，优化设计是主体，数控技术是工具，数据管理是核心。这些工程软件之间的关系如图 8-14 所示。

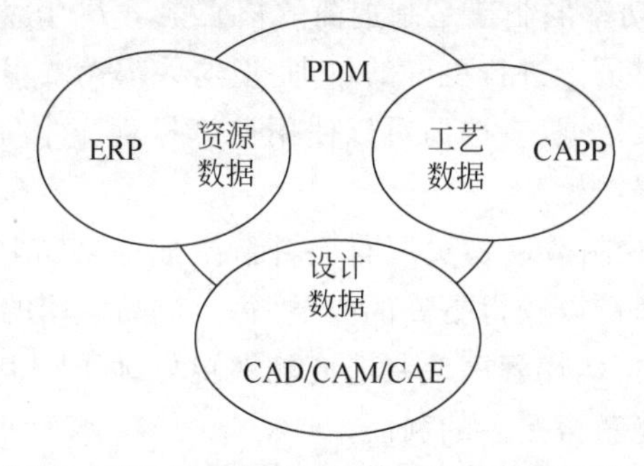

图 8-14　CAD/CAM/CAPP 等工程软件之间的关系

8.3.2 大数据基本概念

1. 大数据的定义

大数据是指无法在一定时间范围内用常规软件工具进行捕捉、管理和处理的数据集合，是需要新处理模式才能具有更强的决策力、洞察发现力和流程优化能力的海量、高增长率和多样化的信息资产。简单来说，大数据就是收集和分析大量信息的能力，而这些信息涉及人类生活的方方面面，目的在于从复杂的数据里找到过去不容易揭示的规律。对于制造业而言，产品的全生命周期包括市场规划、设计、制造、销售、维护等过程都会产生大量的结构化和非结构化数据，从而形成了制造业大数据。

2. 大数据的特点

(1) 数据量大(volume)。大数据的特征首先就是数据规模大。数据的计量单位有 B、MB、GB、TB(1024GB)、PB(1024TB)、EB(1024PB)、ZB(1024EB)。当下的世界处在一个数据爆炸的时代，2010 年已进入了 ZB 时代，数据的创造以几何级数增长。

(2) 数据种类繁多(variety)。数据的种类和来源众多，视频、图片、文本、音频等数据种类，使数据的处理能力需相应提升。尤其是个人短视频的出现，如抖音短视频，对数据的处理要求更高。

(3) 高速度和强时效性(velocity)。数据的应用要具有时效性，才能为经济社会提供有用的价值。计算机硬件的发展，使搜索引擎的速度得到质的提升，为数据利用提供了时效性保障。

(4) 数据价值高(value)。信息化时代，每天都产生着海量的数据，然而这些数据中存在着大量个人数据，利用价值不高。而大数据处理技术能从海量数量中甄别有用信息，产生巨大价值。

(5) 真实性(veracity)。真实性，其实就是数据的质量，海量数据并不一定都能反映用户真实的行为信息或者客观事物的真实信息。以网页访客数据为例，很多网站为了赚取更多的广告费用，会使用作弊机器人对广告进行点击，这样其实就造成了作弊流量，而这些流量并不能反映用户真实需求。

3. “制造业＋大数据”的意义

(1) 精度更高。高成功率的制造是制造商的核心竞争力，在大数据出现之前，最好的方法是投资更好的设备，或对员工进行更好的培训，但这些都无法很有效地减少失败率带来的额外损失。然而，使用了大数据，制造商可以使用计算机程序来优化流程，并更加巧妙地分析错误，从而防止这些错误产生。

(2) 产量更高。大多数制造商购买原材料并制造成品，其销售价格高过制造成本。通过大数据系统分析，制造商可以获得更高的收益(每个成品使用的原材料更少)，企业的经营就更有利可图。新的大数据应用程序使制造商能够更好地了解其整体产量，并有机会改进其运营方法，生产的产品能获得更多的利润。

(3) 更好的预测。制造商可以根据各种情况预先判断需要生产多少产品,淡季的时候减少生产量,以及在仓库中的库存或出货量。大数据有助于制造商更好地掌握这种供需关系的变化,因此可以在最有价值的生产条件下进行生产。

(4) 可预测和判断跟踪供应商的产品优劣。制造商也可以使用大数据跟踪供应商的优劣。例如,如果供应商提供劣质产品比例较高,通过大数据计算证明这些事情,就可以确定选择新的供应商是否更加具有成本效益。

(5) 更高的可追溯性。大数据还使制造商的流程更加透明和可追溯。制造商的原材料在生产过程中以及生产阶段有多少损失、给定批次产量多少、目前存储在哪里、运送需要多长时间,一旦需要运送,产品在哪里等问题,大数据可帮助制造商跟踪生产和交付的所有这些阶段,并提供效率可能低的领域的洞察和分析。

(6) 高级自定义工作。大数据显示,通过在以往的努力中获取数据并创造更好地利用原材料的方法,有可能创建高级定制工作。它也可以帮助制造商采取逆向工程,为熟悉的问题提出新的解决方案。

(7) 投资回报率和运营效率高。大数据使制造商能够更深入地了解其运营的真正效率,以及升级时产生的投资回报率(ROI),例如新设备或新的广告策略。

总之,大数据能够为制造业提供全方位的服务,从产品设计到制造、从使用到维护和维修等售后服务阶段,产生的正向数据以及逆向数据,都将在智能制造中得到全面应用。

8.3.3 大数据在先进制造业中的应用

"工业 4.0"的本质就是通过信息物理系统实现工厂生产设备传感和控制层的数据与企业信息系统融合,使生产大数据传到云计算数据中心进行存储、分析,形成决策并反过来指导生产。大数据可以渗透先进制造中的各个环节发挥作用,如产品设计、原材料采购、产品制造、仓储运输、订单处理、批发经营、终端零售和售后服务。

1. 研发设计应用

(1) 融合消费者反馈研发设计。研发设计环节是产品价值最高的环节,研发设计的出发点在于消费者需求。客户在使用制造企业的产品过程中会产生大量的数据,通过对这些数据的搜集和分析,可以比较精确地把握消费者的偏好和使用习惯,调查消费者对产品特性和使用价值的潜在要求,以此来提升企业的生产技术,研发出符合广大消费者需求的产品。也可根据客户的个性化要求进行生产,创造更大的市场价值。

(2) 基于模型的研发设计。传统的产品设计不能解决复杂产品的设计问题,大数据的使用解决了这一难题。产品设计阶段,需要将设计师、工程师、销售部门的数据进行搜集、整理、分析,通过对模型参数的修正,设计出符合市场需求的产品。大数据运用到产品设计中可缩短研发时间、节约成本、抢占先机。

(3) 基于仿真的研发设计。产品在正式生产前,需要对设计的方方面面进行仿真,检验设计是否合理,从源头上去除实验中的缺陷。在大数据环境下,运用存储的各方的技术知识和产品开发过程中的数据,进行模拟仿真,及时发现设计过程中的缺陷,优化产品各种性能,克服了以客户作为反馈者所造成的时间浪费与成本增加。

(4) 基于产品生命周期的研发设计。产品生命周期涉及产品需求分析、设计、制造、使用、售后等环节,需要多部门协同研发设计。运用大数据技术,将产品生命周期中所需的各种数据与技术设计进行结合,将数据分析结果迅速地推送给相应的部门,使产品设计更符合市场需求。

2. 生产过程应用

(1) 实现智能制造的基础。智能制造是制造业的发展趋势,要求整合原材料、能源动力、资金、信息、劳动力等各种资源。制造业生产线安装数以千计的传感器,随时地收集制造数据。通过对制造业数据的收集、分析,可以提升制造业效率。一方面,如果某个工序出现偏差,就会反映到控制部门,可以针对性地解决问题。另一方面,运用大数据对生产过程进行仿真模拟,有助于改进生产工艺。

(2) 提高个性化、小批量商品的制造业竞争力。数据精细化以及10多年产生的信息化的数据,使对客户需求的分析亟需大数据支撑。大数据可在以下三个方面发挥作用。一是,减少中间品库存。制造业生产各个工序中,各工序的中间产品的数量会影响企业的生产效率。如果中间产品库存过大,则会造成资源闲置,减小利润。通过大数据的分析,企业可以制订合理的生产计划,使库存保持在合理的区间。二是,减少边角料和废品。MES制造系统通过利用大数据、利用条码技术追踪产品生产、库存、销售及售后服务过程,实现生产过程公开化,减少边角料和废品的出现。三是,故障预测。利用大数据,记录生产过程中的全部信息,可以发现在生产过程中的故障,生成故障设备记录,降低停机次数。

3. 市场营销应用

通过分析大数据,可以分析出区域内各消费群体的需求结构、消费比重、产品种类,企业由此可调整产品营销策略。著名的"啤酒和尿布"的组合,就是沃尔玛运用大数据分析的结果。大数据应用于产品营销环节,可减少供过于求或供不应求现象。应用销售数据,统计各个零售平台销售数据,制造业企业可以对产品的销售情况、库存情况做到及时有效的掌握。将企业的生产根据销售情况适度调节,合理地控制库存,提高资金周转率,提升制造业企业的利润水平。

4. 售后服务应用

(1) 服务类型识别。传统的售后服务表现为客户发现问题后向企业寻求服务,该种模式容易损失许多潜在的客户。随着大数据技术的运用,企业把大数据运用到客户关系管理(customer relationship management,CRM)中。CRM要求不断加强企业与客户之间的交流,掌握客户对产品的需求,不断改进产品和服务,以便能更加满足广大客户的需求。目前,客户在论坛、微博等渠道表达自己对产品的想法和评价,让广大客户投入到产品功能设计中。通过CRM系统不断扩大客户群体,为企业增强售后服务的针对性。

大数据应用案例

(2) 运行状态监控。制造业产品在使用过程中难免会出现一些问题,通过对产品运行状态的实时监控,可发现产品存在的问题,以便针对性地提出解决方案。设备越复杂,产品问题越不易被察觉,大数据的应用,实时数据的使用,使售后服务更及时、准确。

5. 长安新能源汽车大数据应用案例

随着新能源汽车的不断发展，智能化、网联化将成为新能源汽车的趋势。车辆的智能化、网联化将通过车联网系统产生海量的车辆实时数据，而如何对这些数据进行分析，挖掘数据的商业价值，为研发、营销、运营的决策制定提供强有力的数据支撑，为用户提供体验更好的汽车产品及出行服务是当下亟须解决的问题。以下介绍长安新能源汽车科技公司面向新能源汽车的大数据分析平台的研究、开发与应用情况。

1）大数据平台技术架构

长安新能源汽车大数据平台基于CA-DDM平台进行搭建，实时采集汽车主流网站、论坛等数据，全局掌握行业市场格局，为改进产品、优化服务和提升销售提供全方位的决策支持。平台主动采集用户操作数据、车辆故障信息、车辆运行状态，主动发现用户潜在诉求、产品功能缺陷、更多应用场景；采用丰富的数据实时呈现形式，形成了整个运行如影随形的日常监控，持续优化驱动流程、产品迭代、管理变革、业务拓展，提高效率、创新商业模式。长安新能源汽车平台技术架构如图8-15所示。

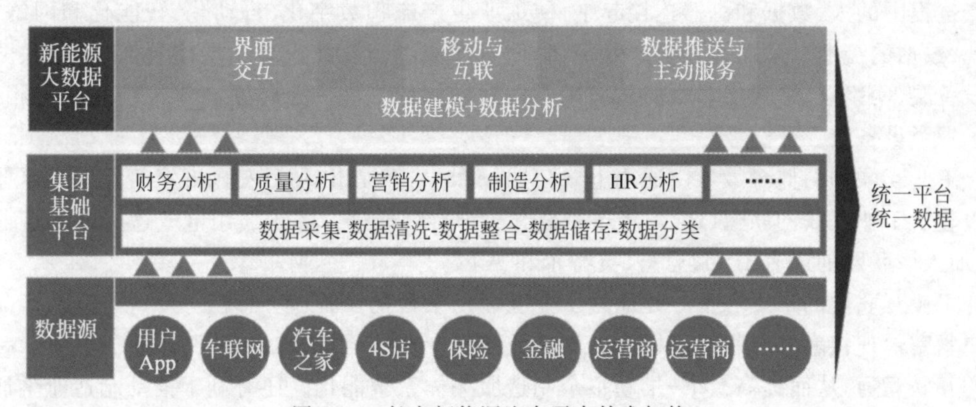

图8-15 长安新能源汽车平台技术架构

2）数据平台的运行

长安新能源汽车平台在以下几方面进行了实际运行，并取得了良好的运行效果。

(1) 驾驶经济性评价体系。驾驶经济性评价体系会把一定范围的剩余电量(SOC)行驶距离作为衡量的指标，运用相关性分析方法，分析各种因素对驾驶经济性的影响程度。

(2) 用户驾驶行为评价体系。用户驾驶行为评价体系会通过对用户是否具有危险驾驶行为，以及此危险驾驶行为的次数、频率、类型等方面进行分析，挖掘出具有危险驾驶行为的用户，并对该用户进行打分。

(3) 用户里程焦虑评价体系。根据用户的充电行为、驾驶行为，寻找出具有里程焦虑症状的用户，并对其里程焦虑程度进行打分。里程焦虑从另一方面反映出的是一些用户所期望行驶的路径上可能充电桩较少，因而需要及时充电，保证出行所需电量。针对这批用户分析其起始路径位置，可以为充电桩建设位置的选择提供参考。

8.4 工业互联网在先进制造业中的应用

工业互联网是通过开放的、全球化的工业级网络平台把设备、生产线、工厂、供应商、产品和客户紧密地连接和融合起来，高效共享工业经济中的各种要素资源，从而通过自动化、智能化的生产方式降低成本、提高效率，帮助制造业延长产业链，推动制造业转型发展。

工业互联网作为新一代信息通信技术与现代工业技术深度融合的产物，是制造业数字化、网络化、智能化的重要载体，也是全球新一轮产业竞争的制高点。

8.4.1 工业互联网概述

1. 工业互联网的定义

工业互联网(industrial internet)不是工业的互联网，而是工业互联的网。它是把工业生产过程中的人、数据和机器连接起来，使工业生产流程数字化、自动化、智能化和网络化，实现“数据的流通”，从而提升生产效率、降低生产成本。从技术架构层面看，工业互联网包含设备层、网络层、平台层、软件层、应用层以及整体的工业安全体系。与传统互联网相比，多了一个设备层。

工业互联网的概念最早由通用电气公司于2012年提出，随后美国五家行业龙头企业联手组建了工业互联网联盟(IIC)，将这一概念大力推广开来。除了通用电气这样的制造业巨头，加入该联盟的还有IBM、思科、英特尔和AT&T等IT企业。

工业互联网的本质和核心是通过工业互联网平台把设备、生产线、工厂、供应商、产品和客户紧密地连接融合起来。可以帮助制造业拉长产业链，形成跨设备、跨系统、跨厂区、跨地区的互联互通，从而提高效率，推动整个制造服务体系智能化。还有利于推动制造业融通发展，实现制造业和服务业之间的跨越发展，使工业经济各种要素资源能够高效共享。

2. 工业互联网与工业物联网的关系

工业物联网是工业互联网中的“基建”，它连接了设备层和网络层，为平台层、软件层和应用层奠定了坚实的基础。设备层又包含边缘层，总体上，工业物联网涵盖了云计算、网络、边缘计算和终端，全面打通了工业互联网中的关键数据流。工业物联网从架构上可分为感知层、通信层、平台层和应用层。

感知层主要由传感器和可编程逻辑控制器等器件组成。通信层主要由各种网络设备和线路组成。平台层主要是将底层传输的数据关联和结构化解析之后，沉淀为平台数据，向下连接感知，向上提供统一的可编程接口和服务协议，降低了上层软件的设计复杂度，提高了整体架构的协调效率，特别是在平台层面，可以将沉淀的数据通过大数据分析和挖掘，对生产效率、设备检测等方面提供数据决策。应用层主要是根据不同行业、领域的需求，落地为垂直化的应用软件，通过整合平台层沉淀的数据和用户配置的控制指令，实现对终端设备的高效应用，最终提升生产效率。

由此可见，工业互联网是要实现“人、机、物”的全面互联，强调的是数字化；而工业物联网强调的是“物与物”的连接，追求的是自动化。工业物联网是物联网和互联网的交叉网络系统，同时也是自动化与信息化深度融合的突破口。

在工业互联网体系内，工业软件是灵魂，是整体控制编排的中枢；工业物联网则是以数据为血液，为工业互联网提供各种有用的信息和养分。

3. 制造业信息化

制造业信息化是将信息技术、自动化技术、现代管理技术与制造技术相结合，可以改善制造企业的经营、管理、产品开发和生产等各个环节，提高生产效率、产品质量和企业的创新能力，降低消耗，带动产品设计方法和设计工具的创新、企业管理模式的创新、制造技术的创新以及企业间协作关系的创新，从而实现产品设计制造和企业管理的信息化、生产过程控制的智能化、制造装备的数控化以及咨询服务的网络化，全面提升我国制造业的竞争力。

8.4.2　工业互联网在先进制造业中的应用

工业互联网是制造业数字化、网络化、智能化的重要载体，也是全球新一轮产业竞争的制高点，已成为制造业转型升级的重要推动力。工业互联网将在先进制造业的以下几个方面得到广泛推广应用。

1. 工业产品智能化、网络化、系统化

各行各业的产品都会和互联网高度融合，给每一个物体都要灌入智慧的基因进行数据的控制。特斯拉既可以说它是机械车，也可以说它是一个移动终端，也可以说它是互联网上的一个移动平台。所以，未来的产品将是物联网化的、智能化的。

2. 生产型制造向服务型制造转变

未来的制造业不仅是设计产品、生产产品，更要在产品卖出去以后做产品的运营和服务，甚至将来不卖产品了，只卖产品的服务。像海尔，将来把所有的家电装置送到家里，免费装上，收取流量费、物流的供应费、为家电提供的服务费，企业开始由生产型制造走向服务型制造。

3. 个性化产品定制

将产品的研发、设计、管理、制造、采购、销售、财务等关键业务环节信息化全覆盖，形成满足客户多品种、小批量个性化需求的生产系统，支持用户在线交互参与，大幅度提升用户服务体验满意度。

4. 制造业走向分散化

传统工厂都是集中化，把装备集成起来形成车间，把车间集成起来形成工厂，把工厂集成起来形成园区，实际上这是最不经济的。未来企业不需要新的厂房，也不需要买很多新设备，完全通过网络把全球最佳的资源汇集起来为产品提供全球优化的生产，实现分散化、分布式，网络化，甚至智能调度。

5. 制造业资源云化

制造资源通过云化把所有机床设施接入网络，在网上提供按需使用的服务，将庞大的、巨大的社会资源调度起来。制造资源云化、工业云、云计算将会使制造资源得到更广泛和有效地利用。

6. 智能化生产

智能工厂是未来发展的大趋势，所有用人生产的环节都将以机器来代替，因为机器可以做到自动化、智能化和稳定化，机器成本也能大大降低。钢铁价格在降低，芯片的价格在降低，软件的价格在降低，甚至是免费的。未来的工厂是少人的、无人的，甚至智慧的。

物联网应用案例

7. 海尔集团工业互联网应用案例

海尔集团是中国家电产业的领先企业之一，自 2009 年以来，一直保持全球大型家电市场占有率第一的地位。2012 年，海尔开始施行网络化战略，利用互联网经济特征，通过在生产制造方面向数字化、网络化、智能化转型，力图实现企业整体的转型升级。其中，最主要举措就是建设海尔智能制造平台(cloud of smart manufacture operation plat，以下简称为海尔 COSMO 平台)。海尔 COSMO 平台作为海尔自主研发的、自主创新的、在全球引领的工业互联网平台，以建立用户为中心的社群经济下的工业新生态为未来发展愿景。

(1) 海尔工业互联网平台技术架构。海尔 COSMO 平台的目标为打造开放的工业级平台操作系统，在此基础上聚合各类资源，为工业企业提供丰富的智能制造应用服务。目前，COSMO 平台的技术架构主要为四层，自上往下依次为：业务模式层、应用层、平台层和资源层，如图 8-16 所示。

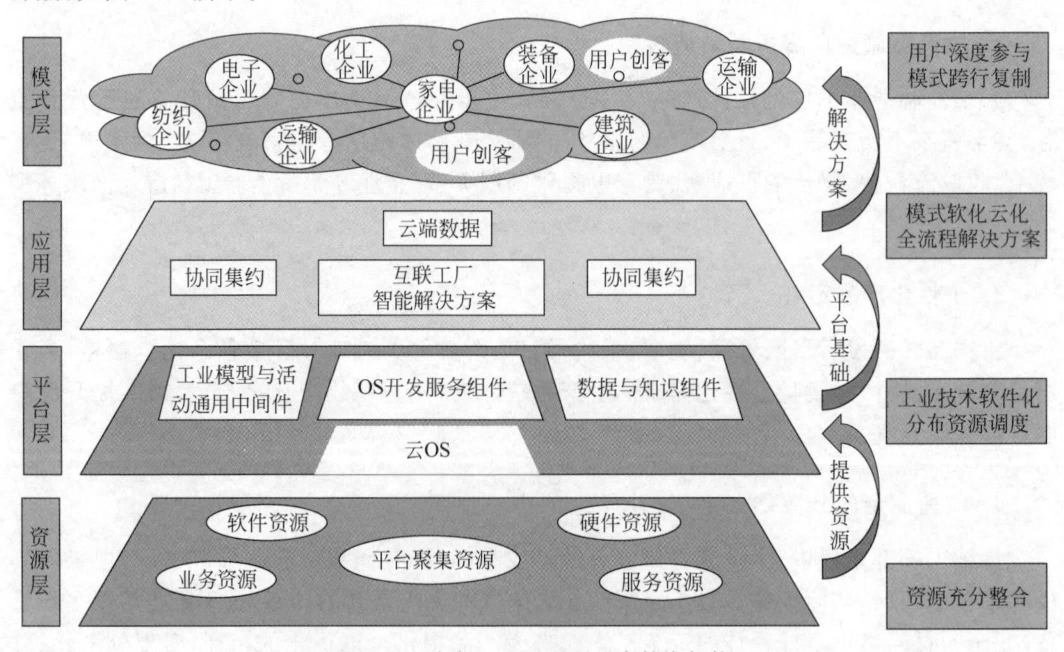

图 8-16 海尔工业互联网平台技术架构

最顶层的业务模式层的核心是互联工厂模式。在此基础上,海尔借助自身在家电行业积累几十年的制造模式和以用户为中心、用户深度参与的定制模式,以及在工业互联网运行的经验模式,引领并带动利益相关者及与自身相关的其他行业发展。

在应用层上,海尔在互联工厂提供的智能制造方案基础上,将制造模式上传到云端,并在应用层平台上开发互联工厂的小型 SaaS 应用,从而利用云端数据和智能制造方案为不同的企业提供具体的、基于互联工厂的全流程解决方案。

平台层是 COSMO 平台的技术核心所在。在平台层上,海尔集成了物联网、互联网、大数据等技术,通过云 OS 的开发建成了一个开放的云平台,并采用分布式模块化微服务的架构,通过工业技术软件化和分布资源调度,可以向第三方企业提供云服务部署和开发。

资源层是 COSMO 平台的基础层。在这一层集成和充分整合了平台建设所需的软件资源、业务资源、服务资源和硬件资源,通过打造物联网平台生态,为以上各层提供资源服务。

(2) 海尔 COSMO 平台的运行机制。海尔 COSMO 平台的运行机制为在智能服务平台上建设智能生产系统,并构建智能产品、智能设备与用户的互联互通,如图 8-17 所示。

综上所述,海尔 COSMO 平台的运行机制的核心理念在于以用户为中心,保证用户在生产全流程、全周期参与的体验迭代,通过与用户持续交互实现用户终身价值。

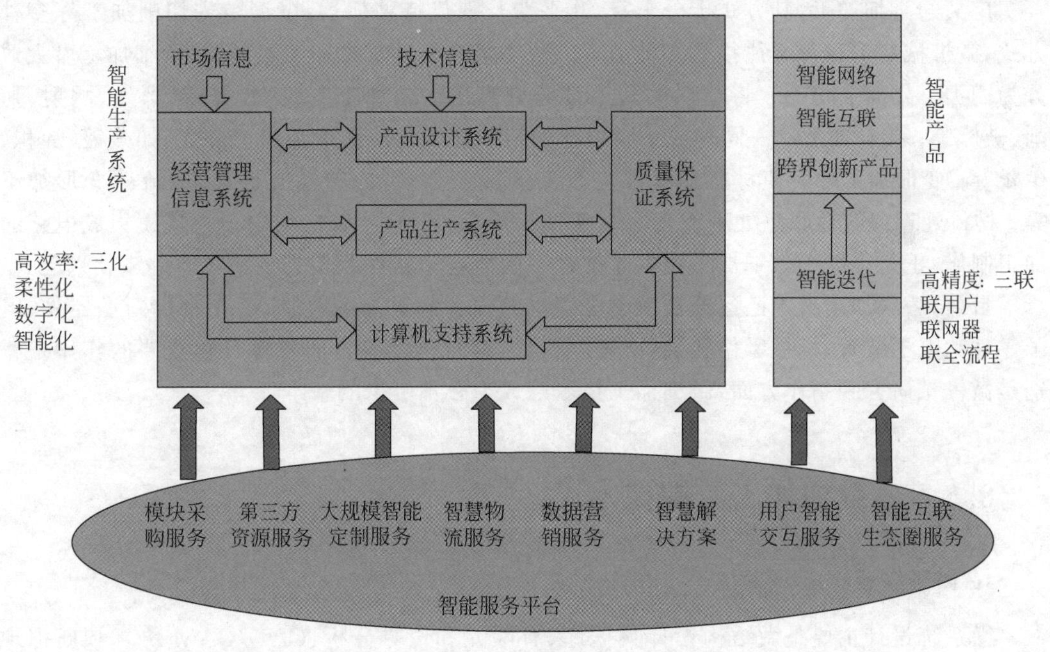

图 8-17　海尔工业互联网平台运行机制

8.5　机械微加工技术

现代制造技术的发展有两大趋势,一是向着自动化、柔性化、集成化、智能化等方向发展,使现代制造成为一个系统,即现代制造系统的自动化技术;二是寻求固有制造技术的自身微细加工极限,探索有效实用的微细加工技术,并使其能在工业生产中得到应用。

随着微/纳米科学与技术(micro/nano science and technology)的发展,以本身形状尺寸微小或操作尺度极小为特征的微机械已成为人们认识和改造微观世界的一种高新科技。微机械由于具有能够在狭小空间内进行作业,而又不扰乱工作环境和对象的特点,在航空航天、精密仪器、生物医疗等领域有着广阔的应用潜力,并成为纳米技术研究的重要手段,因而它受到社会高度重视,并被列为21世纪关键技术之首。

8.5.1 微细加工技术概述

1. 微细加工技术的定义

微细加工技术是指加工微小尺寸零件的生产加工技术。在微机械研究领域中,从尺寸角度,微机械可分为1～10mm的微小机械,1μm～1mm的微机械,0.1nm～0.1μm的纳米机械,微细加工则是微米级微细加工、亚微米级微细加工、纳米级微细加工的统称。

2. 微细加工分类

广义的微细加工,其方式十分丰富,几乎涉及现代特种加工、微型精密切削加工等多种方式,微机械制造过程又往往是多种加工方法的组合。从基本加工类型看,微细加工可大致分为四类:分离加工——将材料的某一部分分离出去的加工方式,如分解、蒸发、溅射、切削、破碎等;接合加工——同种或不同材料的附和加工或相互结合加工方式,如蒸镀、淀积、生长等;变形加工——使材料形状发生改变的加工方式,如塑性变形加工、流体变形加工等;材料处理或改性和热处理或表面改性等。微细加工技术曾广泛用于大规模集成电路的加工制作,正是借助于微细加工技术才使众多的微电子器件及相关技术和产业蓬勃兴起。

目前,微细加工技术已逐渐被赋予更广泛的内容和更高的要求,已在特种新型器件、电子零件和电子装置、机械零件和装置、表面分析、材料改性等方面发挥日益重要的作用。特别是微机械研究和制作方面,微细加工技术已成为必不可少的基本环节。

8.5.2 微细加工关键技术

1. 微系统设计

微系统设计主要是微结构设计数据库、有限元和边界分析、CAD/CAM仿真和虚拟现实技术、微系统建模等设计,以及微小型化的尺寸效应和微小型理论基础研究等课题,如力的尺寸效应、微结构表面效应、微观摩擦机理、热传导、误差效应和微构件材料性能等。

2. 微细加工技术

微细加工技术主要指高深度比、多层微结构的硅表面加工和体加工技术,利用X射线光刻、电铸的LIGA和利用紫外线的准LIGA加工技术;微结构特种精密加工技术,包括微火花加工、能束加工、立体光刻成形加工;特殊材料,特别是功能材料微结构的加工技术;多种加工方法的结合;微系统的集成技术;微细加工新工艺探索等。

3. 微型机械组装和封装技术

微型机械组装和封装技术主要指材料的粘接、硅玻璃静电封接、硅键合技术和自对准组装技术，具有三维可动部件的封装、真空封装等新封装技术。

4. 微系统的表征和测试技术

微系统的表征和测试技术主要有结构材料特性测试技术，微小力学、电学等物理量的测量技术，微型器件和微型系统性能的表征和测试技术，微型系统动态特性测试技术，微型器件和微型系统可靠性的测量与评价技术。

8.5.3　微细机械加工方法

1. 微细电火花加工

微细电火花加工技术的研究起步于20世纪60年代末，是在绝缘的工作液中通过工具电极和工件间脉冲火花放电产生的瞬时、局部高温来熔化和汽化蚀除金属的一种加工技术。由于其在微细轴孔加工及微三维结构制作方面存在着巨大潜力和应用背景，所以得到了高度重视。实现微细电火花加工的关键在于微小电极的制作、微小能量放电电源、工具电极的微量伺服进给、加工状态检测、系统控制及加工工艺方法等。

2. 微细切削技术

微细切削技术是一种由传统切削技术衍生出来的微细切削加工方法，主要包括微细车削、微细铣削、微细钻削、微细磨削、微冲压等。微细车削是加工微小型回转类零件的主要手段，与宏观加工类似，也需要微细车床以及相应的检测与控制系统，但其对主轴的精度、刀具的硬度和微型化有很高的要求。

微细磨削是在小型精密磨削装置上进行的，能够从事外圆以及内孔的加工。微冲压技术的研究方向是如何减小冲床的尺度、增大微小凸模的强度和刚度以及微小凸模的导向和保护等。

3. 蚀刻技术

微机械元件的加工很多情况下要完成三维形体的微细加工，需要采用不同的蚀刻技术。蚀刻的基本原理是在被加工零件的表面贴上一定形状的掩膜，经蚀刻剂的淋洒并去除反应产物后，工件的裸露部分逐步被刻除，从而达到设计的形状和尺寸。根据沿晶向的蚀刻速度分为等向蚀刻与异向蚀刻。若工件被蚀刻的速度沿各个方向相等则为等向蚀刻，它可以用来制造任意横向几何形状的微型结构，高度一般仅为几微米；相反，若不同晶向的蚀刻速度相差很大，则为异向蚀刻。

根据使用的蚀刻剂是液体还是气体可以把蚀刻技术分为湿法蚀刻和干法蚀刻。经常采用的化学异向刻蚀方法即为湿法蚀刻，它具有独特的横向蚀刻特性，可以使材料蚀刻速度依赖于晶体取向的特点得以充分发挥。干法蚀刻又称“离子蚀刻”，它是利用高能束对基体进行去除材料的加工,可对侧面垂直度要求严格者准确控制横向尺寸精度,实现较高的蚀刻精度,并使微机械加工所得到的外形不受基片的晶向控制,尤其利用高密度等离子体蚀刻设备进行干法蚀刻,还可得到比较理想的高深宽比的硅槽。主要包括电子束蚀刻、离子束蚀刻、等离子体蚀刻、激光蚀刻。

4. 微细电解加工

微细电解加工是指在微细加工范围内(1μm～1mm),利用金属阳极电化学溶解去除材料的制造技术,其中材料的去除是以离子溶解的形式进行的,在电解加工中通过控制电流的大小和电流通过的时间,控制工件的去除速度和去除量,从而得到高精度、微小尺寸零件的加工方法。

加工间隙的大小直接影响微细电解加工的成形精度与加工效果,通过降低加工电压、提高脉冲频率和降低电解液浓度,电解微细加工间隙可控制在 10μm 以下(详细内容可参见第3章电解加工部分)。

8.5.4 微机电陀螺研发案例

国防科技大学自 20 世纪初面向微机电系统的发展需求,经十余年潜心研究发展,研制出蝶翼式硅微陀螺、嵌套环硅微陀螺、高动态微半球谐振陀螺和加速度计等系列产品,性能参数指标均处于国际先进水平。

在硅微陀螺方面,建立了自主设计平台,完成了圆片级封装的嵌套环陀螺原理样机工艺验证。与国内多家企业合作实现了蝶翼式微加速度计、蝶翼式硅微陀螺和杯形振动陀螺的工程化。微机电陀螺的核心是谐振结构,国际上常用的环形谐振结构虽好但对加工工艺的要求非常高。国防科技大学研制出一种新型蜂巢式硅微机电陀螺,在相同工艺条件下可以达到更高的陀螺性能,且灵敏度更高、容差能力更强。研发的嵌套环陀螺样机扫描电镜和系列蝶翼式微硅机电陀螺分别如图 8-18 和图 8-19 所示。

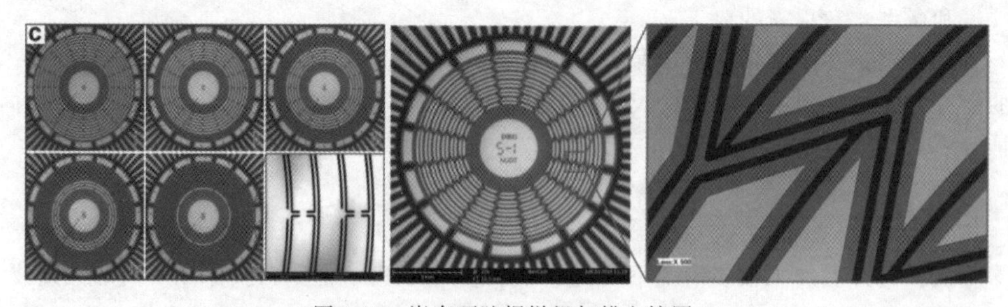

图 8-18 嵌套环陀螺样机扫描电镜图

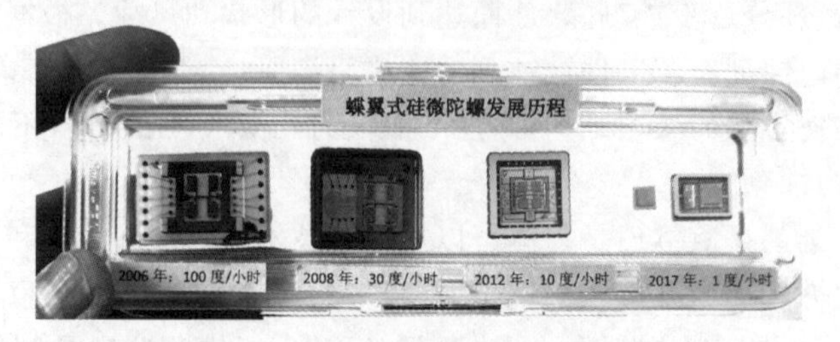

图 8-19 系列蝶翼式微硅机电陀螺

硅晶光刻技术被国外严密封锁，研究团队采用熔融石英材料研发出高动态微半球谐振陀螺，设计制造了具有自主知识产权的高精度旋转吹制平台用来加工三维曲面谐振结构的微壳体，最后用红外的方式实现封装，彻底解决了微陀螺设计—制造—封装的问题。研发的微半球谐振陀螺样机如图 8-20 所示。

正是科研团队多年的默默耕耘，使我国无人机、高旋弹、反导武器等高动态武器装备能够安装国产的微机电陀螺，拥有一颗中国“芯”。

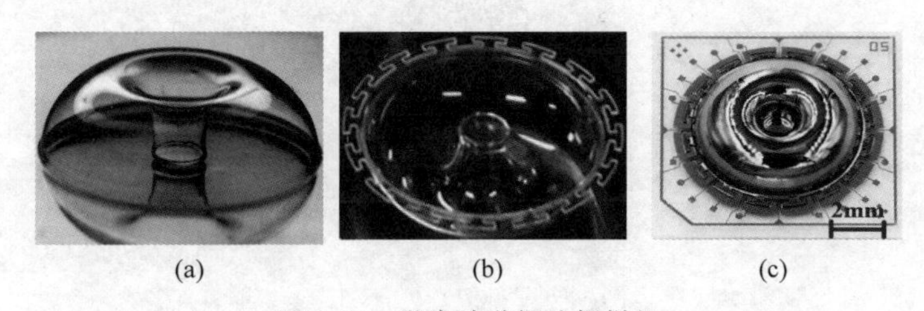

(a)　(b)　(c)

图 8-20　微半球谐振陀螺样机

(a) 吹制的微壳体；(b) 微半球谐振结构；(c) 组装好的陀螺芯片

习题 8

8-1　机器人的驱动方式主要有________、________和________三种。

8-2　机器人关节可以划分为________和________两大类。

8-3　按机器人的应用领域，可分为________、________和________三大类。

8-4　SCARA 型机器人有________自由度，分别是________和________。

8-5　工业机器人精度分为________和________两种。

8-6　工业机器人的运动形式可分为________与________两种。

8-7　智能工业机器人是指安装有________或________的机器人。

8-8　工业机器人主流编程方式是________。

8-9　焊接工业机器人可分为________、________两种。

8-10　说出三种先进制造主流工程设计软件________、________、________。

8-11　请叙述智能制造的定义以及涉及的主要先进制造技术。

8-12　请叙述智能制造的关键技术。

8-13　何为工业机器人的定义？

8-14　工业机器人由几部分组成及各部分所起的作用是什么？

8-15　按坐标形式工业机器人分为哪几种？

8-16　什么是机器人的自由度？工业机器人一般有几个自由度？

8-17　何为工业机器人的示教—再现编程？

8-18　举例说明工业机器人的典型应用案例。

8-19　简述大数据的定义与五“V”的特点。

8-20　举例说明大数据在先进制造业中的典型应用案例。

8-21 何为工业互联网？

8-22 举例说明工业互联网在先进制造业中的典型应用案例。

8-23 何为微细加工技术？

8-24 简述微细加工的关键技术。

自测题

参考文献

[1] 李雨菲.智能制造技术的研究现状与发展趋势[J].内燃机与配件,2020(7):241-242.

[2] 杨兴.数控加工在机械加工技术中的应用[J].冶金管理,2020(11):98,156.

[3] 杨晓东.机床数控技术的现状及发展趋势[J].湖北农机化,2020(6):49.

[4] OZEL T,HSU T K,ZEREN E. Effects of cutting edge geometry,workpiece hardness,feed rate and cutting speed on surface roughness and forces in finish turning of hardened AISI H13 steel[J]. The International Journal of Advanced Manufacturing Technology,2005,25(3-4):262-269.

[5] 赵建中.机械制造基础[M].2版.北京:北京理工大学出版社,2013.

[6] 王春娟,袁淑敏.机械制造基础[M].北京:中国石油大学出版社,2008.

[7] 孙美霞,辛会珍.机械制造基础[M].长沙:国防科技大学出版社,2009.

[8] 牛宝林.机械制造基础[M].武汉:华中科技大学出版社,2005.

[9] 严霖元.机械制造基础[M].北京:中国农业大学出版社,2004.

[10] 涂序斌.高宗华,蔡天作.机械制造基础[M].北京:北京理工大学出版社,2012.

[11] 马素玲.机械制造基础[M].北京:中国轻工业出版社,2006.

[12] 吴东平.张洪涛.机械制造基础[M].北京:北京理工大学出版社,2010.

[13] 温秉权.机械制造基础[M].北京:北京理工大学出版社,2017.

[14] 京玉海,董永武.机械制造基础[M].重庆:重庆大学出版社,2018.

[15] 傅水根.机械制造工艺基础[M].3版.北京:清华大学出版社,2010.

[16] 刘丽娜,李志强.我国特种加工技术的应用及发展趋势[J].内蒙古民族大学学报(自然科学版),2010,25(3):286-288.

[17] KIM D H,KIM T J Y,WANG X, et al. Smart Machining Process Using Machine Learning: A Review and Perspective on Machining Industry[J]. International Journal of Precision Engineering and Manufacturing-Green Technology,2018,5(4):555-568.

[18] 张纹,蒋维波.特种加工技术的应用及发展趋势[J].农业装备技术,2006(3):24-25.

[19] 杨琳.特种加工技术发展及其应用[J].装备制造,2009(9):196.

[20] 卢永然.金工工艺[M].大连:大连海事大学出版社,2010.

[21] LI J,WEI W,HUANG X,et al. Study on dynamic characteristics of ultraprecision machining and its effect on medium-frequency waviness error[J]. International Journal of Advanced Manufacturing Technology,2020,108(9-10):1-12.

[22] MEYER P A,VELDHUIS S C,ELBESTAWI M A. Predicting the effect of vibration on ultraprecision machining surface finish as described by surface finish lobes[J]. 2009,49(15):1165-1174.

[23] 杜素梅.机械制造基础[M].北京:国防工业出版社,2012.

[24] 杨方,罗俊.机械加工工艺基础[M].2版.西安:西北工业大学出版社,2020.

[25] 邢忠文,张学仁.金属工艺学[M].3版.哈尔滨:哈尔滨工业大学出版社,2008.

[26] 邓文英,宋力宏.金属工艺学[M].6版.北京:高等教育出版社,2016.

[27] 陈端树.金属工艺学[M].北京:高等教育出版社,1985.

[28] 付平,吴俊飞.机械制造技术基础[M].北京:化学工业出版社,2013.

[29] 任家隆,李菊丽,张冰蔚.机械制造基础[M].北京:高等教育出版社,2009.

[30] 任乃飞,任旭东.机械制造技术基础[M].镇江:江苏大学出版社,2018.

[31] 邵国友,周德廉.现代机械制造工艺与新技术发展探究[M].成都:四川大学出版社,2017.

[32] 郭丽波,陈文主.金属工艺学[M].济南:山东科学技术出版社,2014.

[33] 师建国,冷岳峰,程瑞.机械制造技术基础[M].北京:北京理工大学出版社,2016.

[34] GRZESIK W. Advanced Machining Processes of Metallic Materials: theory, modelling and applications[M]. Amsterdam: Elsevier,2008.

[35] STEPHENSON D A,AGAPIOU J S. Metal Cutting Theory and Practice[M]. Boca Raton: CRC Press,2018.

[36] KYLIE D. Manufacturing Technology Metal Cutting[M]. Noida: Tritech Digital Media,2018.

[37] 冯克明,赵金坠.先进磨削技术应用现状与展望[J].轴承,2020(4):60-67.

[38] YUAN J L,LYU B H,HANG W, et al. Review on the progress of ultra-precision machining technologies[J]. Frontiers of Mechanical Engineering,2017,12(2):158-180.

[39] 郭谆钦.特种加工技术[M].南京:南京大学出版社,2013.

[40] 张世凭,唐先春,丁义超.特种加工技术[M].重庆:重庆大学出版社,2014.

[41] 吴国兴,叶军,肖荣诗,等.第十六届中国国际机床展览会特种加工机床评述[J].世界制造技术与装备市场,2019(4):71-82.

[42] 林静.特种加工工艺在复杂整体构件加工中的应用[J].中国新技术新产品,2017(3):69-70.

[43] 袁芳革.特种加工方法的内容和趋势[J].机电工程技术,2011,40(7):142-143.

[44] 简金辉,焦锋.超精密加工技术研究现状及发展趋势[J].机械研究与应用,2009,22(1):4-8.

[45] 谭长克,仝崇楼,刘艳朋.特种加工技术及其发展趋势[J].无线互联科技,2015(7):142-143.

[46] 刘伟,李素丽.特种加工技术研究现状及发展趋势[J].广西轻工业,2010,26(8):52-53.

[47] 曹凤国,叶书强,陈玉宁,等.特种加工手册[M].北京:机械工业出版社,2010.

[48] 高乾坤,吴龙飞.特种加工与机械制造工艺技术的变革[J].现代制造技术与装备,2016(2):154-156.

[49] 胡守琦,蒋立坤,孙晓飞,等.电火花加工对滑阀微细孔精度的影响分析[J].内燃机与配件,2020(21):95-97.

[50] 张勤河,张建华,杜如虚,等.电火花成形加工技术的研究现状和发展趋势[J].中国机械工程,2005(17):1586-1592.

[51] 王振龙,赵万生,狄士春,等.微细电火花加工技术的研究进展[J].中国机械工程,2002(10):6,90-94.

[52] 李明辉.电火花线切割技术的研究现状及发展趋势[J].模具技术,2002(6):49-52.

[53] 朱宁,叶军,韩福柱,等.电火花线切割加工技术及其发展动向[J].电加工与模具,2010(S1):53-59,63.

[54] 黄绍服,杨盼,李君.深小孔加工方法综述[J].机床与液压,2019,47(5):151-155.

[55] 赵万生,顾琳,康小明,等.第18届国际电加工会议综述[J].电加工与模具,2016(5):1-13,23.

[56] 范植坚,杨森,唐霖.电解加工技术的应用和发展[J].西安工业大学学报,2012,32(10):775-784.

[57] 谢岩甫,刘壮,陈伟.微细电解加工技术的概况与展望[J].电加工与模具,2010(6):1-6,35.

[58] 陈远龙,杨涛,万胜美,等.电化学加工技术的概况与展望[J].电加工与模具,2010(S1):60-63.

[59] 黄云,肖贵坚,邹莱.整体叶盘抛光技术的研究现状及发展趋势[J].航空学报,2016,37(7):2045-2064.

[60] 叶军.精密高效电加工关键技术取得重大突破:国家863计划、数控机床重大专项电加工课题实施成果综述[J].电加工与模具,2012(S1):10-19.

[61] 曹凤国,张勤俭.超声加工技术的研究现状及其发展趋势[J].电加工与模具,2005,(S1):25-31.

[62] 房善想,赵慧玲,张勤俭.超声加工技术的应用现状及其发展趋势[J].机械工程学报,2017,53(19):22-32.

[63] 冯冬菊.超声波铣削加工原理及相关技术研究[D].大连:大连理工大学,2006.

[64] 王旭.基于水溶解原理的KDP晶体超精密数控抛光方法[D].大连:大连理工大学,2017.

[65] 杨卫平.超声椭圆振动:化学机械复合抛光硅片技术的基础研究[D].南京:南京航空航天大学,2008.

[66] 冯真鹏,肖强.超声加工技术研究进展[J].表面技术,2020,49(4):161-172.
[67] 纪能健,闫志刚.超声加工技术的应用及发展[J].科技风,2019(33):25.
[68] 张德远,刘逸航,耿大喜,等.超声加工技术的研究进展[J].电加工与模具,2019(5):1-10,19.
[69] KAI E,TOMOYA T,HACHIRO T, et al. Micro ultrasonic machining using multitools [C]// Seventh International Conferenceon Progress of Machining Technology,2004:297-301.
[70] 唐勇军,郭钟宁,张永俊.数控旋转超声加工机床研制及其工艺试验[J].电加工与模具,2013(4):46-59.
[71] TANG Y J,GUO Z N,ZHANG Y J,et al. Development of CNC rotary ultrasonic machining tool and experimental study on process[J]. Electromachining&Mould,2013(4):46-59.
[72] 郑书友,冯平法,徐西鹏.旋转超声加工技术研究进展[J].清华大学学报(自然科学版),2009,49(11):1799-1804.
[73] 张月,王成勇,刘志华.超声振动切削在皮质骨切削中的应用[C]//第16届全国特种加工学术会议论文集(下),2015:421-429.
[74] 周冲,杨福兵,王斌,等.超声骨刀在椎管内肿瘤切除术中的应用[J].第三军医大学学报,2016,38(2):200-203.
[75] 李丹,郭传瑸,刘宇,等.超声骨刀在上颌死髓劈裂磨牙拔除中的应用[J].北京大学学报(医学版),2016,48(4):709-713.
[76] 杜洋,徐伟,钱庆鹏.激光加工及其发展[J].四川水泥,2017(1):114.
[77] 陈苗海.中国激光加工产业现状和发展前景[J].激光与红外,2004(1):73-77.
[78] 陈章.激光精密加工技术及其应用[J].新技术新工艺,2002(8):27-29.
[79] 梅雪松,杨子轩,赵万芹.电子陶瓷基板表面激光孔加工综述[J].中国激光,2020,47(5):187-202.
[80] 刘志东.特种加工[M].2版.北京:北京大学出版社,2017.
[81] 韩建海,胡东方.数控技术及装备[M].3版.武汉:华中科技大学出版社,2016.
[82] 廖效果.数控技术[M].武汉:湖北科学技术出版社,2000.
[83] 王爱玲.机床数控技术[M].北京:高等教育出版社,2006.
[84] 李郝林,方键.机床数控技术[M].北京:机械工业出版社,2007.
[85] 周哲波,姜志明.机械制造工艺学[M].北京:北京大学出版社,2012.
[86] 罗继相,王志海.金属工艺学[M].3版.武汉:武汉理工大学出版社,2016.
[87] 刘英.机械制造技术基础[M].3版.北京:机械工业出版社,2018.
[88] 王先逵.机械制造工艺学[M].4版.北京:机械工业出版社,2019.
[89] 白海清.典型零件工艺设计[M].北京:北京大学出版社,2012.
[90] 尹成湖.机械切削加工常用基础知识手册[M].北京.科学出版社,2016.
[91] 成大先.机械设计手册[M].5版.北京.化学工业出版社,2007.
[92] 陈宏钧.实用机械加工工艺手册[M].2版.北京:机械工业出版社,2003.
[93] 戴起勋.机械零件结构工艺性300例[M].北京:机械工业出版社,2003.
[94] 赵福龙.浅析机械零件加工及装配工艺性[J].科技尚品,2016(1):119,122.
[95] 张军.浅谈零件的结构工艺性[J].黑龙江科技信息,2014(4):80.
[96] 闻邦椿.机械设计手册:单行本,常用设计资料与零件结构设计工艺性[M].5版.北京:机械工业出版社,2015.
[97] 尹志华,曲宝章.机械加工技术基础[M].北京:机械工业出版社,2013.
[98] XU J N. Discussion of Modern Machinery Production Technique and High Precision Machining Technology[J]. Applied Mechanics and Materials,2014,705:146-151.
[99] TOCA A,STRONCEA A, STÎNGACI I, et al. The optimal dimensional design of machining technologies[C]//MATEC Web of Conferences. EDP Sciences,2018,178:1-6.
[100] 陈明.机械制造工艺学[M].北京:机械工业出版社,2005.

[101] 陈新刚.机械制造工艺[M].北京：北京航空航天大学出版社，2010.

[102] 黄金永.传动轴制造[M].北京：机械工业出版社，2017.

[103] 张宝珠.典型精密零件机械加工工艺分析及实例[M].北京：机械工业出版社，2012.

[104] HOON J D，TAEK H K. Research on High-Efficiency Machining through Bottom-up Machining using CAD/CAM System[J]. The Korean Society of Manufacturing Process Engineers，2019，18(11)：89-95.

[105] 范植坚，陈林，张忠.工艺创新的规律和案例[J].中国机械工程，2002(4)：6，86-89.

[106] 张磊.齿形模具零件铣床夹具的设计与加工[J].金属加工(冷加工)，2020(2)：53-57.

[107] 毛瑞文.现代机械零部件的创新设计探析[J].科技致富向导，2010(15)：88，129.

[108] 孙康宁，李爱菊，孙宏飞.现代工程材料成形与制造工艺基础[M].北京：机械工业出版社，2001.

[109] 张天柱，石磊，贾小平.清洁生产导论[M].北京：高等教育出版社，2006.

[110] 李广奇.机械制造工艺技术管理[M].武汉：湖北科学技术出版社，1984.

[111] 朱民.工程训练[M].成都：西南交通大学出版社，2019.

[112] 邓朝辉.智能制造技术基础[M].武汉：华中科技大学出版社，2019.

[113] 葛英飞.智能制造技术基础[M].北京：机械工业出版社，2019.

[114] 韩建海.工业机器人[M].4版.武汉：华中科技大学出版社，2019.

[115] 许正.工业互联网[M].北京：机械工业出版社，2015.

[116] 李杰(JayLee).工业大数据[M].邱伯华，等译.北京：机械工业出版社，2015.

[117] 王振龙.微细加工技术[M].北京：国防工业出版社，2005.

[118] 王延忠.高速重载面齿轮啮合与制造技术[M].北京：科学出版社，2016.

[119] 付自平.正交面齿轮的插齿加工仿真和磨齿原理研究[D].南京：南京航空航天大学，2006.

[120] 吴亚男.面齿轮滚齿加工方法的研究[D].哈尔滨：哈尔滨工业大学，2013.

[121] 姜雄涛.平面齿轮滚齿加工[J].金属加工(冷加工)，2010(14)：33-34.

[122] 王志，刘建炜，刘锐，等.面齿轮传动国内研究进展[J].机械设计与制造，2012(3)：219-221.

[123] 朱如鹏，潘升材，高德平.面齿轮传动的研究现状与发展[J].南京航空航天大学学报，1997(3)：111-116.

[124] 谢福贵，梅斌，刘辛军，等.一种大型复杂构件加工新模式及新装备探讨[J].机械工程学报，2020，56(19)：70-78.